Steuerung des Mitarbeiterportfolios auf Basis von Mitarbeiterwerten

Entwicklung und Implementierung eines Totalmodells

1. Auflage

Von Dr. Ulf Gerlach

Fachverlag
Moderne Wirtschaft

PRICEWATERHOUSECOOPERS

Steuerung des Mitarbeiterportfolios auf Basis von Mitarbeiterwerten
Entwicklung und Implementierung eines Totalmodells

Herausgegeben von PricewaterhouseCoopers

Von Dr. Ulf Gerlach

1. Auflage November 2009, 354 Seiten, 29 Abbildungen, Softcover

ISBN 3-934803-43-1

Fachverlag Moderne Wirtschaft, Frankfurt am Main

Satz
Heike Kleinhenz, Wiesbaden

Druck
Kohlhammer und Wallishauser GmbH, Hechingen

Printed in Germany.

Bibliografische Information der Deutschen Nationalbibliothek
Die Deutsche Nationalbibliothek verzeichnet diese Publikation in der Deutschen Nationalbibliografie; detaillierte bibliografische Daten sind im Internet über http://dnb.d-nb.de abrufbar.

Geleitwort

Talente entwickeln und Potenziale freisetzen
Die Frage nach Mitarbeiterpotenzialen und deren Ausschöpfung liegt im Trend. Zahlreiche Veranstaltungen, Veröffentlichungen und Presseartikel zu diesem Thema zeigen, dass Unternehmen sich verstärkt hierfür interessieren. Die derzeit intensiv geführte öffentliche Debatte über die Angemessenheit von Bonuszahlungen im Bankenbereich ist in diesem Zusammenhang lediglich eine (wenn auch wichtige) Facette. Die aktuelle wirtschaftliche Situation in Deutschland und die Verwerfungen auf den internationalen Kapitalmärkten lassen allerdings die Beschäftigung mit dem Thema „Personalentwicklung" und damit der „Steuerung des Mitarbeiterportfolios" noch aus ganz anderen Blickwinkeln notwendig erscheinen:

- Wie können Wirtschaft und Politik mit Menschen umgehen, deren Vertrauen in ein bisher fast „perfekt funktionierendes" System erschüttert ist?
- Wie versteht sich „Personalentwicklung" angesichts des Zusammenbruchs und damit der offensichtlich gewordenen „Wert-Losigkeit" von bisher verlässlichen handlungsbestimmenden Wertesystemen?
- Wie können Topmanager Mitarbeiterwerte finden, die als Basis für die effiziente Begleitung von Mitarbeitern vom Eintritt in das Unternehmen bis zum Austritt so dringend benötigt werden?
- Und wie kann das Management – ergänzend zu den von staatlicher Seite zunehmend vorgenommenen regulatorischen Eingriffen – systematisch und frühzeitig strukturelle Personalrisiken aufdecken und diesen wirkungsvoll entgegentreten?

Diese Fragestellungen betreffen alle Unternehmen, nicht nur diejenigen im Bankensektor. Schließlich stellt die nun angestrebte Demokratisierung des Finanzwesens die Wirtschaft zwar auf vielleicht festeren Grund, indem Risiken auf mehr Schultern verteilt werden, hat aber erhebliche Auswirkungen auf alle Wirtschaftsteilnehmer, einschließlich der Mitarbeiter selbst. Auf der Suche nach Orientierung bei einer wertebasierten Auseinandersetzung mit Mitarbeiterportfolios versucht die Branche hier dankenswerterweise Standards zu etablieren. Das vorliegende Buch ist dabei ein Meilenstein.

Das von Dr. Ulf Gerlach entwickelte Steuerungsmodell liefert zum einen eine solide Grundlage, um die für den Fortbestand des Unternehmens lebenswichtigen leistungsfähigen und -bereiten Mitarbeiter zu identifizieren und durch spezifische Anreize zu motivieren und zu binden. Zum anderen zielt das Modell auf die systematische Aufdeckung struktureller personalwirtschaftlicher Schwachstellen und deren Beseitigung durch entsprechende

Maßnahmen. Seine Modularität ermöglicht eine unmittelbare Übertragung vom Investmentbanking auf andere Banksparten oder Branchen.

Den nicht geschützten Begriff „Personalentwickler" nehmen neben Human-Resources-Spezialisten auch viele Führungskräfte in den Fachabteilungen für sich in Anspruch. Personalentwicklung wird dabei oftmals noch immer als eine Art individuelles Training einzelner Mitarbeiter gesehen. „Entwicklung" hat aber eigentlich ein viel breiteres Anwendungsspektrum. Erst im Kontext erfolgreicher Managementteams erfährt sie die Anerkennung und hat vor allem auch die Effizienz, die sie verdient. Gerade die Entwicklung von Managementteams im Unternehmen beruht sowohl auf einem detaillierten und pragmatischen Verständnis des Menschen in der Geschäftswelt als auch auf einer klar strukturierten und auf vorab definierten Werten basierenden Entscheidungskultur. Es gilt also, eine ganz spezielle Methode zur Erzielung von Erfolg zu trainieren, nicht nur für den Einzelnen, sondern auch für Gruppen und schließlich für ganze Unternehmen.

Für diesen Ansatz brauchen die Entscheider Werte. Nur dann können sie eine wert- und zugleich risikoorientierte Analyse des Personalportfolios vornehmen. Das vorliegende Modell bietet hierzu eine professionelle Lösung. Es ermöglicht den Nutzern, an den relevanten personalwirtschaftlichen Stellschrauben entlang des gesamten Mitarbeiterzyklus anzusetzen. Wenn die Managementstrategie eines Unternehmens dahingehend beeinflusst werden kann, dass sie der aktiven Entwicklung des Einzelnen einen Impuls gibt und damit die Zusammenarbeit und den Zusammenhalt innerhalb des Unternehmens fördert, dann ist dem Sinn von Personalentwicklung im Unternehmen Rechnung getragen.

Ansätze von „Total Quality Management" und „Management Mobilisation" sowie zur „Mitarbeitermotivation" werden von Managern wie zahlreiche andere Theorien bereits seit mehr als 20 Jahren genutzt. Aber die Wirklichkeit zeigt ein anderes Bild, und gutes Management ist noch weit von dem entfernt, was es eigentlich sein sollte. Die größten Hürden liegen bei den Teilnehmern des Prozesses selbst, nämlich in den Beschränkungen, die ihre Ausbildung und die firmeninterne Umwelt ihnen auferlegen. Und genau hier setzt das Modell von Dr. Ulf Gerlach an und bietet Antworten auch auf folgende Fragestellungen:

- Wie kann man alle Führungskräfte und Mitarbeiter dazu bringen, strategisch notwendige Änderungen zu akzeptieren und umzusetzen?
- Wie kann man dem „Machtgehabe" oder aber der Führungsunsicherheit vieler Vorgesetzter entgegenwirken und sie dabei unterstützen, das berufliche Umfeld besser und oftmals auch menschlicher zu organisieren?

- Wie kann man Manager dazu bewegen, völlig neu zu denken und somit das volle Potenzial ihrer Mitarbeiter zu fördern und diese auf ihrem Weg zu mehr Verantwortung und gleichzeitig mehr Freiraum zur Selbstverwirklichung innerhalb ihrer zuvor klar definierten Aufgaben zu begleiten?

Das vorgestellte Modell hilft Personalentwicklern, zu den Ereignissen und dem Umfeld auf Distanz gehen, den Blick auf die Gegenwart zu verändern und notwendige Klärungen und Wendungen anzugehen. „Die Dinge sind nicht das, was sie scheinbar objektiv sind, sondern die Dinge sind das, was wir aus ihnen machen. Es kommt darauf an, sie so zu ergänzen, dass sie passen – weil jeder eine andere Passform hat und diese Passform im Laufe seines Lebens auch noch mehrfach wechselt, eine unendliche kommunikative Aufgabe." Diese Worte von Paul Watzlawik beschreiben das sehr komplexe menschliche Miteinander. Führung – auch und gerade auf Basis eines wertebasierten Systems – bedeutet deshalb hauptsächlich, klar und wertschätzend zu kommunizieren und die Menschen in ihrer ureigenen „Passform" zu akzeptieren, sie zu bestärken und ihnen den Weg zu ebnen, selbst erfolgreich zu sein – mit dem Blick nicht in die Vergangenheit gerichtet, sondern nach vorn.

Mit dem hier entwickelten Steuerungsmodell ist es möglich, menschliches Verhalten in verschiedenen Situationen zu analysieren, Arbeitsbeziehungen und Methoden zu schaffen, um auf ein gemeinsam festgelegtes Ziel hinarbeiten zu können. In enger Zusammenarbeit und im täglichen Austausch mit unseren internationalen Kunden und Kollegen können wir die Relevanz eines solchen Ansatzes bestätigen. Das Modell hilft nicht nur dabei, die operativen Ergebnisse zu optimieren, sondern fördert auch die Bereitschaft von Menschen, über sich selbst hinauszuwachsen, um Teil eines gemeinsamen Projekts zu sein. Geschürt von dem Wunsch, einen Teamerfolg zu erreichen und damit professionelle Herausforderungen noch besser zu meistern, richtet sich dieses Werk an alle Personen, die in ihrer Arbeit eine Steigerung ihrer Leistung **und** Zufriedenheit suchen. Dieser Ansatz ist die Basis für eine Kultur der Entwicklung menschlicher Talente und damit der Freisetzung von Potenzialen.

Ratingen im Oktober 2009

Dr. Thomas Oehler
Geschäftsführer und Eigentümer des Unternehmens Genius TTC Ltd.

Vorwort

Vielen Führungskräften unterschiedlichster Branchen fällt es trotz oder vielleicht gerade wegen der Vielzahl der personalwirtschaftlichen Steuerungsinstrumente schwer, ihre Mitarbeiter unter umfassender Berücksichtigung aller relevanten Einflussfaktoren adäquat einzusetzen und zu fördern. Persönliche Antriebsfeder zur Entwicklung eines Totalmodells zur Steuerung des Mitarbeiterportfolios war daher das Ziel, die Transparenz, Objektivität und damit auch die Fairness von Entscheidungen zur Förderung (oder ggf. auch zur Trennung) von Mitarbeitern zu erhöhen.[1] Die Herausforderung bestand dabei in der Verzahnung der in der Praxis zumeist isoliert eingesetzten personalwirtschaftlichen Instrumente und der Bündelung aller entscheidungsrelevanten Informationen in einer einzigen Kenngröße – dem Wert des jeweiligen Mitarbeiters für das Unternehmen.

Zugegeben, am Anfang dieser Überlegungen stand auch bei mir die Frage im Vordergrund, ob es denn ethisch-moralisch überhaupt statthaft ist, Mitarbeitern einen wie auch immer ermittelten, nicht zwangsläufig monetären Wert zuzuordnen und an diese Größe dann weitreichende personelle Maßnahmen zu koppeln. Bei näherer Betrachtung zeigte sich aber sehr schnell, dass in der Praxis Mitarbeiter von ihren Vorgesetzten ohnehin in ein Schema eingeordnet und miteinander verglichen werden – zumindest gedanklich und in starker Vereinfachung der Entscheidungskriterien. Insofern stellt sich bei einer vertiefenden, sachlichen Auseinandersetzung mit dem Thema weniger die Frage, ob, sondern vielmehr wie eine Bewertung von Mitarbeitern erfolgen kann, um die von allen Stakeholdern eines mitarbeiterwertorientierten Steuerungskonzepts erwartete Verfahrenstransparenz und -gerechtigkeit sicherzustellen.

Die Entwicklung eines differenzierten Verfahrens zur Gestaltung von Anreizen, Leistung und Kontrolle/Beurteilung erfolgt in dieser Arbeit am Beispiel des Geschäftsfelds „Investmentbanking". Die Vorgehensweise bietet sich insbesondere vor dem Hintergrund der in der jüngeren Vergangenheit teilweise exorbitant hohen Bonuszahlungen für Spitzenkräfte an den großen Finanzplätzen der Welt an. Spät, wenn nicht zu spät, erkannten viele Investmentbanken, dass insbesondere die fehlende Kopplung persönlicher Leistungsprämien an die im Namen der Bank eingegangenen teilweise immensen Geschäftsrisiken dem übersteigerten Risikoverhalten Einzelner Vorschub leistete. Durch die weltweite Finanzkrise, den Zusammenbruch etablierter Investmentbanken und das damit verbundene Scheitern des

---

[1] Wir bitten um Ihr Verständnis, dass wir in diesem Dokument der besseren Lesbarkeit halber für Personenbezeichnungen das generische Maskulinum verwendet haben, das die Frauen gleichermaßen einschließt.

US-amerikanischen Trennbankensystems hat die Notwendigkeit der zukünftig effizienteren Ressourcensteuerung im Investmentbanking eine gänzlich neue, viel weiter reichende Dimension erhalten.

Das entwickelte Steuerungsmodell bleibt in seinem möglichen Anwendungsbereich jedoch keinesfalls auf das exemplarisch ausgewählte Geschäftsfeld „Investmentbanking" beschränkt, sondern lässt sich grundsätzlich auch auf jede andere Banksparte bzw. Branche übertragen. Es soll generelle Denkanstöße dazu liefern, zukünftig gezielter und in der Konsequenz vielleicht auch nachhaltiger Mitarbeiter zu fördern und zugleich die unterschiedlichen personalwirtschaftlichen Risiken wirksamer zu begrenzen. Der umfassende Steuerungsansatz als Zielbild geht dann in die Realität über, wenn trotz oder gerade wegen des erforderlichen Implementierungsaufwands der Modellanwender für sein Unternehmen sagen kann: „Das ist uns jeder Einzelne unserer Mitarbeiter wert!"

Königstein/Taunus im Oktober 2009

Dr. Ulf Gerlach
PricewaterhouseCoopers AG
Wirtschaftsprüfungsgesellschaft

Inhaltsverzeichnis

Abbildungsverzeichnis

Abkürzungsverzeichnis

ABS	Asset-Backed Securities
AGG	Allgemeines Gleichbehandlungsgesetz
AktG	Aktiengesetz
BaFin	Bundesanstalt für Finanzdienstleistungsaufsicht
BAG	Bundesarbeitsgericht
BCG	Boston Consulting Group
BetrVG	Betriebsverfassungsgesetz
BFuP	Betriebswirtschaftliche Forschung und Praxis
BI	Bankinformation
BilKoG	Bilanzkontrollgesetz
BilMoG	Bilanzrechtsmodernisierungsgesetz
BilReG	Bilanzrechtsreformgesetz
B+P	Betrieb und Personal
CiR	Cost-Income Ratio
DAX	Deutscher Aktienindex
DB	Der Betrieb
DBW	Die Betriebswirtschaft
DEA	Data Envelopment Analysis
DGfP	Deutsche Gesellschaft für Personalführung
DRS	Deutscher Rechnungslegungsstandard
DRSC	Deutsches Rechnungslegungs Standards Committee e. V.
EQ	emotionale Intelligenz
ESS	Employee Self Service
EuGH	Europäischer Gerichtshof
FAZ	Frankfurter Allgemeine Zeitung
F&E	Forschung und Entwicklung
FTE	Full-Time Equivalent
GDI	Gottlieb Duttweiler Institute
HC	Human Capital
HGB	Handelsgesetzbuch
HR	Human Resources
IAS	International Accounting Standards
IFRS	International Financial Reporting Standards
IK	intellektuelles Kapital
IPO	Initial Public Offering
KNN	künstliche Neuronale Netze
KonTraG	Gesetz zur Kontrolle und Transparenz im Unternehmensbereich
KPI	Key Performance Indicator
KSchG	Kündigungsschutzgesetz
KWG	Gesetz über das Kreditwesen

M&A	Mergers & Acquisitions
MaH	Mindestanforderungen an das Betreiben von Handelsgeschäften der Kreditinstitute
MaIR	Mindestanforderungen an die Ausgestaltung der Internen Revision der Kreditinstitute
MaK	Mindestanforderungen an das Kreditgeschäft der Kreditinstitute
MaRisk	Mindestanforderungen an das Risikomanagement
MDK	Medizinischer Dienst der Krankenversicherung
MSS	Manager Self Service
MTV	Manteltarifvertrag
ROI	Return on Investment
SLA	Service Level Agreement
SoFFin	Sonderfonds Finanzmarktstabilisierung
S&P	Standard & Poor's
SprAuG	Sprecherausschussgesetz
USP	Unique Selling Proposition
WiSt	Wirtschaftswissenschaftliches Studium
ZfB	Zeitschrift für Betriebswirtschaft
zfbf	Schmalenbachs Zeitschrift für betriebswirtschaftliche Forschung
ZfgK	Zeitschrift für das gesamte Kreditwesen
ZfP	Zeitschrift für Personalforschung

Zusammenfassung

Mitarbeiterzufriedenheit und Mitarbeiterbindung stehen bei vielen Unternehmen im Bestreben um Differenzierung gegenüber den Wettbewerbern im Mittelpunkt der personalwirtschaftlichen Überlegungen. Nicht selten münden derartige Überlegungen allerdings in der Förderung nach subjektiven Kriterien recht undifferenziert ausgewählter Mitarbeiter. Beim Versuch der Objektivierung dieses komplexen personalwirtschaftlichen Entscheidungsfelds zur optimalen Steuerung des Mitarbeiterportfolios stoßen partialanalytische, aber auch gängige multivariable Ansätze leicht an ihre Grenzen.

Gerade vor dem Hintergrund der weltweit äußerst angespannten Wirtschaftslage und dementsprechend begrenzter Budgets muss der Einsatz der betrieblichen finanziellen Mittel jedoch noch stärker als bisher auf die effiziente Gestaltung der Beziehung des Unternehmens zu den Schlüsselmitarbeitern ausgerichtet werden. Das in der vorliegenden Arbeit entwickelte und am Beispiel des Investmentbankinggeschäfts veranschaulichte Steuerungsmodell soll hierzu einen wesentlichen Beitrag leisten. Es zeigt auf, wie sich der Wert der jeweiligen Mitarbeiter für eine Investmentbank in einem ganzheitlichen Ansatz, das heißt unter Einbeziehung unterschiedlichster Einflussfaktoren, ermitteln lässt. Der verantwortungsvolle und auch kritische Umgang mit den Ergebnissen des Mitarbeiterwertkalküls unterstützt das Management in zweierlei Hinsicht: Das Modell liefert zum einen eine fundierte Grundlage, um die für den Fortbestand der Bank lebenswichtigen leistungsfähigen und -bereiten Mitarbeiter zunächst zu identifizieren und durch spezifische Anreize zu motivieren und zu binden. Zum anderen besteht die Zielrichtung des Steuerungsmodells in der systematischen Aufdeckung struktureller personalwirtschaftlicher Schwachstellen und deren Beseitigung durch zielgerichtete Maßnahmen. Die Modularität des entwickelten Modells führt zu einer hohen Flexibilität und lässt die unmittelbare Übertragung des Ansatzes vom Investmentbanking auf anderweitige Banksparten oder Branchen zu.

Die innerhalb eines Totalmodells vorgenommene Kombination aus einer wert- und zugleich risikoorientierten Analyse des Personalportfolios versetzt die Nutzer in die Lage, an den relevanten personalwirtschaftlichen Stellschrauben entlang des gesamten Mitarbeiterzyklus vom Eintritt in das Unternehmen bis zum Austritt ansetzen zu können. Die hohe Transparenz des Steuerungssystems reduziert den Grad der Unsicherheit der zu treffenden personalwirtschaftlichen Entscheidungen deutlich und trägt damit der Bedeutung der (hoch) qualifizierten und motivierten Mitarbeiter als „wichtigsten Kapitals" eines jeden Unternehmens Rechnung.

A Einleitung

1 Ausgangssituation

Zu Beginn des dritten Jahrtausends stehen die Investmentbanken weltweit vor der Herausforderung, geeignete Wettbewerbsstrategien und Instrumente zu entwickeln, um sich trotz erschwerter Rahmenbedingungen erfolgreich im Markt zu positionieren. Kurzfristiger Handlungsdruck resultiert unter anderem aus Ertragsrückgängen durch den Zusammenbruch der Aktienmärkte, verbunden mit nachhaltigen Vertrauensverlusten der Kundschaft in Aktienanlagen[2], und gleichzeitig zunehmenden (Personal-)Kosten. Zudem führen die steigende Transparenz und Effizienz der Märkte zu deutlich kürzeren Produktlebenszyklen und sinkender Nachhaltigkeit von Wettbewerbsvorteilen.[3] Die Führungskräfte sind daher gefordert, die Leistungen der von ihnen geführten Unternehmensteile konsequent und kostenbewusst an den Erfordernissen des Marktes auszurichten, um die Unternehmensziele zu erreichen.[4] Cost Cutting allein ist dabei keine überlebenssichernde Strategie zur Revitalisierung, sondern muss mit einer offensiven Strategie verbunden werden, die eine Differenzierung im Wettbewerb – auch durch die Entwicklung bzw. den Einsatz innovativer Personalinstrumente[5] – ermöglicht.[6]

Im Rahmen der Differenzierungsbestrebungen kommt im Investmentbanking den personellen Ressourcen eine Schlüsselfunktion neben den anderen Erfolgsfaktoren, wie Leistungsfähigkeit der EDV-Systeme und Platzierungskraft bei Wertpapieremissionen, zu. Der hohen Bedeutung ihrer Mitarbeiter für den Unternehmenserfolg sind sich die Banken durchaus bewusst: Die Selbstdarstellungen vieler Kreditinstitute enthalten Formulierungen wie „Jeden Abend

---

2 Vgl. Singer, J., Käuferstreik, in: ZfgK 24/2001, S. 8; Singer, J., Ist das deutsche Investmentbanking in einer Wachstumsdelle oder in einem Paradigmawechsel?, in: ZfgK 12/2004, S. 11–14, S. 11 ff.; Singer, J., „Wischi-Waschi-Studien“, in: ZfgK 23/2003, S. 6; Beck, H., Ein Cocktail aus zu viel Liquidität und etwas Psychologie, in: FAZ vom 10.03.2005, S. 24. Eine kritische Betrachtung der Rolle von Analysten als beeinflussender Faktor von Börsenkursen finden sich unter anderem bei Janzen, J., Anmerkungen zum Expertentum von Aktienanalysten, in: ZfgK 12/2004, S. 15–20, S. 15 ff.; Singer, J., Warum forcierten Internet-Buden ihre cash-burn-rate? – ein Erklärungsansatz!, in: ZfgK 20/2005, S. 7.

3 Vgl. Svoboda, M., Strategische Kompetenzentwicklung im Personalbereich, in: Die Bank 7/2000, S. 457–459, S. 457.

4 Vgl. Eickhoff, A. M., Bankmanager: Verantwortung und Vergütung, in: Die Bank 1/2001, S. 30–33, S. 30; Krämer, H.-P., Aufwertung der Leistung: Aspekte einer erfolgsorientierten Bezahlung, in: bank und markt 9/1995, S. 18–23, S. 18.

5 Vgl. Svoboda, M., Strategische Kompetenzentwicklung, a. a. O., S. 457.

6 Vgl. Maschmeyer, V., Management by Balanced Scorecard – alter Wein in neuen Schläuchen?, in: Personalführung 5/1998, S. 74–80, S. 74.

gehen die wichtigsten Aktiva unserer (Investment-)Bank durch die Tür nach Hause" oder „Humankapital ist der Hauptfaktor für den Erfolg unserer Bank".[7]

Schließlich schaffen weder die materiellen noch die finanziellen Ressourcen per se Werte; das tun alleine die Mitarbeiter auf allen Stufen des Unternehmens.[8] Die Frage nach den eigentlichen Leistungsträgern, die die in der Öffentlichkeit gerne proklamierten „Kernkompetenzen"[9] verkörpern, bleibt in der Regel jedoch ungestellt bzw. wird nicht oder nur unzureichend beantwortet. So werden beispielsweise Kundenbetreuer häufig anhand ihres konkret messbaren geschäftlichen Erfolgs (z. B. des erwirtschafteten Deckungsbeitrags) – und in der Regel auch nur anhand dieses einen Kriteriums – in ihrer Bedeutung für ihr jeweiliges Unternehmen erfasst. Gleiches gilt für Wertpapierhändler, da diese aufgrund der unmittelbaren Messbarkeit des Erfolgs ihrer Handelstätigkeit direkt untereinander vergleichbar sind. Es besteht zudem oftmals – auch verursacht durch die Größe der Unternehmen und die Vielzahl der einzubeziehenden Beurteilungskriterien – allenfalls eine vage Vorstellung davon, welche Mitarbeiter voraussichtlich auch zukünftig einen entscheidenden Beitrag zur Erfolgssicherung zu leisten vermögen.

Es fehlt somit ein ganzheitlicher Ansatz, um die Bedeutung von Mitarbeitern in ihren unterschiedlichsten Funktionen im Kontext ihrer Leistung, ihres Potenzials, der strategischen Unternehmensausrichtung bzw. der erwarteten Marktentwicklung anhand operationalisierter Kriterien im Quervergleich beurteilen zu können. Ein geschlossenes, theoretisch fundiertes Konzept, das einzelne personalwirtschaftliche (z. B. Kompetenzmodelle, Assessment-Center, Mitarbeiterbeurteilungen, Potenzialanalysen, Benchmarking, Kompensationsmodelle, strukturierte Bildungsbedarfserhebungen und Seminarplanungen) bzw. betriebswirtschaftliche Instrumente (z. B. Marktanalysen, Strategiekonzepte) stimmig integrieren könnte, existiert bislang nicht.[10] Für ein von einer ganzheitlichen Sichtweise getragenes Personalmanagement bietet

---

7 Vgl. Achleitner, A.-K., Handbuch Investment Banking, Wiesbaden 1999, S. 78; Edvinsson, L./Brünig, G., Aktivposten Wissenskapital, Wiesbaden 2000, S. 11; Banca Popolare di Sondrio, Auszug aus dem Geschäftsbericht 2003, Sondrio 2004, S. 13; Goerke, S., Human Capital – entwickeln statt verwalten, in: Personalwirtschaft 5/2004, S. 26–29, S. 26; Scholz, Chr., Humankapitalbewertung als Gebot der Stunde, in: Pay 5/2008, S. 8–11, S. 9.

8 Vgl. Schütte, M., Humankapital messen und bewerten: Sisyphusarbeit oder Gebot der Stunde?, in: Personalführung 4/2005, S. 18–28, S. 19.

9 Nach Prahalad und Hamel bezeichnet „Kernkompetenz" im Kontext der Betriebswirtschaftslehre „the skills that enable a firm to deliver a fundamental customer benefit", vgl. Prahalad, C. K./Hamel, G., The Core Competence of the Corporation, in: Harvard Business Review Mai/Juni 1990, S. 79–91, S. 79 ff.

10 Vgl. Gerum, E./Achenbach, W./Schäfer, I., Personalmanagement und Marktanalyse für Führungs- und Fachkräfte, in: Personalführung 11/1997, S. 1100–1101, S. 1100.

die personalwirtschaftliche Literatur bislang der Praxis somit nur unzureichende Unterstützung.[11] Hieraus können über alle zentralen Aufgabenbereiche des Personalmanagements hinweg, das heißt Personalrekrutierung, -entwicklung, -bindung und -abbau, folgenschwere Fehlentscheidungen und damit Fehlallokationen der bankbetrieblichen Ressourcen resultieren.[12]

Im **Recruiting** tragen die Investmentbanken, forciert auch durch die Globalisierung, einen sich verschärfenden Kampf um junge, hoch qualifizierte Fach- und Führungskräfte aus („War for Talents").[13] Entscheidungen für die Einstellung neuer Mitarbeiter fallen in der Praxis jedoch immer noch häufig „aus dem Bauch" heraus. Eine Ausrichtung der Einstellungsanforderungen an den für einen hohen Mitarbeiterwert heute oder zukünftig wichtigen Kriterien findet schon aus Unkenntnis der wertbildenden Faktoren und ihrer Zusammenhänge nicht oder nur teilweise statt. Eine falsche, weil nicht zielgerichtete Einstellungspolitik hat suboptimale Beschäftigungsverhältnisse und mittel- bis längerfristig betrachtet möglicherweise hohe Restrukturierungskosten zur Korrektur falscher personeller Entscheidungen zur Folge.

Der „Krieg" um die besten Talente wird nicht allein bei der Rekrutierung, sondern ebenfalls bei der erfolgreichen **Mitarbeiterbindung** gewonnen.[14] Allerdings entsteht im Investmentbanking aufgrund der hohen geschäftlichen Volatilität und der damit einhergehenden häufigen Umstrukturierungen bei Mitarbeitern leicht ein Klima der Verunsicherung.[15] Ein spezielles Phänomen ist dabei, dass nicht selten ausgerechnet die besten Führungskräfte das Unternehmen verlassen, die dringend für die zukunftsorientierte Aufstellung

---

11 Vgl. Wagner, D., Ansätze einer systematischen und integrierten Vergütungspolitik, in: Personalführung 10/2001, S. 22–28, S. 22.

12 Vgl. Kempkes, H. P./Bindhardt, R., Personalführung mit Wertschätzung, in: Personalwirtschaft 7/2003, S. 39–43, S. 40. Risiko wird hier definiert als die Gefahr der negativen Abweichung von angestrebten operativen oder strategischen Zielen. Zu den einzelnen Prozessschritten der Personalführung als Risikobereichen vgl. auch Gerum, E./Achenbach, W./Schäfer, I., a. a. O., S. 1100.

13 Vgl. Stuwe, M., Die Bedeutung von Unternehmenskultur, Bildung und Organisationsentwicklung für Unternehmen der Finanzdienstleistungsbranche, in: Brunner, W. L./Vollath, J. (Hrsg.), Handbuch Finanzdienstleistungen, Stuttgart 1993, S. 656–667, S. 658; The Boston Consulting Group, The Future of HR in Europe: Key Challenges through 2015, o. J., S. 2.

14 Vgl. Svoboda, M., Strategische Kompetenzentwicklung, a. a. O., S. 457; Worrach, C., Der Mensch – das Maß aller Dinge, in: Personalwirtschaft 1/2001, S. 66–69, S. 68; Klingebiel, N., Performance measurement: Grundlagen – Ansätze – Fallstudien, Wiesbaden 1999, S. 7 f.

15 Vgl. Saaman, W., Die Abwanderung der Leistungsträger verhindern, in: Die Bank 6–7/2004, S. 429–431, S. 429.

der Bank benötigt werden.[16] Mit Blick auf hohe Rekrutierungskosten[17] und das Risiko des im Investmentbanking üblichen Wechsels ganzer Teams zu Wettbewerbern muss daher das besondere Augenmerk der Personalverantwortlichen der Bindung von leistungs- und potenzialstarken Mitarbeitern an das Unternehmen gelten.[18] Dies lässt sich durch monetäre (z. B. variable Vergütung) und nicht monetäre Anreize (z. B. Firmentitel) erreichen.

Bei der Festlegung des Grundgehalts können Banken im Tarifbereich auf den Tarifvertrag mit den dort festgeschriebenen Tarifgruppen und den an eine tarifliche Funktion zu stellenden Anforderungen zurückgreifen. Manche Vergütungssysteme honorieren überdurchschnittliche Leistungen von Tarifmitarbeitern durch dauerhafte monatliche Leistungszulagen, was dem Prinzip der leistungsabhängigen Vergütung zuwiderläuft, oder durch eine Höhergruppierung, wodurch das Tarifgruppensystem unterlaufen wird.[19] Die Einordnung aller außertariflich bezahlten Funktionen in sogenannte Grading-Stufen, denen wiederum Gehaltsbänder zugeordnet sind, dient dazu, die Wertigkeit unterschiedlicher Funktionen vergleichbar zu machen und innerhalb einzelner Positionen und Führungsebenen stärker nach Leistung und Erfolg zu differenzieren.[20] In der Praxis richten sich die Gewährung von Zulagen für Tarifmitarbeiter bzw. die Ausnutzung der Bandbreiten im außertariflichen Bereich allerdings oftmals nach der Seniorität der die Funktion ausübenden Person, anstatt den Wert dieses Mitarbeiters für das Unternehmen insgesamt zu honorieren.

Die Zahlung der variablen Vergütung (teilweise auch für tariflich bezahlte Mitarbeiter) erfolgt im Bankenbereich oftmals nach einem einfachen Top-down-Verfahren, ohne Quervergleiche zwischen Mitarbeitern verschiedener Ab-

---

[16] Vgl. ebenda.

[17] Die Headhunterkosten belaufen sich üblicherweise auf ca. 25 bis 33 Prozent des Gesamtjahresgehalts des jeweiligen Investmentbankingkandidaten. Der Anteil der Personalkosten am Verwaltungsaufwand liegt im Bankgewerbe allgemein bei rund 65 Prozent, dürfte aber im Investmentbanking aufgrund beträchtlicher variabler Vergütungen bei entsprechender Marktlage deutlich höher liegen, vgl. Fabian, G. W., Human Capital – Kostenfaktor oder Erfolgsfaktor?, in: Bankmagazin 6/1996, S. 32–34, S. 32.

[18] Vgl. Abel, C./Becker, J., Trends in der Vergütung: Zunehmende Internationalisierung und Erfolgsorientierung, in: Personal 8/2000, S. 388–392, S. 388; Scholz, Chr./Stein, V./Bechtel, R., Zehn Postulate für das Human-Capital-Management, in: Personalwirtschaft 5/2003, S. 50–54, S. 54.

[19] Vgl. Laber, H./Torka, W., 12 + 2: Modellpflege beim Bonussystem der HVB, in: Die Bank 6–7/2004, S. 386–389, S. 386.

[20] Vgl. Eickhoff, A. M., a. a. O., S. 33.

teilungen bzw. Bereiche vorzunehmen.[21] Der Vorstand als höchste Hierarchieebene teilt dabei zunächst seinen direkt unterstellten Mitarbeitern (zumeist auf Ermessensbasis[22]) einen bestimmten Teil des Bonuspools zu, den diese dann nach dem gleichen Prinzip an die nächste(n) Ebene(n) weitergeben.[23] Aus Sicht der Mitarbeiter liegt jedoch nur dann eine „relative Lohngerechtigkeit"[24] vor, wenn die Höhe der erhaltenen Vergütung im Einklang mit ihren individuellen Erwartungen steht, die auf dem Vergleich mit mehreren subjektiv gewählten „Bezugspunkten" innerhalb und außerhalb des Unternehmens gründen.[25]

Des Weiteren schränkt auch die oftmals fehlende Variabilität leistungsbezogener Gehaltsbestandteile die beabsichtigte Steuerungswirkung ein: Selbst bei schlechter Ertragslage bleiben Bonuszahlungen auch bei Mitarbeitern mit unzureichenden Leistungen teilweise noch konstant bzw. steigen in manchen Fällen sogar.[26] Diese Vorgehensweise rührt daher bzw. führt dazu, dass die Größe der Bonustöpfe unter Umständen nicht der geschäftlichen Entwicklung der Bank entspricht.[27] Insbesondere im Falle

---

[21] Vgl. Pauluhn, B., Provisionen und Incentives im Privatkundengeschäft, in: bank und markt 9/1995, S. 24–29, S. 29.

[22] Vgl. Hören, M. von, Vergütung von Führungskräften: Aktueller Stand und Entwicklungstendenzen, in: Personal 6/2000, S. 275–278, S. 278.

[23] Vgl. Pauluhn, B., a. a. O., S. 29; Leichtfuß, R./Bonacker, M., Erfolgsorientierte Anreizsysteme, in: Die Bank 11/1992, S. 624–631, S. 626; Klein, W., Sind die Bonuskonzepte noch zeitgemäß?, in: Die Bank 7/2008, S. 78–81, S. 79.

[24] Die vorliegende Arbeit folgt nicht der strengen Trennung der Begriffe „Lohn" (als Entgelt für Arbeiter) und „Gehalt" (als Äquivalent für Angestellte), da gerade der Begriff „Lohn" als Bestandteil in vielen Begrifflichkeiten, wie z. B. „Lohngerechtigkeit" oder „Entlohnung", auftritt.

[25] Vgl. Schwarz, W., Erfolgs- und leistungsorientierte Entlohnung im Bankvertrieb, in: congena (Hrsg.), Die lernende Bankorganisation: Strategien für die Jahrtausendwende, Wiesbaden 1995, S. 155–167, S. 161; Femppel, K., Tendenzen und Rahmenbedingungen der Vergütungspolitik, in: Personal 8/2000, S. 394–399, S. 399.

[26] Vgl. Hören, M. von, Vergütung von Führungskräften, a. a. O., S. 277 f.; Brandt, Th./ Schache-Keil, F., Zielvereinbarung kontra Beurteilung?, in: Personalführung 12/2000, S. 76–80, S. 78; o. V., Hohe Bonuszahlungen trotz Krise, in: FAZ vom 12.02.2008, S. 19.

[27] Trotz der weltweiten Finanzkrise und teilweise immenser eigener Verluste gewährten die Wall-Street-Institute den ca. 170.000 Beschäftigten der Branche für 2008 Jahresprämien in Höhe von ca. 18,4 Milliarden US-Dollar (56 Prozent des Vorjahrespools). Auch in Europa schütteten Investmentbanken beträchtliche Bonussummen aus und gerieten dadurch in die öffentliche Kritik, vgl. o. V., Wall-Street-Boni: 112.000 Dollar extra für jeden Banker, in: http://www.ftd.de/unternehmen/finanzdienstleister/:Wall-Street-Boni-112-000-Dollar-extra-f%FCr-jeden-Banker/467622.html vom 29.01.2009; o. V., Obama geißelt Banker-Boni, in: http://www.sueddeutsche.de/politik/936/456604/text/ vom 30.01.2009; o. V., Bonus für Banker, in: http://www.tagesspiegel.de/wirtschaft/ Finanzen-Finanzkrise-Konjunktur;art130,2722623 vom 04.02.2009.

einer – wie während der globalen Finanzkrise – für Investmentbanker angespannten Arbeitsmarktlage entbehrt das frühere Argument der Banken, dass sie sehr hohe Zuwendungen zahlen müssten, um zu verhindern, dass gute Mitarbeiter zur Konkurrenz abwandern, jeder Grundlage.[28]

Abgesehen von der Frage der angemessenen Verteilung bzw. Höhe der Ermessenstantieme besteht das Problem, dass viele Bankmanager beträchtliche Teile ihrer Tantieme auf vertraglich garantierter Basis erhalten. Eine solche Regelung hat ihren Sinn als Einstiegs- oder Übergangsregelung; als Dauerinstitution wird mit ihr der eigentliche Zweck variabler Vergütung jedoch verfehlt.[29] Das Dilemma der Banken ist, dass oftmals nur wenige Sparten für die mitunter hohen Verluste der Banken verantwortlich sind, die erfolgreichen und damit „abwerbungsgefährdeten" Mitarbeiter der anderen Geschäftszweige jedoch nicht mit niedrigen Bonuszahlungen bestraft werden sollen.[30] Aufgrund fehlender Instrumente berücksichtigen die geleisteten Bonuszahlungen zudem die Bedeutung der einzelnen Mitarbeiter hinsichtlich der zukünftigen Existenz des Unternehmens und neu zu erschließender Marktpotenziale in keiner Weise.[31] Gleiches gilt für sogenannte Retention-Zahlungen[32] zur Verhinderung der Abwanderung wichtiger Mitarbeiter (gruppen). Analog zum Festgehalt richtet sich die Höhe der variablen

---

28 Vgl. Schulte, St., Finanzmarktkrise lässt Banken-Boni kräftig schmelzen, in: Börsen-Zeitung vom 03.12.2008, S. 8.

29 Vgl. Hören, M. von, Stärkere Leistungsorientierung bei der Führungskräftevergütung, in: Die Bank 2/1999, S. 89–91, S. 89; Maisch, M., Warum der Zorn in Sachen Boni ungerecht ist, in: http://www.handelsblatt.com/unternehmen/banken-versicherungen/warum-der-zorn-in-sachen-boni-ungerecht-ist;2146274 vom 10.02.2009.

30 Vgl. o. V., Hohe Bonuszahlungen, a. a. O., S. 19; Klein, W., a. a. O., S. 80.

31 Vgl. Erdmann, U., Die Entlohnung von Führungskräften in Kreditinstituten, Schriftenreihe des Instituts für Kreditwesen der Westfälischen Wilhelms-Universität Münster, Band 43, Frankfurt am Main 1991, S. 2.

32 Retention-Management hat seine etymologischen Wurzeln in dem lateinischen Wort „retentio", das ursprünglich „Zurückhalten" bedeutet. Der darauf basierende Terminus „Personalerhaltung" konkretisiert in den letzten Jahren vermehrt den Begriff „Mitarbeiterbindung", der teilweise negativ besetzt ist, da Bindung häufig eine Zwangskomponente suggeriert. Demgegenüber bezeichnet Personalerhaltung die Idee eines kooperativ fundierten Engagements von Mitarbeitern in Unternehmen und setzt auf die Freiwilligkeit der Beitritts- und Verweilentscheidung. Wird im Folgenden von Personalbindung gesprochen, so ist synonym Personalerhaltung gemeint, vgl. Schirmer, U., Commitment fördern, Mitarbeiter halten. Retention-Management zur Bindung von Leistungsträgern, in: Personalführung 3/2007, S. 48–58, S. 49; Grunwald, C., Personalerhaltung im oberen Management. Strategien und Maßnahmen zur Vermeidung ungewollter Fluktuation, Wiesbaden 2001, S. 13 ff.; Moser, R./Saxer A., Retention-Management für High-Potentials. Konzeptionelle Grundlagen – empirische Ergebnisse – Gestaltungsempfehlungen, Bern 2002, S. 4.

Vergütung vielfach insbesondere nach dem individuellen Verhandlungsgeschick, der Position und dem Dienstalter.[33] Auch sonstige monetär bewertbare Zusatzleistungen, die Mitarbeiter erhalten, spiegeln nicht deren Wert für das Unternehmen wider, sondern werden noch immer undifferenziert der gesamten Belegschaft in gleicher Höhe (z. B. vermögenswirksame Leistungen) oder bestimmten Mitarbeitergruppen (etwa allen Mitarbeitern mit einem bestimmten Firmentitel oder innerhalb einer definierten Einkommensklasse) gewährt (z. B. Stock Options[34]).

Aber auch die Vergabe nicht monetärer Ausstattungsmerkmale (beispielsweise Firmentitel) erfolgt aus einer Unsicherheit bzw. Unkenntnis über den eigentlichen Wert des Mitarbeiters heraus, und das, obwohl Mitarbeiter gerade solchen Zeichen der Wertschätzung aufgrund der Außenwirkung große Bedeutung beimessen.[35]

Auch aus Sicht der **Personalentwicklung** besteht ein großes Interesse daran, die „personenbezogene Arbeitskraft" im Quervergleich bewerten und anschließend zielgerichtet fördern zu können. Der Grund hierfür besteht darin, dass die zunehmende Produktvielfalt sowie die Komplexität regulatorischer Anforderungen (z. B. das 4./5. Finanzmarktförderungsgesetz) im Investmentbanking zu steigenden Qualifikationsanforderungen und dementsprechend zu höheren Weiterbildungskosten führen.[36]

Gerade in wirtschaftlich angespannten Zeiten stehen naturgemäß sämtliche Ausgaben für Personalentwicklungsmaßnahmen auf dem Prüfstand.[37] Abgesehen von der Festlegung der absoluten Höhe des Weiterbildungsbudgets ist die „richtige" Verteilung der Gelder auf die identifizierten Schlüsselmitarbeiter, also die Abkehr vom sogenannten Gießkannenprinzip, von entscheidender Bedeutung für den gegenwärtigen und zukünftigen Erfolg einer Bank.[38] Für diese wichtige Allokationsentscheidung zur Sicherung der Existenz der Bank liegt den verantwortlichen Führungskräften bislang kein geeignetes Instrumentarium vor, das der Vielfalt der relevanten Einflussfaktoren auf diese Entscheidung und den komplexen Wirkungszusammenhängen gerecht wird.

---

33 Vgl. Evers, H., Entgeltpolitik für Führungskräfte, in: Kieser, A. (Hrsg.), Handwörterbuch der Führung, Stuttgart 1987, Sp. 200–210, Sp. 205.

34 Vgl. vertiefend Lieding, Chr., Stock Options als Instrument der Mitarbeiterbindung, in: Sparkasse 4/2002, S. 156–158, S. 156 ff.

35 Vgl. Alewald, Th., Leistung soll sich lohnen, in: Personalführung 10/1995, S. 846–851, S. 847.

36 Vgl. Schust, G. H., Total Performance Management, Stuttgart 1994, S. 18.

37 Vgl. Müller-Gebel, K., Personalmanagement im Spannungsfeld zwischen cost-cutting, Personalabbau und Mitarbeitermotivation, in: ZfgK 1/2002, S. 11–13, S. 12.

38 Vgl. Müller, K., In deutschen Firmen zählt Leistung wenig, in: http://www.computerwoche.de/index.cfm?pid=444&pk=528989 vom 04.04.2002.

Bezogen auf das **Trennungsmanagement** fehlt den bankbetrieblichen Entscheidungsträgern letztlich auch ein valides Instrumentarium, um innerhalb der Belegschaft Abbaupotenziale aus einer ganzheitlichen Mitarbeiter-, Unternehmens- und Marktsicht heraus gezielt zu identifizieren bzw. zu hinterfragen. Auf den jahrelangen Anstieg der Verwaltungskostenblöcke und kurzfristige massive Gewinneinbußen reagierten zu Beginn des neuen Jahrtausends viele Investmentbanken reflexartig mit dem üblichen Potpourri von Sofortmaßnahmen zum Stellenabbau.[39] Im Bewusstsein des Topmanagements und seines Umfelds (z. B. Aufsichtsräte, Wirtschaftsprüfer, Analysten) kommen Mitarbeiter, Personal oder Humankapital lediglich als Kostenfaktor vor, nicht aber als Potenzial und Quelle für Leistung, Erfolg und Wertsteigerung.[40] Der Grund hierfür besteht darin, dass nur die Kostenseite des Humankapitals klar und eindeutig messbar und damit in der Begriffswelt des Managements darstellbar ist.[41] Die Potenzialseite wird durch Begriffe wie zum Beispiel Wissen, Erfahrung, Intelligenz, Kreativität, Motivation, Identifikation, Vertrauen und Loyalität beschrieben – Begriffe also, die sich als sogenannte weiche Faktoren einer exakten Bewertung weitgehend entziehen und damit der betriebswirtschaftlichen Sprache des Managements oftmals fremd sind.[42] Für die meisten Manager als nüchterne, objektive Entscheidungsträger gilt noch immer der Grundsatz „What you can't measure you can't manage!".[43]

Neben den aufgezeigten Schwierigkeiten einer adäquaten Ressourcenallokation auf Einzelpersonen-, Abteilungs-, Bereichs- oder Bankebene existiert zudem bislang kein integrierter Ansatz, um zugleich die jeweiligen Ausprägungen der einzelnen Determinanten von Mitarbeiterwerten über sämtliche Mitarbeiter hinweg ermitteln, systematisch analysieren und gezielt beeinflussen zu können. Jeweils unterschiedlich klassierte Merkmalsausprägungen liegen im Unternehmen zwar in der Regel für wichtige Einflussfaktoren von Mitarbeiterwerten vor (wie z. B. die Einschätzung der Mitarbeiterperformance aus den geführten Zielerreichungsgesprächen oder Potenzialaussagen). Allerdings bedarf es zur Erreichung einer ganzheitlichen Betrachtung einer Ergänzung um weitere relevante Determinanten und einer anschließenden Transformation zur einheitlichen Skalierung der für die Mitarbeiterwertermittlung relevanten Größen.

---

[39] Vgl. Fischer, Th./Bongartz, U., Bankmanagement 2002: Die Kostenherausforderung, in: Die Bank 4/2002, S. 260–264, S. 260; Schütte, M., Humankapital messen, a. a. O., S. 18.

[40] Vgl. Schütte, M., Humankapital messen, a. a. O., S. 20.

[41] Vgl. ebenda.

[42] Vgl. ebenda.

[43] Vgl. ebenda.

Diverse unternehmens-, aber auch marktbezogene Faktoren wirken sich auf die einzelnen personalbezogenen Risikofelder, nämlich das Anpassungs-, Engpass-, Motivations- und Austrittsrisiko, aus. Aufgrund der Vielzahl und Heterogenität der jeweiligen Einflussfaktoren erfolgt in der Praxis üblicherweise eine fallweise und eher punktuelle Steuerung dieser einzelnen Risikoaspekte. Die getroffenen Maßnahmen resultieren dabei zumeist nicht aus einem systematisch aus den Unternehmenszielen abgeleiteten Handeln, sondern erschöpfen sich oft in Einzelmaßnahmen, die aus dem (begrenzten) funktionalen Blickwinkel der personalwirtschaftlichen Fachabteilungen (Personalrekrutierung, Personalentwicklung, Compensation & Benefits etc.) getroffen werden. Für eine ganzheitliche, fokussierte Steuerung des Personalportfolios auch unter Risikogesichtspunkten weist das zugrunde liegende Entscheidungsfeld ohne methodische Hilfestellung eine nur schwer zu überwindende Komplexität auf.

2 Zielsetzung der Arbeit

Das Personalmanagement sieht sich zunehmend gefordert, die reaktive Rolle eines Administrators abzulegen und in die Rolle des aktiv gestaltenden, Veränderungen fordernden und fördernden „Mitspielers" im Unternehmen hineinzuwachsen.[44] Die Aufgabe der Personalabteilung wird zukünftig insbesondere sein, einen stärkeren quantitativen und qualitativen Beitrag zur Unternehmensperformance zu leisten.[45] Einhergehend mit diesem Paradigmenwechsel zielen die nachfolgenden Überlegungen im Kern darauf ab, je Mitarbeiter eine rechnerisch ermittelte, aber nicht zwangsläufig monetäre Größe abzuleiten, die eine Gegenüberstellung von Mitarbeiterwerten im Sinne interner Marktwerte der Mitarbeiter erlaubt.

Als Maßstab für den Wert eines Mitarbeiters für das Unternehmen dient dabei zum einen die gezeigte Leistung. Zum anderen finden aber auch weiter gehende qualitative und quantitative, vergangenheits- und zukunftsorientierte Kriterien Berücksichtigung, die teils mit der Person des Mitarbeiters, teils aber auch mit äußeren Gegebenheiten (z. B. der zukünftigen Bedeutung eines Geschäftsfelds) zusammenhängen. Der neue, integrative Ansatz soll verschiedenste personalwirtschaftliche Instrumente (wie Stellenbewertung, Personalbeurteilungssystem, Potenzialanalysen, Kompetenzmodell etc.) mit der Unternehmensstrategie und Erkenntnissen über Markttendenzen

---

44 Vgl. Reupert, D./Wenisch, S., Die Balanced Scorecard als Steuerungsinstrument, in: Personalführung 11/2000, S. 38–43, S. 38; Ulrich, D./Brockbank, W., The HR Value Proposition, o. O. 2005, S. 199 ff.

45 Vgl. Schust, G. H., a. a. O., S. 50.

verknüpfen und somit in ein umfassendes leistungs- und erfolgsorientiertes Human-Resources-Management[46] münden.

Die Zielsetzung des zu entwickelnden Systems besteht darin, den Entscheidungsträgern dazu zu verhelfen, von Einzelpersonen zu abstrahieren und dadurch bei der Gewährung wie auch immer gearteter Vergünstigungen das Maß an Willkür, das aus persönlichen Beziehungen oder Voreingenommenheit gegenüber Individuen resultiert, zu reduzieren. Den jeweiligen Vorgesetzten ist die zwangsläufige Subjektivität ihrer Entscheidungen zur Anreizallokation in ihrem Einflussbereich nicht immer bewusst bzw. auch nicht vorzuwerfen, da die Möglichkeit zum fundierten, auch abteilungsübergreifenden Quervergleich bei der Einschätzung ihrer Mitarbeiter bislang nicht gegeben ist. Da das vorgestellte ganzheitliche Steuerungsmodell vielfältige Einzelinstrumente und damit auch individuelle Sichtweisen verbindet, kann auch dieses einen gewissen Grad an Subjektivität zwar nicht ausschließen, aber zumindest gegenüber den in der Praxis vorherrschenden isolierten Steuerungsansätzen deutlich reduzieren. Eine dementsprechende Steuerungsgröße soll dem Management eine Entscheidungshilfe bieten, um

- Mitarbeiter auch mit unterschiedlichem persönlichem Hintergrund, Aufgabenbereich und Potenzial zu vergleichen und
- Investitionen (z. B. in Form von Gehältern, Bonuszahlungen, Halteprämien oder Weiterbildungsmaßnahmen) in die für die Zukunft des Unternehmens tatsächlich wesentlichen Mitarbeiter anhand nachvollziehbarer und stringent angewendeter Kriterien fokussiert vornehmen zu können.

Der zu entwickelnde wertbezogene Verteilungsmechanismus soll auch dann anwendbar sein, wenn das einem Mitarbeiter zugeordnete Vergütungspaket nicht vollständig ausgezahlt wird, sondern der Gegenwert dem Mitarbeiter teilweise als Versorgungsleistung im Rahmen eines wie auch immer ausgestalteten „Cafeteria-Systems“[47] zugutekommt. Die ermittelten Mitarbeiterwerte sollen jedoch nicht nur eine aussagekräftige Basis für die Zuteilung von

---

[46] Vgl. Ewert, D., Neue Leistungsanreize durch variable Vergütung und Aktienoptionen, in: Personal 8/2000, S. 405–407, S. 405.

[47] Vgl. z. B. Kahlert, A., Mit einem Cafeteria-System zur „Total Compensation“, in: Personalführung 2/2003, S. 66–70, S. 66 f.; Pilger, N., Strategisch vergüten, in: Personal 11/2008, S. 6–8, S. 6 ff.

monetären Größen[48], sondern auch von nicht monetären Incentiveleistungen, wie zum Beispiel Unternehmenstiteln oder persönlichen Würdigungen, bilden (vgl. Kap. G 2.1.4.1).

Das neue System soll zwar – wie oftmals gefordert[49] – einen nachvollziehbaren Zusammenhang zwischen Leistung und Erfolg und der Höhe der gesamten Incentivierung herstellen und dementsprechend Mitarbeiter zur Umsetzung vorher vereinbarter Ziele motivieren.[50] Die Intention der nachfolgenden Überlegungen geht jedoch nicht dahin, eine Systematik zu entwickeln, die es dem Mitarbeiter erlaubt, die finanziellen Auswirkungen des eigenen Einsatzes ex ante präzise ermitteln zu können (Zielbonuskonzept). Eine wichtige Prämisse der vorliegenden Untersuchung soll dementsprechend sein, dass die insgesamt zu verteilende Bonussumme – die in der Praxis üblicherweise am Jahresende vom Unternehmen vor dem Hintergrund des Jahresüberschusses bzw. des Betriebsergebnisses festgesetzt wird[51] – als absoluter Betrag vorgegeben sei, der im Sinne eines Nullsummenspiels aufwandsneutral[52] zur Verteilung ansteht.[53] Wenngleich dieses sogenannte Bonuspoolkonzept bei guter Einzelleistung und unzureichender Ertragslage der Bank zugegebenermaßen im Einzelfall demotivierend wirken kann[54], so stellt es doch sicher, dass nur tatsächlich erwirtschafteter Gewinn zur Verteilung

---

48 Auch freiwillige Zusatz- bzw. Sachleistungen der Bank sollten in eine kalkulatorische Gesamtbetrachtung des Bankaufwands je Mitarbeiter einbezogen werden, obwohl oder vielleicht gerade weil Mitarbeiter diese Komponenten oftmals gar nicht als explizite Leistungsbestandteile wahrnehmen, vgl. auch Kick, Th., Total Compensation. Ein attraktives und zukunftsorientiertes Vergütungssystem zum Ausbau der Wettbewerbsfähigkeit von Banken im Arbeitsmarkt, in: Personalführung 4/1997, S. 308–313, S. 309.

49 Vgl. z. B. Eickhoff, A. M., a. a. O., S. 31; Hören, M. von, Stärkere Leistungsorientierung, a. a. O., S. 89–91, S. 89; Hören, M. von, Vergütung von Führungskräften, a. a. O., S. 278.

50 Vgl. Eickhoff, A. M., a. a. O., S. 31.

51 Vgl. ebenda, S. 30.

52 Vgl. Prasch, E./Torka, W., Neues Vergütungssystem: Die Leistung zählt, in: Die Bank 9/1995, S. 516–520, S. 516.

53 Vgl. Pankert, E./Zwecker, F., Deutsche Banken als Nachzügler, in: Bankmagazin 5/1993, S. 40–45, S. 42; Laber, H./Torka, W., a. a. O., S. 386. Vertiefend zu den Varianten der Verknüpfung von Unternehmenserfolg, individueller Leistung und der Steuerung der Bonifikation vgl. Conrad, P./Manke, G., Zielvereinbarung, Leistungsbeurteilung und flexible Vergütung, in: Personalführung 5/2001, S. 52–57, S. 55 f.

54 Um hervorragende persönliche Leistungen auch bei einem schlechten betrieblichen Ergebnis zu honorieren, schlagen Hoos und Siebold vor, das Bonussystem zumindest zu einem Teil über das Gehaltskostenbudget zu finanzieren, vgl. Hoos, W./Siebold, M., Gehaltsmanagement als Instrument der Führung im Mittelstand, in: Personalführung 10/1999, S. 32–38, S. 36.

gelangt.[55] Der Fokus der vorliegenden Untersuchung ist ebenfalls nicht auf die Ableitung einer als adäquat erachteten Gesamtbonussumme aus dem erwirtschafteten Ergebnis gerichtet.[56]

Im Ergebnis soll der vorgestellte integrierte Steuerungsansatz insbesondere durch mehr Transparenz der Anreizverteilung[57] und mehr interne Vergütungsgerechtigkeit[58] zu höherem Arbeitseinsatz motivieren[59], die Mitarbeiter nach dem Leistungsprinzip fördern, Leistungsträger an das Unternehmen binden, aber auch die Entscheidung zur fairen Trennung von nicht leistungsfähigen bzw. -willigen Mitarbeitern fundieren.[60] Die Einsatzmöglichkeit von Mitarbeiterwerten beschränkt sich jedoch nicht auf noch zu treffende Allokationsentscheidungen, sondern bezieht sich auch auf die Verifizierung bereits getroffener diesbezüglicher Entscheidungen, um dadurch Erkenntnisse für zukünftiges Handeln ableiten zu können.

Eine verstärkte Orientierung der Führungskräfte und Mitarbeiter an den aus den Unternehmenszielen abgeleiteten für die Mitarbeiterwertermittlung relevanten Größen bietet dem Management die Chance, zusätzliche Ertragspotenziale zu nutzen und dadurch die Marktpositionierung des Unternehmens zu sichern und auszubauen.[61] Hiervon abgesehen soll die Zielsetzung dieser Arbeit jedoch auch darin bestehen, dem Management ein geeignetes Steuerungsinstrument an die Hand zu geben, um durch die Aggregation der Merkmalsausprägungen einzelner aus den Unternehmenszielen abgeleiteter Determinanten von Mitarbeiterwerten Personalrisiken aufzudecken. Während Banken verschiedenste Risikokategorien (z. B. Kredit-, Zinsänderungs-, Markt- oder Prozessrisiken) anhand ausgefeilter Modelle

---

55 Vgl. Wienkamp, H., Flexible Vergütung – Mit dem Bonus kommen Sie ans Ziel, in: Bankmagazin 4/1993, S. 35–39, S. 35.

56 Als Kennzahl für die Bemessung eines Bonustopfs eignet sich z. B. der Return on Investment (ROI). Diese Bezugsgröße stellt die Rendite des eingesetzten Kapitals dar. Der erwirtschaftete Gewinn einer Gesellschaft ist dagegen keine aussagekräftige Kennziffer, da er keine Relation zu den eingesetzten Mitteln ausdrückt, vgl. Steves, F./ Tauber, J. L. L., Erfolgshonorierung nach dem wertorientierten Ansatz, in: Personalführung 7/1999, S. 16–21, S. 17.

57 Vgl. Prasch, E./Torka, W., a. a. O., S. 516.

58 Vgl. Cisek, G./Meyer, E., Entgelt-Management in Banken, in: ZfgK 20/1986, S. 951–952, S. 951.

59 Empirische Untersuchungen beweisen eine valide Korrelation zwischen Vergütung und Leistungsbereitschaft, vgl. Cisek, G., Arbeitswelt Banken – eine Zukunftsskizze, in: Die Bank 1/2001, S. 46–50, S. 49.

60 Vgl. Wagner, D., a. a. O., S. 26; Ueberschaer, N., Leistung, Motivation und Vergütung in der Team- und Gruppenarbeit, in: Personalführung 4/1998, S. 14–21, S. 15.

61 Vgl. Uepping, H./Matthes, E., Erfolgspotentiale steigern, in: Personalführung 10/1995, S. 858–865, S. 858.

verfolgen, bestehen betreffend die Personalrisiken oft keine verlässlichen Einschätzungen bzw. Erfahrungswerte.[62] Personalrisiken können insbesondere aufgrund unzureichend qualifizierter, fehlender, unmotivierter bzw. abwanderungswilliger Mitarbeiter entstehen (vgl. Kap. G 2.2).[63] Die Einbindung der personalwirtschaftlichen Risikosteuerung in eine turnusmäßig durchzuführende Mitarbeiterwertanalyse schafft die Voraussetzung für eine institutionalisierte und zugleich systematisierte Ableitung von Handlungsimpulsen zur wirksamen Reduzierung der erkannten Risiken. Diese kriterienbezogene, an strukturellen Stärken bzw. Schwächen ansetzende Sichtweise ergänzt den wertgetriebenen Fokus der personenbezogenen Steuerung des Mitarbeiterportfolios im Sinne einer ganzheitlichen Betrachtungsweise.

Das Streben nach Reduktion von Personalrisiken geht einher mit den Vorschriften des Baseler Ausschusses für Bankenaufsicht, denen zufolge Banken und Sparkassen neben den Kredit- und Marktrisiken auch die operationellen oder betrieblichen Risiken (dazu zählen auch Personalrisiken) mit Eigenkapital zu unterlegen haben (vgl. Kap. C 2.7).[64] Bislang fehlt es jedoch noch immer an verlässlichen Methoden und Verfahren, um diese Risiken genau erfassen und quantifizieren zu können.[65] In Deutschland existiert zwar (noch) keine entwickelte Ratingkultur[66] wie in manchen anderen Ländern.[67] Durch die Vorschriften der Baseler Eigenkapitalübereinkunft setzen sich die Banken jedoch

---

[62] Vgl. Kobi, J.-M., Management des Personalrisikos, in: Personalwirtschaft 6/2000, S. 31–37, S. 34; Spickermann, R./Vasic, A., Risiken identifizieren, in: Personalführung 10/2007, S. 72–75, S. 72; Wickel-Kirsch, S./de Vries, L./Dürr, A., Wertvolles Gut im Mittelstand, in: Personal 6/2008, S. 30–32, S. 30.

[63] Vgl. Kobi, J.-M., Die Früherkennung von Personalrisiken als Pflicht, in: PERSONALmagazin 10/2002, S. 20–22, S. 21.

[64] Vgl. Kobi, J.-M., Frühes Erkennen spart Kosten, in: Bankmagazin 6/2003, S. 46–47, S. 46; Berndt, H., Dreh- und Angelpunkt ist die Entwicklung und Implementierung eines leistungsstarken Ratings, in: ZfgK 4/2001, S. 20–23, S. 20. Die internationale Bankenaufsicht will erreichen, dass sich die Preisbildung bei der Kreditvergabe am Risikopotenzial des Kredits orientiert, und koppelt daher die Eigenkapitalunterlegungspflicht der Banken an den Risikogehalt ihres jeweiligen Kreditportefeuilles. Als Instrument zur Risikomessung ist neben Ratings externer Agenturen auch die Anwendung bankinterner Ratingsysteme zugelassen, vgl. Kuhn, E., „Basel II“ als Verbandsaufgabe: Lobbyarbeit für den Mittelstand, in: bank und markt 6/2001, S. 18–21, S. 18 f.

[65] Vgl. Berndt, H., a. a. O., S. 20; Kobi, J.-M., Frühes Erkennen, a. a. O., S. 46.

[66] Nach wissenschaftlicher Definition handelt es sich bei einem Rating um das Ergebnis einer Bewertung wirtschaftlicher Sachverhalte, das durch nicht numerische Symbole dargestellt wird und jederzeit eine Klassifizierung der betrachteten Sachverhalte mit ordinalem Skalenniveau zulässt, vgl. Schulz, J., Welche Macht haben Ratingagenturen?, in: Achleitner, A.-K./Everling, O. (Hrsg.), Versicherungsrating, Wiesbaden 2005, S. 3–18, S. 3.

[67] Vgl. Everling, O., Internes Rating ist nur der Anfang, in: Bankmagazin 3/2001, S. 25.

mittlerweile intensiv mit externen bzw. internen Ratingansätzen auseinander, wodurch sicherlich die Grundbereitschaft zur Nutzung weiterer ratinggestützter (oder generell quantitativ ausgerichteter) Steuerungssysteme wächst.[68] Somit soll die vorliegende Arbeit auch einen Beitrag dazu leisten, den Ratinggedanken aus der Finanzwelt verstärkt auf Mitarbeiter – beispielhaft dargestellt anhand der Investmentbankingbranche – zu übertragen.

Die Intention dieser Untersuchung besteht keinesfalls darin, ein fertiges, zur unmittelbaren Implementierung nutzbares System vorzustellen. Ein für alle Kreditinstitute gültiges Steuerungskonzept gibt es nicht und kann es auch nicht geben, da ein solches Führungsinstrument direkt auf das geschäftspolitische Zielsystem eines Hauses zugeschnitten sein muss[69] und aufgrund der sich rasch ändernden Umweltbedingungen ohnehin rasch Makulatur wäre. Der Fokus der Betrachtung ist vielmehr auf die Vielzahl der zu treffenden Einzelentscheidungen von der Festlegung des Zielsystems über die Auswahl der einzubeziehenden mitarbeiter-, unternehmens- und marktbezogenen Determinanten von Mitarbeiterwerten bis hin zur Art der Verknüpfung und Auswertung der Kriterien gerichtet. Das aufgezeigte Menü der unterschiedlichen Entscheidungsmöglichkeiten soll der Praxis einen Grundstock liefern, um ein unternehmensspezifisches System zur Steuerung des Mitarbeiterportfolios (z. B. im Investmentbanking) passgenau entwickeln und anschließend implementieren zu können.

3 Gang der Untersuchung

Nach einem **einleitenden Kapitel** analysiert die vorliegende Arbeit in **Kapitel B** die Besonderheiten des Geschäftsfelds „Investmentbanking", da diese die spätere Auswahl der für die Mitarbeiterwertermittlung relevanten Kriterien

---

68 Vgl. Boos, K.-H./Schulte-Mattler, H., Basel II: Externes und internes Rating, in: Die Bank 5/2001, S. 346–354, S. 347 ff. Die führenden Ratingagenturen sehen sich der öffentlichen Kritik ausgesetzt, durch krasse Fehleinschätzungen der Kreditrisiken in den USA die weltweite Wirtschafts- und Finanzkrise (vgl. Kap. B 1.4) mitverursacht zu haben. Als Reaktion auf diesen Vorwurf verabschiedete die EU-Kommission am 24.04.2009 eine EU-Verordnung zu Ratingagenturen. Nach diesem Regelwerk müssen Ratingagenturen die Modelle, Methoden und grundlegenden Annahmen veröffentlichen, auf die sie ihre Ratings stützen. Seit der Subprime-Krise ist das Image der Ratingagenturen zwar auch in Deutschland beschädigt, was jedoch die Nützlichkeit einer richtig und zeitnah angewendeten Ratingsystematik keinesfalls infrage stellen sollte, vgl. Brabänder, B., Die Rolle der Rating-Agenturen, in: Die Bank 8/2008, S. 9–15, S. 9; Singer, J., Bänkchen in der Grube, in: Börsen-Zeitung vom 05.02.2008, S. 4; o. V., EU stellt Ratinghäuser unter Aufsicht, in: Börsen-Zeitung vom 24.04.2009, S. 5.

69 Vgl. Heitmüller, H.-M., Motivations- und Anreizsysteme in Kreditinstituten – der Rat aus dem Verband, in: bank und markt 9/1995, S. 30–34, S. 30.

determinieren. Die Notwendigkeit zur systematischen Steuerung der personellen Ressourcen gerade im Investmentbanking wird abgeleitet aus der aufgezeigten hohen Volatilität des Investmentbankinggeschäfts[70], verbunden mit enormen Ertragspotenzialen bei gleichzeitig hohen Personalkosten. Hinzu kommt die erhebliche Abhängigkeit von individuellem Fehlverhalten[71], die für die betroffenen Institute existenzgefährdende Dimensionen erreichen kann und der zur Risikoreduktion daher auch von der personalwirtschaftlichen Seite Steuerungsinstrumente entgegenzustellen sind.

Ein Überblick über die entsprechenden in der internationalen betriebswirtschaftlichen Forschung und Praxis im Mittelpunkt stehenden Partial- und Totalansätze zur Ermittlung von Mitarbeiterwerten ist Bestandteil von **Kapitel C**. Die Untersuchung soll aufzeigen, dass die vorhandenen personalwirtschaftlichen Partial- und Totalmodelle zwar jeweils speziellen Zielrichtungen dienen und mit Blick darauf selbstverständlich ihre Existenzberechtigung haben. Allerdings werden diese Modelle nicht dem in der vorliegenden Arbeit formulierten Anspruch an ein ganzheitliches System gerecht, das über den gesamten personalwirtschaftlichen Zyklus von Mitarbeitern von der Einstellung über die Weiterentwicklung bis hin zum Verlassen des Unternehmens Anknüpfungspunkte für Steuerungsmaßnahmen liefert.

Der weitere Aufbau der Untersuchung orientiert sich an den jeweiligen Teilphasen von der Entwicklung bis hin zur Anwendung eines umfassenden personalwirtschaftlichen Steuerungsinstrumentariums im Investmentbanking (vgl. Abb. 1), um die in diesem Prozess auftretenden Analyse- und Entscheidungsfelder sachlogisch vorstellen und bewerten zu können.

---

70 Die Volatilität des Geschäfts wurde insbesondere im Rahmen der Subprime-Krise deutlich, als diese zu erheblichem Wertberichtigungsbedarf der Kreditinstitute führte, vgl. o. V., Neue Milliardenverluste bei Banken erwartet – S&P schätzt Volumen auf 265 Mrd. Dollar, in: Börsen-Zeitung vom 01.02.2008, S. 1; vertiefend Hagedorn, D., Die Subprime-Krise und ihre Folgen, in: Die Bank 12/2007, S. 20–26; Klein, D. K. R., Turbulenzen an den internationalen Finanzmärkten – Ursachen, Auswirkungen und Lehren, in: ZfgK 2/2008, S. 35–39; Singer, J., Die Wundertüten des modernen Finanzmarktes, in: ZfgK 1/2008, S. 6; Singer, J., Die dümmsten Schultern tragen die größten Risiken, in: ZfgK 2/2008, S. 5; Singer, J., Bänkchen, a. a. O., S. 4.

71 Schlagzeilen machte ein Banker der Société Générale, der Positionen von bis zu 50 Milliarden Euro aufbaute, das Gefühl für die Höhe der Summen verlor und damit die Bank in eine schwere Existenzkrise stürzte, vgl. o. V., SocGen deckt Händlerbetrug auf – 4,9 Mrd. Belastung, in: http://de.reuters.com/article/topNews/idDEBUC42968320080124 vom 24.01.2008; o. V., Kerviel will nicht der Sündenbock sein, in: Börsen-Zeitung vom 06.02.2008, S. 3.; Zeise, L., Bis es richtig knallt, in: http://www.ftd.de/meinung/leitartikel/:Kolumne% 20Lucas%20Zeise%20Bis/ 312568.html vom 05.02.2008; o. V., Boni auf Bewährung, in: Börsen-Zeitung vom 13.02.2008, S. 8.

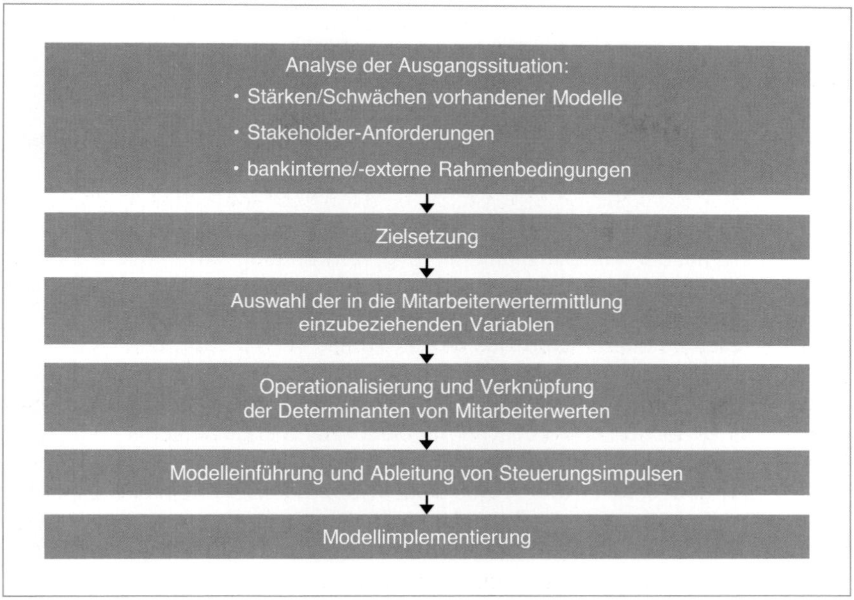

Abb. 1 Teilphasen der Entwicklung eines mitarbeiterwertbasierten Steuerungsmodells

Die skizzierten Teilphasen sind im Sinne eines Regelkreismodells miteinander verbunden, das auf die stetige Infragestellung getroffener Annahmen und die Einbeziehung der neu gewonnenen Erkenntnisse in die jeweiligen Prozessschritte zwecks Modellverfeinerung ausgerichtet ist.

Kapitel D befasst sich demzufolge zunächst mit der Analyse der Interessenlagen der jeweiligen Stakeholder-Gruppen sowie der Analyse der generellen Rahmenbedingungen, um hieraus die strategische Ausrichtung des zu entwickelnden ganzheitlichen personalwirtschaftlichen Steuerungsmodells abzuleiten. Dieses soll – wie anschließend näher ausgeführt wird – als Zielsetzung auf der einen Seite eine personen- bzw. in aggregierter Form eine personengruppenbezogene Steuerung erlauben, auf der anderen Seite Steuerungsansätze auf der Ebene der einzelnen in die zu errechnenden Mitarbeiterwerte einfließenden Kriterien aufzeigen. Der Diskussion von Ausgestaltungsmöglichkeiten zur strategischen Ausrichtung eines solchen Totalmodells innerhalb einer Matrixbetrachtung schließen sich in **Kapitel E** die Auswahl, Bewertung und Operationalisierung relevanter personenbezogener bzw. personenunabhängiger Modellvariablen an, die eine besondere Aussagekraft hinsichtlich des Werts eines Mitarbeiters leisten.

Auf dieser Grundlage ist es dann in **Kapitel F** möglich, verschiedene Verfahren zur funktionalen Verknüpfung der diskutierten Modellvariablen kritisch zu analysieren, wobei der Schwerpunkt der Betrachtung auf Scoring- und Ratingmodellen liegt. Grund hierfür ist die Bekanntheit der Modelle, die es erlaubt, leichter Akzeptanz des später einzuführenden Steuerungssystems zu schaffen.

Die Phasen der Modellentwicklung finden in **Kapitel G** im Sinne eines Regelkreismodells mit der Modellimplementierung, -anwendung sowie -überprüfung und -anpassung ihren Abschluss. Dem Autor der vorliegenden Arbeit ist – auch als Ergebnis des Studiums der teilweise in der Fachliteratur sehr kontrovers geführten Diskussionen – durchaus bewusst, dass der Versuch, den „Wert“ eines Mitarbeiters zu ermitteln, zu einer Polarisierung der Lesermeinungen führen kann: Die Frage, ob die Mitarbeiterwertermittlung vor dem Hintergrund moralischer Bedenken und möglicher methodischer Mängel in der Vorgehensweise überhaupt statthaft ist, liegt meistens zu nahe, um nicht gestellt oder gedacht zu werden. Aus diesem Grund bezieht Kapitel G explizit die einschlägigen Argumente für beide Positionen als Argumentationshilfen ein, um im Fall von Widerständen bei der Einführung eines mitarbeiterwertbasierten Steuerungskonzepts zu einer Versachlichung der Diskussion beizutragen und letztlich den Nutzen für das Unternehmen und seine Mitarbeiter im Sinne von mehr Transparenz und Gerechtigkeit hervorzuheben. Die anschließend diskutierten Steuerungsmöglichkeiten beziehen sich sowohl auf die Förderung von Mitarbeitern entsprechend ihrem Wert für das Unternehmen[72] als auch auf die Beseitigung der bezüglich einzelner Determinanten von Mitarbeiterwerten identifizierten strukturellen Schwachstellen.

Die Arbeit endet in **Kapitel H** mit einem kurzen, thesenartigen Resümee und einer Skizzierung der sich abzeichnenden Entwicklungstendenzen bzw. weitergehender Einsatzmöglichkeiten des vorgestellten Steuerungsmodells.

---

[72] Vgl. Leichtfuß, R./Bonacker, M., a. a. O., S. 625.

B Begriffsbestimmung und -abgrenzung

1 Investmentbanking

1.1 Definition des Begriffs „Investmentbanking“

Vor dem Hintergrund der vielfältigen regulatorischen Rahmenbedingungen in den verschiedenen Ländern und der jeweiligen Geschäftsentwicklungen ist eine allgemeingültige Definition des Begriffs „Investmentbanking“ unmöglich.[73] Die im Folgenden getroffene Auswahl typischer Geschäftsfelder folgt daher einerseits der vielfach geäußerten Meinung „Investment banking is what investment banks do“.[74] Andererseits ist für die Nennung gerade dieser Geschäftstätigkeiten ausschlaggebend, dass diese im deutschen Markt tatsächlich von Investmentbanken selbst betrieben werden (dies trifft beispielsweise auf das Immobilienmanagement nicht zu) und nicht nur begrenzt (wie etwa der Rohstoffhandel) entwickelt sind.[75]

- Capital Markets
  Investmentbanken führen im Bereich Capital Markets die Emission und Platzierung von Wertpapieren durch, das heißt, sie sind in die Beratung des Emittenten, die Übernahme der Wertpapiere und die Distribution an die Investoren involviert.[76] Der Bereich untergliedert sich dabei (in Abhängigkeit davon, ob es sich um einen Eigenkapital- oder einen Fremdkapitalwert

[73] Einen Überblick über in der Literatur vorgenommene, unterschiedlich weitgefasste Abgrenzungsmöglichkeiten des Investmentbankings vermittelt beispielsweise Achleitner: Die weiteste Definition orientiert sich dabei an den tatsächlichen Geschäftstätigkeiten der bedeutendsten US-amerikanischen Finanzinstitute. Deren Geschäftsfelder umfassen ein Spektrum vom internationalen Emissionsgeschäft über eine ganze Reihe von speziellen Finanzdienstleistungen (z. B. Immobilien und Versicherungen) bis hin zum Marketing im Kleinkundengeschäft. Die ausgeübten Tätigkeiten beinhalten zudem umfangreiche Handelsaktivitäten, die von klassischen Titeln, z. B. Staatsanleihen, bis hin zu Waren und Rohstoffen inklusive Kaffee und Strom reichen. Ebenfalls eingeschlossen sind der Eigenhandel (Proprietary Trading) und Principal Investment, bei denen die Banken auf eigene Rechnung arbeiten. Bei dem am engsten gefassten Definitionsansatz wird das Investmentbanking auf sein historisches Fundament zurückgeführt. Die Tätigkeiten werden auf die Emission und die Aufnahme von Kapital am Primärmarkt sowie auf den Wertpapierhandel am Sekundärmarkt als Broker oder Dealer beschränkt, vgl. Achleitner, A.-K., a. a. O., S. 8 f.; Hahn, O., Struktur der Bankwirtschaft, Band 2, Spezialbanken und Internationale Banken, 2. Teilband, Berlin 1985, S. 220 ff.

[74] Vgl. Achleitner, A.-K., a. a. O., S. 9.

[75] Vgl. ebenda.

[76] Vgl. ebenda, S. 19.

handelt) in die Untersektoren Equity Capital Markets und Debt Capital Markets.[77]

- Sales & Trading
Der Verkaufs- und Handelsbereich, Sales & Trading genannt, steht mit potenziellen Investoren in Kontakt und empfiehlt diesen adäquate Anlagestrategien und die Disposition über einzelne Wertpapiere.[78] Der Handel führt die Aufträge der Kunden durch, kauft bzw. verkauft aber auch Wertpapiere auf eigene Rechnung.[79] Nach außen hat speziell der Eigenhandel drei Aufgaben zu erfüllen: Erstens widmet er sich der klassischen Arbitrage, dem Ausnutzen örtlicher Preisunterschiede.[80] Zweitens engagieren sich zumindest große Banken als Market Makers, das heißt, sie verpflichten sich, für bestimmte Finanzinstrumente jederzeit auf Anfrage verbindliche An- und Verkaufskurse zu stellen.[81] Sie tun dies für bestimmte Mindestmengen und ohne zu wissen, ob der Anfragende ein Geschäft abschließen oder sich nur informieren möchte.[82] Im Gegensatz hierzu übernehmen Broker keine eigenen Positionen, sondern kontrahieren nur dann, wenn sie eine passende Marktgegenseite für den jeweiligen Auftrag haben.[83] Als dritte und originäre Aufgabe des Eigenhandels ist das sogenannte Proprietary Trading zu nennen, dessen Ziel es ist, mit eigenem Kapital der Bank (d. h. ohne direkten Zusammenhang mit einer Kundenorder) erkennbare Marktbewegungen gewinnträchtig zu nutzen.[84] Die Handelsabteilung einer Filialbank agiert im Eigenhandel auch nach innen, das heißt gegenüber den übrigen Einheiten der Bank, wie ein Market Maker.[85] Sie stellt ebenfalls verbindliche Preise und nimmt – zum Beispiel den Sales-Einheiten oder den Filialen – alle offenen Positionen ab.[86]

- Corporate Finance
Der Corporate-Finance-Bereich, der gelegentlich auch als Financial Advisory bezeichnet wird, erbringt für Groß- und Mittelstandskunden Beratungsleistungen mit dem Ziel einer kostengünstigen und geschäfts-

---

[77] Vgl. ebenda.
[78] Vgl. ebenda, S. 20.
[79] Vgl. ebenda.
[80] Durch zunehmenden elektronischen Fortschritt und Internationalisierung sind die Märkte jedoch inzwischen dem mikroökonomischen Ideal des perfekten Marktes so nahe gerückt, dass Arbitrage kaum noch möglich ist, vgl. Lemmer, J., Der Eigenhandel als strategisches Geschäftsfeld deutscher Banken, in: Die Bank 9/1999, S. 620–627, S. 621.
[81] Vgl. ebenda.
[82] Vgl. ebenda.
[83] Vgl. ebenda, S. 622.
[84] Vgl. ebenda, S. 621.
[85] Vgl. ebenda.
[86] Vgl. ebenda.

zweckadäquaten Kapitalbereitstellung.[87] Hohe Popularität in breiten Kreisen der Bevölkerung erlangten in Deutschland Ende der 90er-Jahre Neuemissionen (Initial Public Offerings oder kurz IPOs) des Neuen Marktes.[88] Diese Finanzierungsform (früher auch Going-public genannt) bezeichnet das erstmalige Angebot der Aktien eines Unternehmens auf dem Kapitalmarkt.[89] Bei der Begebung von IPOs beraten Investmentbanken Emittenten unter anderem hinsichtlich des benötigten Kapitalrahmens, der Absatzmarktwahl zur Platzierung der Emission, der Preisfindung sowie des richtigen Emissionszeitpunkts und übernehmen gegebenenfalls das Platzierungsrisiko vollständig oder teilweise.[90] Weitere Beispiele für Corporate-Finance-Geschäfte sind Kapitalerhöhungen, die Umschichtung von Fremdkapital, Aktienrückkäufe oder Mitarbeiterbeteiligungsprogramme.[91]

- Mergers & Acquisitions (M&A)
  Dieser aus dem angelsächsischen Sprachraum übernommene Begriff umschließt sowohl Fusionen[92] als auch Akquisitionen[93] von Unternehmen.[94] Im Rahmen ihrer M&A-Tätigkeiten berät eine Investmentbank Kunden, die einzelne Geschäftsbereiche oder ganze Unternehmen kaufen oder verkaufen respektive ihr Unternehmen mit (einem) anderen verschmelzen möchten.[95] Teilleistungen bestehen insbesondere aus der Definition von Kriterien für potenzielle Partner bzw. Übernahmekandidaten, der Suche geeigneter

87 Vgl. Achleitner, A.-K., a. a. O., S. 19.
88 Vgl. Beck, H., a. a. O., S. 24.
89 Vgl. Mang, Th., Investment Banking für den Mittelstand: Integration gefragt, in: bank und markt 6/2001, S. 12–16, S. 14.
90 Vgl. ebenda.
91 Vgl. Achleitner, A.-K., a. a. O., S. 19.
92 Eine Fusion (Merger) ist der Zusammenschluss zweier oder mehrerer bis dahin rechtlich und wirtschaftlich selbstständiger Unternehmen, wobei mindestens ein beteiligtes Unternehmen seine rechtliche Selbstständigkeit verliert, vgl. Coenenberg, A. G./Jakoby, St., Akquisition und Unternehmensbewertung, in: Busse von Colbe, W. et al. (Hrsg.), Betriebswirtschaft für Führungskräfte, Band 30, Stuttgart 2000, S. 177–206, S. 177.
93 Unter einer Akquisition wird der Erwerb von Unternehmen bzw. Unternehmensteilen verstanden, der entweder durch die Übertragung von Gesellschaftsanteilen (Share Deal) oder durch die Übertragung aller oder bestimmter Wirtschaftsgüter und Verbindlichkeiten (Asset Deal) oder durch die Kombination von beiden erfolgt. Bei einer Akquisition kann davon ausgegangen werden, dass die wirtschaftliche Selbstständigkeit eingeschränkt oder vollkommen aufgegeben wird, die rechtliche Selbstständigkeit der beiden Partner kann dagegen durchaus bestehen bleiben, vgl. Coenenberg, A. G./Jakoby, St., a. a. O., S. 177 f.
94 Vgl. Achleitner, A.-K., a. a. O., S. 19; Mang, Th., a. a. O., S. 14; Lucks, K./Meckl, R., Internationale Mergers & Acquisitions, Berlin/Heidelberg 2002, S. 23; Caytas, I. G./ Mahari, J. I., Im Banne des Investment Banking, Stuttgart 1988, S. 23.
95 Vgl. Achleitner, A.-K., a. a. O., S. 19.

Kandidaten und der Kontaktaufnahme zu diesen, der Informationsbeschaffung, Unternehmensbewertung und Angebotsabgabe, den Vertragsverhandlungen sowie dem Vertragsabschluss und schließlich der Eigentumsübertragung nebst Kaufpreiszahlung.[96] Das Leistungsspektrum von Investmentbanken im M&A-Bereich schließt auch Beratungsleistungen zur Verteidigung gegen drohende „feindliche" Übernahmen ein.[97]

Private-Equity-Geschäft und Principal Investment
Als Private-Equity-Geschäfte gelten Eigenkapitalbeteiligungen an nicht börsennotierten Unternehmen.[98] Solche Beteiligungen können in den unterschiedlichsten Entwicklungsstadien eines Unternehmens vorgenommen werden: zur Finanzierung primär innovativer, junger Unternehmen mit überdurchschnittlichen Wachstumspotenzialen (insbesondere durch Venture-Capital-Gesellschaften[99]), zur Forcierung des Unternehmenswachstums, zur Restrukturierung oder bei Eigentümerwechseln.[100] Im Eigengeschäft der Investmentbanken, Principal Investment genannt, werden eigene Gelder mittelfristig in einen nennenswerten Anteil an einzelnen Unternehmen investiert.[101] Dabei nimmt die betreffende Investmentbank auch Einfluss auf die Geschäftstätigkeit, um eine nachhaltige Wertsteigerung der Unternehmen zu erreichen und nach einiger Zeit die Beteiligung profitabel weiterveräußern zu können.[102]

- Structured Finance
  Das heterogene Aufgabenfeld „Structured Finance" umfasst die Bereiche Asset-Backed Securities, Projektfinanzierungen und Leasing.[103] Bei einer Asset-Backed-Securities-Transaktion veräußert ein Kreditinstitut Teile seines Forderungsbestands an eine eigens für eine bestimmte oder eine Mehrzahl solcher Transaktionen gegründete Gesellschaft, die sich ihrerseits durch die

---

96 Vgl. Mang, Th., a. a. O., S. 14; Achleitner, A.-K., a. a. O., S. 19; Storck, J., Betriebs- und marktpolitische Aspekte von Mergers and Acquisitions, in: Die Bank 7/1990, S. 376–380, S. 376.

97 Vgl. Achleitner, A.-K., a. a. O., S. 19.

98 Vgl. Rey, M. W./Röver, J.-H., Private Equity ergänzt die globale Projektfinanzierung, in: Die Bank 9/2001, S. 626–630, S. 626; vertiefend Frommann, H., Entwicklungen und Aussichten des Private-Equity-Geschäfts in Deutschland, in: ZfgK 1/2005, S. 21–23, S. 21 ff.; Hodenberg, W. von, Gibt Private Equity positive Impulse für das Wirtschaftswachstum und den Arbeitsmarkt?, in: ZfgK 1/2005, S. 18–20, S. 18 ff.

99 Vgl. Büschgen, H. E., Bankbetriebslehre: Bankgeschäfte und Bankmanagement, Wiesbaden 1993, S. 97 f.; Groh, A./Gottschalg, O., Venture Capital und Private Equity aus Sicht der Wissenschaft, in: ZfgK 1/2005, S. 24–27, S. 24 ff.

100 Vgl. Rey, M. W./Röver, J.-H., a. a. O., S. 626; Roeder, P./Livonius, H. von, Private Equity und Spezialfondsanleger, in: ZfgK 16/2002, S. 62–64, S. 63.

101 Vgl. Achleitner, A.-K., a. a. O., S. 20.

102 Vgl. ebenda.

103 Vgl. ebenda, S. 19.

Emission von Wertpapieren, den Asset-Backed Securities (ABS), refinanziert.[104] Bei Projektfinanzierungen handelt es sich um die finanzielle Strukturierung individueller Großprojekte (wie z. B. eines Staudamms) unter der Maßgabe einer optimalen Verteilung der Chancen und Risiken auf die Projektbeteiligten.[105] Leasing stellt eine Investitions- und Finanzierungsform dar, die über die rechtliche Grundlage eines Mietverhältnisses Unternehmen, Privatpersonen oder Institutionen die mittel- und langfristige Nutzung von Investitions- und Gebrauchsgütern ermöglicht, wobei durch besondere vertragliche Regelungen zwischen Leasinggeber (Vermieter) und Leasingnehmer (Mieter) Letzterer das Risiko des Wertverlusts trägt oder die Chance der Wertsteigerung des Leasinggegenstands besitzt.[106] Structured-Finance-Leistungen umfassen neben der entsprechenden Beratungsexpertise insbesondere die Analyse, Auswahl und das Angebot der notwendigen Instrumente.[107]

In der Praxis weichen die Grenzen zwischen einerseits Investmentbanken und andererseits Geschäftsbanken (Commercial Banks), die Einlagen entgegennehmen sowie im Kreditgeschäft engagiert sind, zunehmend auf; beide Bankarten durchdringen sich.[108] Zu dieser Aufweichung trägt auch die Liberalisierung des US-amerikanischen Finanzsystems bei: Der im Jahre

---

104 Vgl. Deutsche Bundesbank, Deutsche Bundesbank Monatsbericht Juli 1997, Frankfurt am Main 1997, S. 57.

105 Vgl. Reuter, A./Wecker, C., Projektfinanzierung, Stuttgart 1999, S. 2.

106 Vgl. Feinen, K., Das Leasinggeschäft, Frankfurt am Main 1986, S. 11; Christians, F. W., Finanzierungshandbuch, Wiesbaden 1988, S. 447; Büschgen, H. E., Praxishandbuch Leasing, München 1998, S. 2 ff.

107 Vgl. Mang, Th., a. a. O., S. 14.

108 Vgl. Breuer, R., Investmentbanking als Zukunft der Universalbanken, in: Bankmagazin 10/1996, S. 64–66, S. 64; Mang, Th., a. a. O., S. 12; Staroßom, H., Investment Banking für den Mittelstand – gibt es das?, in: ZfgK 1/1999, S. 28–30, S. 30.; Merl, G., Firmenkundengeschäft als Kernkompetenz, in: ZfgK 10/2002, S. 12–17, S. 13 f.; Benölken, H./Gerber, E., Können Firmenkundenwünsche noch befriedigt werden?, in: Betsch, O./Merl., G. (Hrsg.), Zukunft der Finanzindustrie, Frankfurt am Main 2003, S. 219–240, S. 224. Im Zusammenhang mit der Verwischung der Grenzen zwischen dem Investmentbanking und dem Firmenkundengeschäft weist Singer auf die Schwierigkeit der eindeutigen Ergebniszurechnung hin. Beispielsweise werden gewöhnlich die Erträge aus dem Verkauf von Zins- und Währungsderivaten an mittelständische Firmenkunden dem Investmentbanking zugeordnet, obwohl der Firmenkundenberater die Geschäfte akquiriert und diese Zielgruppe nicht dem Investmentbanking zugerechnet werden kann. Wird einem Unternehmen ein Kredit gegeben, um so die Mandatserteilung für ein M&A-Geschäft zu fördern, und wird der Kredit notleidend, dann fällt dieses Risiko dem Firmenkreditgeschäft zu, während die Erträge aus dem M&A-Mandat dem Investmentbanking zugeschrieben werden, vgl. Singer, J., Ist das deutsche Investmentbanking, a. a. O., S. 14.

1934 in Kraft getretene Glass-Steagall Act hatte bislang in den USA das Trennbankensystem, also das Verbot des gleichzeitigen Angebots von Investmentbanking- und Commercial-Banking-Leistungen, gesetzlich festgeschrieben.[109] Obgleich in den USA die Finanzinstitute in den vergangenen Jahren ihre Geschäftsfelder ausgeweitet und die Restriktionen teilweise umgangen hatten, konnten nach der alten Rechtslage weder Investmentbanken Commercial Banks noch Versicherungen Banken und Broker erwerben.[110] Mit dem im Frühjahr 2000 in Kraft getretenen Financial Modernization Act, der auch Gramm-Leach-Bliley Act genannt wird, streifte die US-amerikanische Bankengesetzgebung die noch aus den 30er-Jahren des 20. Jahrhunderts stammenden Fesseln der Bankengesetzgebung zugunsten eines am europäischen Universalbanksystem orientierten Modells ab.[111] Durch das neue Gesetz ist nunmehr die Errichtung von Financial Holding Companies möglich, die – unter bestimmten Voraussetzungen[112] – sowohl das Wertpapier- und Versicherungsgeschäft als auch das Einlagen- bzw. Kreditgeschäft sowie andere Finanzdienstleistungen unter einem Dach anbieten können (Financial Affiliation).[113] Die Reform des US-Finanzsystems stärkte die amerikanischen Finanzinstitute und führte international zu einer weiteren Verschärfung des Wettbewerbs zwischen US-amerikanischen und europäischen Wettbewerbern.[114]

Die Orientierung der vorliegenden Untersuchung an einer weit gefassten Definition des Begriffs „Investmentbanking“ soll den Anspruch an die möglichst universelle Einsatzmöglichkeit des zu entwickelnden Steuerungsmodells unterstreichen. Zugleich weisen die vielfältigen, im Überblick erläuterten Geschäftsfelder Relevanz für die bereits vorhandene bzw. noch erforderliche Qualifizierung von Mitarbeitern als wichtige Determinante von Mitarbeiterwerten (vgl. Kap. E 2.1) auf.

---

[109] Vgl. Süchting, J., Bankmanagement, 3. Auflage, Stuttgart 1992, S. 238 f.; Breuer, R., Investmentbanking als Zukunft, a. a. O., S. 64; Steiner, M., Entwicklungslinien des US-Bankensystems und der Gramm Leach Bliley Act, in: Die Bank 1/2003, S. 8–13, S. 8; Grabau, M./Joebges, H., Rechtliche Veränderungen im internationalen und nationalen Bankensektor aus historischer Perspektive, in: ZfgK 2/2003, S. 85–90, S. 86; Baas, V., Die Tage des Glass/Steagall-Act sind gezählt, in: Die Bank 10/1997, S. 606–608, S. 606 ff.

[110] Vgl. Noller, K.-J., US-Bankensystem – Neue Ära für US-amerikanische Finanzinstitutionen, in: ZfgK 2/2002, S. 16–23, S. 16.

[111] Vgl. ebenda.

[112] Den Status „Financial Holding Companies“ erlangen nach dem Gramm-Leach-Bliley Act nur Holdings oder Töchter von Holdings, die im Sinne des Risikomanagements gut geführt und in Bezug auf das Eigenkapital gut ausgestattet sind, vgl. Grabau, M./ Joebges, H., a. a. O., S. 86.

[113] Vgl. Noller, K.-J., a. a. O., S. 21; Steiner, M., a. a. O., S. 10.

[114] Vgl. Noller, K.-J., a. a. O., S. 22; Baas, V., Strategische Optionen für europäische Investmentbanken, in: Die Bank 12/1998, S. 720–723, S. 721.

1.2 Branchencharakteristika

Aufgrund der nachfolgenden Branchencharakteristika bestehen für die etablierten Marktteilnehmer hohe Qualitäts-, Kapital- und Kostenanforderungen und damit für potenzielle neue Anbieter erhebliche Markteintrittsbarrieren.[115]

- Regulierung
  Das Investmentbanking ist nach wie vor eine stark regulierte Branche. Aufsichtsbehörden überwachen die Erfüllung von Kapitalanforderungen, aufsichtsrechtlichen Berichtsvorgaben sowie organisatorischen Anforderungen.[116] Strenge aufsichtsrechtliche Vorschriften spiegeln sich unmittelbar in hohen Standards hinsichtlich der Mitarbeiterqualifikation wider.

- Kundenbeziehungen und Reputation
  Erfolg im Investmentbanking beruht auch auf der Fähigkeit, Kundenbeziehungen zu entwickeln und zu pflegen.[117] Grundvoraussetzung für den Erfolg sind (auch) hier enge persönliche Beziehungen und Netzwerke sowohl im Advisory- als auch im Sales-/Trading-Bereich.[118] Dabei steht in einigen Produktfeldern, wie gerade im Corporate Finance, die langfristige Kundenbeziehung im Vordergrund, der sich der Betreuer im Rahmen eines Relationship-Management-Ansatzes widmet. Andere Tätigkeitsfelder, wie etwa der Handel, erfordern hingegen eine stark transaktionsorientierte Denkweise, da hier eher der kurzfristige Erfolg, das heißt der erfolgreich abgeschlossene Deal, zählt.[119] Abgesehen von der persönlichen Ebene ist das Geschäft im großen Maße abhängig von der Reputation und Position einer Investmentbank in den jeweiligen Ranglisten, die beispielsweise das Gesamtvolumen der als Lead-Manager begleiteten Neuemissionen widerspiegeln.[120]

- Komplexität
  Die Vielfalt der Produkte, die immensen Markt-, Kredit- und operativen Risiken und sich ständig wandelnde Kundenanforderungen machen das Geschäft komplex, intransparent und risikoreich.[121] Daher sind die Kosten

---

115 Vgl. Bongartz, U., Investment Banking: Die Internet-Herausforderung, in: Die Bank 1/2001, S. 16–19, S. 17.

116 Vgl. ebenda, S. 16.

117 Vgl. ebenda.

118 Vgl. ebenda.

119 Zur Unterscheidung zwischen Relationship- und Transaction-Marketing vgl. vertiefend Süchting, J., Strategische Positionierung von privaten Banken: Relationship-Banking als Marketingansatz, in: ZfgK 6/1996, S. 25–29, S. 26.

120 Vgl. Bongartz, U., a. a. O., S. 16.

121 Vgl. ebenda.

der Überwachung von Markt- und Counterparty-Risiken[122] für den Geschäftsbetrieb sowie die Personalkosten drastisch gestiegen.[123]

- Technologieintensität
  Besonders im Sales-/Trading-Geschäft benötigen Banken innovative Technologien, um an vorderster Stelle mithalten zu können.[124] Durch immer neue Anforderungen der Aufsichtsbehörden und der Kunden sowie Änderungen der Marktstrukturen und Handelsplattformen bleibt die Anwendungsentwicklung im Investmentbanking eine zentrale Herausforderung.[125] Schon heute haben elektronische Handels- und Maklersysteme – beispielsweise im Devisenhandel – die Arbeit der Händler vielfach ersetzt.[126]

- Hohes Gehaltsniveau
  Den im Investmentbankinggeschäft weltweit gezahlten Gehältern kommt eine enorme Bedeutung als Kostenfaktor zu. Speziell in Deutschland resultiert die Entwicklung des Gehaltsgefüges auch aus dem – im Nachhinein als Fehleinschätzung erkannten – verstärkten Gewicht, das einige Banken in der Boomphase der New Economy auf das Investmentbanking legten.[127] Die in den späten 90er-Jahren attraktiven Marktaussichten für dieses Geschäftsfeld ließen die hohen Einstiegskosten zunächst gerechtfertigt erscheinen.[128] Die Gehälter und Boni der Investmentbanker stiegen beträchtlich, ohne dass die meisten ihrer Arbeitgeber jedoch auch dauerhaft tragfähige Marktanteile erzielen konnten.[129]

Die geschilderten Kriterien begründen zum einen die Besonderheit des Investmentbankings, sind zugleich aber Ausgangspunkt für die vom Investmentbanking mitverursachte weltweite Finanzkrise. Noch immer nicht ausreichende (oder nicht eingehaltene) Regularien, die mittlerweile vorherrschende Intransparenz komplexer Produktvarianten und der Zusammenbruch des Interbankenmarktes aufgrund des Vertrauensverlusts der Banken untereinander sowie eine nicht mehr finanzierbare Kostenbasis

---

122 Der Fachbegriff „Counterparty“ bezeichnet Vertragspartner im Sinne von Rechtspersönlichkeiten, wie z. B. Unternehmen, (supra)nationale Organisationen oder auch Privatpersonen.

123 Vgl. Bongartz, U., a. a. O., S. 16; Merl, G., Krise in der deutschen Finanzindustrie?, in: Betsch, O./Merl., G. (Hrsg.), Zukunft der Finanzindustrie, Frankfurt am Main 2003, S. 1–14, S. 8.

124 Vgl. Bongartz, U., a. a. O., S. 16.

125 Vgl. ebenda.

126 Vgl. Baas, V., Strategische Optionen, a. a. O., S. 721.

127 Vgl. Merl, G., Krise, a. a. O., S. 8.

128 Vgl. ebenda.

129 Vgl. ebenda; Zimmerer, X., Unter dem Einfluß der Steuerreform, in: ZfgK 21/2000, S. 6–8, S. 7 f.; Singer, J., Ist das deutsche Investmentbanking, a. a. O., S. 11.

lösten eine Neuordnung der Wettbewerbsstrukturen in dieser Branche aus. Um den grundlegenden Umbruch des weltweiten Investmentbankingmarktes, ausgelöst durch die globale Finanzkrise, besser nachvollziehen zu können, lohnt ein kurzer historischer Rückblick auf die Entwicklung der deutschen Großbanken und ihrer internationalen Wettbewerber sowie auf die Entstehung der heutigen Marktstrukturen.

1.3 Entwicklung der Wettbewerbsposition der deutschen Großbanken

Sowohl die unterschiedlichen Herkunftsländer der Mitarbeiter als auch deren Einsatzorte im globalen Netzwerk der Investmentbanken zeugen von der großen Internationalität dieses Geschäftsfelds. Aus deutscher Sicht betrachtet, sahen in den frühen Nachkriegsjahren die größeren Kreditinstitute (deren Hauptaugenmerk lag seinerzeit auf der Stärkung ihrer inländischen Marktposition) unter internationalen Aspekten ihre vorrangige Aufgabe darin, die deutsche Firmenkundschaft bei der finanziellen Abwicklung des wieder auflebenden Auslandsgeschäfts zu unterstützen.[130] Mit dem Bretton-Woods-Abkommen (1944), dem Allgemeinen Zoll- und Handelsabkommen (GATT, 1948) und der Gründung der Organisation für europäische wirtschaftliche Zusammenarbeit (OEEC, 1948) wurden nach dem Zweiten Weltkrieg die Weichen für eine forcierte Integration der Volkswirtschaften gestellt.[131] Der zunehmende Welthandel führte, verbunden mit der Einführung der Konvertibilität der wichtigsten Währungen und der Liberalisierung des zwischenstaatlichen Zahlungs- und Handelsverkehrs, zu einem erhöhten Bedarf der Industrieunternehmen an Bankleistungen über nationale Grenzen hinweg.[132] Vielfach folgten die Banken insbesondere ab Ende der 60er-Jahre dem Wunsch ihrer Großfirmenkunden, auch im Ausland mit operativen Einheiten vertreten zu sein, und eröffneten dort eine Vielzahl von Repräsentanzen, Filialen und Tochtergesellschaften.[133] Mit diesem Schritt trugen die deutschen Kreditinstitute dem Bedarf an Investmentbankingleistungen Rechnung, der bezüglich Ausmaß und Qualität bislang nur in den kapitalmarktorientierten Ländern, allen voran den Vereinigten Staaten

---

130 Vgl. Röller, W., Globalisierung in der Banking-Industrie, in: Albach, H. (Hrsg.), Globalisierung und Wettbewerb, Wiesbaden 1992, ZfB-Ergänzungsheft 2/1992, S. 121–143, S. 123.

131 Vgl. Krüger, R., Die Bedeutung des internationalen Bankgeschäfts für die Rentabilität einer Geschäftsbank, in: Büschgen, H. E./Richolt, K. (Hrsg.), Handbuch des internationalen Bankgeschäfts, Wiesbaden 1989, S. 313–340, S. 317.

132 Vgl. Kollar, A., Internationale Niederlassungspolitik der Universalbanken, in: Büschgen, H. E./Richolt, K. (Hrsg.), Handbuch des internationalen Bankgeschäfts, Wiesbaden 1989, S. 429–449, S. 433.

133 Vgl. Büschgen, H. E., Die Großbanken, Frankfurt am Main 1983, S. 207 ff.

von Amerika und Großbritannien, aufgetreten war.[134] In Deutschland ist mittlerweile auch eine große Zahl mittelständischer Kunden offen für Investmentbankingprodukte.[135]

Die deutschen Großbanken verstärkten bis zum Beginn des neuen Jahrtausends im Investmentbanking ihre Marktposition und ihre globale Präsenz durch Akquisitionen wie auch durch organisches Wachstum.[136]

- Im Anschluss an die Akquisition der britischen Merchant Bank Morgan Grenfell im Jahr 1989 setzte zum Beispiel die Deutsche Bank AG zunächst auf eine Strategie des organischen Wachstums, die vor allem durch das Abwerben hoch qualifizierter Spezialisten und Teams gekennzeichnet war.[137] Durch die Akquisition von Bankers Trust erweiterte die Deutsche Bank 1999 insbesondere in Nordamerika deutlich die Kapazitäten im Beratungsgeschäft, Equity Research sowie im Bereich Sales & Trading und untermauerte damit den Anspruch, eine der weltweit führenden Investmentbanken zu sein.[138] Rekordverluste im Geschäftsjahr 2008 zwangen den deutschen Branchenprimus allerdings, sich aus defizitären Investmentbanking-Geschäftsfeldern (z. B. dem Eigenhandel) teilweise zurückzuziehen.[139] Zugleich unterstrich die Deutsche Bank AG aber die Bedeutung des Investmentbankings als eines ihrer Kerngeschäftsfelder und konzentrierte sich stärker beispielsweise auf den von Kunden angestoßenen Handel mit Währungen, Geldmarkt- und Zinsprodukten sowie die Restrukturierungs-, die Finanzierungs- und die Übernahme-/Fusionsberatung.[140]
- Die Commerzbank AG dagegen baute ihr Investmentbankinggeschäft erst Ende der 90er-Jahre – und damit deutlich später als viele Wettbewerber –

[134] Vgl. Achleitner, A.-K., a. a. O., S. XXIV; Dambmann, W., Strukturwandel der Märkte erfordert Strukturwandel in der Kundenbetreuung, in: Die Bank 5/1999, S. 300–304, S. 300.

[135] Vgl. Mang, Th., a. a. O., S. 12; Dambmann, W., a. a. O., S. 300; Boehm-Bezing, C. L. von, Mittelstand und Investment Banking – wie muß (kann sich) das vertragen?, in: ZfgK 1/1999, S. 26–27, S. 26; Merl, G., Firmenkundengeschäft als Kernkompetenz, a. a. O., S. 13 f.

[136] Vgl. Pawelka, B., Drei Banken – drei Wege zum Erfolg, in: Bankmagazin 11/1998, S. 14–17, S. 15; Dombret, A./Gossow, Ph., Banken in Deutschland zwischen Allfinanz und Investment Banking – eine Bestandsaufnahme, in: Betsch, O./Merl., G. (Hrsg.), Zukunft der Finanzindustrie, Frankfurt am Main 2003, S. 287–300, S. 295.

[137] Vgl. Pawelka, B., a. a. O., S. 15; Ballay, U., London: Strukturen im Investment Banking, in: Die Bank 6/1998, S. 382–383, S. 382.

[138] Vgl. Deutsche Bank AG, Results 1999 – Geschäftsbericht, Frankfurt am Main 2000, S. 29 und 43.

[139] Vgl. o. V., Umbauarbeiten bei der Deutschen Bank, in: Börsen-Zeitung vom 06.02.2009, S. 3.

[140] Vgl. ebenda.

auf.[141] Als Antwort auf anschließende jahrelange operative Verluste nahm die Commerzbank deutliche Kürzungen des Personalbestands vor und stellte die Investmentbankingsparte als Corporates-&-Markets-Sparte neu auf, um auf diese Weise ihre Marktposition zu festigen.[142] Die Commerzbank verschmolz nach dem Erwerb der Allianz-Tochtergesellschaft Dresdner Bank Anfang 2009 auch deren zugehörige traditionsreiche Investmentbankingsparte mit eigenen Konzerneinheiten.[143] Mit der Übernahme der britischen Merchant-Bank Kleinwort Benson im Jahr 1995 hatte die Dresdner Bank AG ihre traditionelle Stärke im DM-Anleihe- und deutschen Aktiengeschäft durch die Expertise des englischen Hauses im internationalen Corporate-Finance- und Aktiengeschäft ergänzt.[144] Von weitreichender Bedeutung für den Unternehmensbereich Investmentbanking wie auch für den gesamten Dresdner-Bank-Konzern war die Übernahme der US-Investmentbank Wasserstein Perella, die über eine führende Position im US-Geschäft für Unternehmenszusammenschlüsse und -übernahmen verfügte.[145] Der Zusammenschluss von Dresdner Kleinwort Benson mit Wasserstein Perella zur neuen Investmentbank Dresdner Kleinwort Wasserstein (DrKW)[146] wurde Anfang Januar 2001 vollzogen.[147] Seit der Übernahme der Dresdner Bank durch die Allianz im Frühjahr 2001 wurden am Markt in regelmäßigen Abständen Zweifel daran laut, dass das volatile Investmentbanking zum Finanzkonzern passe.[148] Im Jahr 2008 spaltete die Allianz ihre Tochter

---

141 Vgl. o. V., Commerzbank strafft Investmentbereich, in: http://www.handelsblatt.com/news/Default.aspx?_p=200039&_t=ft&_b=816791 vom 10.11.2004; Foullong, U., Innovationsfähigkeit des Bankgewerbes, in: ZfgK 19/2000, S. 26–29, S. 27.

142 Vgl. o. V., Commerzbank strafft Investmentbereich, a. a. O.; Commerzbank Konzern, Geschäftsbericht 2006, Frankfurt am Main 2007, S. 40 f.; Commerzbank Konzern, Zwischenbericht zum 30. Juni 2007, Frankfurt am Main 2007, S. 4 f.

143 Vgl. o. V., Commerzbank fusioniert mit Dresdner Bank – Übernahme in mehreren Stufen, in: Börsen-Zeitung vom 30.08.2008, S. 1; Frühauf, M., Blessing hat es mit zwei Baustellen zu tun, in: Börsen-Zeitung vom 03.09.2008, S. 4; o. V., Commerzbank übernimmt Dresdner früher, in: http://www.handelsblatt.com/unternehmen/banken-versicherungen/commerzbank-uebernimmt-dresdner-frueher;2099045 vom 28.11.2008; o. V., Commerzbank beschleunigt Übernahme der Dresdner Bank, in: Börsen-Zeitung vom 29.11.2008, S. 3; o. V., Dresdner-Kauf vollzogen, in: Börsen-Zeitung vom 13.01.2009, S. 3.

144 Vgl. Dresdner Bank AG, Geschäftsbericht 1995, Frankfurt am Main 1996.

145 Vgl. Dresdner Bank AG, Geschäftsbericht 2000, Frankfurt am Main 2001, S. 31.

146 Ab 29.06.2006 trat die Investmentbankingsparte der Dresdner Bank AG unter dem neuen Markennamen „Dresdner Kleinwort“ am Markt auf, vgl. Dresdner Kleinwort, Pressemitteilung vom 29.06.2006, in: http://www.dresdnerkleinwort.com/eng/press/press-release-archive/2006-014.html.

147 Vgl. Dresdner Bank AG, Geschäftsbericht 2000, a. a. O., S. 31.

148 Vgl. o. V., Allianz teilt Dresdner Bank auf – Vorbereitung auf Konsolidierung, in: Börsen-Zeitung vom 15.03.2008, S. 1; Speicher-Utsch, S., Das verflixte siebte Jahr, in: Börsen-Zeitung vom 30.08.2008, S. 3.

Dresdner Bank in eine Bank für das Privatkunden- bzw. Firmenkundengeschäft sowie die Investmentbank Dresdner Kleinwort als zwei marktfähige Einheiten unter dem Dach der Holding Dresdner-Bank-Gruppe auf, um bei der Konsolidierung des Bankenmarktes eine aktive Rolle zu spielen.[149] Nach dem Erwerb von Dresdner Kleinwort konzentrierte die Commerzbank ihre Investmentbankingaktivitäten auf die Beratung bei Fusionen, Kapitalmaßnahmen und Börsengängen und gab alle anderen Aktivitäten auf, die – wie der Eigenhandel – nicht direkt mit Kunden zu tun haben, um finanzielle Mittel für den Ausbau des Privatkunden- und Mittelstandsgeschäfts freizusetzen.[150]

Auf dem heimischen Markt stehen die deutschen Universalbanken im Investmentbanking in Konkurrenz zu verschiedensten Anbietergruppen, zu denen beispielsweise auch die staatlich dominierten Landesbanken sowie die Spitzeninstitute der deutschen Volks- und Raiffeisenbanken zählen.[151] Daneben verfügen in Deutschland einige Privatbanken, wie etwa das traditionsreiche Bankhaus Metzler, über ein umfassendes Angebot an Investmentbankingleistungen.[152] Zudem haben diverse bedeutende Industrieunternehmen firmeneigene Banken gegründet und wickeln zumindest einfache Transaktionen vielfach „im Hause" ab.[153]

1.4 Globale Betrachtung des Investmentbankingmarktes im Kontext der Finanzkrise

Aus weltweiter Perspektive betrachtet, setzte sich bis zum Ausbruch der globalen Finanzkrise das Feld der Wettbewerber insbesondere aus

149 Vgl. o. V., Allianz, a. a. O., S. 1.

150 Vgl. Becker, W., Von der Beraterbank bleibt nicht mehr viel übrig, in: Börsen-Zeitung vom 02.09.2008, S. 4; o. V., Commerzbank will auf die Kostenbremse treten, in: http://www.handelsblatt.com/unternehmen/banken-versicherungen/commerzbank-will-auf-die-kostenbremse-treten;2030586 vom 01.09.2008; Paul, H., Die Krise trifft die Investmentbanker, in: http://www.faz.net/s/RubD16E1F55D21144C4AE3F9DDF52B6E1D9/Doc~E83B9BEBC03E24068B95FCD4940C4C7C5~ATpl~Ecommon~Scontent.html vom 21.11.2008.

151 Vgl. Baas, V., Strategische Optionen, a. a. O., S. 721; Heismann, G., Ertragsprobleme, aber keine Liquiditätsengpässe, in: Financial Times Deutschland vom 11.10.2002, S. 23; Müller-Gebel, K./Trilse, I., Chefsache Kostensenkung – das Projekt einer deutschen Großbank, in: Die Bank 11/2002, S. 738–741, S. 738 ff.; o. V., Dramatische Tage für die Dresdner Bank, in: FAZ vom 27.09.2002, S. 11; o. V., Ministerpräsidenten in Sorge um Landesbanken, in: FAZ vom 24.11.2008, S. 15.

152 Vgl. B. Metzler seel. Sohn & Co. KGaA, Metzler Corporate Finance, in: http://www.metzler.com/metzler/generator/metzler/de/Institutionelle_20Kunden/Corporate_20Finance/Corporate_20Finance_20_28Content_29.html vom 30.10.2009.

153 Vgl. Baas, V., Strategische Optionen, a. a. O., S. 721.

amerikanischen Investmentbanken, englischen Merchant-Banken[154], zum Teil unterstützt durch kapitalstarke Muttergesellschaften, und kontinentaleuropäischen Universalbanken zusammen.[155] Fünf eigenständige, global agierende, US-amerikanische Investmentbanken beherrschten weitgehend den oligopolistisch geprägten Markt[156], allen voran Goldman Sachs, gefolgt von Merrill Lynch, Morgan Stanley, Lehman Brothers und schließlich Bear Stearns.[157] Um vordere Plätze auf der internationalen Rangliste kämpften daneben weitere US-amerikanische Häuser (wie z. B. J. P. Morgan oder die Citigroup mit ihrer integrierten Investmentbank Solomon Brothers) sowie die Investmentbankingzweige der europäischen Banken (z. B. United Bank of Switzerland oder Credit Suisse und – wie erwähnt – die deutschen Universalbanken).[158]

In Europa fand dennoch nach mehreren mageren Jahren eine zeitweilige Belebung des M&A-Geschäfts statt.[159] Der Höhenflug wurde insbesondere von folgenden vier Seiten unterstützt: Das günstige Zinsumfeld senkte die Finanzierungskosten; hohe Gewinne der Unternehmen erleichterten aggressive Wachstumsstrategien; das Zusammenwachsen der europäischen Märkte beschleunigte Konsolidierungsprozesse in vielen Industrien und Private-Equity-

---

154 Vgl. Hahn, O., Struktur der Bankwirtschaft, a. a. O., S. 220 ff.

155 Vgl. Breuer, R., Investmentbanking als Zukunft, a. a. O., S. 64. Zum Ausbau des Geschäftsfelds Investmentbanking durch die Sparkassenorganisation zu einem Global Player äußert sich z. B. J. Singer sehr kritisch, vgl. Singer, J., Heute noch auf stolzen Rossen ..., in: ZfgK 1/2004, S. 7–8, S. 7 f. Ein wichtiger Grund für den Ausbau der Präsenz von US-Investmentbanken im kontinentaleuropäischen Raum bestand – neben der gestiegenen Kundennachfrage – auch in der Aufhebung des bis 1997 bestehenden Verbots, Auslandsniederlassungen zu errichten. Manche Banken umgingen allerdings diese Prohibition, indem sie im Rahmen einer Holdinglösung Tochterinstitute in den US-Bundesstaaten gründeten, vgl. o. V., US-amerikanische Banken im Ausland – ausländische Kreditinstitute in den USA, in: ZfgK 2/2000, S. 19–24, S. 19.

156 Vgl. Lambe, G., Capital Markets Agenda, in: The Banker 2/2005, S. 46–47, S. 47; Bongartz, U., a. a. O., S. 17; Heismann, G., Banken stehen vor beispielloser Konzentration, in: Financial Times Deutschland vom 18.10.2002, S. 22.

157 Vgl. Pawelka, B., a. a. O., S. 15; Ballay, U., a. a. O., S. 382; o. V., Merrill Lynch flüchtet vor Finanzkrise zur Bank of America, in: http://de.reuters.com/article/topNews/idDEHUM5551252008091 5 vom 15.09.2008; o. V. Investmentbanken: Das Herz der Wall Street, in: Frankfurter Neue Presse vom 16.09.2008, S. 7; o. V., Lehman-Pleite erschüttert die Finanzwelt, in: Börsen-Zeitung vom 16.09.2008, S. 1.

158 Vgl. Pawelka, B., a. a. O., S. 15; Ballay, U., a. a. O., S. 382; Kuls, N., Der Niedergang der Citigroup, in: FAZ vom 27.11.2008, S. 13.

159 Vgl. Goedeckemeyer, K.-H., Ein unsicheres Jahr, in: Die Bank 4/2005, S. 42–45, S. 42.

Investoren verfügten über hohe Summen an Anlagekapital.[160] Aufgrund der Kreditkrise reduzierte sich jedoch das nationale und internationale Geschäft mit Fusionen und Übernahmen erheblich, und zwar im Hinblick sowohl auf das Volumen als auch die Anzahl der Transaktionen.[161] Auch das Klima für Börsengänge verschlechterte sich – nach einer vorübergehenden deutlichen Zunahme der Aktienemissionen in Europa[162] – durch die Verwerfungen am US-Immobilienmarkt und die daraus resultierende Kreditklemme in Deutschland bzw. in Europa ab dem vierten Quartal 2007 drastisch.[163]

Unter der Last der Finanzkrise brachen dann im Jahr 2008 viele der bis dahin dominanten global operierenden Investmentbanken zusammen – mit der Folge einer kompletten Neuordnung der weltweiten Marktstrukturen dieser Branche. Zunächst übernahm im Rahmen einer Rettungsaktion J. P. Morgan im März 2008 die taumelnde Nummer fünf unter den Wall-Street-Häusern, Bear Stearns, die im Zuge der Hypothekenkrise unter massiven Liquiditätsproblemen litt.[164] Im September 2008 erklärte dann die bis dato viertgrößte US-Investmentbank Lehman Brothers, ein 158 Jahre altes Traditionshaus, ihre Zahlungsunfähigkeit, da ihr riesiges Portfolio riskanter Wertpapiere nicht mit ausreichend Kapital abgesichert war.[165] Aus Furcht vor unabsehbaren Folgen der Finanzkrise verkaufte sich anschließend die zweitgrößte US-Investmentbank Merrill Lynch an die Bank of America.[166] Die letzten beiden der ehemals fünf großen Investmentbanken, Goldman Sachs und Morgan Stanley, verzichteten unter

---

[160] Vgl. Dresdner Bank AG, Dresdner-Bank-Konzern Finanzbericht 2006, Frankfurt am Main 2007, S. 8; vgl. vertiefend PricewaterhouseCoopers, Financial Services M&A, o. O. 2006, S. 2.

[161] Vgl. o. V., KPMG: „Kreditkrise lähmt M&A-Markt", in: http://www.kpmg.de/8407.htm?print=1 vom 16.07.2008.

[162] Vgl. Franke, D., Börsengänge 2002: Stillstand, in: Die Bank 1/2003, S. 30–32, S. 30; Singer, J., Warum forcierten Internet-Buden, a. a. O., S. 7; o. V., So viele Börsengänge wie seit dem Jahr 2000 nicht, in: FAZ vom 19.08.2006, S. 17.

[163] Vgl. Ernst & Young, IPO-Rekord: Weltweit mehr Börsengänge als je zuvor, in: http://www.ey.com/global/content.nsf/Germany/Presse_-_Pressemitteilungen_2007_-_IPO-Barometer, Stuttgart 2007, o. S.; Dibelius, A., Investment Banking & Finanzkrise, in: Die Bank 9/2008, S. 30–34, S. 30; o. V., Finanzkrise lähmt Europas IPO-Geschäft, in: Börsen-Zeitung vom 07.10.2008, S. 18.

[164] Vgl. o. V., JP Morgan pflückt faule Bear Stearns, in: http://www.ftd.de/unternehmen/finanzdienstleister/:JP%20Morgan%20Bear%20Stearns/331873.html vom 17.03.2008; Kuckelkorn, D., JP Morgan muss bei Bear Stearns nachbessern, in: Börsen-Zeitung vom 26.03.2008, S. 8.

[165] Vgl. o. V., Finanzkrise wird US-Bank Lehman Brothers zum Verhängnis, in: http://de.reuters.com/article/topNews/idDEMIG54063220080915 vom 15.09.2008; o. V., Lehman-Pleite, a. a. O., S. 1; o. V., Lehman Brothers muss Insolvenz anmelden, in: Börsen-Zeitung vom 16.09.2008, S. 4.

[166] Vgl. o. V., Merrill Lynch, a. a. O.; o. V., Fed treibt Merrill Lynch in die Arme der Bank of America, in: Börsen-Zeitung vom 16.09.2008, S. 4.

dem Druck der Finanzkrise auf ihren Sonderstatus und ließen sich von der US-Notenbank zu gewöhnlichen Geschäftsbanken ernennen.[167] Diese Umwandlung ermöglichte es ihnen, dauerhaft die Notenbank als Kreditgeber zu nutzen und einfacher ein in der Krise als Refinanzierungsmittel gefragtes Einlagengeschäft aufzubauen oder zuzukaufen.[168]

Um die Finanzbranche zu stabilisieren und einen Beitrag zur Konjunkturbelebung zu leisten, genehmigte das US-amerikanische Repräsentantenhaus am 3. Oktober 2008 öffentliche Mittel in Höhe von 700 Milliarden US-Dollar zum Aufkauf von Hypothekenanleihen und „faulen" Immobilienkrediten.[169] Dieses Rettungspaket beinhaltete auch eine Regelung zur Begrenzung der Gehälter und Abfindungen von Managern derjenigen Banken, die von diesem Unterstützungsprogramm profitieren.[170] Mit der Teilverstaatlichung von acht der führenden US-Banken (darunter Goldman Sachs und Morgan Stanley[171]) sowie einer unbestimmten Anzahl kleinerer Kreditinstitute nahm der zuvor vom Kongress verabschiedete Bankenrettungsplan eine neue, historische Dimension an.[172]

Das Geschäftsmodell der klassischen Investmentbank lebt aber etwa in New York oder London weiter, da eine Vielzahl insbesondere kleinerer, fokussierter

---

[167] Vgl. o. V., Das Ende der US-Investmentbanken, in: http://www.handelsblatt.com/unternehmen/banken-versicherungen/das-ende-der-us-investmentbanken;2045283 vom 22.09.2008; Benders, R./Maisch, M./Landgraf, R./Köhler, P./Mayer-Kuckuk, F., Investmentbanken kapitulieren, in: http://www.handelsblatt.com/unternehmen/banken-versicherungen/investmentbanken-kapitulieren;2045925 vom 23.09.2008.

[168] Vgl. Benders, R./Maisch, M./Landgraf, R./Köhler, P./Mayer-Kuckuk, F., a. a. O.; o. V., Ära der US-Investmentbanken endet – Fed reguliert Goldman und Morgan Stanley, in: Börsen-Zeitung vom 23.09.2008, S. 1.

[169] Vgl. Ziener, M., US-Politiker stimmen Rettungsplan nur zähneknirschend zu, in: http://handelsblatt.com/politik/international/us-politiker-stimmen-rettungsplan-nur-zaehneknirschend-zu;2050836 vom 29.09.2008; o. V., US-Rettungspaket verabschiedet, in: Börsen-Zeitung vom 04.10.2008, S. 5; o. V., US-Rettungspaket genehmigt, in: http://www.geldpro.de/us-rettungspaket-genehmigt/id/764/ vom 06.10.2008.

[170] Vgl. ebenda.

[171] Im Januar 2009 gaben Morgan Stanley und der US-Finanzkonzern Citigroup die Zusammenlegung ihrer Brokergeschäfte zum größten Wertpapierhandelshaus der Welt, Morgan Stanley Smith Barney, bekannt, vgl. o. V., Brokerfusion mit Morgan Stanley, in: http://www.ftd.de/unternehmen/finanzdienstleister/:Brokerfusion-mit-Morgan-Stanley-Citigroup-nimmt-2-7-Mrd-Dollar-ein/460670.html vom 14.01.2009; o. V., Citigroup verhandelt mit Morgan Stanley über ein Joint Venture, in: Börsen-Zeitung vom 13.01.2009, S. 5.

[172] Vgl. o. V., Historische Teilverstaatlichung der US-Banken, in: Börsen-Zeitung vom 15.10.2008, S. 3.

Anbieter die Finanzkrise überlebt hat.[173] Zu diesen Adressen zählen beispielsweise als weltweit präsentes Institut Lazard, diverse Wall-Street-Boutiquen (wie Greenhill, Jefferies und Evercore) oder die Londoner Traditionshäuser Close Brothers und NM Rothschild & Sons. Der Grund für den glimpflichen Verlauf der Finanzkrise für diese Nischenanbieter liegt darin, dass sie häufig stärker auf das Beratungsgeschäft und weniger auf den kapitalintensiven Handel ausgerichtet sind.[174]

Viele andere Wirtschaftsnationen folgten dem US-amerikanischen Beispiel und boten ihren heimischen Banken staatliche Unterstützung an.[175] In Deutschland beispielsweise stehen im Rahmen eines bis Ende 2009 befristeten Finanzmarktstabilisierungsfonds drei Instrumente zur Verfügung, um den – durch fehlendes Vertrauen bedingten – zögerlichen Geldhandel zwischen den Banken wieder anzukurbeln: Garantien für Schuldtitel von Banken, eine Stärkung des Eigenkapitals der Institute durch eine Teilverstaatlichung und der Aufkauf von riskanten Subprime-Papieren.[176] Die Entscheidung über die Gewährung von Liquiditäts- und Kapitalhilfen in Höhe von ca. 470 Milliarden Euro obliegt gemäß der sogenannten Finanzmarktstabilisierungsfonds-Verordnung[177] einer bei der Bundesbank angesiedelten, rechtlich unselbstständigen Anstalt.[178] Die Inanspruchnahme von Leistungen aus dem Rettungspaket beeinträchtigt jedoch unter Umständen die bisherige Unabhängigkeit der jeweiligen Bank hinsichtlich ihrer Kompensationspolitik: Der Verordnung zufolge gelten nämlich im Falle von Kapitalspritzen und der Risikoübertragung an den Fonds (nicht jedoch bei der Inanspruchnahme des staatlichen Garantieschirms) bei Geschäftsleitern und Organmitgliedern monetäre Vergütungen

---

173 Vgl. Benders, R./Maisch, M., Kleine Banken, große Pläne, in: http://www.handelsblatt.com/unternehmen/banken-versicherungen/kleine-banken-grosse-plaene;2047290 vom 24.09.2008.

174 Vgl. ebenda.

175 Vgl. z. B. o. V., Großbritannien wird Banken-Großaktionär, in: Börsen-Zeitung vom 14.10.2008, S. 3.

176 Vgl. o. V., Dreigliedriger Fonds soll die Finanzbranche retten, in: Börsen-Zeitung vom 14.10.2008, S. 2.

177 Die EU-Kommission genehmigte das Rettungspaket für Banken in Deutschland, sodass Hilfsmaßnahmen für einzelne Institute nicht mehr separat in Brüssel angemeldet werden müssen, vgl. o. V., EU billigt deutsches Rettungspaket für Banken, in: Börsen-Zeitung vom 29.10.2008, S. 5.

178 Vgl. o. V., Bundesregierung schnürt Rettungspaket – 470 Mrd. Euro Liquiditäts- und Kapitalhilfen, in: Börsen-Zeitung vom 14.10.2008, S. 1; o. V., Verordnung komplettiert Rettungspaket – Bayern LB wird wohl Hilfe als Erste brauchen, in: Börsen-Zeitung vom 21.10.2008, S. 1. Die Anstalt tritt unter dem Namen „Sonderfonds Finanzmarktstabilisierung“ (SoFFin) auf, vgl. o. V., Rettungsfonds mit Startproblemen, in: Börsen-Zeitung vom 23.10.2008, S. 3.

über 500.000 Euro als „unangemessen“.[179] Zur Stärkung der Kapitalbasis dürfen zudem während der Laufzeit der Stabilisierungshilfen auch keine Boni oder freiwilligen Gehaltsbestandteile gezahlt werden, es sei denn, dass diese ein niedriges Festgehalt kompensieren und die Gesamtvergütung angemessen ist.[180]

Trotz der erheblichen Umwälzungen des weltweiten Investmentbankingmarktes als Folge der Kreditkrise, verbunden mit dem weitgehenden Zusammenbruch des reinen Investmentbankenmodells, steht aber unstrittig fest, dass es auch in Zukunft einen Bedarf an Investmentbankingdienstleistungen geben wird und somit auch an Instituten, die sie erbringen.[181] Der Wettlauf der Banken um die qualifiziertesten, potenzialträchtigsten und damit wertvollsten Mitarbeiter findet auch oder gerade in diesem angespannten Markt- und Wettbewerbsumfeld weiterhin statt. In einer solchen Situation sind zeitgemäße Personalinstrumente, die eine an den Unternehmenszielen ausgerichtete Personalauswahl und eine objektivierte, vergleichende Betrachtung der Mitarbeiter erlauben, Grundvoraussetzung, um die besten Kandidaten für das eigene Haus identifizieren und auch längerfristig an sich binden zu können.

Weltweit befindet sich das Investmentbankinggeschäft seit einigen Jahren in einer wirtschaftlich schwierigen Situation: War der Start ins neue Jahrtausend noch von Optimismus getragen, so sehen sich die Banken vor dem Hintergrund einer anhaltenden Konjunkturflaute, der Kurseinbrüche an den Börsen sowie der politischen und militärischen Unsicherheiten im Gefolge der Terroranschläge vom 11. September 2001 auf das World Trade Center in New York mit erheblichen Gewinneinbußen konfrontiert.[182] Damit einhergehende Filialschließungen bzw. -zusammenlegungen, optimierte Arbeitsprozesse, der Einsatz neuester Technologien und die Straffung der Produktpalette führten bei den Investmentbanken in aller Welt zu massivem Personalabbau.[183]

---

179 Vgl. SoFFin, Leistungen – Auflagen, in: http://www.soffin.de/leistungen_auflagen.php?sub=3 vom 16.09.2009; o. V., Verordnung komplettiert Rettungspaket, a. a. O., S. 1; o. V., Nach Kapitalzufuhr fällt Dividende aus, in: Börsen-Zeitung vom 04.11.2008, S. 5.

180 Vgl. ebenda.

181 Vgl. Lotter, H./Pahlke, D., Es wird auch in Zukunft Bedarf für Investment Banking geben, in: Börsen-Zeitung vom 20.09.2008, S. 4; Böhmert, K., Die Finanzkrise, a. a. O., S. 4.

182 Vgl. Müller-Gebel, K., a. a. O., S. 11; Breuer, R., Die privaten Banken im nationalen und internationalen Wettbewerb, in: ZfgK 6/2003, S. 270–272, S. 270; Merl, G., Krise, a. a. O., S. 8; Dombret, A./Gossow, Ph., a. a. O., S. 299 f.

183 Vgl. Müller-Gebel, K., a. a. O., S. 12; o. V., Investmentbanker trifft eine neue Entlassungswelle, in: FAZ vom 25.09.2002, S. 25; o. V., Überwinterungsprogramm, in: FAZ vom 27.09.2002, S. 20; Kuls, N., Exodus in Wall Street, in: FAZ vom 15.02.2003, S. 19.

2 Steuerung des Mitarbeiterportfolios anhand von Mitarbeiterwerten

2.1 Definition von Steuerung

Der Prozess der Steuerung des Mitarbeiterportfolios auf Basis von Mitarbeiterwerten setzt sich aus den drei Stufen Planung, Umsetzung und Kontrolle zusammen[184], die in ihrer logischen Reihenfolge zugleich dem Aufbau der vorliegenden Arbeit entsprechen. Idealtypisch gesehen steht in prozessualer Sichtweise der Führungstätigkeit am Anfang des unternehmerischen Handelns die Planung.[185] Diese bezieht sich auf das Nachdenken darüber, was erreicht werden soll und wie es zweckmäßigerweise zu erreichen ist.[186] Aufgabe der Unternehmensführung ist es anschließend, die erforderlichen Schlussfolgerungen aus dem Planungsprozess zu ziehen und durch zielgerichtetes Handeln in wirksame Steuerungsimpulse umzuwandeln.

Dem Management muss allerdings bewusst sein, dass der den Steuerungsmechanismen zugrunde liegende Umfang des Entscheidungsfelds es mit sich bringt, dass nie ein Zustand vollkommener Information vorliegt, der eine Steuerungsentscheidung von allen Unsicherheiten befreien würde.[187] Allein schon aus Praktikabilitätsgründen zwingen die Vielzahl der Einflussfaktoren, die für die Berechnung von Mitarbeiterwerten relevant sind, sowie die Komplexität der Wirkungsbeziehungen zu einer drastischen Vereinfachung der gewählten Modellstrukturen. Die Ursache für die Komplexität der Erfassung von Wirkungszusammenhängen liegt auch im qualitativen Charakter vieler Einflussfaktoren begründet.[188] Wirkungsvolle Steuerungsansätze gewinnen ihre Attraktivität jedoch gerade aus der Tatsache, dass durch Verwendung geeigneter Messverfahren und geschickte Transformation nominaler oder ordinaler Daten auch „qualitative" Entscheidungen einer quantitativen Behandlung zugänglich gemacht werden können.[189] Unsicherheit bei Steuerungsentscheidungen resultiert zudem daraus, dass viele Steuerungsaufgaben nur im Team zu lösen sind, hieraus aber die Gefahr von Zielkonflikten erwachsen kann, da die beteiligten Organisationsmitglieder in aller Regel

---

184 Vgl. Steinmann, H./Klaus, H., Einführung in die betriebswirtschaftliche Führungslehre, Nürnberg 1986, S. 157.

185 Vgl. ebenda, S. 10.

186 Vgl. ebenda.

187 Vgl. Diller, H., Planungstechniken im Marketing, in: Diller, H. (Hrsg.), Marketingplanung, München 1980, S. 3–15, S. 11.

188 Vgl. ebenda, S. 10.

189 Vgl. ebenda, S. 11. Zur Definition nominaler und ordinaler Skalen vgl. Kap. E 1.

unterschiedliche persönliche Zielvorstellungen bzw. divergierende Risikopräferenzen besitzen.[190]

Mit steigender Komplexität und Unsicherheit der Umweltentwicklung wächst die Notwendigkeit, die „Vereinfachung" der Planung dahingehend zu überwachen, ob sie sich bewährt oder ob für das Unternehmen kritische Situationen entstehen können.[191] Im Sinne eines Regelkreises wird daher das Erreichte mit der Sollvorgabe der Planung verglichen, werden Ursachen eventueller Abweichungen zwischen Soll- und Istwerten ermittelt und das Vergleichsergebnis an die Planung zurückgekoppelt.[192]

2.2 Mitarbeiterportfolio als Bezugsgröße für Steuerungsmaßnahmen

In der Finanzwelt bezeichnet der Begriff „Portfolio" ein Bündel von Investitionen in Kapitalanlagen und Vermögensteile, das im Besitz zum Beispiel einer Institution oder eines Individuums ist.[193] In einer weiter gefassten Begriffsauslegung lässt sich die Belegschaft eines Unternehmens ebenfalls als „Vermögensteil" bezeichnen und dementsprechend in seiner Gesamtheit als ein Portfolio auffassen, das sich aus den einzelnen Mitarbeitern zusammensetzt. Die rechnerische Zusammenfassung der „Komponenten" eines Portfolios dient der Darstellung und Kontrolle vor allem des Werts, der Wertveränderung und des Risikopotenzials des Vermögensteils[194], im vorliegenden Falle der Belegschaft.

Die genaue Festlegung des in Portfoliobetrachtungen einzubeziehenden Mitarbeiterkreises ist aufgrund der möglichen Tragweite der zu treffenden Steuerungsentscheidungen für das Unternehmen, aber auch für den einzelnen Mitarbeiter von immenser Bedeutung. Der Anspruch eines Arbeitgebers auf eine „relative Gerechtigkeit" bei der Allokation von Unternehmensressourcen innerhalb des Mitarbeiterportfolios[195] sollte sich daher – um weitreichende Motivationswirkungen zu erzielen – auf die Herstellung einer Vergleichbarkeit

---

190 Vgl. Diller, H., Planungstechniken, a. a. O., S. 12.
191 Vgl. Steinmann, H./Klaus, H., a. a. O., S. 156.
192 Vgl. ebenda, S. 8 ff.
193 Der Begriff „Portfolio" entstand aus dem früher üblichen Begriff „Portefeuille", der aus dem Französischen stammt und „Brieftasche" bedeutet; „porter" heißt „tragen", und „feuille" ist das Blatt, vgl. Spremann, K., Portfoliomanagement, München/Wien 2003, S. 2.
194 Vgl. ebenda.
195 Vgl. Cisek, G./Meyer, E., a. a. O., S. 951.

innerhalb einer möglichst breiten Mitarbeitergruppe beziehen.[196] Zur Festlegung des Anwendungskreises eines mitarbeiterwertbasierten Steuerungssystems lässt sich die Investmentbankingbelegschaft beispielsweise kategorisieren in Mitarbeiter(gruppen)

- im Front-, Middle- bzw. Back-Office;
- mit tariflicher oder außertariflicher Bezahlung;
- im In- und Ausland;
- in Führungs-, Fach- oder Projektlaufbahnen oder
- mit speziellen arbeitsvertraglichen Regelungen.

Mitarbeiter im Front-, Middle- bzw. Back-Office: Jeder Mitarbeiter – unabhängig von seiner Position im Unternehmen, sei es im Front-Office (wie z. B. im Aktienhandel), im Middle-Office (beispielsweise im Transaction-Services-Team zur Erstellung von Börsenzulassungsprospekten) oder im Back-Office (z. B. in Operations oder in der Personalabteilung) – leistet einen Beitrag zum Unternehmenserfolg.[197] Immerhin sind in den Stabsabteilungen und zentralen Dienstleistungs- und Verwaltungsbereichen von Banken schätzungsweise 30 bis 40 Prozent der Beschäftigten tätig.[198] Es ist daher eindringlich davor zu warnen, nur Leistungen der Mitarbeiter mit Ergebnisverantwortung mit einer variablen Vergütung zu honorieren und die Mitarbeiter des Middle- und Back-Office zu stark eingeschränkt am wirtschaftlichen Erfolg (so vorhanden) teilhaben zu lassen und möglicherweise auch bei der Vergabe sonstiger Anreize (z. B. Firmentitel) zu benachteiligen.[199] Eine solche Vorgehensweise würde das Spannungsverhältnis und die finanzielle Kluft zwischen den jeweiligen Sektoren systematisch vergrößern. Die empfundene „Schere der Ungerechtigkeit" öffnet sich zudem weiter, wenn gestiegene Leistungsprämien der Front-Office-Mitarbeiter unter Umständen nur bedingt auf Eigenleistungen und primär auf exogenen Marktumständen fußen (z. B. auf für gehaltene Handelspositionen günstigen Kursentwicklungen).[200] Das Back-Office

[196] Vgl. Wienkamp, H., a. a. O., S. 36; Gaugler, E., Erfolgsbeteiligung, in: Gaugler, E. (Hrsg.), Handwörterbuch des Personalwesens, Stuttgart 1975, Sp. 794–807, Sp. 801.
[197] Vgl. Kopatz, A., Konzeptionalisierung und Operationalisierung des Wertes von Mitarbeitern aus Marketing-Perspektive, Diplomarbeit Universität Düsseldorf 2000, S. 13.
[198] Vgl. Krämer, H.-P., a. a. O., S. 22.
[199] Vgl. Cisek, G., Variable Vergütung im Bankentarif – ein personalwirtschaftlicher Meilenstein?, in: Die Bank 3/2003, S. 168–170, S. 170.
[200] Vgl. ebenda; Sommerhoff, B., Mitarbeiterbeurteilung, 2. Auflage, Landsberg am Lech 1999, S. 42.

dagegen erntet statt Anerkennung möglicherweise noch Kritik für die Fehler, die aufgrund der erfolgsbedingten Überlastung auftreten.[201]

Mitarbeiter mit tariflicher oder außertariflicher Bezahlung: Im außertariflichen Bereich einigen sich die Vertragspartner frei und unter Berücksichtigung der Marktgegebenheiten über den (die tariflichen Mindestgrenzen überschreitenden) Wert von Leistung und Gegenleistung.[202] Im tariflichen Bereich legen dagegen die Tarifvertragsparteien den Mindestgeldwert der Arbeitsleistung für jede Tarifgruppe, die jeweils durch bestimmte Tätigkeitsmerkmale charakterisiert ist, fest.[203] Teilweise wird eingewandt, im Tarifbereich seien die Aufgaben häufig so konkret vorgegeben, dass den Mitarbeitern kein Spielraum für eine Leistungsentfaltung verbleibe.[204] Deshalb sei eine leistungsorientierte Vergütung insbesondere bei außertariflich bezahlten Mitarbeitern sinnvoll, da diese selbstständiger für das Unternehmen handeln.[205] Diese Beschränkung wäre jedoch verfehlt: Auch bei weitgehend reglementierten Tätigkeiten ist es von Bedeutung, mit welchem Engagement sie wahrgenommen werden.[206] Dieser Erkenntnis folgend haben im Jahr 2003 der Arbeitgeberverband des privaten Bankgewerbes und die Gewerkschaft ver.di einen neuen Tarifvertrag („Tarifvertrag zur leistungs- und/oder erfolgsorientierten variablen Vergütung") abgeschlossen, der formell den Einstieg[207] in die teilweise variable Vergütung auch für Tarifmitarbeiter begründet.[208] Das Eingestehen und die faire Erfassung der unterschiedlichen Leistungsfähigkeit von Individuen lösen somit die bisher weitgehend vorherrschende auf

---

201 Vgl. Cisek, G., Variable Vergütung, a. a. O., S. 170.

202 Vgl. Prasch, E./Torka, W., a. a. O., S. 516.

203 Vgl. ebenda.

204 Vgl. ebenda, S. 517.

205 Vgl. ebenda.

206 Vgl. ebenda. Die im Tarifbereich teilweise gewährten Leistungszulagen werden der Anforderung nicht gerecht, die Gehaltshöhe nachhaltig und deutlich von der Leistung des Mitarbeiters abhängig zu machen. Solche Zulagen sind zum einen in ihrer Höhe begrenzt, da sie üblicherweise zusammen mit dem Tarifgehalt das Gehalt in der nächsthöheren Tarifgruppe (bei unveränderter Einstufung in die jeweiligen Berufsjahre) nicht überschreiten. Zum anderen entfallen solche Zulagen allenfalls bei einem Aufrücken in die nächste Tarifgruppe, vgl. Prasch, E., Leistungsorientierte Vergütung: Gleiche Interessen bei Mitarbeitern und Arbeitgebern, in: bank und markt 9/1995, S. 8–13, S. 9.

207 Zwar nicht durch tarifvertragliche Zwänge bedingt und auch keineswegs auf alle Tätigkeitsbereiche angewendet, haben allerdings viele Investmentbanken seit jeher auch Tarifmitarbeitern insbesondere der Front-Office-Bereiche Boni gezahlt.

208 Vgl. Cisek, G., Variable Vergütung, a. a. O., S. 170; Domschke, J.-P., Persönliche Leistungen individuell vergüten, in: Bankmagazin 8/2003, S. 58–59, S. 58 f. Zu den neuen Tarifregelungen im Einzelnen vgl. Böhmer, N., Variable Vergütung: ein Ausweg aus der Kostenfalle?, in: bank und markt 4/2003, S. 28–32, S. 29; Benrath, G., AGV Banken: Die Umsetzung lohnt sich, in: bank und markt 4/2003, S. 33.

eine gehaltliche Nivellierung der Mitarbeiter innerhalb der Tarifstrukturen ausgerichtete Gerechtigkeitsvorstellung ab.[209] Ausgehend von dem Ansatz, die Förderung der Mitarbeiter (durch adäquate Vergütung, Personalentwicklung etc.) entsprechend ihrem Wert für das Unternehmen bzw. Wertschöpfungspotenzial zu differenzieren, sollte sich die Steuerung des Mitarbeiterportfolios somit nicht nur auf den außertariflichen Vergütungsbereich beschränken.[210]

Mitarbeiter im In- und Ausland: Als Folge der Entwicklung an den Börsen, der angespannten (welt)wirtschaftlichen Situation und nicht zuletzt der Terroranschläge vom 11. September 2001 reduzierten die deutschen Großbanken zwar auch die Zahl ihrer Mitarbeiter im Ausland deutlich, dennoch nimmt die ausländische Belegschaft weiterhin einen erheblichen Anteil an den Mitarbeitern der jeweiligen Konzerne ein.[211] Die Frage des Anwendungsbereichs eines Steuerungssystems auf Basis von Mitarbeiterwerten hat im internationalen Kontext zwei Facetten, nämlich die Einbeziehung von Konzerneinheiten bzw. Geschäftssparten auch im Ausland sowie von Expatriates bzw. Impatriates.

- Der gerade im Investmentbanking übliche Personalaustausch sowie die bestehende formelle bzw. informelle Vernetzung zwischen den an verschiedenen Orten tätigen Mitarbeitern führen zu einer gewissen innerbetrieblichen Transparenz über die Art und Handhabung der verschiedenen personalwirtschaftlichen Steuerungsinstrumente. Lokale Besonderheiten erschweren sicherlich die Vergleichbarkeit aller Mitarbeiter über Ländergrenzen, Märkte und unterschiedliche juristische Unternehmenseinheiten hinweg, schließen aber die Etablierung eines länderübergreifenden, zumindest weitgehend einheitlichen Steuerungssystems für global agierende Investmentbankinganbieter keineswegs grundsätzlich aus.[212] Lässt sich ein

---

209 Vgl. Wottawa, H., Perspektiven der Potentialbeurteilung – Themen und Trends, in: Rosenstiel, L. von/Lang-von Wins, Th. (Hrsg.), Perspektiven der Potentialbeurteilung, Göttingen 2000, S. 53–71, S. 46. Zum Vergütungssystem der Dresdner Bank, das auch für alle tariflich bezahlten Mitarbeiter neben einem Fixgehalt einen variablen Leistungsbonus vorsieht, vgl. Kahlert, A./Lutz, I., Bonus im Tarif, in: Personal 12/2006, S. 22–24, S. 22.

210 Vgl. Prasch, E., a. a. O., S. 9.

211 Vgl. Franke, D., Auslandspersonal: Im Trend geblieben, in: Die Bank 6/2002, S. 367–369, S. 367 ff.

212 Für Universalbanken stellt sich in diesem Zusammenhang die Frage, ob das Steuerungsmodell auch Anwendung auf andere Geschäftsfelder, wie das Privatkundengeschäft, finden soll. Dem Charme eines dann unter Umständen tatsächlich bankweit anwendbaren Verfahrens steht die Herausforderung gegenüber, mit einem vergrößerten Kreis an Entscheidungsträgern möglicherweise divergierende Zielvorstellungen in ein einheitliches Steuerungskonzept unter Belassung einer gewissen Anwendungsflexibilität zu überführen. Zu den Unterschieden der Vergütungsmodelle für die verschiedenen Bankensparten vgl. Klein, W., a. a. O., S. 81.

global einheitliches System in einer Investmentbank zum Beispiel aufgrund unterschiedlicher Managementvorstellungen nicht durchsetzen, so wäre unter Umständen ein rein spartenbezogenes Steuerungsmodell (z. B. für Capital Markets) denkbar. In international agierenden Investmentbanken besteht oftmals eine Matrixorganisation, das heißt, neben der Leitung von Unternehmenseinheiten auf Länderebene herrscht eine global ausgerichtete Produktfeldsteuerung vor. Ein geschlossenes, auf Mitarbeiterwerten basierendes Steuerungssystem lässt sich in solchen Teileinheiten in der arbeitgeberseitigen Ausgestaltung aufgrund der geringeren Anzahl an Entscheidungsträgern und der vorliegenden (weitgehenden) Homogenität der Mitarbeiterschaft zwar einfacher formulieren. Jedoch sind bei solchen Sparteninitiativen im Sinne von „Alleingängen“ vermutlich verstärkt Vorbehalte von (Gesamt-)Betriebsratsseite zu erwarten. Somit dürfte der von länderspezifischen Anforderungen geprägte Entwicklungs- und Abstimmungsaufwand vor dem Hintergrund des dann eingeschränkten Anwendungskreises nur bedingt zu rechtfertigen sein. Zudem führt eine Ressourcenoptimierung innerhalb eines Subsystems aufgrund nicht möglicher Quervergleiche aus übergeordneter Managementsicht unter Umständen zu einer Fehlsteuerung der bankweiten Ressourcen.

- Obwohl der Arbeitsvertrag von Expatriates bei ihrer Heimatgesellschaft für die Dauer der Entsendung ruht, zählt dieser Mitarbeiterkreis dennoch zur lokalen Stammbelegschaft im weiteren Sinne. Zumindest im Falle eines während des laufenden Geschäftsjahres stattfindenden Wechsels ins Ausland erwirbt der Mitarbeiter einen Bonusanspruch pro rata temporis, der daher anteilig in die Mitarbeiterwertbetrachtung einbezogen werden sollte. Impatriates aus ausländischen Unternehmenseinheiten (der umgekehrte Fall) tragen insbesondere bei längerfristigen Entsendungen im Inland zur Wertschöpfung bei und sollten daher ab dem Zeitpunkt der Aufnahme ihrer dortigen Tätigkeit in Mitarbeiterwertanalysen einbezogen werden. Gründe für diese Sichtweise bestehen insbesondere darin, dass dieser Mitarbeiterkreis für die Entsendungsdauer Bonusansprüche im Inland erwirbt und gegebenenfalls auch an Schulungsmaßnahmen partizipieren soll, sodass ohnehin entsprechende Budgetanteile einzuplanen sind.

Mitarbeiter in Führungs-, Fach- oder Projektlaufbahnen: Mit den in Banken anzutreffenden immer flacheren Hierarchien sind naturgemäß weniger Führungspositionen mit Sach- und Personalverantwortung verbunden.[213] Als alternative Karrieremuster bieten Unternehmen daher vermehrt Fach- und Projektlaufbahnen an.[214] Fachlaufbahnen zeichnen sich durch einen hohen Anteil an Fachaufgaben und einen geringen Anteil an Personalführungs-

---

[213] Vgl. Becker, M., Personalentwicklung bei flacher werdenden Hierarchien, in: BI 9/2000, S. 20–29, S. 24 ff.

[214] Vgl. ebenda.

und Verwaltungsaufgaben aus; Projekttätigkeiten umfassen genau definierte, zeitlich befristete Aufgabenstellungen.[215] Voraussetzung für die Akzeptanz dieser neuen Karrieretypen in flachen Hierarchien ist die individuell empfundene und institutionell anerkannte Gleichwertigkeit der verschiedenen Karrierepfade.[216] Ein modernes System zur Steuerung des Mitarbeiterportfolios sollte dem Wandel traditioneller Karrieremuster Rechnung tragen und die unterschiedlichen Karrierekategorien, das heißt Führungs-, Fach- und Projektlaufbahnen, entsprechend ihrer tatsächlichen Wertigkeit für das Unternehmen berücksichtigen.

Mitarbeiter mit speziellen arbeitsvertraglichen Regelungen: Im weiten Kreis der Mitarbeiterschaft[217] gibt es außerhalb der Kernbelegschaft einige spezielle Mitarbeitergruppen, zu denen ein besonderes Vertragsverhältnis besteht und die daher im Folgenden einer gesonderten Betrachtung zur Entscheidung über die Einbeziehung in das zu entwickelnde Steuerungsmodell unterzogen werden sollen.

Mütter oder Väter in Elternzeit als erste Sondergruppe stehen dem Unternehmen zwar nicht aktiv zur Verfügung, jedoch ruht das Beschäftigungsverhältnis für die jeweilige Dauer der beantragten Abwesenheit nur. Gleich mehrere Gründe sprechen dafür, diese Mitarbeitergruppe dennoch in ein aktives Portfoliomanagement einzubeziehen: Aufgrund ihres oftmals wertvollen Fachwissens bzw. ihrer unter Umständen langjährigen Erfahrungen sind in Elternzeit befindliche Mitarbeiter eine wichtige Personengruppe, die es mit Blick auf ihre spätere Wiedereingliederung und zugleich als Signal der Wertschätzung auch während ihrer Abwesenheitszeit durch geeignete (z. B. Online-) Schulungen weiterzubilden gilt (Gleiches gilt übrigens für Langzeitkranke). Zudem besteht im Falle einer Beschäftigung, die zeitanteilig innerhalb eines Geschäftsjahres geleistet wurde, aus deutschem Arbeitsrechtsverständnis heraus ein Bonusanspruch pro rata temporis, der bei Bonuspoolverteilungen rechtzeitig und fair (d. h. nicht automatisch nur in Höhe des zeitanteiligen Vorjahresbetrags) zu berücksichtigen ist. Auch wenn die Performance als Determinante von Mitarbeiterwerten (vgl. Kap. E 2.2) während der Elternzeit keine Relevanz aufweisen kann, so stellt jeder dieser Mitarbeiter einen – mit zunehmender Dauer der Abwesenheit allerdings abnehmenden – Wert für das Unternehmen dar. Wertermittlungen zur Steuerung des Mitarbeiterportfolios sollten daher auch in Elternzeit befindliche Mitarbeiter einschließen.

---

215 Vgl. ebenda.

216 Vgl. ebenda.

217 Vgl. Grünefeld, H.-G., Personalkennzahlensystem, Wiesbaden 1981, S. 15; Wunderer, R./Gerig, V./Hauser, R., Qualitätsmanagement durch und im Personalmanagement, in: Wunderer, R./Gerig, V./Hauser, R. (Hrsg.), Qualitätsorientiertes Personalmanagement, München u. a. 1997, S. 1–104, S. 53.

Auszubildende sind – ebenso wie andere Mitarbeiter mit einem befristeten Vertrag – für die Dauer ihrer Betriebszugehörigkeit Bestandteil des Personalportfolios und sollten daher ohne Einschränkungen in Steuerungsüberlegungen einbezogen werden. Gleiches gilt für neue Mitarbeiter während ihrer Probezeit, da diese letztlich nur ein juristisches Vehikel darstellt, um – aus Arbeitgebersicht formuliert – bei einem zu geringen Mitarbeiterwert problemlos eine Beendigung des Arbeitsverhältnisses zu veranlassen. Die in der Regel drei- bis sechsmonatige Probezeit reicht aus, um eine aussagekräftige Beurteilung anhand derjenigen Kriterien durchzuführen, die sich zur Mitarbeiterwertermittlung eignen (vgl. Kap. E). Im Falle der Einstellung von Teilzeitkräften bzw. der Veränderung des Beschäftigungsgrads sollten die jeweiligen Mitarbeiter anteilig im Verhältnis ihrer Arbeitszeit zur vollen Arbeitszeit an einem Verteilungssystem partizipieren.[218]

Auch Mitarbeiter, die im Laufe des Jahres durch eigene Kündigung ausscheiden, weisen noch einen gewissen Wert für das Unternehmen während der verbleibenden Dauer der Betriebszugehörigkeit auf, wenngleich sich bestimmte Determinanten des Mitarbeiterwerts stark wertmindernd auswirken dürften (wie z. B. die Loyalität).[219] Auch bei den im Kündigungsfall üblichen sofortigen Freistellungen insbesondere von Front-Office-Mitarbeitern muss das Steuerungssystem den ohnehin zu zahlenden Bonus zwecks Separierung aus dem Bonustopf ermitteln, um zumindest im Fall der Bonusklage dem Mitarbeiter (wenn der neue Arbeitgeber nicht für den entgangenen Bonus aufkommen sollte) den ihm zustehenden Betrag zeitnah auszahlen zu können. Weitere Förderungsmaßnahmen finden dagegen auf diesen Mitarbeiterkreis in der Regel keine Anwendung mehr. Eine gewisse Analogie besteht zu den im Front-Office allerdings eher selten vorkommenden Mitarbeitern, die sich an der Grenze zur Pensionierung befinden: Diese haben zwar keine Entwicklungsperspektive mehr im Unternehmen, aber bei guter, loyaler Mitarbeit selbstverständlich auch Anspruch auf eine letztmalige, faire Bonuszahlung – nicht zuletzt auch vor dem Hintergrund ansonsten negativer Ausstrahlungseffekte auf die übrige Belegschaft.

Praktikanten zählen als externer Personenkreis zwar nicht zu den eigenen Mitarbeitern eines Unternehmens, sind jedoch für jede Investmentbank von weitreichender Bedeutung: Zum einen bilden sie aufgrund des üblicherweise strengen Auswahlprozesses einen Kreis sehr leistungsbereiter und -fähiger Mitarbeiter, die – wie zum Beispiel im M&A-Geschäft – die Stammbelegschaft etwa bei der Durchführung der Due Diligence stark unterstützen können. Zum anderen bedeutet ein erfolgreich absolviertes Erstpraktikum oftmals die

---

[218] Vgl. Gaugler, E., Erfolgsbeteiligung, a. a. O., Sp. 801.

[219] Vgl. Redmann, B., Rechtliche Tücken bei variablen Ziel- und Anreizvergütungen, in: Personal 10/2003, S. 22–26, S. 26.

„Eintrittskarte“, um nach Beendigung des Studiums die berufliche Tätigkeit bei dieser Investmentbank aufnehmen zu können. Die Ausweitung der Mitarbeiterwertermittlung auch auf Praktikanten ist jedoch in mehrfacher Hinsicht kritisch zu beurteilen:

- Praktikanten stehen dem Unternehmen nur für einen kurzen Zeitraum zur Verfügung, sodass sie üblicherweise (noch) nicht Teil der Personalplanung und somit nicht Zielgruppe spezieller Fördermaßnahmen – deren sachgerechte Zuteilung gilt als ein wesentlicher Anwendungsbereich von Mitarbeiterwerten – sind. Die Honorierung des außergewöhnlichen Einsatzes einzelner Praktikanten in Form einer Sonderzahlung erfolgt in der Praxis daher oftmals direkt aus dem Gehaltsbudget der jeweiligen Kostenstelle, nicht jedoch aus dem Bonuspool heraus.
- Die deutliche Verkürzung der Studiendauer im Rahmen der eingeführten Bachelorstudiengänge (vgl. Kap. E 2.1) reduziert die mögliche Anzahl bzw. Dauer der einzelnen Praktika von Absolventen, sodass eine valide Einschätzung der erbrachten Leistung aus Unternehmenssicht erschwert wird.
- Die Frage der Übernahme eines Praktikanten in ein festes Beschäftigungsverhältnis stellt sich üblicherweise erst zu einem späteren Zeitpunkt, das heißt gegen Ende des Studiums. Die Einbeziehung von Praktikanten in eine Mitarbeiterwertbetrachtung hätte also strategischen Charakter bei gleichzeitig hoher Unsicherheit über das Zustandekommen eines Beschäftigungsverhältnisses. Eine solche Vorgehensweise erscheint insbesondere dann vertretbar, wenn ein Praktikant nach positiver Leistungs- und Verhaltenseinschätzung aus dem ersten Praktikum im Folgepraktikum bei demselben Unternehmen schon wie ein „vollwertiger“ Mitarbeiter behandelt wird, das heißt beispielsweise bereits erste „anzurechnende“ Schulungsbausteine besuchen darf, die ansonsten auch Hochschulabsolventen als Bestandteil ihrer Einarbeitungsphase durchlaufen.
- Die diskutierten Differenzierungskriterien zeigen die Heterogenität der Belegschaft in einer international operierenden Investmentbank auf. Aus technischer Sicht stellen die jeweiligen Unterscheidungsmerkmale jedoch keine bzw. keine unüberbrückbaren Hindernisse für die Einbeziehung all dieser Mitarbeitergruppen in das angestrebte Steuerungsmodell dar. Lediglich externe Dienstleister sind ungeachtet ihrer möglicherweise langjährigen hervorragenden Tätigkeit aufgrund der fehlenden disziplinarischen Verantwortung ihrer Ansprechpartner in der Investmentbank zu keinem Zeitpunkt Zielgruppe von Personalförderungsmaßnahmen. Daher sollten sich Mitarbeiterwertberechnungen konsequenterweise nicht auf diesen Personenkreis erstrecken.

2.3 Mitarbeiterwert

Da Mitarbeiter in einem nach den Grundsätzen des Marketings ausgerichteten Unternehmen als „interne Kunden“ angesehen werden können[220], lassen sich bei der Definition des Begriffs „Mitarbeiterwert“ aus der Literatur Analogien zur sicherlich verbreiteteren Begrifflichkeit des „Kundenwerts“ herstellen.[221] Der Mitarbeiterwert ist in diesem Sinne eine personenbezogene Größe, die die ökonomische Gesamtbedeutung eines aktuellen (oder potenziellen) Mitarbeiters, das heißt dessen direkten oder indirekten Beitrag zur Erreichung der monetären bzw. nicht monetären Ziele seines Arbeitgebers, ausdrückt.[222] In negativer Begriffsbestimmung entspricht der Wert eines Mitarbeiters dem Gesamtschaden monetärer und nicht monetärer Art, der einem Unternehmen dann entsteht, wenn dieser Mitarbeiter das Unternehmen verlässt.[223]

Es gibt keinen Mitarbeiterwert an sich.[224] Der einem Menschen beizulegende Wert hängt vielmehr vom Bewertungszweck ab, denn der Einzelne verkörpert für sich selbst, seine Familie, den Staat, die Gesellschaft und deren einzelne Segmente möglicherweise unterschiedliche Werte, wobei im Folgenden allerdings nur der Wertansatz für eine Investmentbank als Arbeitgeber von Interesse ist. Anders ausgedrückt: Mit dem Wert von Mitarbeitern ist im Kontext dieser Arbeit keinesfalls ihr Wert als Mensch gleichzusetzen.[225] Die im allgemeinen Sprachgebrauch verwendete Bezeichnung, jemand sei

---

220 Vgl. Meffert, H./Bruhn, M., Dienstleistungsmarketing, 2. Auflage, Wiesbaden 1997, S. 506; Scholz, Chr., Grundlagen eines marktorientierten Personalmanagements, in: Bruhn, M. (Hrsg.), Internes Marketing, Integration der Kunden- und Mitarbeiter-orientierung, Wiesbaden 1999, S. 95–114, S. 102.

221 Vgl. Kopatz, A., a. a. O., S. 5.

222 Vgl. in Analogie zu einer Kundenwertbetrachtung Cornelsen, J., Kundenwert: Begriff und Bestimmungsfaktoren, Arbeitspapier Nr. 43 des Lehrstuhls für Marketing an der Universität Erlangen-Nürnberg, Nürnberg 1996, S. 6; Cornelsen, J., Kundenwertanalysen im Beziehungsmarketing: Theoretische Grundlagen und Ergebnisse einer empirischen Studie im Automobilbereich, Diss. Nürnberg 2000, S. 38.

223 Vgl. analog Plinke, W., Die Geschäftsbeziehung als Investition, in: Specht, G./ Silberer, G./Engelhardt, W. H. (Hrsg.), Marketing-Schnittstellen, Stuttgart 1989, S. 305–325, S. 316.

224 Vgl. Fischer-Winkelmann, W. F./Hohl, E. K., Konzepte und Probleme der Humanvermögensrechnung, in: DB 51–52/1982, S. 2636–2644, S. 2638. Althauser verdeutlicht die Schwierigkeit, den Begriff „Employee-Value“ – oder „Mitarbeiterwert“ – allgemeingültig zu definieren, da je nach Branche unterschiedliche Kriterien in einen solchen Wert einfließen können. Als Schlüsselkriterien beispielsweise in einem Forschungsbetrieb gelten sicherlich Innovationsfähigkeit, Kreativität bzw. Umsetzungsorientierung, im M&A-Bereich einer Bank dagegen eher Verhandlungsgeschick, Kundenorientierung oder Analysefähigkeit, vgl. Althauser, U., Employee-Value, in: Personalwirtschaft 4/2001, S. 9.

225 Vgl. Kopatz, A., a. a. O., S. 3.

ein „wertvoller Mensch", bezieht sich auf dessen soziales Verhalten, seine Fähigkeit zuzuhören, eigene Interessen zugunsten anderer Personen zurückzustellen – dies ist lediglich eine wenn auch nicht unbeträchtliche Determinante von Mitarbeiterwerten (vgl. Kap. E 2.2.1.2.3).[226]

Zur umfänglichen Ermittlung eines Mitarbeiterwerts ist jedoch vielmehr eine ganzheitliche Betrachtung des Mitarbeiters unter Berücksichtigung sowohl personenbezogener als auch genereller Faktoren außerökonomischer und ökonomischer Art erforderlich. Mitarbeiterwertanalysen beinhalten die systematische Sammlung, Aufbereitung, Verdichtung und Auswertung vergangenheits- und zukunftsbezogener Informationen über den Wert von Mitarbeitern, Mitarbeitergruppen bzw. der gesamten Belegschaft des jeweiligen Unternehmens.[227]

Abzugrenzen ist die Bezeichnung „Mitarbeiterwert" von Begriffen wie „Humankapital", „Strukturkapital" oder auch „Wissenskapital"[228]. Humankapital umfasst die Kombination aus Wissen, Innovationskraft und Fähigkeit der einzelnen Mitarbeiter eines Unternehmens, mit der sie die gestellten Aufgaben erfüllen.[229] Humankapital schließt dabei das latent vorhandene wie auch das bereits genutzte Potenzial der Mitarbeiter ein.[230] Humankapital wird bereits vor dem Eintritt in die Schule akkumuliert, ist aber mit der Schule, der Universität und der Berufsausbildung noch nicht abgeschlossen: Es setzt sich während des gesamten Lebens fort.[231] Der Markt, auf dem der Preis für Humankapital festgelegt wird, ist der Arbeitsmarkt.[232] Das Gehalt, das eine Person erreichen

---

226 Die Klärung der Frage der ethisch-moralischen Zulässigkeit, überhaupt Werte für Menschen zu ermitteln, ist Gegenstand von Kapitel G 1.3.2, das sich nach Einführung des Steuerungsmodells in gebündelter Form mit möglichen Ansatzpunkten für Kritik (auch an der rechnerischen Methodik) auseinandersetzt.

227 Vgl. analog Diller, H., Innovatives Kundenmanagement und Kundenbewertung, Vortrag auf der Fachtagung der Gesellschaft für innovatives Marketing e. V. zum Thema „Innovatives Kundenmanagement mit Kundenwertanalysen" am 11.03.1997 in Nürnberg, Nürnberg 1997, o. S.

228 Strassmann weist darauf hin, dass Wissenskapital ein Charakteristikum von Organisationen insgesamt, nicht jedoch von Individuen ist, vgl. Strassmann, P. A., What's the Worth of an Employee?, in: Knowledge Management 12/1999, verfügbar unter http://www.strassmann.com/pubs/km/1999-12.php, o. S.

229 Vgl. Edvinsson, L./Brünig, G., a. a. O., S. 19; Sönnichsen, C., Ratingsysteme am Beispiel der Versicherungswirtschaft, in: Büschgen, H. E./Everling, O. (Hrsg.), Handbuch Rating, Wiesbaden 1996, S. 423–454, S. 447; Ederer, P./Schuller, Ph./ Willms, St., Wieviel Bildung brauchen wir? Humankapital in Deutschland und seine Erträge, Frankfurt am Main 2002, S. 14; Deusen, A., Human Capital Management. Optimierung des Mitarbeiterwertes: Möglichkeiten und Grenzen, Saarbrücken 2006, S. 32.

230 Vgl. Edvinsson, L./Brünig, G., a. a. O., S. 28.

231 Vgl. Ederer, P./Schuller, Ph./Willms, St., a. a. O., S. 14.

232 Vgl. ebenda.

kann, ist der Ertrag auf das verwendete Humankapital.[233] Die Bezeichnung „Strukturkapital" bezieht sich auf die Hardware, Software, Datenbanken, Organisationsstruktur, Patente, Warenzeichen und alle anderen Organisationsmerkmale, die die Produktivität der Mitarbeiter unterstützen, und schließt auch Kundenkapital ein, also die Beziehungen, die zu den Topkunden gepflegt werden.[234] Humankapital und das Strukturkapital bilden zusammen die Bestandteile von Wissenskapital oder des häufig synonym verwendeten Begriffs „intellektuelles Kapital".[235]

Humankapital beinhaltet zwar mit den Ebenen Wissen, Können und Potenzial der einzelnen Mitarbeiter wichtige Determinanten von Mitarbeiterwerten. Eine umfassende Mitarbeiterwertbetrachtung berücksichtigt jedoch weitere, teils mitarbeiterbezogene (z. B. Loyalität), teils vom Mitarbeiter unabhängige Kriterien (z. B. die allgemeine Marktentwicklung und damit die zukünftige Bedeutung des Mitarbeiters für das Unternehmen). Zudem lassen sich Elemente des Strukturkapitals, nämlich insbesondere die Kundenbeziehungen, dem jeweiligen Mitarbeiter – zumindest zu einem gewissen Grad – zuordnen, was die Unmöglichkeit der direkten Übertragung der Begriffe unterstreicht.

Der in dieser Arbeit verwendete Begriff des „Mitarbeiterwerts" ist auch gegenüber dem Begriff der „Wertschöpfung eines Mitarbeiters" abzugrenzen. Wertschöpfung (Value Added) umfasst mehrere Dimensionen: Die volks- bzw. die betriebswirtschaftliche Wertschöpfung ist der Wert, der den Vorleistungen in den produzierenden Einheiten durch die Abgabe von Leistungen und Nutzungen der Bestandsfaktoren hinzugefügt wird.[236] Als Maßstab für Wertschöpfung gilt im strategischen Management der Shareholder Value[237] bzw. Stakeholder Value, im Qualitätsmanagement die Qualitätsverbesserung und im Dienstleistungsmanagement der Nutzen für den Kunden.[238] Die Wertschöpfung ist dabei stets die subjektive Brauchbarkeit aus Sicht einer oder mehrerer Bezugsgruppen.[239] Das in der vorliegenden Arbeit verwendete Verständnis des Begriffs „Mitarbeiterwert" geht weit über die vom einzelnen Mitarbeiter erbrachte Leistung bzw. Wertschöpfung hinaus, da – wie zuvor

---

233 Vgl. ebenda.

234 Vgl. Edvinsson, L./Brünig, G., a. a. O., S. 19.

235 Vgl. ebenda, S. 13 und 19.

236 Vgl. Wunderer, R./Jaritz, A., Evaluation der Wertschöpfung im Personalmanagement, in: Personalwirtschaft 8/1999, S. 47–52, S. 47.

237 Im Shareholder-Value-Ansatz bestimmt sich der ökonomische Wert einer Investition (z. B. von Aktien eines Unternehmens, Strategien, Zusammenschlüssen und Akquisitionen) dadurch, dass die zukünftig erwarteten Cashflows mittels eines Kapitalkostensatzes diskontiert werden, vgl. vertiefend Rappaport, A., Shareholder Value: Wertsteigerung als Maßstab für die Unternehmensführung, Stuttgart 1994, S. 12 f.

238 Vgl. Wunderer, R./Jaritz, A., a. a. O., S. 47.

239 Vgl. ebenda.

erwähnt – weitere vom Mitarbeiter teilweise beeinflussbare, teilweise aber auch nicht beeinflussbare Determinanten den Wert eines Mitarbeiters für das Unternehmen bestimmen.

3 Modelltheoretische Grundlagen

Im wissenschaftlichen Sprachgebrauch findet der Begriff „Modell“ in sehr unterschiedlichen Ausprägungen Verwendung: In einer weiten Auslegung versteht man darunter symbolsprachliche (z. B. mathematische), zweckmäßig vereinfachte Abbildungen realer Systeme (wie z. B. eines Personalportfolios), die mit dem Ziel erstellt werden, Systeme bzw. deren Wirkungszusammenhänge zu beschreiben, zu erklären oder zu prognostizieren.[240] Ein Modell unterstützt demzufolge Entscheidungsträger dabei, die Vielzahl von Informationen in eine Ordnung zu bringen, die relevanten von den peripheren Informationen zu trennen und die Alternativen der Entscheidung zu analysieren bzw. gegeneinander abzuwägen.[241] Eine Rechtfertigung findet die Anwendung quantitativer Modelle vor allem darin, dass jede Entscheidung auf einer modellhaften – wenn auch oftmals nur unbewusst vollzogenen – Abbildung der „Wirklichkeit“ beruht.[242] Eine ausdrückliche Modellformulierung und -weiterentwicklung führt in der Regel zu einem besseren Verständnis der Realität und damit zu besseren Entscheidungen von Individuen bzw. Gruppen, zum Beispiel des Managements.[243]

Ein anderer Modellbegriff sieht in Modellen lediglich „Regeln der Informationsverarbeitung“, die dem Nutzer Hilfestellungen bei der Beschaffung, Sammlung, Aufbereitung und Verarbeitung von Daten zu Entscheidungszwecken bieten sollen.[244] So verstandene Modelle zielen zunächst also auf nichts anderes als die Schaffung einer geordneten und zumindest teilweise begründeten Vorgehensweise bei der Informationsverarbeitung ab.[245] Der Unterschied zwischen beiden Definitionen ist insbesondere darin zu sehen, dass im ersten Fall eine – wie auch immer definierte – Übereinstimmung („Homomorphie“) von Realität und Modell behauptet wird, während dies im zweiten Fall nicht

---

[240] Vgl. Albert, H., Theorien in den Sozialwissenschaften, in: Albert, H. (Hrsg.), Theorie und Realität, Tübingen 1972, S. 3–25, S. 12; Müller-Merbach, H., Operations Research, München 1973, S. 14.

[241] Vgl. Böcker, F., Quantitative Marketing-Modelle, in: WiSt 8/1974, S. 357–364, S. 357.

[242] Vgl. ebenda, S. 357 f.

[243] Vgl. ebenda.

[244] Vgl. Krautter, J., Marketing-Entscheidungsmodelle, Wiesbaden 1973, S. 80 f.; Diller, H., Planungstechniken, a. a. O., S. 6; Böcker, F., Quantitative Marketing-Modelle, a. a. O., S. 357.

[245] Vgl. Böcker, F., Modellbezogene Akzeptanzprobleme formaler Entscheidungsmodelle im Marketing, in: Müller-Merbach, H. (Hrsg.), Quantitative Ansätze in der Betriebswirtschaftslehre, München 1977, S. 227–241, S. 228.

geschieht.[246] Aus diesem Grund orientiert sich die vorliegende Arbeit an der erstgenannten Definition des Modellbegriffs.

Der Prozess der Modellbildung verläuft typischerweise in folgenden Teilphasen, die weitgehend den im Laufe dieser Arbeit diskutierten Einzelschritten zur Entwicklung und Implementierung eines Totalmodells zur Steuerung des Mitarbeiterportfolios entsprechen:

- Auswahl und Operationalisierung der relevanten Variablen;
- Formulierung funktionaler Zusammenhänge zwischen den Variablen;
- Beschaffung des erforderlichen empirischen Dateninputs;
- Validierung (Test);
- Anwendung.[247]

In der Praxis kann ein Modell, wie zum Beispiel ein integriertes Modell zur Ermittlung von Mitarbeiterwerten, jedoch nicht am „grünen Tisch" entwickelt werden, sondern ist vielmehr das Ergebnis vielfältiger Reflexions-, Kommunikations- und Überprüfungsprozesse. Die Modellbildung und -nutzung erfolgen innerhalb eines evolutionären Lernprozesses, um sukzessive das menschliche Entscheidungsverhalten zu verbessern.[248]

Ein Klassifizierungsmerkmal von Modellen ist der Grad der Vollständigkeit der Erfassung realer Zusammenhänge: Während sogenannte Partialmodelle nur ein oder einige wenige Kriterien zur Ermittlung des Mitarbeiterwerts berücksichtigen, haben „Totalmodelle" den Anspruch, vielfältige, wenn auch realistischerweise nie sämtliche Kriterien einzubeziehen (vgl. Kap. E 2 und E 3). Solche mehrdimensionalen Modelle verbinden Kriterien gleicher oder unterschiedlicher Art, wobei rein monetäre, rein nicht monetäre und kombinierte Ansätze zu differenzieren sind.[249] Sobald ein Ansatz darauf ausgerichtet ist, eine „nennenswerte" Anzahl von Kriterien einzubeziehen, besteht daher – pragmatisch gesehen – ein gewisser Ermessensspielraum bei der Entscheidung, ob ein solches Modell noch zu den Partialmodellen oder bereits zu den Totalmodellen zu zählen ist. In solchen Grenzfällen liegt somit ein fließender Übergang zwischen den beiden Modellausprägungen vor.

---

[246] Vgl. Böcker, F., Modellbezogene Akzeptanzprobleme, a. a. O., S. 228.

[247] Vgl. Weiss, M./Sterzel, J., Humankapital bewerten, in: Personal 6/2007, S. 24–29, S. 25.

[248] Vgl. Böcker, F., Quantitative Marketing-Modelle, a. a. O., S. 364.

[249] Vgl. Rieker, S. A., Bedeutende Kunden – Analyse und Gestaltung von langfristigen Anbieter-Nachfrager-Beziehungen auf industriellen Märkten, Wiesbaden 1995, S. 49 f.

Totalmodelle erlauben – unter Nutzbarmachung der EDV – eine gesteuerte Komplexitätsbewältigung. Der Zwang zum systematischen Vorgehen führt zum Auffinden von Informationslücken und letztlich zu einer Objektivierung der Entscheidungsfindung. Grundsätzlich besteht die Gefahr, dass Modelle nicht akzeptiert werden, weil

- die Kosten und Mühen der Einführung und Pflege nach Ansicht des Managements nicht tragbar sind bzw. in keinem Verhältnis zu dem von der Anwendung zu erwartenden, allerdings nur subjektiv einzuschätzenden Nutzen stehen;
- ihnen verfahrenstechnische Mängel anhaften oder
- die modelltheoretischen Grundlagen nicht der Unternehmenskultur (vgl. Kap. D 2.1) bzw. den praktischen Bedürfnissen zu entsprechen scheinen.[250]

Um eine hohe Akzeptanzwahrscheinlichkeit der modellgestützten Steuerung des Mitarbeiterportfolios im Unternehmen sicherzustellen und Entscheidungen für zielgerichtete Investitionen in die Mitarbeiter zu unterstützen, müssen die gewählten Modellstrukturen daher grundlegenden Anforderungen genügen. Diese sind Gegenstand einer gesonderten, ausführlichen Betrachtung (vgl. Kap. D 1 und D 2).

Zur weiter gehenden Kategorisierung von Modellen findet sich in der Literatur eine Vielzahl weiterer Unterscheidungsmerkmale, deren umfassende Definition und Abgrenzung allerdings den Rahmen der vorliegenden Arbeit sprengen würde. Die nachfolgenden Ausführungen beschränken sich daher – ohne Anspruch auf Vollständigkeit – auf die Erläuterung derjenigen vier Modellfunktionalitäten, die das zu entwickelnde Totalmodell im Wesentlichen abbilden soll.

- Die sogenannte taxonomische Funktionalität dient der Klassifizierung zum Beispiel von Lebewesen, Gegenständen oder Begriffen.[251] Die Quantifizierung der Werte von Mitarbeitern und die Ableitung relativer Aussagen hinsichtlich der jeweiligen Wertigkeiten sind letztlich nichts anderes als die Klassifizierung von Mitarbeitern innerhalb des Personalportfolios.
- Die Aufgabe von „Erklärungsfunktionalitäten" ist es, die jeweiligen Zusammenhänge eines Systems zu identifizieren und die Gesetzmäßigkeiten dieser Zusammenhänge festzustellen.[252] Dem zu entwickelnden Steuerungs-

[250] Vgl. Böcker, F., Modellbezogene Akzeptanzprobleme, a. a. O., S. 229.
[251] Vgl. Krautter, J., Zum gegenwärtigen Stand der Entwicklung quantitativer Marketing-Modelle, in: ZfB 10/1973, S. 723–746, S. 724.
[252] Vgl. ebenda, S. 728.

modell liegt ebenfalls genau diese Intention zugrunde, nämlich die für einen Mitarbeiterwert relevanten Kriterien zu identifizieren und deren Einfluss auf die Höhe des Werts von Mitarbeitern mittels entsprechender Gewichtungen zu berücksichtigen.

- „Prognosefunktionalitäten“ dienen der Voraussage von Ereignissen in Abhängigkeit von Variablen, die vom Unternehmen nur teilweise oder gar nicht kontrollierbar sind.[253] Insbesondere durch Zeitvergleiche sind bei Totalmodellen auf Basis von Mitarbeiterwerten Annahmen über die zukünftige Entwicklung der Ausprägungen einzelner Determinanten von Mitarbeiterwerten bzw. der eigentlichen Mitarbeiterwerte möglich.
- Als „Entscheidungsfunktionalitäten“ sollen im Kontext dieser Untersuchung solche Modelle verstanden werden, die auf fundierter Basis eine Evaluierung unternehmerischer Investitionen in personelle Ressourcen gestatten. Dieses Merkmal erfüllt das mitarbeiterwertorientierte Steuerungssystem in zweifacher Hinsicht, da es zum einen fundierte Hilfestellung bei noch zu treffenden personalwirtschaftlichen Entscheidungen liefert, zum anderen die Verifizierung bereits getroffener Personalentscheidungen unterstützt.

Die Unterschiedlichkeit der aufgeführten einschlägigen Modellfunktionalitäten ist Ausdruck der angestrebten vielseitigen Anwendbarkeit des zu entwickelnden Steuerungsmodells und spiegelt letztlich aus modelltheoretischer Sicht nochmals die eingangs formulierten Zielsetzungen der vorliegenden Arbeit wider (vgl. Kap. A 2).

---

[253] Vgl. ebenda, S. 730.

C Unzulänglichkeit vorhandener personalwirtschaftlicher Modelle zur Steuerung des Mitarbeiterportfolios

1 Defizite von Partialmodellen zur Steuerung des Mitarbeiterportfolios

Alle Partialmodelle verbindet eine ihnen zugrunde gelegte monovariable Zielfunktion, das heißt, sie berücksichtigen nicht, dass vom Management Zielsetzungen unterschiedlichster Art verfolgt werden können.[254] Somit steht der Vorteil der einfachen Anwendung dem Nachteil der geringen Tragweite von Partialmodellen gegenüber. Die folgende Analyse stellt ohne Anspruch auf Vollständigkeit gängige Partialmodelle vor und zeigt, welchen jeweils unterschiedlichen, aber letztlich doch nur eindimensionalen Fokus die einzelnen Modelle aufweisen.

1.1 Humanvermögensrechnung

Für Human Resource Accounting (oder Human Asset Accounting) werden im deutschen Sprachbereich als äquivalente Ausdrücke „Humanvermögensrechnung", „Humankapitalrechnung", „Humanpotenzialrechnung", „Humanpersonalvermögensrechnung" usw. gebraucht.[255] Diese Begriffe sind synonyme Sammelbezeichnungen für inhaltlich und formal teils sehr unterschiedlich angelegte Konzepte der Betriebswirtschaftslehre bzw. der Unternehmenspraxis für eine systematische Erfassung und Bewertung der menschlichen Ressourcen eines Unternehmens, auch „Humanvermögen" genannt.[256]

Den Anstoß zur Entwicklung einer selbstständigen Humanvermögensrechnung gab die Erkenntnis, dass sich die klassischen betrieblichen Rechnungslegungswerke nicht als Informations- und Entscheidungsgrundlage zur Bewertung des Einsatzes menschlicher Ressourcen eines Unternehmens eignen.[257] In der gesetzlich vorgeschriebenen Pflichtberichterstattung erscheint das Personal insbesondere als Kostenfaktor, nämlich in der Bilanz unter „Rückstellungen"

---

[254] Vgl. Fischer-Winkelmann, W. F./Hohl, E. K., a. a. O., S. 2644.

[255] Vgl. Conrads, M., Human Resource Accounting, Wiesbaden 1976, S. 25 ff.; Fischer-Winkelmann, W. F./Hohl, E. K., a. a. O., S. 2637; Scholz, Chr./Bechtel, R., Vordenker und mustergültige Unternehmen, in: Personalwirtschaft 1/2002, S. 10–11, S. 10 f.

[256] Vgl. Fischer-Winkelmann, W. F./Hohl, E. K., a. a. O., S. 2637; Schoenfeld, H.-M., Human Asset Accounting, in: Gaugler, E. (Hrsg.), Handwörterbuch des Personalwesens, Stuttgart 1975, Sp. 995–1004, Sp. 998.

[257] Vgl. Scholz, Chr., Personalmanagement: Informationsorientierte und verhaltenstheoretische Grundlagen, 5. Auflage, München 2000, S. 356.

und in der Gewinn-und-Verlust-Rechnung unter „Aufwand“.[258] Das Humankapital im Sinne eines immateriellen Vermögenswerts des Anlagevermögens kann in der Handelsbilanz als Teil des Geschäfts- oder Firmenwerts aktiviert werden, wenn das Unternehmen von einem Dritten entgeltlich erworben wurde.[259] Das vom Bundesrat am 3. April 2009 verabschiedete Bilanzrechtsmodernisierungsgesetz (kurz BilMoG) ersetzt des Aktivierungsverbot aus § 248 Abs. 2 HGB, sodass selbst geschaffene immaterielle Vermögensgegenstände des Anlagevermögens als Aktivposten in die Bilanz aufgenommen werden können.[260] Nicht aufgenommen werden dürfen selbst geschaffene Marken, Drucktitel, Verlagsrechte, Kundenlisten oder vergleichbare immaterielle Vermögensgegenstände des Anlagevermögens.[261] Auch nach der Verabschiedung des BilMoG ergibt sich somit nach bisheriger Rechtsauslegung weiterhin keine Bilanzierungsmöglichkeit für Humankapital unter den selbst geschaffenen immateriellen Vermögensgegenständen des Anlagevermögens.

Nach Maßgabe der International Financial Reporting Standards (IFRS) muss für erworbene Unternehmen sowie andere – auch die immateriellen – Vermögenswerte (wie z. B. Marken oder Patente) der „faire Wert“ zum Zeitpunkt des Erwerbs ermittelt werden.[262] Nach den International Accounting Standards (IAS) gilt jedoch das Humankapital nicht als immaterieller Vermögenswert (IAS 38), da die jeweiligen Anforderungskriterien auf Mitarbeiter nicht zutreffen: Diese verfügen über eine „physische Substanz“ und stehen nicht in der Verfügungs-

258 Weiter gehende Möglichkeiten zum freiwilligen Ausweis von Arbeitnehmerbelangen im Lagebericht (§ 289 Abs. 3 Nr. 11 und 12 HGB) oder im Nachhaltigkeitsbericht (z. B. im Sozialbericht) bleiben häufig ungenutzt, vgl. Schütte, M., Humankapital messen, a. a. O., S. 21, Fischer-Winkelmann, W. F./Hohl, E. K., a. a. O., S. 2637; Hasebrook, J., Nichts ist interessanter als der Mensch ..., in: Personalführung 4/2005, S. 1–2, S. 2; PricewaterhouseCoopers, Humankapital, in: pwc: Das Magazin für Vorausdenker Januar 2007, S. 42–47, S. 44.

259 Eine Aktivierung kann in diesem Fall in Höhe der Differenz zwischen dem Kaufpreis für das Unternehmen und dem Zeitwert der aktivierungsfähigen Vermögenswerte abzüglich Schulden erfolgen, vgl. Arbeitskreis „Immaterielle Werte im Rechnungswesen“ der Schmalenbach-Gesellschaft für Betriebswirtschaft e. V., Freiwillige externe Berichterstattung über immaterielle Werte, in: DB 23/2003, S. 1233–1237, S. 1233; Edvinsson, L./Malone, M. S., Intellectual Capital, New York 1997, S. 73.

260 Vgl. Gelhausen, H. F./Fey, G./Kämpfer, G., Rechnungslegung und Prüfung nach dem Bilanzrechtsmodernisierungsgesetz, Düsseldorf 2009, S. 70.

261 Vgl. ebenda.

262 Vgl. Padberg, Th., Übernahmen im Spiegel der Bilanzen, in: Die Bank 2/2008, S. 60–61, S. 60.

macht eines Unternehmens. Auch lassen sich ihnen zukünftig zu erwartende Erträge nicht eindeutig zurechnen.[263]

Die von vielen Unternehmen im Geschäftsbericht freiwillig berichteten Zahlen zum Humankapital (wie z. B. eine Frauenbeschäftigungsquote von 55 Prozent, eine Fluktuationsrate von 4 Prozent oder ein Durchschnittsalter der Mitarbeiter von 35 Jahren) sind in der Regel ohne jede Aussagekraft, da sie in keinem Zusammenhang mit unternehmerischen Zielsetzungen oder dem wirtschaftlichen Erfolg stehen.[264] Daneben enthalten viele Geschäftsberichte lediglich qualitative personalrelevante Aussagen (beispielsweise bezüglich Aktivitäten zur Förderung der Unternehmens- und Führungskultur oder zum Engagement der Mitarbeiter), die durch ihre einmalige Erwähnung keine Analysen über mehrere Berichtsperioden hinweg gestatten.[265] In der Praxis fristet die Beschäftigung mit dem Thema „Humankapital“ letztlich nur ein Schattendasein und beschränkt sich auf das stereotype Bekenntnis zum Mitarbeiter als wichtigstem Kapital.[266] In trivialer Form lässt sich diese Variante relativ einfach und unverbindlich realisieren: Beliebige Personalaktivitäten werden mit dem Etikett „Human-Capital-Management“ versehen, ohne dass dies auf einer strategisch stimmigen Realisierung relevanter Personalmanagementfelder basiert.[267]

Im professionellen Verständnis sollte das Bekenntnis zum Mitarbeiter aber zu einem Überdenken unternehmenskultureller Werte führen.[268] Erforderlich sind daher übergreifende Ansätze, die in der Lage sind, ganzheitliche und an den Unternehmenszielen ausgerichtete Beurteilungen des betrieblichen Humankapitals zu realisieren.[269] Mithilfe ganzheitlicher Modelle lassen sich auf der Grundlage des ökonomischen Werts des Humankapitals personalspezifische Entscheidungen in Unternehmen, wie zum Beispiel Entscheidungen über die Einstellung, Förderung und Entlassung von Mitarbeitern, fundieren und optimieren.[270]

---

263 Vgl. PricewaterhouseCoopers, Unternehmensstudie: Bewertung von Humankapital, o. O. 2007, S. 11 f.

264 Vgl. Schütte, M., Humankapital messen, a. a. O., S. 21.

265 Vgl. ebenda.

266 Vgl. Scholz, Chr., Zehn Fragen und Antworten zum Human-Capital-Management, in: Personalwirtschaft 5/2004, S. 10–15, S. 10.

267 Vgl. ebenda, S. 10 f.

268 Vgl. ebenda, S. 10.

269 Vgl. Scholz, Chr., Personalmanagement, a. a. O., S. 356.

270 Vgl. Conrads, M.,/Goetzke, W./Sieben, G., Human Resource Accounting: Entscheidungsrechnung über das betriebliche Humanvermögen, in: Schmidt, H. (Hrsg.), Humanvermögensrechnung, New York 1982, S. 492–502, S. 492 f.

Die offensichtliche Schwierigkeit der einwandfreien und umfassenden Bewertung des Humanvermögens[271] hat die Suche nach Surrogatwerten (wie z. B. Lohn und Gehalt, Wiederbeschaffungskosten etc.) ausgelöst, die eine ungefähre Bestimmung erlauben.[272] Zur Systematisierung gängiger Partialansätze, die der Ermittlung von Mitarbeiterwerten dienen, eignet sich die nachfolgend vorgenommene Unterscheidung zwischen input- und outputorientierten Ansätzen der Humanvermögensrechnung. Gängige Kombinationen beider Verfahren werden aufgrund ihres erweiterten Betrachtungswinkels in der vorliegenden Arbeit allerdings im Rahmen der Totalmodelle (vgl. Kap. C 2) diskutiert, wenngleich einige wichtige Dimensionen des Mitarbeiterwerts bei diesen Verfahren keine Berücksichtigung finden.

1.1.1 Inputorientierte Ansätze der Humanvermögensrechnung

Die inputorientierten Humanvermögensrechnungen sind prinzipiell dadurch charakterisiert, dass sie das effektive Leistungspotenzial der Mitarbeiter eines Unternehmens nicht direkt abbilden, sondern dieses über die zugehörige tatsächliche oder geschätzte Kosten- bzw. Aufwandsseite zu erreichen suchen.[273] Maßgeblich für die Zuordnung eines Verfahrens der Humanvermögensrechnung zur Klasse der inputorientierten Modelle ist dementsprechend, ob es auf vergangene, gegenwärtige oder zukünftige Aufwendungen des Betriebs zurückgreift.[274] Wimmer und Neuberger verweisen allerdings auf die grundsätzliche Gefahr, dass sich das Personalmanagement in die Abhängigkeit des traditionellen Rechnungswesens begibt[275], sofern alle Personalaktivitäten in Kostenkategorien gepresst werden und das Rechnungswesen als dominante Basis für Entscheidungen des Personalmanagements etabliert wird.[276] Von den gängigen Ansätzen sind insbesondere die folgenden zu nennen:

Bei der Bewertung des Humankapitals mit **historischen Kosten** bestimmen die tatsächlich angefallenen Aufwendungen für Erwerb, Entwicklung und Erhaltung des Humanvermögens dessen Wert.[277] Im Mittelpunkt solcher

---

[271] Vgl. Ackermann, K.-F., Den Wert des Humankapitals bestimmen, in: Personalwirtschaft 9/2003, S. 46–49, S. 46.

[272] Vgl. Schoenfeld, H.-M., a. a. O., Sp. 999.

[273] Vgl. Fischer-Winkelmann, W. F./Hohl, E. K., a. a. O., S. 2639; Schütte, M., Humankapital messen, a. a. O., S. 23.

[274] Vgl. Fischer-Winkelmann, W. F./Hohl, E. K., a. a. O., S. 2639.

[275] Vgl. Wimmer, P./Neuberger, O., Personalwesen 2. Personalplanung, Beschäftigungssysteme, Personalkosten, Personalcontrolling, Stuttgart 1998, S. 456.

[276] Vgl. ebenda.

[277] Vgl. Fischer-Winkelmann, W. F./Hohl, E. K., a. a. O., S. 2639.

Analysen stehen die in der Vergangenheit durchgeführten Investitionen, die zum Aufbau des jetzigen Wissensstands einer Unternehmung erforderlich waren[278], ohne dabei allerdings zukünftige Erfordernisse in irgendeiner Weise zu berücksichtigen.[279] Der einem Unternehmen entstandene Aufwand ist auch nicht immer kostenmäßig exakt erfassbar.[280] Darüber hinaus kann der Aufwand aufgrund zum Beispiel ineffizienter Aus- und Weiterbildungsmaßnahmen erhöht gewesen sein bzw. das erworbene Wissen aufgrund schneller Marktveränderungen zwischenzeitlich an Wert verloren haben.[281] Ferner besteht die Unsicherheit, welches Wertschöpfungspotenzial mit dem übertragenen Wissen verbunden ist[282], da es keinen direkten kausalen Zusammenhang zwischen den Kosten der Wissensakquisition und den genutzten Ertragspotenzialen des Wissens, das heißt seiner Anwendung, gibt.[283]

Bei der Bewertung der Humanressourcen zu **Wiederbeschaffungskosten** werden dagegen die Aufwendungen berücksichtigt, die für die Wiederbeschaffung von Mitarbeitern bei deren Ausfall entstehen würden.[284] Maßstab für den Wert eines Mitarbeiters ist demzufolge die Investition, die das Unternehmen tätigen muss, um gleichwertige Talente, Kompetenzen, Fertigkeiten und Fähigkeiten zu beschaffen.[285] Die Wiederbeschaffungskosten beinhalten streng genommen alle Kosten, die ab dem Moment, in dem ein Mitarbeiter an Kündigung denkt, bis zu dem Zeitpunkt entstehen, zu dem ein neuer Mitarbeiter eingearbeitet und vollwertig produktiv ist.[286] Der Wert des Humanvermögens wird bei diesem Verfahren additiv aus den „Stellenwiederbesetzungskosten" ermittelt.[287] Die Kritik an einer Bewertung mit Wiederbeschaffungskosten konzentriert sich auf die beschränkte Zukunftsorientierung[288] und den in der Praxis nicht vertretbaren Aufwand zur Ermittlung des „Wiederbeschaffungswerts" der Belegschaft eines größeren Unternehmens.[289]

Die Bewertung des Humankapitals mit **Opportunitätskosten** nach Hekimian und Jones basiert auf den fiktiven Preisen, die der „unternehmensinterne

---

278 Vgl. Walter, Th., Wissensbewertung in Banken: Erfahrungen als Bilanzposition?, in: bank und markt 10/1999, S. 27–30, S. 28.
279 Vgl. Fischer-Winkelmann, W. F./Hohl, E. K., a. a. O., S. 2642 ff.
280 Vgl. North, K., Wissen messen, in: Heimer, T./Rossbach, P. (Hrsg.), Management der Ressource Wissen in Banken, Frankfurt am Main 2001, S. 55–69, S. 65.
281 Vgl. ebenda.
282 Vgl. ebenda.
283 Vgl. Walter, Th., a. a. O., S. 28; Schoenfeld, H.-M., a. a. O., Sp. 1002.
284 Vgl. Fischer-Winkelmann, W. F./Hohl, E. K., a. a. O., S. 2640.
285 Vgl. Kempkes, H. P./Bindhardt, R., a. a. O., S. 42.
286 Vgl. ebenda; Fischer-Winkelmann, W. F./Hohl, E. K., a. a. O., S. 2640.
287 Vgl. Fischer-Winkelmann, W. F./Hohl, E. K., a. a. O., S. 2640.
288 Vgl. ebenda.
289 Vgl. Schütte, M., Humankapital messen, a. a. O., S. 24.

Markt" für den Mitarbeiter zahlen würde („Was wäre ein Mitarbeiter den anderen Abteilungen des Unternehmens wert?").[290] Das Humanvermögen eines Unternehmens lässt sich durch die Addition der maximalen Angebotspreise bestimmen.[291] Es bleibt jedoch die Frage offen, ob das Verfahren einen (bank)internen Markt ersetzen kann; des Weiteren ist es umständlich und wegen seiner negativen Folgen für die Arbeitsmoral nicht durchführbar.[292]

Wenn das Knappheitsprinzip schon zur alleinigen Grundlage der Bewertung gemacht werden soll, dann dürfen Löhne und Gehälter – als auf dem externen Arbeitsmarkt gebildete Preise – keinesfalls außer Acht bleiben.[293] Solchermaßen gebildete Marktpreise spiegeln dann Angebot von und Nachfrage nach Personen mit konkreten Eignungen wider: Je stärker die mitarbeiterseitigen Leistungsbeiträge nachgefragt werden, desto wichtiger und wertvoller wird die zur Leistungserstellung benötigte Eignung.[294] Zur Berechnung des Werts eines Mitarbeiters vereinfachend lediglich das reine Gehalt bzw. die Lohnkosten, eventuell ergänzt um die Nebenkosten, anzusetzen[295], kann im Einzelfall allerdings zu verzerrten Ergebnissen führen: Dieser Denkweise zufolge besäße ein mit einem hohen Gehalt ausgestatteter Mitarbeiter, der die in ihn gesetzten Erwartungen nicht erfüllt, einen höheren Wert für sein Unternehmen als ein leistungsstärkerer Mitarbeiter mit einem niedrigeren Gehalt. Dieses Beispiel verdeutlicht sehr anschaulich die geringe Tragfähigkeit einer Betrachtung von Mitarbeiterwerten auf eindimensionaler Basis.

Als inputorientierter Ansatz zur Wertermittlung eines Mitarbeiters können auch die in Restrukturierungssituationen üblicherweise angewendeten Berechnungsformeln für Abfindungssummen dienen. Mittels einer formelhaften, üblicherweise mit dem Betriebsrat ausgehandelten und fixierten Verknüpfung von personenbezogenen Größen, wie zum Beispiel dem Lebensalter des Mitarbeiters, seinen im Unternehmen erreichten Dienstjahren und/oder dem Bruttomonatsgehalt, schaffen die Unternehmen eine Kalkulationsgrundlage für zu zahlende Abfindungssummen. Die Multiplikation des Rechenergebnisses mit einem geschäftsfeldüblichen Faktor führt zwar zu einer Annäherung an für den Mitarbeiter tatsächlich akzeptable Aufhebungskonditionen. Für eine Betrachtung des Werts des Mitarbeiters eignen sich kalkulierte Aufhebungs-

---

290 Vgl. Hekimian, J. S./Jones, C. H., Put people in your balance sheet, in: Harvard Business Review 1/1967, S. 105–113, S. 108; Fischer-Winkelmann, W. F./Hohl, E. K., a. a. O., S. 2640.

291 Vgl. Hekimian, J. S./Jones, C. H., a. a. O., S. 108.

292 Vgl. Schoenfeld, H.-M., a. a. O., Sp. 999.

293 Vgl. ebenda.

294 Vgl. Scholz, Chr./Stein, V./Bechtel, R., a. a. O., S. 52.

295 Vgl. Schust, G. H., a. a. O., S. 20.

summen jedoch nur bedingt, da sie wesentliche Einflussfaktoren unberücksichtigt lassen und insbesondere auf Wirtschaftlichkeits- bzw. Tragfähigkeitsüberlegungen des Unternehmens beruhen.

1.1.2 Outputorientierte Ansätze der Humanvermögensrechnung

Outputorientierte Modelle bewerten die Leistungsbeiträge von Mitarbeitern im Hinblick auf die betriebsrelevanten Ziele[296] und stellen dabei teilweise – wie in den ersten drei vorgestellten Ansätzen – einen Zusammenhang zwischen dem erreichten Ergebnis und den hierzu erforderlichen Inputgrößen her.

Die **Firmenwertmethode** ermittelt Humanvermögen stichtagsbezogen durch die Differenzbildung zwischen dem Marktwert eines Unternehmens, der sich zum Beispiel aus dem Produkt von Aktienanzahl und Börsenkurs ableiten lässt, und dem Buchwert des Einzelabschlusses, definiert als Anlage- plus Umlaufvermögen minus Schulden.[297] Dieses Verfahren ist zwar aufgrund seiner einfachen Anwendung sehr beliebt, birgt aber auch eine Reihe von Risiken: Erhöht ein Unternehmen beispielsweise seine Schulden, reduziert es somit seinen Buchwert und vergrößert dadurch wiederum seine Marktwert-Buchwert-Differenz.[298] Diese Differenz wird oftmals automatisch mit intellektuellem Kapital bzw. Wissen gleichgesetzt.[299] Spekulative Erwartungen, konjunkturelle Einflüsse, Standortfaktoren oder auch kommunikative Fähigkeiten sind aber nur einige Beispiele für marktwertbeeinflussende Faktoren, die nicht unbedingt mit Wissen zusammenhängen.[300] In einer umfassenderen Sichtweise beruht Human-Capital-Management dagegen auf der Erkenntnis, dass sich der Unternehmenswert aus der Summe von Bilanzvermögen, Humankapital und sonstigen immateriellen Vermögenswerten zusammensetzt.[301] Ein weiteres Manko der Firmenwertmethode besteht darin, dass die Höhe des Buchwerts durch Ansatz- und Bewertungswahlrechte beeinflussbar ist.[302] Zur Ermittlung

[296] Vgl. Ackermann, K.-F., a. a. O., S. 46; Schütte, M., Humankapital messen, a. a. O., S. 23; Fischer-Winkelmann, W. F./Hohl, E. K., a. a. O., S. 2640.

[297] Vgl. Picot, A./Fiedler, M., Der ökonomische Wert des Wissens, in: Boos, M./ Goldschmidt, N. (Hrsg.), WissensWert!? Ökonomische Perspektiven der Wissensgesellschaft, Baden-Baden 2000, S. 15–37, S. 25; Fischer-Winkelmann, W. F./ Hohl, E. K., a. a. O., S. 2640; Hermanson, R. H., Accounting for Human Assets, East Lansing 1964, S. 15 ff.

[298] Vgl. Picot, A./Fiedler, M., a. a. O., S. 25.

[299] Vgl. ebenda; Schütte, M., Humankapital messen, a. a. O., S. 24.

[300] Vgl. Picot, A./Fiedler, M., a. a. O., S. 25; Schütte, M., Humankapital messen, a. a. O., S. 24.

[301] Vgl. Scholz, Chr./Stein, V./Bechtel, R., a. a. O., S. 51.

[302] Vgl. Picot, A./Fiedler, M., a. a. O., S. 25.

von Mitarbeiterwerten auf Einzelpersonenebene bzw. zur Steuerung bestimmter Determinanten von Mitarbeiterwerten eignet sich die Firmenwertmethode aufgrund ihrer pauschalen Ausrichtung keinesfalls.

Dem Ansatz von Simon folgend, lässt sich der Wert eines Mitarbeiters durch die **Division des Börsenwerts eines Unternehmens durch die Anzahl der Mitarbeiter** ausdrücken.[303] Diese Variante zur Ermittlung des Mitarbeiterwerts ist zwar rechnerisch einfach, zur Steuerung des Mitarbeiterportfolios allerdings aufgrund des begrenzten Anwendungsbereichs und der beschränkten Aussagekraft ungeeignet. Die begrenzte Einsatzmöglichkeit von Simons Ansatz in der praktischen Anwendung zeigt sich darin, dass der so errechnete Mitarbeiterwert

- aufgrund der über die Gesamtbelegschaft hinweg vorgenommenen Durchschnittsbildung als Pauschalansatz keine nach Mitarbeitergruppen bzw. einzelnen Mitarbeitern differenzierte Betrachtung zulässt;
- grundsätzlich nur für börsennotierte Unternehmen errechnet werden kann[304];
- sich aber selbst bei börsennotierten Unternehmen nicht speziell auf einzelne Sparten (wie bei Universalbanken auf das Investmentbanking) beziehen lässt, da der Börsenkurs Ausdruck der Einschätzung der gesamten Unternehmenslage durch den Markt ist.

Analog zur Firmenwertmethode gilt auch hier, dass Börsenwerte eine Vielzahl materieller und immaterieller Aspekte verkörpern, die zum Teil völlig unabhängig von den Mitarbeitern sind.[305] So unterliegt der Börsenwert von Unternehmen täglichen Schwankungen, die zum Beispiel durch strategische Entscheidungen des Unternehmens, allgemeine Marktgeschehnisse oder politische Entwicklungen beeinflusst werden können.[306] Die Schwankungen des Börsenwerts von Unternehmen spiegeln in gewisser Weise auch die Erwartungen der Anleger an das Unternehmen wider.[307] Dabei können Anleger – beispielsweise den Empfehlungen von Analysten folgend – durchaus Fehleinschätzungen erliegen und das Unternehmen und seine Mitarbeiter

---

303 Vgl. Simon, H., Was ist ein Mitarbeiter wert?, Pressemitteilung vom 06.06.2000, in: http://www.simon-kucher.com.

304 Vgl. Kopatz, A., a. a. O., S. 44 ff.

305 Vgl. Simon, H., Marketing-Tipp von Unternehmensberater Prof. Dr. Hermann Simon: So werden kundenorientierte Mitarbeiter belohnt, Pressemitteilung vom 30.05.2000, in: http://www.simon-kucher.com.

306 Vgl. Kopatz, A., a. a. O., S. 45.

307 Vgl. ebenda.

über- oder unterbewerten[308] – was sich unmittelbar auf den zu ermittelnden Mitarbeiterwert niederschlagen würde.

Die **Data Envelopment Analysis (DEA)**[309] ist eine im angloamerikanischen Raum verbreitete Methodik der Effizienzanalyse[310], die es Personalverantwortlichen ermöglichen soll, unternehmensspezifische Leistungen von Mitarbeitern mithilfe einer aggregierten Spitzenkennzahl zu beurteilen.[311] Im Mittelpunkt der DEA-Methodik steht die Effizienz, die allgemein betrachtet als Produktivität, also als Quotient von Ergebnissen (einem Output) und eingesetzten Mitteln (einem Input) beschrieben werden kann.[312] Inputgrößen sind beispielsweise das Bruttojahresgehalt, der Wert des Marktpotenzials der jeweiligen Vertriebsregion in Geldwerten oder Gesamtkosten der in den letzten Jahren besuchten Führungsseminare des jeweiligen Mitarbeiters.[313] Als Outputgrößen kommen dagegen zum Beispiel die Fluktuationsquote in der Abteilung der zu beurteilenden Führungskraft oder die mit den erreichten Umsatzzahlen gewichtete Kundenzufriedenheit infrage.[314] Die Berechnung effizienter bzw. ineffizienter Alternativen soll nun am Beispiel dreier Entscheidungseinheiten A, B und C (d. h. verschiedener Profitcenter oder Abteilungen) mit den nachstehenden Output- bzw. Inputmengen verdeutlicht werden (Abb. 2):

---

308 Vgl. ebenda.

309 Die DEA wurde bereits 1978 erstmals in ihren Grundzügen vorgestellt, vgl. Charnes, A./Cooper, W. W./Rhodes, E., Measuring the Efficiency of Decision Making Units, in: European Journal of Operational Research 2, 6/1978, S. 429–441.

310 Vgl. Dyckhoff, H./Allen, K., Theoretische Begründung einer Effizienzanalyse mittels Data Envelopment Analysis (DEA), in: zfbf 5/1999, S. 411–436, S. 411.

311 Vgl. Weibler, J./Lucht, Th., Führungseffizienz mit DEA messen, in: Personalwirtschaft 12/2001, S. 18–23, S. 19. Ebenfalls auf einer Relation von Output- zu Inputgrößen basiert das Advanced-Human-Capital-Valuation-Modell von PricewaterhouseCoopers (PwC): Dessen Grundlage ist die 2002 von Fiz-enz (Saratoga Institute) geprägte Berechnung für den Human Capital Return on Investment (H-ROI), auf Deutsch am ehesten als „Wertschöpfung“ übersetzbar. Dieser H-ROI setzt Umsatz, operative Kosten und Personalaufwand so in Beziehung, dass ein H-ROI-Wert größer als 1,0 einen positiven Wertbeitrag des eingesetzten Humankapitals anzeigt – je höher der H-ROI, desto rentabler wird das Humankapital eingesetzt. Die so ermittelte Größe ist ein Effizienzmaßstab für die aufgewendeten finanziellen Ressourcen, dient jedoch nicht der mehr oder weniger granularen Steuerung des Mitarbeiterportfolios, vgl. PricewaterhouseCoopers, Humankapital, a. a. O., S. 47.

312 Vgl. Weibler, J./Lucht, Th., a. a. O., S. 19; Dyckhoff, H./Allen, K., a. a. O., S. 411; Dyckhoff, H./Gilles, R., Messung der Effektivität und Effizienz produktiver Einheiten, in: ZfB 8/2004, S. 765–784, S. 767 f.

313 Vgl. Weibler, J./Lucht, Th., a. a. O., S. 21.

314 Vgl. ebenda.

Entscheidungseinheit	Output (Anzahl Einheiten)	Input (Anzahl Einheiten)	Produktivität (Steigerung der Geraden)	Relativer Effizienzwert	Effizienz- bzw. Produktivitätsrückstand
A	3	1,5	3 : 1,5 = 2	100 %	–
B	2	5	2 : 5	20 %	80 %
C	4	6	4 : 6	33 %	67 %
Beispiel für die Berechnung des relativen Effizienzwerts von B: 2 : 5 dividiert durch die maximal erreichte Produktivität der Best-Practice-Einheit A multipliziert mit 100. Die Entscheidungseinheiten B und C sind weniger effizient als die Einheit A					

Abb. 2 Data Envelopment Analysis – Beispiel[315]

Die größte (durchschnittliche) Produktivität im Sinne des Quotienten aus Output und Input weist die Entscheidungseinheit A auf, was im Diagramm daran zu erkennen ist, dass der Fahrstrahl vom Koordinatenursprung zu dem Punkt A die größte Steigung besitzt.[316] Alle anderen Entscheidungseinheiten sind so gesehen weniger produktiv bzw. weniger effizient (Abb. 3).[317] Im weiteren Verlauf der Effizienzanalyse ist nun die Produktivität jeder einzelnen Entscheidungseinheit durch den besten erreichten Wert aller Entscheidungseinheiten zu dividieren.[318] Die Abstände aller Geraden der ineffizienten Einheiten (B und C) zur Best-Practice-Geraden (A) lassen sich als Effizienz- bzw. Produktivitätsrückstand interpretieren.[319]

---

315 Vgl. ebenda, S. 19.
316 Vgl. Dyckhoff, H./Allen, K., a. a. O., S. 414.
317 Vgl. ebenda.
318 Vgl. Weibler, J./Lucht, Th., a. a. O., S. 19.
319 Vgl. ebenda, S. 20; Ahn, H./Dyckhoff, H./Gilles, R., Datenaggregation zur Leistungsbeurteilung durch Ranking: Vergleich der CHE- und DEA-Methodik sowie Ableitung eines Kompromissansatzes, in: ZfB 6/2007, S. 615–643, S. 625.

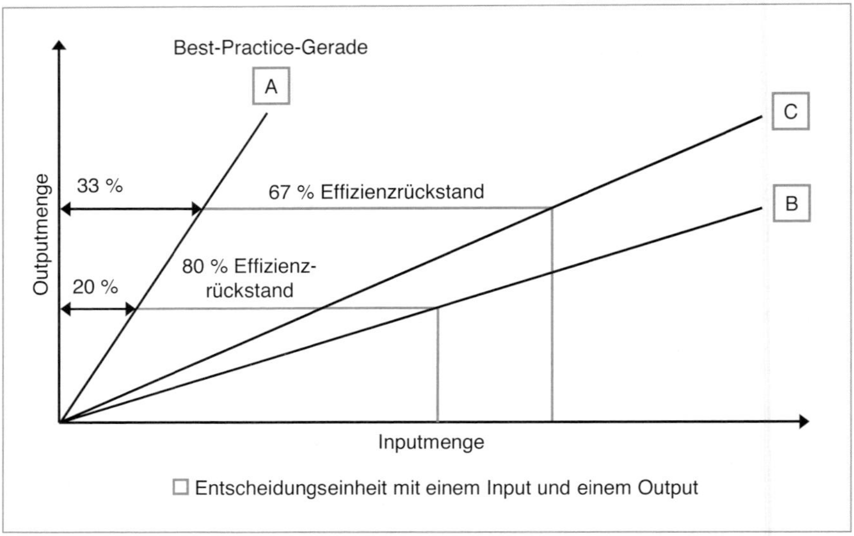

Abb. 3 Data Envelopment Analysis – Effizienzanalyse[320]

Als wesentlicher Vorteil der DEA gilt die Tatsache, dass keine A-priori-Gewichtung der verschiedenen Input- und Outputgrößen erforderlich ist.[321] Die Gewichtungen sind in diesem Modell vielmehr Variablen des linearen Optimierungsmodells, das sich mithilfe spezieller Softwarepakete lösen lässt, sodass sich für die jeweils betrachtete Entscheidungseinheit ein maximaler Effizienzwert ergibt.[322] Ein modellimmanentes Defizit der DEA besteht allerdings darin, dass eine Gewichtung der Bedeutung der Entscheidungseinheiten unterbleibt. Die demzufolge vorgenommene rein relative Betrachtung von Input- und Outputgrößen verleitet aufgrund der unter Umständen entstehenden Hebelwirkung, das heißt eines großen Quotienten aufgrund vergleichsweise kleiner Inputmengen, möglicherweise zu Fehlschlüssen. Ein solcher Quotient ergibt sich beispielsweise im Falle eines hervorragenden Handelsergebnisses, das von Mitarbeitern im unteren Tarifbereich erwirtschaftet wird.

Im Gegensatz zu vielen anderen Modellen sieht die DEA die Möglichkeit vor, eine Anerkennungsprämie anhand des ermittelten Effizienzmaßes an die Belegschaft zu verteilen.[323] Im einfachsten Falle erfolgt die Auszahlung zu gleichen Teilen an die als effizient einzustufenden Mitarbeiter.[324] Die DEA ist

---

[320] Vgl. Weibler, J./Lucht, Th., a. a. O., S. 19.
[321] Vgl. Dyckhoff, H./Allen, K., a. a. O., S. 411.
[322] Vgl. Weibler, J./Lucht, Th., a. a. O., S. 20.
[323] Vgl. ebenda, S. 22.
[324] Vgl. ebenda.

in der Lage, auch unter den effizienten Entscheidungseinheiten weiter zu differenzieren und besonders effiziente Mitarbeiter durch Anreizzuteilung stärker zu würdigen, da diese ja ihre Leistung reduzieren könnten und noch immer als effizient anzusehen wären.[325] Ob die anderen Entscheidungseinheiten jedoch schlechter zu beurteilen sind, hängt davon ab, ob es ihnen möglich gewesen wäre, eine höhere Produktivität zu erreichen.[326] Dazu muss man voraussetzen, dass sie hinsichtlich ihres Inputs und Outputs überhaupt miteinander vergleichbar sind und prinzipiell über eine ähnliche Technik der Transformation des Inputs in den Output verfügen.[327] Insbesondere die Voraussetzung einer hohen Homogenität der Aufgaben der Mitarbeiter ist jedoch in den kundennahen bzw. den internen Bereichen einer Investmentbank keineswegs gegeben. Begrenzte Aussagekraft weist die DEA als Partialmodell zur Steuerung des Mitarbeiterportfolios zudem aufgrund der Mitarbeiterbewertung anhand der alleinigen Kennziffer „Produktivität" auf.

Das letzte nun vorgestellte outputorientierte Bewertungsverfahren für das Humanvermögen knüpft an die Vorstellung an, dass das Humanvermögen die **Summe der bewerteten zukünftigen Beiträge** der Mitarbeiter zur Gesamtleistung ihres Unternehmens sei.[328] Der Leistungsbeitrag eines jeden Mitarbeiters zur betrieblichen Gesamtleistung hängtdabei von seiner Stellung in der Betriebshierarchie, seinem Leistungsniveau und der Restdauer seines Verbleibens in dieser Tätigkeit ab.[329] Das Humanvermögen ergibt sich aus der Summe der einzelnen mit der jeweiligen Eintrittswahrscheinlichkeit gewichteten Leistungsbeiträge.[330]

Ein solcher performanceorientierter Ansatz zur Steuerung des Mitarbeiterportfolios erlaubt zwar mithilfe empirischer oder subjektiver Wahrscheinlichkeitsverteilungen eine Systemsimulation.[331] Aschoff merkt zu diesem Ansatz jedoch kritisch an, dass eine sichere Prognose über die von einem Organisationsmitglied künftig einzunehmende Funktion kaum denkbar sei und somit eine mit der Stellenbesetzung und dem Leistungsgrad verbundene hohe

---

325 Vgl. ebenda.
326 Vgl. Dyckhoff, H./Allen, K., a. a. O., S. 414.
327 Vgl. ebenda.
328 Vgl. Lev, B./Schwartz, A., On the use of the economic concept of human capital in financial statements, in: The Accounting Review 1/1971, S. 103–112, S. 103 ff.; Fischer-Winkelmann, W. F./Hohl, E. K., a. a. O., S. 2640; Marr, R./Schloderer, F., Human-Capital-Management mit System, in: Personalwirtschaft 5/2004, S. 20–25, S. 20; Flamholtz, E., Human Resource Accounting, Encino/Belmont 1974, S. 167 ff.
329 Vgl. Flamholtz, E., Human Resource Accounting, a. a. O., S. 167 ff.; Flamholtz, E., A Model for Human Resource Valuation: a Stochastic Process with Service Rewards, in: The Accounting Review 2/1971, S. 253–267, S. 256.
330 Vgl. Flamholtz, E., Human Resource Accounting, a. a. O., S. 167 ff.
331 Vgl. Schoenfeld, H.-M., a. a. O., Sp. 1002.

Unsicherheit über die zukünftigen jährlichen Leistungsbeiträge bestehe.[332] Je länger der Betrachtungszeitraum, desto schwieriger gestaltet sich ceteris paribus die Vorhersage der zu erwartenden Leistungsbeiträge und desto ungenauer sind demzufolge auch die kalkulierten Mitarbeiterwerte.[333]

Im Falle der Einschätzung von zukünftigen Leistungen der Mitarbeiter aus den Stabsbereichen (wie z. B. der Finanzabteilung) besteht zudem die Schwierigkeit, dass kein unmittelbar monetär messbarer Leistungsbeitrag erfolgt. Als weitere Einschränkung lässt die eindimensionale Fokussierung auf die Optimierung der erbrachten Leistungen andere Faktoren, wie beispielsweise Lernerfolge der Mitarbeiter oder Aufwendungen zur Erreichung solcher Leistungsverbesserungen (z. B. durch gezielte Ausbildungsmaßnahmen), gänzlich unberücksichtigt.[334] Im Gegensatz zum begrenzten Fokus dieses Performancemanagementmodells soll das zu entwickelnde Totalmodell auf die Integration weiterer Betrachtungsdimensionen abzielen.

1.2 Portfoliomatrixansätze im Personalbereich

Die von Odiorne entwickelte Portfoliomatrix (vgl. Abb. 4) geht von den beiden Achsenbezeichnungen „Leistung/Motivation" (verstanden als gegenwärtige Leistung eines Mitarbeiters in Relation zu den gesetzten Zielen) und „Entwicklungspotenzial" als wahrscheinlichem Beitrag zur Zielerreichung aus.[335] Als Ergebnis erhält Odiorne eine Vierfeldermatrix mit definierten Mitarbeitertypen.[336] Mitarbeiter beispielsweise in der Kategorie „Fragezeichen" verfügen zwar über ein hohes Entwicklungspotenzial, können dieses aber (noch) nicht in entsprechend hohe Leistung umsetzen.

---

[332] Vgl. Aschoff, Chr., Betriebliches Humanvermögen, Wiesbaden 1978, S. 138.
[333] Vgl. analog Cornelsen, J., Kundenwertanalysen, a. a. O., S. 65.
[334] Vgl. Schoenfeld, H.-M., a. a. O., Sp. 999.
[335] Vgl. Odiorne, G. S., Strategic Management of Human Resources. A Portfolio Approach, San Francisco/London 1984, S. 66; Schust, G. H., a. a. O., S. 76 ff.
[336] Vgl. ebenda.

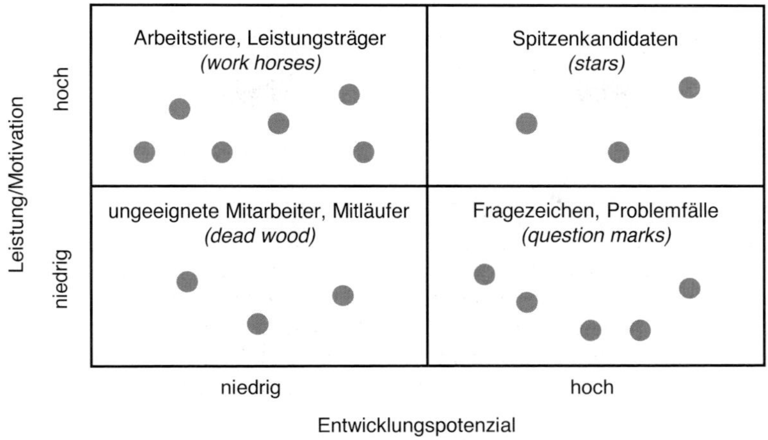

Abb. 4 Klassifizierung des Mitarbeiterportfolios nach Leistung/Motivation und Entwicklungspotenzial[337]

Für jedes Feld der Matrix des Mitarbeiterportfolios ergeben sich spezifische Normstrategien, um – individuell auf den jeweiligen Mitarbeitertyp abgestimmt – eine erhöhte Leistung bzw. eine verbesserte Ausnutzung des Entwicklungspotenzials der Mitarbeiter zu erreichen (vgl. Abb. 5): Als „Fragezeichen" klassifizierte Mitarbeiter könnten beispielsweise in Abstimmung mit ihren Wünschen durch individuelle Karrierechancen motiviert und zu besserer Leistung angeregt/befähigt werden.

[337] Vgl. ebenda.

Leistung/Motivation	Entwicklungspotenzial: niedrig	Entwicklungspotenzial: hoch
hoch	Maßnahmenvorschläge für Leistungsträger: • Fördergespräch führen • Job Rotation bzw. Job Enrichment	Maßnahmenvorschläge für Spitzenkandidaten: • Leistung anerkennen (monetär, sozial) • Entwicklungs- und Karrieremöglichkeiten offerieren • Gefahr: Einzelgänger
niedrig	Maßnahmenvorschläge für Mitläufer: • Eigenverantwortliche Projekte übertragen • Seminar über gruppendynamisches Verhalten	Maßnahmenvorschläge für Fragezeichen: • Wünsche/ Zielvorstellungen erfragen • Karriereplan erstellen • Ausbildungsförderung

Abb. 5 Ableitung von Handlungsempfehlungen für die jeweiligen Mitarbeitergruppierungen (Beispiele)[338]

Abwandlungen dieses in seiner Grundform auch als „BCG-Matrix" (BCG steht für den Entwickler Boston Consulting Group) bekannt gewordenen Modells finden sich in der Literatur und Praxis in vielfältiger Weise, sei es durch Modifikation der Achsenbezeichnungen (z. B. „Kompetenzen" und „Ergebnisse"[339]) oder eine verfeinerte Unterteilung der Matrixfelder (z. B. Zweiteilung der Kategorie „Spitzenkandidaten" in „Topstars" und „Stars"[340]). Insbesondere die einfache, übersichtliche und dadurch eingängige Darstellungsweise hat zur weiten Verbreitung dieses taxonomischen Modells (vgl. Kap. B 3) beigetragen, das in seiner Fokussierung auf zwei wesentliche Betrachtungsdimensionen andere Determinanten von Mitarbeiterwerten außer Acht lässt.

Der Vorteil der Verwendung einer Personalmatrix besteht in der einfachen Handhabbarkeit, der hohen Anschaulichkeit sowie der Bekanntheit solcher

338 Vgl. Schust, G. H., a. a. O. S. 76.

339 Vgl. Biren, J.-M./Papmehl, A., Exzellente Mitunternehmer, in: Personalwirtschaft 6/2002, S. 18–22, S. 22.

340 Vgl. Bruhn, H.-D., Software für das Human-Asset-Management, in: Personalwirtschaft 12/2002, S. 19–22, S. 21.

Verfahren, woraus sicherlich eine gewisse Grundakzeptanz resultiert.[341] Jedoch ist eine solche Darstellungsweise aus mehreren Gründen für eine effiziente Steuerung des Mitarbeiterportfolios zu undifferenziert. Die Personalmatrix reduziert die Betrachtungsweise auf zwei Ebenen, nämlich wie im Fall von Odiornes Matrix auf die Leistungs-/Motivationsebene und die Potenzialebene, und lässt damit wichtige andere Dimensionen unberücksichtigt. Die Vernachlässigung etwa der strategischen Ausrichtung des Unternehmens als Betrachtungsdimension könnte zum Beispiel dazu führen, dass ein als „Star" eingestufter Mitarbeiter weiterhin gefördert wird, obwohl dieser in einem Produktfeld arbeitet, welches aus strategischen Gründen kurzfristig geschlossen werden soll.

Als weiterer Kritikpunkt lässt sich in Odiornes Matrix eine Aussage über die größere Wertigkeit von „Arbeitstieren" im Vergleich zu „Fragezeichen" nicht treffen, da aus der Matrix nicht hervorgeht, ob bzw. wann „Arbeitstiere" noch Entwicklungspotenzial aufbauen bzw. „Fragezeichen" ihre Leistungsdefizite wettmachen. Zudem fehlt in der Praxis teilweise das konkrete Instrumentarium, um eine (nachvollziehbare) Einordnung in eines der Felder vornehmen zu können (Operationalisierungsprobleme). Letztlich handelt es sich bei der systematischen Einordnung von Mitarbeitern in Portfolioklassen nicht um einen eigenständigen Bewertungsansatz, sondern lediglich um eine der Veranschaulichung dienende Form der Aufbereitung von Informationen bzw. Einschätzungen über die Mitarbeiter.[342]

2 Defizite in der Praxis verwendeter Totalmodelle zur Steuerung des Mitarbeiterportfolios

2.1 Balanced Scorecard

Die von Kaplan und Norton 1991/92 an der Harvard Business School konzipierte Balanced Scorecard knüpfte an die Kritik an der Dominanz von Finanzgrößen bei den klassischen Steuerungsinstrumenten an.[343]

---

[341] Vgl. Kosub, B., Fortbildungscontrolling als ein Instrument der Wertsteigerung, in: Personalführung 11/2000, S. 24–30, S. 27.

[342] Vgl. Kirchhoff, A./Günther, M. J., Wie wertvoll ist der Kunde?, in: Die Bank 8/2004, S. 50–53, S. 51.

[343] Vgl. Weibler, J./Lucht, Th., a. a. O., S. 19; Maschmeyer, V., a. a. O., S. 75; Schein, J., Strategien aus dem Luftschloss holen, in: Bankmagazin 8/1999, S. 60–62, S. 60; vertiefend Kaplan, R. S./Norton, D. P., Balanced Scorecard. Strategien erfolgreich umsetzen, Stuttgart 1997; Kaplan, R. S./Norton, D. P., The Strategy-Focused Organization. How Balanced Scorecard Companies Thrive in the New Business Environment, Boston 2001.

Der Grundgedanke der Balanced Scorecard besteht darin,

- aus der Unternehmensvision und -strategie konkrete Ziele für die (1) finanzielle, (2) kundenbezogene, (3) prozess- und (4) lern-/innovationsorientierte Perspektive abzuleiten;
- für alle eruierten Ziele Messkriterien in Form von Kennzahlen zu definieren;
- die angestrebten Zielsetzungen mit konkreten Maßnahmen und Verantwortlichkeiten zu unterlegen.[344]

Dieser Ansatz fußt auf der Annahme, dass die unternehmerischen Ressourcen begrenzt sind und deshalb ständig Entscheidungen im Hinblick auf die möglichst optimale Allokation der Investitionen erfolgen müssen.[345] Alle vier Perspektiven sind über Ursache-Wirkungs-Beziehungen miteinander verknüpft.[346] Erst die Ausbalancierung von Zielen und Maßnahmen auf den verschiedenen Ebenen ermöglicht den Gesamterfolg der Unternehmung.

- Finanzen
  Das vielen Steuerungsentscheidungen zugrunde liegende Shareholder-Value-Prinzip geht von der Erreichung monetärer Ziele (vgl. Kap. D 1.1) als oberstem Gebot aus.[347] Die Ziele werden gemessen durch branchenunabhängige, auf die Steigerung des Unternehmenswerts zielende Größen, wie Cashflow oder Umsatz pro Mitarbeiter.
- Kunden
  Um seine strategischen Finanzziele zu erreichen, muss ein Unternehmen die spezifischen Erwartungen seiner Kunden erfüllen.[348] Typische Messgrößen sind hier zum Beispiel Marktanteile, Kundenbindungsquoten, Kundenzufriedenheit oder das Qualitätsniveau.
- Interne Prozesse
  Wer Kunden zufriedenstellen will, braucht wettbewerbsfähige interne Systeme und Leistungsprozesse.[349] Voraussetzung dafür ist die Fähigkeit des Unternehmens, seine erfolgskritischen Kernprozesse zu identifizieren und durch Benchmarking realistische Messgrößen zu erhalten, wie zum Beispiel die Fehlerquote bei der Wertpapierabwicklung.

---

[344] Vgl. Dahmen, Ch./Maier, G./Kamps, I., Zwölf Erfolgsfaktoren für die Balanced Scorecard, in: Personalwirtschaft 7/2000, S. 18–25, S. 18.

[345] Vgl. Kunz, G., Zielvereinbarungen und Balanced Scorecard, in: Personal 10/1999, S. 488–493, S. 488.

[346] Vgl. Schein, J., a. a. O., S. 61.

[347] Vgl. Maschmeyer, V., a. a. O., S. 76.

[348] Vgl. ebenda.

[349] Vgl. ebenda.

- Lernen und Innovation
  Die vierte Perspektive bezieht sich auf die längerfristigen Quellen des Unternehmenserfolgs, wie zum Beispiel die Fähigkeiten von Menschen und Organisationen, permanente Verbesserung, Innovation und Wachstum zu erreichen.[350] Messgrößen hierfür sind zum Beispiel die Anzahl oder der Wert von Verbesserungsvorschlägen.

Die nachfolgende Darstellung (Abb. 6) nennt für jede der genannten vier Perspektiven exemplarisch Kennzahlen und zeigt am Beispiel einer additiven Verknüpfung den Rechenansatz zur Ermittlung des Zielerreichungsgrads auf.

Perspektive	Kennzahl	Soll	Ist	Ziel-erreichung
Finanzen (Wichtigkeit 0,4)	Deckungsbeitrag	26 Mio. €	26 Mio. €	100 %
Kunden (Wichtigkeit 0,3)	Kundenzufrieden-heitsindex	0,8	0,64	80 %
Prozesse (Wichtigkeit 0,1)	Zeitspanne für Angebotsabgabe bei Börsengängen	max. 5 Tage	2,5 Tage	200 %
Lernen/ Innovation/ Mitarbeiter (Wichtigkeit 0,2)	Abschlussquote der geführten Beurtei-lungsgespräche	100 %-Beurtei-lungsquote per 30. November (vor Bonusfest-legung)	66 %-Quote erreicht	66 %
Damit ergibt sich für die gesamte Zielerreichung ein Wert von: 100 % x 0,4 + 80 % x 0,3 + 200 % x 0,1 + 66 % x 0,2 = 0,96				

Abb. 6 Additives Gewichtungsmodell der Balanced Scorecard[351]

Entsprechend den Vorgaben des Topmanagements erhalten im Beispiel die Dimensionen „Finanzen" mit dem Gewichtungsfaktor 0,4 und „Kunden" mit dem Faktor 0,3 die wesentlichen Wertigkeiten.[352] Die Prozess- und die Mitarbeiterdimension gehen mit einem Faktor von insgesamt 0,3 in den Zielkanon ein.[353] Die gesamte Zielerreichung ergibt sich durch die hier gewählte additive Verknüpfung der gewichteten Zielerreichungsgrade je Kriterium.

---

350 Vgl. ebenda.

351 Vgl. Hinz, O./Tonnesen, Ch., Leistungsbezogene Entlohnung mit der Balanced Scorecard, in: Personalwirtschaft 1/2002, S. 34–38, S. 37.

352 Vgl. ebenda, S. 38.

353 Vgl. ebenda.

Neu am Balanced-Scorecard-Verfahren ist die Möglichkeit, auf einer überschaubaren Scorecard die strategischen Absichten des Unternehmens, die jeweiligen Bereichs- bzw. Teamziele sowie die persönlichen Vorgaben, die erreichten Ergebnisse (Performance) sowie daraus abgeleitete zielführende Maßnahmen zu vermerken.[354] Die Balanced Scorecard eignet sich zur

- strukturierten Berücksichtigung verschiedener Stakeholder-Interessen[355] und
- engen Verzahnung von Unternehmenszielen und Aktivitäten im Bereich Human Resources (HR), das heißt zur Vereinbarung von Zielen auf der Team- und Individualebene.[356]

Die Balanced Scorecard übernimmt eine Orientierungsfunktion, da die Kernstrategien, die den Mitarbeitern häufig nur unzureichend bekannt sind oder als unscharf formuliert wahrgenommen werden, transparent werden und jeder Einzelne sein „unternehmerisches Handeln" kontinuierlich auf die Stimmigkeit mit den Leitaussagen der Balanced Scorecard abstimmen kann.[357] Unspezifische Beurteilungskriterien, wie „Arbeitsmenge", „Zuverlässigkeit" oder „Einsatzbereitschaft", entfallen bei richtiger Anwendung der Balanced Scorecard.[358] Die Leistung jedes Einzelnen wird danach bemessen, inwiefern sie im Rahmen einer definierten Position oder Funktion zur Erfüllung der auf der Balanced Scorecard vermerkten qualitativen und quantitativen Ziele konkret beiträgt.[359] In einem elaborierten Ansatz können variable Bezüge an Punktwerte gekoppelt werden, die sich aus den Gewichtungen einer Balanced Scorecard ableiten, um die erwartete Leistung und das gewünschte Verhalten von Mitarbeitern zu belohnen.[360]

Für die Steuerung des Mitarbeiterportfolios auf Basis einer mitarbeiterwertorientierten Betrachtung ist das Konzept der Balanced Scorecard nicht geeignet. Eine Balanced Scorecard lässt sich zwar in die Kategorie der Totalmodelle (vgl. Kap. B 3) einordnen, jedoch bleiben wichtige Dimensionen unberücksichtigt, um tatsächlich eine Aussage über den Wert eines Mitarbeiters für das Unternehmen treffen zu können. Aufgrund gänzlich anderer Intentionen des Systems berücksichtigt eine Balanced Scorecard beispielsweise keine funktions- oder potenzialorientierten Aussagen. In die Balanced

---

[354] Vgl. Maschmeyer, V., a. a. O., S. 75; Schein, J., a. a. O., S. 62.
[355] Vgl. Klingebiel, N., a. a. O., S. 61.
[356] Vgl. Dahmen, Ch./Maier, G./Kamps, I., a. a. O., S. 18; Sure, M./Thiel, R., Balanced Scorecard – Strategieumsetzung und Performancemessung in Banken, in: Die Bank 1/1999, S. 54–59, S. 54.
[357] Vgl. Kunz, G., Zielvereinbarungen, a. a. O., S. 492.
[358] Vgl. ebenda, S. 493.
[359] Vgl. ebenda.
[360] Vgl ebenda, S. 492; Gogoll, W. D., Organisationen mit der Balanced Scorecard strategisch ausrichten, in: Personalführung 3/2001, S. 72–78, S. 74.

Scorecard fließen nach dem Modell von Kaplan/Norton zwar auch mitarbeiterbezogene Aspekte ein, die sich als Ziele von Bereichen auf die einzelnen Arbeitsgruppen bis hin zum einzelnen Mitarbeiter herunterbrechen lassen.[361] Die Ergebnisse der einzelnen Scorecards lassen sich jedoch – die Daten auf der finanziellen Ebene ausgenommen – nicht zu einer einzigen Scorecard der gesamten Organisation summieren (Bottom-up-Ansatz).[362]

Aus den ermittelten Zielerreichungsgraden lässt sich zudem nicht unmittelbar ein Verteilungsschlüssel für die interne Ressourcenallokation ableiten. Ferner ist neben dem Scoring-Verfahren keine Wahlmöglichkeit für ein anderes Verknüpfungsverfahren vorgesehen, falls der Nutzer des Steuerungssystems gegenüber der nominalen Skala der jeweiligen Zielerreichungsgrade eher eine ordinale Einstufung der beurteilten Mitarbeiter präferiert (z. B. in Form eines Ratings).[363]

2.2 Skandia-Navigator

Das von Skandia entwickelte Steuerungsinstrument „Skandia-Navigator" richtet seinen Fokus auf fünf für den Wert des intellektuellen Kapitals (IK) maßgebliche Betrachtungsebenen (vgl. Kap. B 2.3)[364]: Mit Blick auf die Themenschwerpunkte (1) Finanzen, (2) Kunden, (3) Prozesse, (4) Erneuerung und Entwicklung und (5) Humanressourcen basiert der Skandia-Navigator, auch „Intellectual Capital Navigator" oder kurz „IK-Navigator" genannt, auf insgesamt 91 Indikatoren.[365] Aus diesem Regelwerk verschiedenster Indizes (z. B. Index zufriedener Kunden in Prozent, Mitarbeiterbindung in Prozent) ermittelt der IK-Navigator arithmetisch deren durchschnittlichen Effizienzkoeffizienten.[366]

Hätte eine Investmentbank ein absolutes IK-Maß von zum Beispiel 200 Millionen Euro (z. B. vereinfacht definiert als Marktwert abzüglich Buchwert), so würde dies bei einem durchschnittlichen Effizienzkoeffizienten von zum Beispiel 85 Prozent zu einem IK-Maß für das Unternehmen von

---

361 Vgl. Bischof, J./Speckbacher, G., Führung mit der Balanced Scorecard, in: Personalwirtschaft 4/2001, S. 48–54, S. 50.

362 Vgl Gogoll, W. D., a. a. O., S. 74.

363 Zu den unterschiedlichen Skalierungen vgl. ausführlich Kap. E 1.

364 Vgl. Edvinsson, L./Brünig, G., a. a. O., S. 57; vertiefend Stewart, T. A., Intellectual Capital, London 1997.

365 Vgl. Edvinsson, L./Brünig, G., a. a. O., S. 57 ff. und 119.

366 Vgl. ebenda, S. 130 f. Die vertiefende Erläuterung der Berechnung der – ohnehin nur beispielhaft genannten – Effizienzkoeffizienten soll im Rahmen der vorliegenden Arbeit nicht erfolgen, um nicht von dem grundsätzlichen Ansatz des IK-Navigators abzulenken.

170 Millionen Euro (= 0,85 von 200 Millionen Euro) führen.[367] Somit steht für die genannten fünf Kategorien ein einziges Maß zur Verfügung, das den Wertevergleich nicht nur zwischen verschiedenen kommerziellen Unternehmen, sondern praktisch jeder Art von Organisationen erlaubt.[368]

Der Fokus des IK-Navigators liegt – gemessen an der kürzesten Liste von Indizes aller fünf Bereiche[369] – nicht auf den personellen Ressourcen. Dieses wäre für sich alleine genommen nicht problematisch, wenn die gewählten Kriterien für den Zweck der Steuerung des Mitarbeiterportfolios besser geeignet wären. So stellen North et al. als grundsätzlichen Kritikpunkt an dem Skandia-Navigator fest, dass dieser eher nach dem Kriterium der Datenverfügbarkeit und nicht nach dem Kriterium der Aussagekraft konstruiert worden ist.[370] Der IK-Navigator nimmt beispielsweise keine Verknüpfung mit Leistungskennzahlen aus der Mitarbeiterbeurteilung vor, sondern bildet seine Maßgrößen (z. B. Schulungskosten/Mitarbeiter[371]) insbesondere aus den in Personalstatistiken vorhandenen Kennziffern. Das Kriterium „Mitarbeiterfluktuation in Prozent“[372] ist zwar ebenfalls leicht verfügbar und besitzt für eine Ex-post-Betrachtung Aussagekraft; mit Blick auf die Vermeidung des Weggangs von Schlüsselpersonen würde sich jedoch die Mitarbeiterloyalität viel eher als Indikator für die langfristige Unternehmenssicherung eignen. Einigen verwendeten absoluten Kriterien, wie der Anzahl der Vollzeitkräfte[373], fehlt jeglicher Bezug zu einem Mitarbeiterwert. Bestimmte relative Messgrößen, wie der Prozentsatz von Managern, die nicht aus dem Land des Unternehmenssitzes kommen[374], sind auf die Unternehmenssteuerung insgesamt, jedoch ebenfalls nicht auf die Steuerung des Mitarbeiterwerts ausgerichtet. Für eine Anwendung des Skandia-Navigators im Investmentbanking wäre zudem eine entsprechende Anpassung mancher Kriterien, wie zum Beispiel der Kennzahl „F&E-Ressourcen/Gesamtressourcen (Prozent)“[375], an die spezifischen Branchenverhältnisse unabdingbar. Auch der IK-Navigator lässt einige Aspekte (wie etwa das Potenzial eines Mitarbeiters oder den für seinen Wert bedeutsamen – externen – Arbeitsmarkt), die für die Ermittlung eines Mitarbeiterwerts auf Einzelpersonen- oder Gesamtunternehmensebene von großer Bedeutung sind, unberücksichtigt.

---

367 Vgl. Edvinsson, L./Brünig, G., a. a. O., S. 131.
368 Vgl. ebenda, S. 114.
369 Vgl. ebenda, S. 111.
370 Vgl. North, K./Probst, G./Romhardt, K., Wissen messen – Ansätze, Erfahrungen und kritische Fragen, in: Zeitschrift für Organisation 3/1998, S. 158–166, S. 159.
371 Vgl. Edvinsson, L./Brünig, G., a. a. O., S. 110.
372 Vgl. ebenda.
373 Vgl. ebenda, S. 111.
374 Vgl. ebenda, S. 113.
375 Vgl. ebenda, S. 130 f.

Abschließend bleibt festzuhalten, dass der Skandia-Navigator zwar Hilfestellung für die Berechnung des intellektuellen Kapitals liefert (und hierin liegt die Intention dieses Instruments)[376], für die gezielte Steuerung des Mitarbeiterportfolios aber keine geeigneten Ansatzpunkte bietet.

2.3 Intangible Assets Monitor

Der schwedische Wissensexperte Sveiby entwickelte ein Berichtsformat, das das Wissenskapital eines Unternehmens in drei Kategorien einteilt: interne Struktur, externe Struktur und Mitarbeiterqualifikation.[377] Celimi, ein skandinavischer Schulungsanbieter, griff dieses Format auf und schloss ab 1995 ein „Wissensaudit" in seinen Jahresbericht ein.[378] Dieses Audit unterscheidet ebenfalls drei Kategorien immaterieller Vermögenswerte: eigene Kunden, eigene Organisation und eigene Mitarbeiter.[379] Jede von ihnen besitzt wiederum drei Unterkategorien: Wachstum/Erneuerung, Effizienz und Stabilität, sodass letztlich insgesamt 33 Indikatoren den Monitor der immateriellen Vermögenswerte bei Celimi ausmachen.[380] So lassen sich beispielsweise für die drei Unterkategorien der Beurteilungsdimension „eigene Mitarbeiter" folgende Kennzahlen nennen:

- Wachstum/Erneuerung
  (durchschnittliche Berufserfahrung in Jahren oder Anzahl der Experten mit höherem Bildungsgrad);
- Effizienz
  (Mehrwert pro Mitarbeiter);
- Stabilität
  (Fluktuation bei Experten oder Durchschnittsalter aller Mitarbeiter in Jahren).[381]

---

376 Vgl. vertiefend zur Aussagefähigkeit von Intellectual-Capital-Berichten z. B. Dänisches Ministerium für Wissenschaft, Technologie und Innovation, Analysing Intellectual Capital Statements, Kopenhagen 2003; Strassmann, P. A., Behind the Hype, in: Computerworld vom 04.09.2000, verfügbar unter http://www.strassmann.com/pubs/cw/behind-hype.shtml, o. S.

377 Vgl. Sveiby, K. E., Wissenskapital, Landsberg am Lech 1998, S. 257 ff.; vertiefend Sveiby, K. E., The New Organizational Wealth, San Francisco 1997.

378 Vgl. Edvinsson, L./Brünig, G., a. a. O., S. 155.

379 Vgl. ebenda.

380 Vgl. ebenda.

381 Vgl. ebenda, S. 156.

Celimis Intangible Assets Monitor und der Skandia-Navigator mögen zwar nach der Art der verwendeten Zielgrößen divergieren, das Berichtsmodell und das Regelwerk der Indikatoren sind strukturell aber vergleichbar.[382] Insofern gelten die wesentlichen Kritikpunkte am Skandia-Navigator (insbesondere die nicht vorgenommenen rechnerischen Verknüpfungen, wenig aussagekräftige Kriterien oder fehlende Betrachtungsdimensionen) analog für den Intangible Assets Monitor, der eher einem Berichts- denn einem Steuerungssystem gleicht.

2.4 Mitarbeiterwertindex (Employee-Value-Index)

Um den Erfolg der Unternehmens- und Personalführung zu messen, zu kontrollieren und zu steuern, entwickelte die damalige Bayerische Hypotheken- und Wechselbank AG 1994 den sogenannten Mitarbeiterwertindex (Employee-Value-Index).[383] Diese Kennzahl dient der Evaluation der Führungsleistung jedes einzelnen Topmanagers, auch im Vergleich mit Kollegen aus dem gleichen Ressort oder anderen Unternehmensbereichen.[384] Ausgehend von den Zielvorgaben des Vorstands wird die gewünschte Zielgröße des Mitarbeiterwerts gemeinsam mit jeder Führungskraft für deren jeweiligen Verantwortungsbereich festgelegt.[385] Da die Ziele der Personalführung in die Tantiemenfindung einfließen, sind für die einzelne Führungskraft mit dem erreichten Mitarbeiterwert auch entsprechende materielle Rückkopplungen verbunden.[386]

Der Mitarbeiterwertindex setzt sich aus den drei Komponenten (1) Potenzial- und Entwicklungswert, (2) Leistungs- und Arbeitswert sowie (3) Finanz- und Marktwert zusammen.[387]

- Zu den Potenzial- und Entwicklungswerten zählen beispielsweise die Qualifizierungsquote (gemessen an den Berufsabschlüssen der Mitarbeiter), der Anteil besonders förderungswürdiger Mitarbeiter oder die Beurteilungsquote (in einem Referenzzeitraum durchgeführte Mitarbeiterbeurteilungen).[388] Kritisch anzumerken bleibt, dass die Bewertung qualitativer Faktoren (wie der Förderungswürdigkeit von Mitarbeitern) naturgemäß subjektiven Einflüssen unterliegt.[389] Das Kriterium „Anzahl der geführten Mitarbeitergespräche“ ist

---

382 Vgl. ebenda.

383 Vgl. Friederichs, P., Konsequentes Führungscontrolling durch den Employee-Value-Index, in: Personalführung 4/1998, S. 70–75, S. 70.

384 Vgl. ebenda.

385 Vgl. ebenda, S. 71.

386 Vgl. ebenda.

387 Vgl. ebenda.

388 Vgl. ebenda, S. 73.

389 Vgl. Kopatz, A., a. a. O., S. 48.

zwar eine quantitative und damit eindeutig ermittelbare Größe, lässt jedoch keine Aussage über die Qualität der Gespräche zu.[390]

- Als Leistungs- und Arbeitswerte finden im Modell Kennziffern, wie etwa die Krankheitsquote oder die Fluktuationsrate des jeweiligen Verantwortungsbereichs, Verwendung.[391] Zwar wirkt sich eine gute Führungsleistung nachhaltig auf das Arbeitsklima aus und trägt zur Reduzierung von Krankheits- bzw. Fluktuationsraten bei.[392] Eine undifferenzierte Übernahme der Istdaten in die Kennzahlenberechnung führt jedoch möglicherweise zu falschen Schlussfolgerungen hinsichtlich der erbrachten Führungsleistung, sofern zu einer Abteilung beispielsweise ernsthaft erkrankte Mitarbeiter gehören oder solche, die sich aus rein privaten Gründen zu einem Arbeitgeberwechsel entschließen.
- Zur Kategorie „Finanz- und Marktwerte" zählt zum Beispiel der Personalaufwand pro Mitarbeiter (ermittelt aus der Summe der Gehälter, sozialen Abgaben, Altersversorgungsleistungen sowie freiwilligen Sozialleistungen).[393] Als Kritikpunkt an dieser Kennziffer lässt sich anführen, dass der Aufwand für Personalakquisition, Einarbeitung und Schulungen unberücksichtigt bleibt.[394] Ferner ist die Wirkungsrichtung einiger Steuerungskriterien (die sich allerdings leicht austauschen ließen) unklar, das heißt, es steht nicht fest, ob zum Beispiel ein „hoher Anteil an Tantiemenempfängern" für oder gegen die Führungsqualitäten des Managers dieses Verantwortungsbereichs spricht: Einerseits unterstreicht ein hoher Anteil an Tantiemeempfängern die Bedeutung dieses Fachbereichs, andererseits verleitet ein solches Kriterium die Führungskraft möglicherweise dazu, durch Ausweitung des Empfängerkreises die Kosten in die Höhe zu treiben (sofern keine reine Umverteilung eines festen Bonustopfs auf dann noch mehr „Köpfe" erfolgt).

Der Mitarbeiterwertindex bezweckt ausschließlich die Beurteilung der Führungsleistung – eines wichtigen, aber eben nur eines Aspekts der Tätigkeit von Führungskräften, denen darüber hinaus vielfältige operative bzw. strategische Aufgaben obliegen. Auch dieser Ansatz berücksichtigt einige für den Mitarbeiterwert wichtige Kriterien nicht: Er lässt zum Beispiel Umsatzgrößen außer Acht und sieht den Mitarbeiter als Aufwand und Kostentreiber an, nicht jedoch als Investition in Geschäftsbeziehungen.[395] Zudem findet eine Bewertung der gegenwärtigen oder zukünftig erwarteten Bedeutung eines

390 Vgl. ebenda.
391 Vgl. Friederichs, P., a. a. O., S. 73.
392 Vgl. Ries, A./Scheuplein, T., Fortschritt in der Banksteuerung, in: Die Bank 10/2004, S. 48–53, S. 49.
393 Vgl. Friederichs, P., a. a. O., S. 73.
394 Vgl. Kopatz, A., a. a. O., S. 48.
395 Vgl. ebenda, S. 47 f.

Geschäftsfelds nicht statt, es fehlt somit gänzlich die Verknüpfung zum Kunden.[396] Aufgrund seiner anderweitigen Zielsetzung schafft dieses Instrument somit keine Vergleichsmöglichkeit mit oder zwischen Mitarbeitern ohne Führungsauftrag und daher auch keine generelle, das heißt auch geschäftsfeldübergreifende Vergleichsbasis für Anreizverteilungen. Folglich vermag das beschriebene Modell zwar einige wichtige Aspekte zur Entwicklung eines auf Mitarbeiterwerten basierenden Steuerungssystems beizusteuern, es wird den eingangs geschilderten hohen Anforderungen an ein multifunktionales Instrument zur Bewirtschaftung des Personalportfolios im Investmentbanking aber nicht vollumfänglich gerecht.

2.5 Hay-Ansatz

Ein von der Unternehmensberatung Hay entwickelter Steuerungsansatz stellt einen Gesamtzusammenhang zwischen der Stellenwertigkeit, den Ausprägungsstufen der Zielerreichung und der Gewichtung von Einzel- und Gruppenzielen über ein Punktesystem her.[397] Aus der Gesamteinschätzung der Zielerreichung resultiert die Summe der Bonuspunkte für den jeweiligen Mitarbeiter[398], ein ungefährer Ausdruck für den Mitarbeiterwert. Ein Stellenprofil umfasst nach dem Hay-Ansatz folgende Dimensionen:

- erforderliches Wissen
  (Ausbildung und Erfahrung, Führung und Koordination, Umgang mit Menschen);
- geforderte Denkleistung
  (operatives und strategisches Denken, Problemlösung und Kreativität);
- Verantwortungswert
  (Handlungsfreiheit, Art des Einflusses auf Endergebnisse).[399]

Auch der Hay-Ansatz lässt grundlegende Einflussgrößen, die für die Ermittlung von Mitarbeiterwerten Relevanz aufweisen (wie z. B. das Potenzial der Mitarbeiter), außer Acht. Der gewählte Fokus des Hay-Modells richtet sich primär auf die Verteilung der Bonifikation nach dem Topfprinzip. Andere Anreizkategorien (z. B. nicht monetäre Incentives) und wichtige Zielrichtungen (wie z. B. das personalwirtschaftliche Risikomanagement) finden dagegen keine Berücksichtigung.

---

396 Vgl. ebenda, S. 49.
397 Vgl. Hoos, W./Siebold, M., a. a. O., S. 36.
398 Vgl. ebenda.
399 Vgl. Alewald, Th., a. a. O., S. 848.

2.6 Saarbrücker Formel

Die von Scholz an der Universität des Saarlandes entwickelte sogenannte Saarbrücker Formel ist ein in der jüngeren Vergangenheit in der Literatur und Praxis vielfach diskutierter Ansatz zur Messung des Humankapitals: Das Wirkungspotenzial von Humankapital zu erfassen, bedeutet demnach im Kern, zu untersuchen, inwieweit die vorhandenen Mitarbeiter, bewertet mit unternehmensübergreifenden Vergleichsgehältern, mit aktuellem Wissen ausgestattet sind und – sofern dies veraltet ist – ob durch zusätzliche Personalentwicklung der schleichenden Wissenserosion entgegengesteuert wird.[400] Hinzu kommt, ob das in der Belegschaft gebundene Potenzial auch tatsächlich umgesetzt werden kann, was an dem Motivationsumfeld des Unternehmens liegt.[401] Die Saarbrücker Formel führt somit drei Bewertungsansätze zusammen:

Der **Marktansatz** als erster Teil der Formel dient dazu, den Wert der vorhandenen Belegschaft über den Marktpreis auszudrücken (Human-Capital-Wertbasis).[402] Die Saarbrücker Formel weist zunächst die Mitarbeiter verschiedener Beschäftigungsgruppen i ($i = 1 \ldots g$) gemäß ihren tatsächlichen Beschäftigungsverhältnissen als Full-Time Equivalents (FTE_i) aus.[403] Zur marktorientierten Bewertung des Humankapitals ergibt sich die Preiskomponente durch Multiplikation dieser FTE-Werte mit den Gehältern (l_i), die für die entsprechenden Beschäftigten durchschnittlich am Markt gezahlt werden.[404]

Hieran schließt sich der **Accounting-Ansatz** an, der sich mit Investitionen in Humanvermögen und den diesbezüglichen Abschreibungen beschäftigt.[405] Die Formel berücksichtigt in der beschäftigungsgruppenspezifischen Wissensrelevanzzeit (w_i)[406] und in der Dauer der durchschnittlichen Betriebszugehörigkeit (b_i), dass das Wissen der Mitarbeiter veralten kann – und zwar trotz des

400 Vgl. Scholz, Chr./Stein, V., Humankapital messen, in: Personal 1/2006, S. 8–11, S. 9.
401 Vgl. ebenda.
402 Vgl. ebenda; Schütte, M., Humankapital messen, a. a. O., S. 25; Scholz, Chr., Die Saarbrücker Formel, in: personalmanager 2/2005, S. 16–19, S. 16 f.
403 Vgl. Scholz, Chr., Die Saarbrücker Formel, a. a. O., S. 17.
404 Vgl. ebenda.
405 Vgl. Scholz, Chr./Stein, V., Humankapital messen, a. a. O., S. 9; Schütte, M., Humankapital messen, a. a. O., S. 25; Scholz, Chr., Die Saarbrücker Formel, a. a. O., S. 16 f.
406 Die diesem Modell zugrunde liegende Wissensverlaufskurve basiert auf der Erkenntnis, dass einmal erworbenes Wissen eines Mitarbeiters nicht linear verloren geht, sondern es sich in einem komplexen Muster im Zeitablauf verändert, vgl. Scholz, Chr./Stein, V., Wissensrelevanz in der Humankapitalmessung, in: CoPers 2/2006, S. 30–32, S. 30 ff.; Scholz, Chr./Stein, V./Müller, St., Den Wert des Mitarbeiters kennen, in: Weiterbildung 2/2007, S. 30–33, S. 32.

gleichzeitigen Aufbaus von Erfahrungswissen.[407] Zur Kompensation dieses Wissensverlusts dienen Personalentwicklungsmaßnahmen, die entsprechende Kosten (PE_i) verursachen.[408]

Im dritten Teil folgt die Saarbrücker Formel dem **Indikatorenansatz**, der bei der Ermittlung der Human-Capital-Wertveränderung die Wirkungen von drei nicht monetären Aspekten berücksichtigt: „Commitment" als Ausdruck der Bereitschaft der Mitarbeiter, sich für die gegenwärtige Aufgabe einzusetzen, „Context" als Sammelbegriff für diverse Aspekte der Arbeits- und Führungssituation und „Retention" als Neigung der Mitarbeiter, sich längerfristig an das Unternehmen zu binden.[409] Die überwiegend „weichen Faktoren" dieses Teils sind immer auf den Normwert von 1 (100 Prozent) umskaliert und können daher mit den monetären Größen aus dem Markt- bzw. Accounting-Ansatz multiplikativ verknüpft werden.[410]

Aus der Zusammenführung der wertbeeinflussenden Personalaktivitäten aus allen drei Bereichen resultiert eine differenzierte Sichtweise, die nicht nur pauschal das Humankapital ausweist, sondern zudem den Bezug zu zentralen personalwirtschaftlichen Handlungsfeldern – eben im Sinne eines Totalmodells – herstellt.[411]

Die Saarbrücker Formel integriert die wichtigsten Stellhebel der Personalarbeit, insbesondere in den Themenfeldern Fluktuation, Personalentwicklung und Motivation, und schafft somit Transparenz über die konstituierenden Wertbestandteile.[412] Die Summe der Humankapitalwerte aller betrachteten Beschäftigtengruppen führt dann zu einem monetären Gesamtbetrag für das Humankapital in Euro (vgl. Abb. 7).[413]

---

407 Vgl. Scholz, Chr., Die Saarbrücker Formel, a. a. O., S. 17; Bechtel, R./Heindl, H., Erste Erfahrungen mit der Humankapitalbewertung, in: HR SERVICES 1/2006, S. 29–31, S. 31.

408 Vgl. Scholz, Chr., Die Saarbrücker Formel, a. a. O., S. 17.

409 Vgl. ebenda; Scholz, Chr./Braun, M., Standardisierung statt Emotionalisierung, in: HR SERVICES 2/2005, S. 10–13, S. 10; Bechtel, R./Heindl, H., a. a. O., S. 31.

410 Vgl. Scholz, Chr., Die Saarbrücker Formel, a. a. O., S. 17.

411 Vgl. Scholz, Chr./Stein, V., Humankapital messen, a. a. O., S. 9.

412 Vgl. Bechtel, R./Heindl, H., a. a. O., S. 29; Scholz, Chr./Bechtel, R., Zehn Nutzen der Saarbrücker Formel, in: Personalwirtschaft 11/2005, S. 32–36, S. 33.

413 Vgl. Scholz, Chr./Stein, V., Humankapital messen, a. a. O., S. 10; Scholz, Chr., Die Saarbrücker Formel, a. a. O., S. 17; Scholz, Chr., Humankapital in Euro? – und (fast) auf Knopfdruck!, in: CoPers 1/2006, S. 32–35, S. 33.

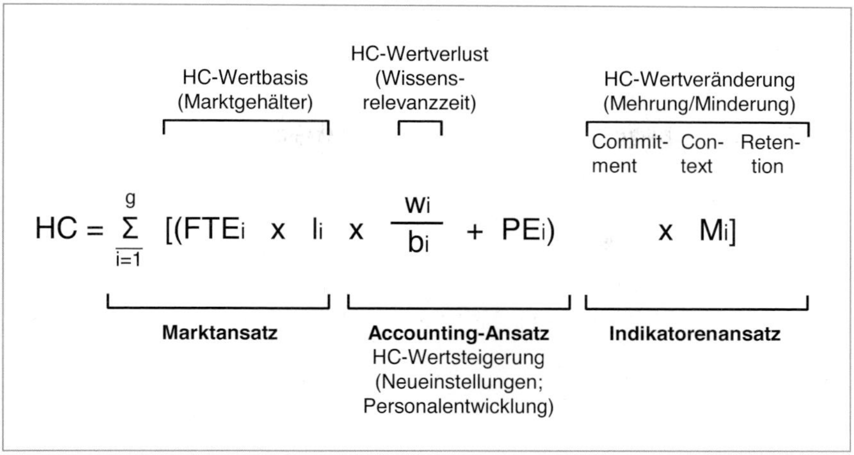

Abb. 7 Die Saarbrücker Formel[414]

Unterstützung bietet die Saarbrücker Formel auch bei der Beantwortung der Frage, welche Konsequenzen sich aus welchen Freisetzungsstrategien für das Humankapital ergeben.[415] Das Personalmanagement kann mithilfe der Saarbrücker Formel nachweisen, dass es unverantwortlich wäre, bei Personalentlassungen lediglich nach Sozialauswahlaspekten und Kostengesichtspunkten vorzugehen, andere wichtige Punkte, wie etwa die Bedeutung für die Wissensbilanz als Teil des Humankapitals, aber unberücksichtigt zu lassen.[416]

Die in der Literatur diskutierten kritischen Anmerkungen zur Saarbrücker Formel beziehen sich auf alle drei Teilbereiche der Formel:

- Die Aussagekraft der ermittelten Human-Capital-Wertbasis wird durch die Akzeptanz von Durchschnittswerten erheblich relativiert.[417] Die in die Formel eingehenden Durchschnittslöhne stellen im Gegensatz zu den Kosten der Wiederbeschaffung und Einarbeitung Vergangenheitsdaten dar; die marktseitige Wertschätzung des Humanvermögens zeigt sich erst in der Performance.[418]

---

414 Vgl. Scholz, Chr./Stein, V., Humankapital messen, in: a. a. O., S. 9.

415 Vgl. Scholz, Chr./Stein, V./Müller, St., a. a. O., S. 33.

416 Vgl. Scholz, Chr., Die Saarbrücker Formel, a. a. O., S. 19; Scholz, Chr., Humankapital in Euro, a. a. O., S. 33.

417 Vgl. Ortner, G. E./Thielmann-Holzmayer, C., Gemessen an vier Werten, in: Personal 11/2007, S. 12–13, S. 12.

418 Vgl. Becker, M./Labucay, I./Rieger, C., Formel ohne Fortschritt, in: Personal 11/2006, S. 30–32, S. 30.

- Beim Human-Capital-Wertverlust ist nicht nur die Willkür jeder Annahme über konkrete Abschreibungssätze von Wissen, sondern auch der Ansatz grundsätzlich in Zweifel zu ziehen: Das für das Unternehmen relevante Wissen ist in erster Linie Erfahrung, und diese wächst tendenziell im Zeitverlauf und nimmt nicht ab.[419] Angriffsfläche für Kritik bietet auch die Auslegung von Investitionen in Ausbildung und Personalentwicklung als Wertsteigerung, da diese nicht zwangsläufig zu einem Lerntransfer, das heißt zum Einsatz und zur Umsetzung des Gelernten am Arbeitsplatz, führen.[420] Der Ansatz von Abschreibungen ist deshalb eine künstliche Übernahme finanzwirtschaftlicher Bilanzierungsmethodik.[421] Des Weiteren stellt der Quotient wi/bi eine Vermischung aus Ex-ante- und Ex-post-Betrachtung dar.[422]
- Bei der Human-Capital-Wertveränderung ist zu bedenken, dass die Motivation selbstverständlich entscheidenden Einfluss auf die Leistung der Mitarbeiter hat[423], bisher aber die Frage, wie dieser Effekt in monetären Größen ausgedrückt werden kann, nicht ansatzweise gelöst ist.[424] Becker et al. weisen darauf hin, dass die etwa mittels Motivationsfragebögen gewonnenen Ergebnisse nur über die motivationale Grunddisposition, nicht aber über die Performance der Mitarbeiter Auskunft geben.[425] Der so ermittelte Humankapitalwert ist praktisch durchgängig an den entstandenen Kosten und nicht an den Erträgen orientiert, und er steht in keinerlei Beziehung zu den Finanzkennziffern eines Unternehmens.[426] Dadurch kommt es zu Insellösungen, die nur schwer in die Konzernberichterstattung integrierbar sind.[427]

Kritiker bemängeln zudem an der Saarbrücker Formel, dass die Ermittlung des Marktwerts der Belegschaft extrem aufwendig und methodisch zweifelhaft hinsichtlich der Auswahl der Referenzwerte sei.[428] Die näherliegende und sofort verfügbare Größe wäre der Personalaufwand insgesamt.[429] Auch fließen wichtige Determinanten, wie Kenngrößen über die Qualität des Managements oder die Kompetenzen der Mitarbeiter, nicht in die Saarbrücker Formel ein.[430]

---

419 Vgl. Schütte, M., Humankapital messen, a. a. O., S. 25.
420 Vgl. ebenda.
421 Vgl. ebenda.
422 Vgl. Becker, M./Labucay, I./Rieger, C., Formel ohne Fortschritt, a. a. O., S. 30.
423 Vgl. Pfeiffer, W./Dörrie, U./Stoll, E., Menschliche Arbeit in der industriellen Produktion, Göttingen 1977, S. 43 ff.
424 Vgl. Schütte, M., Humankapital messen, a. a. O., S. 25.
425 Vgl. Becker, M./Labucay, I./Rieger, C., Formel ohne Fortschritt, a. a. O., S. 31.
426 Vgl. PricewaterhouseCoopers, Humankapital, a. a. O., S. 47.
427 Vgl. ebenda.
428 Vgl. Schütte, M., Humankapital messen, a. a. O., S. 25; Nöcker, R., Was sind Ihre Leute wert?, in: FAZ vom 03.02.2007, C 1.
429 Vgl. ebenda.
430 Vgl. Nöcker, R., a. a. O., C 1.

Diese trifft außerdem keine Aussage darüber, inwieweit die derzeitige Personalstruktur eines Unternehmens zu dessen geplanter Entwicklung passt.[431] Als weiteres Manko reduziert die fehlende Berechnung eines individuellen Human-Capital-Werts den Nutzen für das Personalmanagement, da gerade individuumsbezogene Werte zur Steuerung der Mitarbeiter auf operativer Ebene notwendig sind.[432]

Cisek kritisiert den Aussagewert der Saarbrücker Formel insgesamt anhand des konkreten Beispiels eines Branchenführers im Bankensegment, der mit seinen Istgehältern etwa 15 Prozent über dem Branchendurchschnitt liegt und dennoch seit Jahren eine deutlich bessere Cost-Income Ratio (CIR) erreicht als die Konkurrenz, weil er mit spürbar weniger Mitarbeitern auskommt. Dieses Unternehmen hätte nach der Saarbrücker Formel nur einen relativ geringen Human-Capital-Wert, da nur die branchenüblichen Durchschnittsgehälter mit dem FTE-Faktor für vergleichsweise wenige Vollzeitkräfte multipliziert würden.[433]

In ersten Praxistests zeigte sich zudem, dass die Formel zum Teil recht seltsame Ergebnisse zutage fördert: Eine von PricewaterhouseCoopers (PwC) bei 14 von 30 Unternehmen des Deutschen Aktienindex (DAX) vorgenommenen Studie zeigt bei konkreter Anwendung der Saarbrücker Formel, dass der so berechnete Humankapitalwert regelmäßig unter den Personalkosten liegt.[434] Alle untersuchten Unternehmen würden demnach mehr für ihre Beschäftigten ausgeben, als es dem Wert ihres Humankapitals entspricht, was zwar in Einzelfällen möglich sein mag, als durchgängiges Ergebnis jedoch nicht.[435]

2.7 Personalrisikomanagement-Ansätze

In der jüngeren Vergangenheit geschaffene regulatorische Anforderungen beeinflussen zwar nicht die Ausgestaltung eines mitarbeiterwertorientierten Steuerungsmodells im Einzelnen, verlangen jedoch die bankbetriebliche Etablierung und Umsetzung geeigneter Maßnahmen, um auch den personellen Risiken wirkungsvoll entgegenzutreten. Diesbezügliche von den Unternehmen

---

431 Vgl. ebenda, C 1.

432 Vgl. Becker, M./Labucay, I./Rieger, C., Formel ohne Fortschritt, a. a. O., S. 32.

433 Vgl. Cisek, G., Personalwirtschaftliche Programmpolitik, in: Personal 6/2006, S. 30–32, S. 30.

434 Vgl. PricewaterhouseCoopers, Humankapital, a. a. O., S. 47.

435 Vgl. ebenda.

verpflichtend anzuwendende Regelungen enthält beispielsweise das Gesetz zur Kontrolle und Transparenz im Unternehmensbereich (KonTraG).[436]

Einen höheren Bekanntheitsgrad als das KonTraG hat bei Bankmitarbeitern mittlerweile das Schlagwort „Basel II" erreicht. Durch das „Diskussionspapier zur Neuregelung der Baseler Eigenkapitalübereinkunft" (kurz „zweite Eigenkapitalübereinkunft" oder „Basel II") des Baseler Ausschusses für Bankenaufsicht aus dem Jahr 1999 (Erstversion) und 2001 (überarbeitete Fassung) wird die Absicherung von Krediten durch Finanzinstitute neu geregelt.[437] Vor Inkrafttreten von Basel II stützte sich die Bonitätsprüfung durch die Finanzinstitute fast ausschließlich auf finanzielle Kerngrößen, wie zum Beispiel Umsatz, Rendite oder Cashflow.[438] Seither finden in der Bonitätsanalyse neben finanziellen Kerngrößen in verstärktem Maße weiche und personelle Faktoren Berücksichtigung; somit beeinflussen personelle Aspekte stärker die Fremdfinanzierungskosten eines Unternehmens und damit seine Rendite.[439]

---

436 Vgl. Kobi, J.-M., Frühes Erkennen, a. a. O., S. 46. Der Geltungsbereich dieses seit dem 01.05.1998 in Deutschland geltenden Gesetzes erstreckt sich auf alle Kapitalgesellschaften, insbesondere Aktiengesellschaften, sowie auf alle Gesellschaften, die einen Aufsichtsrat haben. Es erweitert die Pflichten des Vorstands, schreibt ein Risikomanagement für Aktiengesellschaften verbindlich vor, konkretisiert die Pflichten des Aufsichtsrats und fordert eine intensivere Zusammenarbeit von Aufsichtsrat und Abschlussprüfer. Um diese vielfältigen Neuerungen zu erreichen, beinhaltet das KonTraG Änderungen für eine ganze Anzahl bestehender Gesetze. So wurde ein zweiter Absatz in den § 91 AktG (Aktiengesetz) eingefügt: „Der Vorstand hat geeignete Maßnahmen zu treffen, insbesondere ein Überwachungssystem einzurichten, damit den Fortbestand der Gesellschaft gefährdende Entwicklungen frühzeitig erkannt werden." Aufgrund der Ausstrahlungswirkung des Aktiengesetzes auf alle Kapitalgesellschaften ist davon auszugehen, dass diese Vorschrift auch für Gesellschaften mit beschränkter Haftung gilt, wenngleich das GmbH-Gesetz nicht ausdrücklich durch das KonTraG angepasst wurde, vgl. Wucknitz, U. D., Personalrisiken erkennen und beeinflussen, in: Personalwirtschaft 10/2002, S. 28–32, S. 30; Meyding, Th./Mörsdorf, R., Neuregelungen durch das KonTraG und Tendenzen in der Rechtsprechung, in: Saitz, B./Braun, F.(Hrsg.), Das Kontroll- und Transparenzgesetz, Wiesbaden 1999, S. 5–46, S. 5.

437 Vgl. Ackermann, K.-F., a. a. O., S. 48; Wucknitz, U. D., Personalrisiken erkennen, a. a. O., S. 28.

438 Vgl. Ackermann, K.-F., a. a. O., S. 48.

439 Vgl. ebenda; Spickermann, R./Vasic, A., a. a. O., S. 72 f. Kritisch weist allerdings Stein vom Institut für Kredit- und Finanzwirtschaft der Universität Bochum darauf hin, dass Banken und Ratingagenturen zwar postulieren, in Zukunft in stärkerem Maße als bisher auf qualitative Kriterien zu setzen (dazu gehört auch die Personalkonzeption). Der Eindruck entstehe aber, dass die harten quantitativen Kriterien sowohl bei internationalen Ratingagenturen als auch bei Mittelstandsratingagenturen und bankinternen Ratings mit einem stärkeren Gewicht als die qualitativen eingehen, vgl. o. V., Kein unmittelbarer Einfluss, in: Personalführung 9/2004, S. 16.

Drei Jahre später als ursprünglich geplant müssen seit dem 1. Januar 2007 in den Mitgliedsstaaten der Europäischen Union die neuen Baseler Eigenkapitalvereinbarungen für Banken (Basel II) von allen Kreditinstituten und Finanzdienstleistungsunternehmen angewendet werden. Im Mai 2004 regelte der an der Internationalen Bank für Zahlungsausgleich angesiedelte Baseler Ausschuss mit einem dritten Konsultationspapier die noch offenen Punkte. Das dritte Konsultationspapier enthält aber weiterhin keine konkreten Aussagen darüber, inwieweit etwa das Humankapital, die Ausbildung des Managements oder die Personalpolitik eines Unternehmens in ein Rating eingehen. Die in ein Rating einzubeziehenden Faktoren müssen allerdings als Voraussetzung in der Vergangenheit eine hohe Vorhersagekraft für Ausfallwahrscheinlichkeiten besessen haben.[440]

In Deutschland setzte die Bundesanstalt für Finanzdienstleistungsaufsicht (BaFin) im Dezember 2005 für alle Kredit- und Finanzdienstleistungsinstitute (im Sinne von § 1 Abs. 1b KWG [Gesetz über das Kreditwesen] bzw. § 53 Abs. 1 KWG) sowie für die Zweigniederlassungen deutscher Institute im Ausland die „Mindestanforderungen an das Risikomanagement“ (MaRisk) in Kraft.[441] Mit der Neufassung ihrer MaRisk im August 2009 (zur Umsetzung bis zum Jahresende 2009) konkretisierte und erweiterte die BaFin ihre

---

440 Vgl. o. V., Eine Frage der konkreten Umsetzung, in: Personalführung 8/2004, S. 12; Spickermann, R./Vasic, A., a. a. O., S. 72 ff.

441 Vgl. Bundesanstalt für Finanzdienstleistungsaufsicht, Mindestanforderungen an das Risikomanagement, Rundschreiben 18/2005, in: http://www.bafin.de/rundschreiben/89_2005/051220.htm. Die Regelungen der BaFin ersetzten im Rahmen der Übergangsregelung mit sofortiger Wirkung die bisherigen „Mindestanforderungen an das Betreiben von Handelsgeschäften der Kreditinstitute“ vom 23.10.1995 (MaH), die „Mindestanforderungen an die Ausgestaltung der Internen Revision der Kreditinstitute“ vom 17.01.2000 (MaIR) und die „Mindestanforderungen an das Kreditgeschäft der Kreditinstitute“ vom 20.12.2002 (MaK), vgl. Deloitte, Mindestanforderungen an das Risikomanagement, Pressemitteilung vom 20.02.2006, o. S.

Risikomanagementstandards.[442] Die neuen Vorschriften formulieren unter anderem den generellen Anspruch der Sicherstellung geschäfts- und risikoadäquater personeller Ressourcen und Anreizsysteme (Artikel 7.1).[443]

- Die quantitative und qualitative Personalausstattung des Instituts hat sich insbesondere an betriebsinternen Erfordernissen, den Geschäftsaktivitäten sowie der Risikosituation zu orientieren.
- Die Mitarbeiter sowie deren Vertreter müssen abhängig von ihren Aufgaben, Kompetenzen und Verantwortlichkeiten über die erforderlichen Kenntnisse und Erfahrungen verfügen. Durch geeignete Maßnahmen ist zu gewährleisten, dass das Qualifikationsniveau der Mitarbeiter angemessen ist.
- Die Ausgestaltung der Anreizsysteme des Instituts, insbesondere der Vergütungssysteme, muss mit den in den Strategien niedergelegten Zielen im Einklang stehen; Änderungen der Strategien sind zu berücksichtigen. Die Vergütungssysteme müssen so ausgerichtet sein, dass schädliche Anreize zur Eingehung unverhältnismäßig hoher Risikopositionen vermieden werden.
- Die Abwesenheit oder das Ausscheiden von Mitarbeitern sollte nicht zu nachhaltigen Störungen der Betriebsabläufe führen.

Diese vier Dimensionen stehen im Einklang mit der Klassifizierung von Kobi (vgl. Kap. G 2.2), der folgende Personalrisiken unterscheidet, die die Handlungsfähigkeit eines Unternehmens beeinträchtigen können:

---

[442] Vgl. Bundesanstalt für Finanzdienstleistungsaufsicht, Mindestanforderungen an das Risikomanagement – MaRisk, Rundschreiben 15/2009 (BA) vom 14.08.2009, in: http://www.bafin.de/cln_152/nn_722758/SharedDocs/Veroeffentlichungen/DE/Service/Rundschreiben/2009/rs__0915__ba__marisk.html#doc1650106bodyText18 vom 14.08.2009; Bundesanstalt für Finanzdienstleistungsaufsicht, Neue MaRisk: BaFin setzt internationale Risikomanagement-Standards um, in: http://www.bafin.de/cln_161/nn_722802/SharedDocs/Mitteilungen/DE/Service/PM__2009/pm__090814__marisk__neu.html vom 14.08.2009; Afhüppe, S./Delhaes, D., Bund greift bei Bankboni durch, in: http://www.handelsblatt.com/politik/deutschland/bund-greift-bei-bankboni-durch;2444748 vom 15.08.2009. Grundlage der Überarbeitung der MaRisk waren die vor dem Hintergrund der Finanzmarktkrise entstandenen nationalen und internationalen Regulierungsinitiativen (z. B. Financial Stability Forum, Baseler Ausschuss für Bankenaufsicht, EU-Richtlinienvorgaben), die Erkenntnisse aus der Aufsichts- und Prüfungspraxis sowie aus dem Manipulationsfall bei der Société Générale, vgl. PricewaterhouseCoopers, Neufassung der MaRisk vom 14.08.2009, in: Financial Services-Newsletter Nummer 21 vom 18.08.2009, o. S.

[443] Vgl. Bundesanstalt für Finanzdienstleistungsaufsicht, Mindestanforderungen an das Risikomanagement – MaRisk, a. a. O.

- Anpassungsrisiko durch für die zu bewältigenden Aufgaben nur unzureichend qualifizierte Mitarbeiter;
- Engpassrisiko aufgrund fehlender Leistungsträger;
- Motivationsrisiko, das heißt zurückgehaltene mögliche Leistungen ausgebrannter oder älterer Mitarbeiter und solcher, die innerlich gekündigt haben;
- Austrittsrisiko durch Eigenkündigung von Leistungsträgern.[444]

Mit einem umfassenden Risikomanagement können negative personalspezifische Entwicklungen (z. B. bezüglich der Qualifikation und Bindung von Mitarbeitern) nicht nur frühzeitig erkannt, sondern in vielen Fällen auch präventiv angegangen werden.[445] Stellvertretend für andere Personalrisikomanagement-Ansätze wird im Folgenden das Werttreibermodell von Wucknitz vorgestellt, der drei Komponenten des Humankapitals unterscheidet:

- das individuelle Humankapital, das an bestimmte Personen gebunden ist und mit dem Austritt dieser Personen aus dem Unternehmen diesem zwangsläufig verloren geht;
- das dynamische Humankapital, das sich in bestimmten Prozessen widerspiegelt;
- das strukturelle Humankapital, das sich in bestimmten Strukturen manifestiert und nicht personengebunden ist.[446]

Der Wert der drei Humankapitalarten wird durch zehn Risikokategorien (sog. Werttreiber) bestimmt, nämlich (1) Unternehmensumfeld, (2) Unternehmensstruktur, (3) Teamprozesse, (4) Führung, (5) Personalmanagement, (6) personelle Rechtsstruktur, (7) personelle Finanzstruktur, (8) personelle Organisationsstruktur, (9) Schlüsselkräfte und (10) Unternehmenskultur (vgl. Abb. 8).[447] Die Werttreiber werden in insgesamt 36 Faktoren aufgegliedert, die durch eine Kennzahl oder mehrere mit Werten zwischen 0 (sehr niedrig/sehr ungünstig) und 1 (sehr hoch/sehr günstig) gemessen werden und für jedes Unternehmen unterschiedlich und somit individuell zu ermitteln sind.[448] Aus diesen wird dann in mehreren Zwischenschritten der Mittelwert zunächst für

---

[444] Vgl. Kobi, J.-M., Management des Personalrisikos, a. a. O., S. 32.

[445] Vgl. Kobi, J.-M., Erfolgsfaktor Mitarbeiter, in: Bankmagazin 2/2001, S. 52–54, S. 52; Kosel, M./Görzig, G., Personalarbeit steht auf dem Prüfstand, in: PERSONALmagazin 10/2002, S. 24–29, S. 24; Gerwert, Th., Ratingverfahren in der Praxis: So können Sie sich vorbereiten, in: PERSONALmagazin 10/2002, S. 26.

[446] Vgl. Ackermann, K.-F., a. a. O., S. 47.

[447] Vgl. Wucknitz, U. D., Personalrisiken erkennen, a. a. O., S. 31.

[448] Vgl. Ackermann, K.-F., a. a. O., S. 47.

jede der drei Humankapitalarten, dann für das gesamte Humankapital ermittelt.[449] Das Resultat wird von Wucknitz als Humankapital-Gewichtungsfaktor oder als Anteil am Unternehmenswert interpretiert. Ist der Unternehmenswert bekannt, lässt sich der Wert des Humankapitals in Geldeinheiten bestimmen.[450]

1. Unternehmensumfeld

- unsicheres oder unternehmensfeindliches politisches Umfeld;
- ablehnende Haltung zwischen Arbeitgebern und Arbeitnehmern oder leistungsverneinende Werte im gesellschaftlichen Umfeld;
- Rezession, Instabilität, Wettbewerbsdruck oder nachteilige Arbeitsmarktstruktur im wirtschaftlichen Umfeld.

2. Unternehmensstruktur

- sich aufblähende formale Struktur oder zunehmende Anzahl von Schnittstellen;
- intransparente oder mächtige informelle Struktur;
- unangepasste oder widersprüchliche inhaltliche Struktur.

3. Teamprozesse

- zu langsamer, inkonsistenter oder unvollständiger Informationsprozess;
- zu komplexer oder uneinheitlicher Kommunikationsprozess;
- lückenhafter oder stockender Kooperationsprozess;
- zu langwieriger, intransparenter oder zu komplexer Entscheidungsprozess.

4. Führung

- zu hierarchisch oder zu demokratisch ausgerichteter oder zu starrer Führungsprozess;
- zu viele, zu wenige, zu aufwendige oder zu wenig vernetzte Führungssysteme;
- instabiles oder nicht berechenbares oder motivationshemmendes Führungsverhalten.

[449] Vgl. ebenda.
[450] Vgl. ebenda.

5. Personalmanagement

- nicht vorhandene, unklare, nicht kommunizierte oder falsch ausgerichtete Personalstrategie;
- kundenfeindliche oder ineffiziente Struktur des Personalbereichs;
- ineffiziente, ineffektive oder nicht vernetzte Abläufe im Personalmanagement; veraltete, unökonomische oder unangemessene Systeme/Instrumente der Personalarbeit;
- nicht motiviertes, nicht qualifiziertes oder zu wenig Personal im Personalbereich.

6. Personelle Rechtsstruktur

- zu hoher Umfang der arbeitsrechtlichen Regelungen;
- unangemessener oder veralteter Inhalt der arbeitsrechtlichen Regelungen;
- mangelnde oder zu aufwendige Veränderbarkeit der arbeitsrechtlichen Regelungen.

7. Personelle Finanzstruktur

- zu hohe oder zu stark wachsende Personalkosten;
- zu komplexe oder zu starre Struktur der Personalkosten oder zu wenig leistungs- oder erfolgsabhängige Vergütungskomponenten;
- zu geringe Flexibilität der Personalkosten.

8. Personelle Organisationsstruktur

- zu großer oder ungünstig verteilter Umfang des Personalstamms;
- mangelnde oder falsche Qualität des Personals;
- ungünstige qualitative oder demografische Zusammensetzung des Personalstamms;
- zu geringe Veränderbarkeit der Personalstruktur.

9. Schlüsselkräfte

- zu geringe Anzahl von Schlüsselkräften respektive sinkende Anzahl durch zu hohe Fluktuation;
- falscher Einsatz (hohe Anzahl von Schlüsselkräften auf Positionen, die ihrer Qualifikation nicht entsprechen oder für den Geschäftserfolg wenig bedeutend sind);
- mangelnde oder falsche Kompetenz (sachlich, persönlich, sozial);
- negative Einstellung, zum Beispiel mangelnde Motivation oder den Zielen des Unternehmens nicht entsprechende Motivation, oder mangelnde Veränderungsbereitschaft;
- Verhalten, das nicht im Einklang mit der Unternehmensstrategie oder der Unternehmenskultur steht (etwa hinsichtlich Führungsstil, Arbeitseinsatz, Zuverlässigkeit, Leistung).

10. Unternehmenskultur

- Werte des Personals sind nicht strategiekonform oder sind leistungshemmend;
- vorhandene Verhaltensnormen und Standards (Leitlinien, Führungsgrundsätze) sind nicht strategiekonform oder sind leistungshemmend;
- Äußerungsformen der Unternehmenskultur sprechen für geringes Leistungs-, Qualitäts- und/oder Erfolgsbewusstsein (Beispiele: hohe Fehlerraten, hoher Krankenstand, niedrige Arbeitszeiten, ausschließliche Fixvergütung, Fehlen verhaltensbedingter Kündigungen) oder für mangelnde Identifikation mit dem Unternehmen (hohe Fluktuation, geringe Arbeitszufriedenheit laut Befragung).

Abb. 8 Risikokategorien mit Beispielen[451]

Die Ergebnisse lassen sich mittels eines Risikoprofils veranschaulichen, um die Homogenität bzw. Heterogenität der Merkmalsausprägungen besser zu erkennen (vgl. Abb. 9).

[451] Vgl. Wucknitz, U. D., Personalrisiken erkennen a. a. O., S. 31.

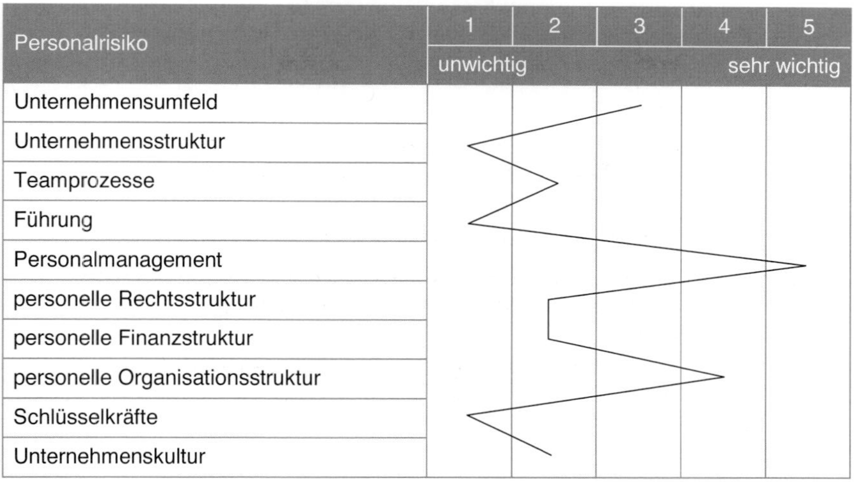

Abb. 9 Ermittlung des Risikoprofils eines Unternehmens (Beispiel)[452]

Das Werttreibermodell eignet sich insbesondere für Zeitvergleiche des Humankapitals eines Unternehmens, Benchmarkingaktionen sowie für Untersuchungen darüber, wie sich bestimmte Personalmaßnahmen (z. B. Qualifizierung) auf das Humankapital auswirken.[453] Mit Blick auf die in dieser Arbeit formulierten Zielsetzungen lassen sich folgende kritische Aussagen zum Modell von Wucknitz ableiten:

- Einbezogene Kriterien
  Im Werttreibermodell finden bestimmte Faktoren keine Beachtung, die nicht unmittelbar mit Risikoeinschätzungen im Zusammenhang stehen (wie z. B. die Art und Wertigkeit der Ausbildung der Mitarbeiter oder die erwartete Marktentwicklung). Manche verwendeten personalbezogenen Risikokategorien stehen dagegen, da sie sich nicht einem einzelnen Mitarbeiter direkt zuordnen lassen, in keinem direkten Zusammenhang zu Mitarbeiterwerten. Beispiele für solche Risikokategorien sind die personelle Finanzstruktur (z. B. zu hohe oder zu stark wachsende Personalkosten), allgemeine Führungsdefizite (etwa ein zu hierarchisch ausgerichteter Führungsprozess) oder Mängel der Organisationsstruktur (beispielsweise ein zu großer oder ungünstig verteilter Personalstamm).[454]

---

452 Vgl. ebenda, S. 32.

453 Vgl. ebenda.

454 Vgl. Wucknitz, U. D., Personalrisiken erkennen, a. a. O., S. 31; Everling, O., Wenn der Computer über die Existenz entscheidet, in: Financial Times Deutschland vom 09.07.2001, S. 29.

- Skalierung (vgl. Kap. E 1)
  Die rechnerische Einbeziehung aller Determinanten des Mitarbeiterwerts erfordert eine Operationalisierung aller Kriterien. Somit genügt die vom Personalrisikomanagement im Risikobericht zumeist verbal vorgenommene Beschreibung potenzieller qualitativer Risiken nicht den Anforderungen einer Mitarbeiterwertermittlung.[455]

- Gewichtung (vgl. Kap. F 1.1.2.2)
  Für quantifizierbare Einzelrisiken kann nach dem Bayes-Prinzip pro Risiko bzw. in der Summe über mehrere Risiken ein jeweiliger Schadenerwartungswert ermittelt werden[456], und zwar durch die Multiplikation der einzelnen Risikohöhe (also des potenziellen Schadensumfangs) mit der jeweiligen Risikowahrscheinlichkeit.[457] Risikobetrachtungen finden in der Praxis allerdings nicht auf Einzelpersonenebene, sondern in allgemeiner Weise, das heißt abstrahiert vom Individuum, statt (z. B. durch die Multiplikation einer Eintrittswahrscheinlichkeit für das Risiko der Fluktuation, nämlich der Fluktuationsrate, mit einer geschätzten Risikohöhe für den Weggang einer Führungskraft).[458] Eine solche Betrachtung spiegelt durch den Ansatz von Durchschnittswerten zwar ein generelles Risiko, aber nicht auch nur annähernd die spezifische Situation eines einzelnen Mitarbeiters wider. Speziell zum Modell von Wucknitz ist als methodischer Mangel kritisch anzumerken, dass die vorgenommene Mittelwertbildung – entsprechend den den einzelnen Werttreibern bzw. Faktoren möglicherweise beigemessenen unterschiedlichen Bedeutungen – keine differenzierte Gewichtung erlaubt.

455 Vgl. Wucknitz, U. D., Personalrisiken erkennen, a. a. O., S. 32.
456 Vgl. ebenda, S. 30.
457 Vgl. ebenda, S. 31.
458 Vgl. ebenda.

D Strategische Ausrichtung des zu entwickelnden Totalmodells zur Steuerung des Mitarbeiterportfolios im Investmentbanking

1 Bestimmung der jeweiligen Interessenlagen der Stakeholder-Gruppen und Ableitung der Anforderungen an ein mitarbeiterwertbasiertes Steuerungssystem

Der Stakeholder-Ansatz versucht, den Interessenlagen all jener Personen bzw. Gruppen, die direkt oder indirekt Einfluss auf ein Unternehmen ausüben können (sog. Stakeholder), im Rahmen der strategischen Unternehmensplanung gerecht zu werden.[459] Bekanntester Stakeholder ist der Shareholder, der seinen Ertrag aus der Kapitalanlage im Unternehmen optimieren möchte.[460] Unterschiedlichste Stakeholder betrachten dementsprechend die Personalsteuerung aus ihrer spezifischen Perspektive und verfolgen unterschiedliche und teilweise gegensätzliche Interessen und Wertvorstellungen bei der Einführung eines entsprechenden Steuerungssystems.[461]

Stellvertretend für die verschiedensten Stakeholder-Gruppen beleuchtet die nachfolgende Untersuchung insbesondere die Haltung der Kapitalgeber- bzw. Unternehmensseite und die Mitarbeiter-/Arbeitnehmervertreterseite gegenüber ganzheitlichen personalwirtschaftlichen Steuerungsinstrumenten.[462] Diese Polarisierung dient letztlich der Unterscheidung in Personenkreise, die selbst steuern, und solche, die gesteuert werden und somit zu „Betroffenen" werden. In der Praxis ist eine eindeutige Klassifizierung im Falle von Führungskräften allerdings nicht immer möglich, da diese ihre Mitarbeiter beurteilen, aber von den eigenen Vorgesetzten auch selbst beurteilt werden. Ziel dieser Analyse ist die Überprüfung, ob gegenläufige Interessen der beiden Seiten die

---

459 Vgl. Freeman, R. E., Strategic Management. A Stakeholder Approach, Boston u. a. 1984, S. 33; Wunderer, R., Unternehmerisches Personalmanagement: Konzepte, Prognosen und Strategien für das Jahr 2000, Frankfurt am Main/New York 1993, S. 49 f.; Claßen, M./Ahrens, St., Die Einführung intelligenter Personalcontrollingsysteme, in: Personalführung 11/2000, S. 32–36, S. 35.

460 Vgl. Claßen, M./Ahrens, St., a. a. O., S. 35.

461 Vgl. ebenda; Eberhardt, St., Wertorientierte Unternehmensführung, Wiesbaden 1998, S. 147; Schierenbeck, H., Grundzüge der Betriebswirtschaftslehre, 12. Auflage, München 1995, S. 61.

462 Die diskutierten Argumente für die Notwendigkeit einer Mitarbeiterwertermittlung aus Sicht der Unternehmen und Kapitalgeber decken idealerweise (weitgehend) auch die Interessen der Kunden als einer wichtigen Stakeholder-Gruppe ab. Kunden legen verstärkt Wert auf solide, zuverlässige Partner, wobei hier zukünftig auch das Humankapital als Entscheidungsgröße ins Gewicht fällt, vgl. Scholz, Chr., Zehn Fragen, a. a. O., S. 12.

Ausgestaltung bzw. Einführung eines mitarbeiterwertbezogenen Steuerungssystems prägen oder ob ein solches Modell nicht durchaus – trotz unterschiedlichster Ausgangslagen – beiden Sichtweisen gerecht werden kann. Unterstellt wird dabei, dass eine Kongruenz der Interessen von Mitarbeitern und ihren Arbeitnehmervertretern besteht, also eine tatsächliche Interessenvertretung erfolgt.

Letztlich besteht ein enger Zusammenhang zwischen den Interessen einzelner Stakeholder-Gruppen. Die ökonomischen Wirkungen einer erhöhten Fokussierung auf eine relative Gerechtigkeit bei der Allokation finanzieller Mittel und sonstiger Fördermaßnahmen lassen sich – vor einer vertiefenden Betrachtung in den nachfolgenden Kapiteln – in einem einfachen Kreislaufmodell zusammenfassen (vgl. Abb. 10): Mitarbeiterzufriedenheit entsteht durch eine „individuelle Bewertung der subjektiv erlebten Arbeitssituation“[463] durch den Mitarbeiter.[464] Mitarbeiter lassen sich durch eine gerechte, leistungsorientierte Bezahlung und individuelle Förderung motivieren und bemühen sich intensiver um das Wohl ihrer Kunden. Mitarbeiter, die sich stark mit ihrer Arbeit identifizieren und hoch motiviert sind, werden seltener der Arbeit fernbleiben oder eine Anstellung bei anderen Arbeitgebern suchen.[465] Kunden schließen aus geringem Absentismus und niedriger Fluktuation auch auf die Leistungsfähigkeit des Unternehmens.[466] Aus all diesen Faktoren resultiert eine höhere Kundenzufriedenheit, die zu einer Festigung der Geschäftsbeziehung und gegebenenfalls höheren Ausschöpfung des Kunden- bzw. Cross-Selling-Potenzials führt. Aufgrund dieser Zufriedenheit sind die Kunden eher bereit, mehr für eine Leistung zu bezahlen, als unzufriedene Kunden. Zufriedenheit der Kunden führt zudem zu positiven Referenzen und Weiterempfehlungen des Unternehmens[467], verbunden mit einer Verbesserung des Unternehmensimages als attraktiver Arbeitgeber, einer wichtigen Voraussetzung im Wettbewerb um aktuelle und potenzielle Mitarbeiter.[468]

---

[463] Vgl. Holtz, R. vom, Der Zusammenhang zwischen Mitarbeiterzufriedenheit und Kundenzufriedenheit, München 1998, S. 27.

[464] Vgl. Kopatz, A., a. a. O., S. 21.

[465] Vgl. Tams, C./Oetting, J., Unternehmenskultur nach Maß, in: Personalwirtschaft 5/2004, S. 30–33, S. 32.

[466] Vgl. Kopatz, A., a. a. O., S. 23.

[467] Vgl. Meyer, A./Ertl, R., Kundenorientierung als Wettbewerbsvorteil, in: Betsch, O./ Hooven, E. van/Krupp, G. (Hrsg.), Handbuch Privatkundengeschäft, Frankfurt am Main 1998, S. 171–180, S. 173 f.

[468] Vgl. Petkovic, M., Geschickte Markenpolitik, in: Personal 4/2004, S. 6–9, S. 7.

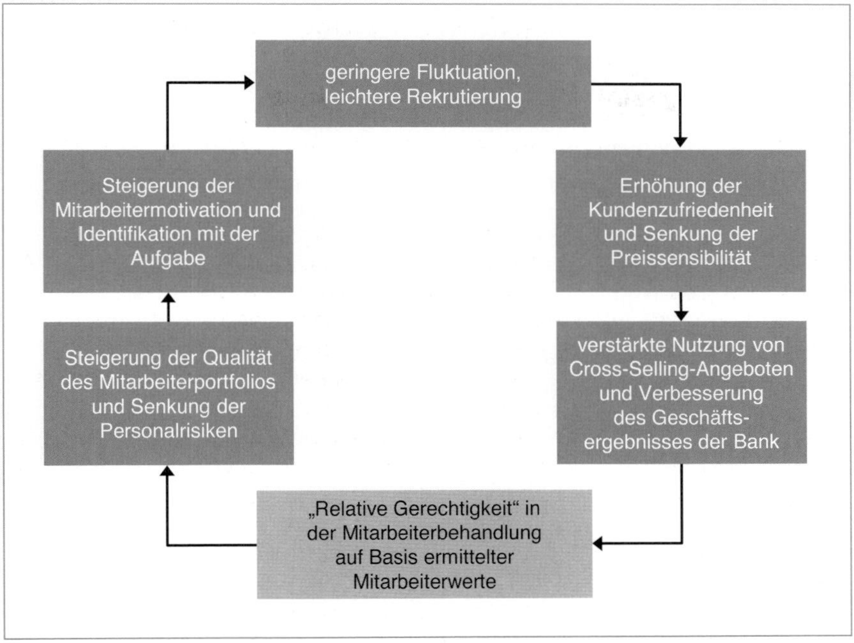

Abb. 10 Wirkungskette der Steuerung des Mitarbeiterportfolios auf Basis von Mitarbeiterwerten[469]

Es ist die Aufgabe der Mitarbeiter, im Rahmen ihrer Kompetenzen und der Unternehmensziele durch die Schaffung von Kundenzufriedenheit Wettbewerbsvorteile zu erzeugen.[470] An dieser Fähigkeit wird letztlich der Wert der Mitarbeiter gemessen.[471] Die Wirkungskette eines zielgerichtet gesteuerten Mitarbeiterportfolios führt somit über die Teilschritte Mitarbeiterorientierung, Mitarbeiterzufriedenheit und Kundenzufriedenheit hin zur Kundenbindung und innerhalb dieses Regelkreises letztlich zum wirtschaftlichen Erfolg des Unternehmens.[472]

---

469 Eigene Darstellung in Anlehnung an Tams, C./Oetting, J., Unternehmenskultur nach Maß, a. a. O., S. 32.

470 Vgl. Töpfer, A./Wieder, M., Effiziente Kundenbindungsprogramme, in: Töpfer, A. (Hrsg.), Kundenzufriedenheit messen und steigern, Neuwied u. a. 1999, S. 225–265, S. 231.

471 Vgl. Kopatz, A., a. a. O., S. 7.

472 Vgl. Meyer, A./Dullinger, F., Methoden zur Planung und Kontrolle von Leistungsprogrammen, in: Meyer, A. (Hrsg.), Handbuch des Dienstleistungs-Marketing, Band 1, Stuttgart 1998, S. 767–783, S. 773.

1.1 Sicht der Arbeit- und Kapitalgeber sowie externer Stakeholder

Das wachsende Interesse der Unternehmen an wirkungsvollen personalwirtschaftlichen Steuerungssystemen lässt sich unter anderem anhand der verschärften Wettbewerbssituation im Investmentbanking erklären, die aus der kompletten Neuordnung des Marktes resultiert (vgl. Kap. B 1.4).[473] Die Unternehmensleitung ist im Regelfall zentraler interner Kunde eines personalwirtschaftlichen Gesamtsteuerungssystems und stößt dessen Entwicklung bzw. Implementierung an.[474] Eine Mitarbeiterwertermittlung bietet dem Management als Antwort auf die eingangs konstatierten Defizite herkömmlicher Steuerungsmechanismen (vgl. Kap. A 1 und Kap. C) insbesondere folgende Vorteile:

- eine klare Zukunftsorientierung durch die Fokussierung auf strategisch relevante Ziele;
- den Aufbau bzw. die Verstärkung der Arbeitgebermarke mit Blick auf vorhandene[475] und potenzielle Mitarbeiter;
- eine hohe Transparenz über den Wert von Schlüsselpersonen beispielsweise zur Erleichterung interner Allokations- (bzw. Trennungs-)Entscheidungen oder zur Erfüllung gesetzlicher Anforderungen (Basel II);
- eine Vorbereitung von Unternehmenszusammenschlüssen bzw. des Verkaufs eines Unternehmens[476];
- die Erhöhung der Attraktivität für (potenzielle) Kapitalgeber.

Führungskräfte verlangen nach einem ausgefeilten Steuerungssystem, um ihre jeweiligen Ziele, die meist auch mit dem effizienten Einsatz der Humanressourcen verbunden sind, besser erreichen zu können.[477] Ein ganzheitliches personalwirtschaftliches Steuerungssystem, das eine leistungsgerechte Anreizverteilung ermöglicht, zielt auf eine stärkere Identifikation der Arbeitnehmer mit der Unternehmung und ihren Leistungen und erhöht die zeitliche und emotionale Bindung der Mitarbeiter an das Unternehmen.[478] Leistungsorientierung und -honorierung steigern die Motivation der Mitarbeiter und

473 Vgl. Hegner, F./Kleibs, R., Entgeltsysteme zielbezogen und motivierend gestalten, in: Personal 7/1997, S. 512–517, S. 514.

474 Vgl. Claßen, M./Ahrens, St., a. a. O., S. 35; Conrad, P./Manke, G., a. a. O., S. 57.

475 Vgl. Prasch, E., a. a. O., S. 9.

476 Vgl. Gerwert, Th., Weichen stellen, in: Personal 5/2004, S. 34–36, S. 36.

477 Vgl. Claßen, M./Ahrens, St., a. a. O., S. 35 f.

478 Vgl. Picot, A., Gratifikationen, in: Gaugler, E. (Hrsg.), Handwörterbuch des Personalwesens, Stuttgart 1975, Sp. 971–975, Sp. 975.

stellen für diese einen Anreiz zur Mehrleistung dar, die sich in einem Mehrgewinn niederschlägt.[479] Mit der Implementierung eines Steuerungssystems auf Basis von Mitarbeiterwerten ist somit verbunden, dass sich die leistungswilligen Mitarbeiter intensiv mit den für das Unternehmen wichtigen Zielen, Strategien und Werten auseinandersetzen, um erfolgreich Einfluss auf ihren eigenen Mitarbeiterwert zu nehmen.[480] Umgekehrt betrachtet, zwingt ein mitarbeiterwertorientiertes Steuerungssystem das Management dazu, überhaupt klare Ziele festzulegen und diese den Mitarbeitern auch in eindeutiger und verständlicher Weise zu kommunizieren, da die Belegschaft den Schlüssel für ihre Entlohnung/individuelle Förderung kennen muss/möchte.

Ein weiteres bankbetriebliches Ziel einer verstärkten Leistungsorientierung kann in der Verbesserung des Unternehmensimages auf den Absatz- und Arbeitsmärkten bestehen.[481] Sofern ein Bewerber unter mehreren Arbeitsangeboten wählen kann, erleichtert es ihm die Entscheidung für einen Arbeitgeber, wenn eine klare Vorstellung hinsichtlich der Professionalität, der Leistungsorientierung und auch der Leistungsgerechtigkeit besteht.[482] Die Mitarbeiter suchen bewusst und gezielt eine Unternehmenskultur, die mit ihren eigenen Werten und Überzeugungen übereinstimmt.[483] Eine gewisse Bekanntheit des bankbetrieblichen Bekenntnisses zu den genannten Werten durch „Personal-PR" vorausgesetzt, erreicht die Bank mit dem akquisitorischen Potenzial einer Arbeitgebermarke[484] einen kontinuierlichen Eingang von Initiativbewerbungen qualifizierter Fach- und Führungskräfte sowie hohe Resonanz auf die in Online- und Printmedien geschalteten Stellenanzeigen.[485] Aus einem positiven Arbeitgeberimage resultieren Kosteneinsparungen durch die Verringerung des Rekrutierungsaufwands, die Erhöhung der Loyalität der

---

[479] Vgl. Kemper, N., Erfolgsbeteiligung und Motivation, in: Personal, Mensch und Arbeit 3/1976, S. 94–96, S. 94; Picot, A., a. a. O., Sp. 975.

[480] Vgl. Nick, F. R., Anreiz-Beitrags-Theorie, in: Gaugler, E. (Hrsg.), Handwörterbuch des Personalwesens, Stuttgart 1975, Sp. 38–47, Sp. 43.

[481] Vgl. Berthel, J., Erfolgsbeteiligung der Mitarbeiter, in: WISU 8–9/1984, S. 386–393, S. 387.

[482] Vgl. Ritterhoff, K., Positives Arbeitgeberimage durch Personal-PR, in: Personalwirtschaft 1/2004, S. 43–46, S. 43; Scholz, Chr., Zehn Fragen, a. a. O., S. 12.

[483] Vgl. Fischer, H./Steffens-Duch, S., Herausforderungen und Perspektiven des Personalmanagements, in: Die Bank 7/2002, S. 478–484, S. 478.

[484] Eine Arbeitgebermarke bzw. ein Arbeitgeberimage ist ein unverwechselbares, konkret verankertes und positiv geprägtes Vorstellungsbild des Arbeitgebers in der Zielgruppe, vgl. Ritterhoff, K., a. a. O., S. 43; Petkovic, M., a. a. O., S. 7.

[485] Vgl. Petkovic, M., a. a. O., S. 7 f.; Lutje, F., Employer Branding bei Siemens, in: Personalwirtschaft 2/2002, S. 19–22, S. 19.

leistungswilligen internen Mitarbeiter und dadurch letztlich die Sicherung des langfristigen Unternehmenserfolgs mithilfe geeigneter Mitarbeiter.[486]

Aufgrund der Ähnlichkeit ihrer Geschäftsmodelle und der Austauschbarkeit der angebotenen Dienstleistungen unterscheiden sich Banken gegenwärtig und zukünftig voneinander insbesondere durch die Menschen, die in ihnen arbeiten, mit ihrem Wissen, ihren Fähigkeiten und ihren Ideen.[487] Das Personal eines Unternehmens kann deshalb als Erfolgsfaktor für eine Unique Selling Proposition (USP) bezeichnet werden, die eine Alleinstellung des Unternehmens gegenüber seinen Konkurrenten begründen kann.[488] Die Bedeutung des Humankapitals im Investmentbanking kommt schon allein darin zum Ausdruck, dass die Personalkosten – aufgrund erheblicher variabler Vergütungsanteile und eines allgemein hohen Einkommensniveaus[489] – den größten Kostenblock bilden, zugleich aber auch der wesentliche Faktor für die Realisierung von Wachstumseffekten sind.[490] Die Ermittlung von Mitarbeiterwerten erhält ihre Bedeutung auch durch die Erkenntnis, dass für die Förderung leistungsstarker Mitarbeiter nur ein Bruchteil der Aufwendungen anfallen dürfte, der für die Rekrutierung und Einarbeitung von neuen Mitarbeitern erforderlich ist.[491] Neben den Kosten aufgrund verminderter Produktivität in der Kündigungs- und Einarbeitungszeit[492] besteht bei hoher Mitarbeiterfluktuation unter Umständen zudem die Gefahr, wichtige Kunden durch den Weggang ihres Ansprechpartners zu verlieren.[493] Jedoch muss die hohe Wertschätzung für Humanressourcen differenziert betrachtet werden: Der erfolgskritische Faktor ist nämlich nicht die Belegschaft schlechthin, sondern setzt sich aus den Schlüsselpersonen des Unternehmens zusammen, die oftmals (aber nicht zwangsläufig) der „Führungsmannschaft" angehören.

Auch aus einem weiteren Grund sollten Unternehmen wissen, welche Mitarbeiter für die geschäftliche Zukunft eine tragende Rolle übernehmen können bzw. voraussichtlich werden: Arbeitsmarktforscher erwarten, dass der Anteil der langfristig an das Unternehmen gebundenen Stammbelegschaften zugunsten von „Randbelegschaften" zurückgehen wird.[494] Stellvertretend dafür

---

486 Vgl. ebenda.

487 Vgl. Pietschmann, B. P./Bell, C., Das Personal als Unique Selling Position, in: Personal 4/1999, S. 176–180, S. 177.

488 Vgl. ebenda; Sattelberger, T., Innovative Personalentwicklung, Wiesbaden 1995, S. 13.

489 Vgl. Achleitner, A.-K., a. a. O., S. 78.

490 Vgl. Al-Ani, A./Weigert, P., Effiziente Kostensenkungs- und Wertsteigerungsmaßnahmen im Bankenbereich, in: Die Bank 11/2001, S. 785–789, S. 788; Cisek, G., Arbeitswelt Banken, a. a. O., S. 47; Achleitner, A.-K., a. a. O., S. 78.

491 Vgl. Kobi, J.-M., Management des Personalrisikos, a. a. O., S. 37.

492 Vgl. ebenda.

493 Vgl. Ries, A./Scheuplein, T., a. a. O., S. 49.

494 Vgl. Fischer, H./Steffens-Duch, S., Herausforderungen, a. a. O., S. 478.

stehen befristete Anstellungsverträge, Projektaufträge, Teilzeit- und Telearbeit.[495] Eine Kerngruppe von Mitarbeitern muss motiviert und gebunden werden, um das „Unternehmensgedächtnis“ zu erhalten.[496]

Für Banken spielt ein qualitativ hochwertiges Personalmanagement zudem eine bedeutende Rolle, um sich eine günstige Ausgangslage bei künftigen Kreditverhandlungen zu verschaffen (vgl. Kap. C 2.7): Die in der vorliegenden Arbeit analysierten Determinanten (vgl. Kap. E) zur Steuerung des Mitarbeiterportfolios fließen allesamt direkt oder indirekt in für Basel II relevante Kenngrößen ein. Insofern bietet die Entwicklung eines modularen, vielseitig verknüpfbaren Personalmanagementsystems die Chance, neben internen Steuerungszwecken zugleich auch externen Auflagen oder zumindest dem Informationsbedarf von Unternehmensanalysten[497] zu genügen. Die Aktionäre und andere Stakeholder erwarten Informationen über die allgemeine Betriebsumgebung, um Risiken, mit denen sie konfrontiert sind, rechtzeitig erkennen zu können.[498]

Die Analyse, Messung und Bewertung von HR-Aspekten spielen auch bei Fusionen und Übernahmen von Unternehmen im Rahmen der sorgfältigen Prüfung der geplanten Transaktion (Due Diligence) eine wichtige Rolle.[499] Die Einschätzung von Personalrisiken erfordert klare Aussagen, die über Angaben zur Personalkostenstruktur oder zu potenziellen Restrukturierungskosten hinausreichen.[500] Voraussetzung für einen unternehmensübergreifenden Vergleich von Mitarbeitern ist jedoch die Identität der angewandten Bewertungsmaßstäbe und -verfahren.[501] Wenn kein Personalrisikomanagement vorhanden ist, bleibt der Faktor Personal bei der Bewertung entweder unberücksichtigt oder führt zu einem Abschlag beim Kaufpreis.[502]

Die Anteilseigner sowie der Aufsichtsrat teilen gewöhnlich die Sichtweise der Unternehmensleitung: Aus der Ergebnisperspektive sind Humanressourcen ein Kostenfaktor – aus der Zukunftsperspektive stellen sie einen wesentlichen Wachstumsfaktor dar.[503] Um dem verstärkten Erwartungsdruck der Kapitalgeber hinsichtlich attraktiver Renditen oder Gewinne im Vergleich zu

---

[495] Vgl. ebenda.
[496] Vgl. ebenda, S. 479; Berthel, J., a. a. O., S. 387.
[497] Vgl. Scholz, Chr., Zehn Fragen, a. a. O., S. 12.
[498] Vgl. PricewaterhouseCoopers, Wichtige Trends des Humankapitals, o. O. 2006, S. 18.
[499] Vgl. Spickermann, R./Vasic, A., a. a. O., S. 74 f.; Marschlich, A., Personalrisiken analysieren und bewerten, in: FAZ.NET vom 18.03.2005, o. S.
[500] Vgl. Spickermann, R./Vasic, A., a. a. O., S. 75.
[501] Vgl. Kopatz, A., a. a. O., S. 2.
[502] Vgl. Spickermann, R./Vasic, A., a. a. O., S. 75.
[503] Vgl. Claßen, M./Ahrens, St., a. a. O., S. 36.

alternativen Anlagemöglichkeiten gerecht zu werden[504], ist somit die betriebliche Fokussierung auf die für den wirtschaftlichen Erfolg maßgeblich verantwortlichen Schlüsselpersonen essenziell.

1.2 Sicht der Mitarbeiter und Arbeitnehmervertreter

Nicht nur aus Sicht der Arbeit- bzw. Kapitalgeber, sondern auch der der Arbeitnehmer(vertreter) ist es wichtig, dass das Unternehmen den Wert seiner Mitarbeiter kennt. Für viele Mitarbeiter ist personalwirtschaftliche Steuerung zwar gleichbedeutend mit Formen der Überwachung[505], dennoch erwarten sie eine moderne Personalsteuerung und sehen durchaus die positiven Lenkungskräfte entsprechender adäquater Instrumente.[506] Gerade im Investmentbanking ist eine Vielzahl der Mitarbeiter durch das Streben nach Status, hierarchischer Position und hohem Einkommen geprägt; überdurchschnittlich hartes Arbeiten wird hier als „Preis“ des Aufstiegs interpretiert.[507] Trotz der – etwa aufgrund von Herkunft, Ausbildung oder Aufgabe – bestehenden Heterogenität der Persönlichkeitsprofile der Mitarbeiter im Investmentbanking lässt sich verallgemeinernd konstatieren, dass insbesondere bei den Mitarbeitern in den Front-Office-Bereichen eine ausgeprägte Bereitschaft zu überdurchschnittlichem zeitlichem und fachlichem Engagement vorherrscht.[508] Die Schnelllebigkeit des Investmentbankinggeschäfts sowie die hohe Wettbewerbsintensität stellen besonders hohe Anforderungen an die Professionalität und Leistungsbereitschaft aller Mitarbeiter[509] – Maßstäbe, die

---

504 Vgl. Hegner, F./Kleibs, R., a. a. O., S. 514.

505 Vgl. Claßen, M./Ahrens, St., a. a. O., S. 35.

506 Vgl. ebenda; Prasch, E., a. a. O., S. 9.

507 Vgl. Prasch, E., a. a. O., S. 9; Ueberschaer, N., a. a. O., S. 14.

508 Diese Einstellung zur Arbeit bezeichnet von Rosenstiel als „traditionelle Karriereorientierung“. Als weitere generelle Form der Lebensorientierung nennt von Rosenstiel die „freizeitorientierte Schonhaltung“, bei der das Individuum den Schwerpunkt seiner Lebensgestaltung auf den privaten Bereich legt. Geregelte Arbeitszeiten und gute soziale Kontakte zu den Kollegen sind in diesem Falle den Mitarbeitern wichtig; dagegen kommt ambitionierten Karrierezielen oder einem hohen Einkommen eine untergeordnete Bedeutung zu. Bei von Rosenstiels drittem Typus, dem „alternativen Engagement“, spielen ethische Ideale, wie demokratisches Führungsverhalten sowie Eigenverantwortlichkeit und Selbstständigkeit im Arbeitsprozess, eine wesentliche Rolle. Nur wenn sich diese Ideale in der beruflichen Realität „leben“ lassen, besteht eine – dann allerdings ausgeprägte – Bereitschaft zu engagiertem und intensivem Arbeiten, vgl. Rosenstiel, L. von, Zielkonflikte in der Karrieremotivation, in: GDI IMPULS 1/1986, S. 9–20, S. 16 ff.

509 Die hohen Anforderungen an die Mitarbeiter beziehen sich im Investmentbanking insbesondere auf analytische und intellektuelle Fähigkeiten, bestimmte charakterliche Eigenschaften sowie zeitliche und räumliche Flexibilität, vgl. Achleitner, A.-K., a. a. O., S. 78.

die nach vorangegangenen Ausleseprozessen „verbliebenen" Mitarbeiter in diesem Geschäftsfeld weitgehend erfüllen. Der somit vorherrschende Typus stark karriereorientierter Mitarbeiter führt sicherlich dazu, dass seitens der Belegschaft ein hohes Interesse an der Einführung und Nutzung leistungsgerechter, nachvollziehbarer Steuerungssysteme bestehen dürfte.

Während die Steuerung auf Basis von Mitarbeiterwerten leistungswillige bzw. -fähige Mitarbeiter zu guten Leistungen anspornt, sei allerdings nicht verhehlt, dass hoher Leistungsdruck für leistungsschwächere Mitarbeiter zu einer starken mentalen Belastung, im Einzelfall unter Umständen verbunden mit psychischen oder physischen Krankheiten, führen kann.[510] Somit führt der Einsatz von Mitarbeiterwerten einerseits bei leistungsorientierten Mitarbeitern zu einem zusätzlichen Ansporn, andererseits aber bei entsprechender Transparenz der Mitarbeiterwerte zu einem forcierten Wettbewerb zwischen Mitarbeitern.[511] Insbesondere Back-Office-Mitarbeiter mit einer geringen formalen Qualifikation bzw. Weiterbildung verfügen über eine eingeschränkte individuelle Wettbewerbsfähigkeit und fürchten unter Umständen die aus der Transparenz eines differenzierten Steuerungsmodells ableitbaren negativen Konsequenzen, wie zum Beispiel Bonuskürzungen oder gar eine Aufhebung ihres Arbeitsverhältnisses.[512]

Die Erwartung der meisten Mitarbeiter, dass materielle und immaterielle Anreize gerecht verteilt werden, lässt sich mithilfe der Equity-Theorie erklären. Die Equity-Theorie basiert auf der Annahme, dass Menschen bestrebt sind, den eigenen Ertrag zu maximieren.[513] Schließlich stellt für Mitarbeiter das Entgelt die materielle Existenzgrundlage dar und erfüllt gleichermaßen Sicherheitsbedürfnisse im Sinne eines Schutzes vor physischen Gefahren (Krankheit, Invalidität) und eine ökonomische Daseinsvorsorge (sicherer Arbeitsplatz, Altersvorsorge).[514] Zur Beurteilung der Angemessenheit des

---

510 Eine Analyse des Arbeitgeberverbands des privaten Bankgewerbes belegt jedoch, dass das Bankgewerbe in Deutschland (ohne dabei allerdings nach Geschäftssparten zu differenzieren) nach wie vor die Branche mit dem niedrigsten Krankenstand ist und sich die Zahl psychischer Erkrankungen auch in der mehrjährigen Betrachtung deutlich unter dem gesamtwirtschaftlichen Durchschnitt bewegt, vgl. Rogge-Strang, C., Pulsschlag normal, in: Die Bank 5/2008, S. 72–77, S. 73.

511 Vgl. Sönnichsen, C., a. a. O., S. 442.

512 Vgl. Witt, R.-D./Nägeli, C., Leistungs-Check des Personals: Was bringen die Mitarbeiter? Mit Kennzahlen und Benchmarking erreichen Unternehmen mehr Transparenz im Personalmanagement, Pressemitteilung von PricewaterhouseCoopers o. O., o. J.; Becker, M., Die Taube auf dem Dach oder der Spatz in der Hand, in: Personalführung 11/2003, S. 22–29, S. 25.

513 Vgl. Wiltz, St., Steuerung von Gehaltsstrukturen bei Firmenzusammenschlüssen, in: Personal 1/1999, S. 14–20, S. 14.

514 Vgl. Evers, H., Entgeltpolitik für Führungskräfte, a. a. O., Sp. 202 f.

Verhältnisses aus dem geleisteten Input und den wahrgenommenen bzw. den zu erwartenden Erträgen dient der soziale, inner- und überbetriebliche Vergleich.[515] Der externe Vergleich ist umso wichtiger, je höher die jeweilige Position in der Unternehmenshierarchie einzuordnen ist und je weniger vergleichbare Positionen im Unternehmen vorhanden sind.[516] Sollte der interpersonelle Vergleich zugunsten oder zuungunsten des Vergleichenden ausfallen, resultiert daraus ein innerer Spannungszustand, eine sogenannte **kognitive Dissonanz**.[517] Um das subjektiv empfundene Ungleichgewicht in einen Gleichgewichtszustand zu überführen, kommt für den Mitarbeiter entweder eine intrapersonale oder eine auf das persönliche Umfeld gerichtete Strategie infrage.

- Intrapersonale Strategie
  Der Mitarbeiter, der unausgewogen zugeteilte Leistungsanreize wahrzunehmen glaubt, versucht, durch Neubewertung von Arbeitsleistung, Qualifikation und Verantwortung (Input) sowie Entgelt (Ertrag) bei sich selbst und/oder bei seinen Vergleichspersonen wahrgenommene Differenzen abzubauen.[518] Sind die kognitiven Dissonanzen so groß, dass sie durch kognitive Umbewertungen nicht ausgeglichen werden können, besteht für den Vergleichenden die Möglichkeit, sein Bezugssubjekt zu wechseln.[519]

- Auf das persönliche Umfeld gerichtete Strategien
  Durch die Zunahme oder Abnahme des eigenen Leistungsbeitrags, zum Beispiel mittels Veränderung eigener quantitativer und/oder qualitativer Arbeitsanstrengungen, durch Absentismus, aber auch durch unaufgeforderte, unbezahlte Mehrarbeit, kann der Vergleichende den eigenen Quotienten aus Input und Ertrag so verändern, dass er mit dem der Referenzperson weitgehend übereinstimmt.[520] Als geeignete Maßnahmen zur Erhöhung der eigenen Erträge kommen insbesondere Forderungen nach Gehaltsanhebungen, Verbesserung der Arbeitsbedingungen oder Aufwertung des eigenen Status bzw. Ansehens in Betracht.[521]

---

515 Vgl. Wiltz, St., a. a. O., S. 14; Evers, H., Entgeltpolitik für Führungskräfte, a. a. O., Sp. 202 f., Femppel, K., a. a. O., S. 399.

516 Vgl. Zander, E., Handbuch der Gehaltsfestsetzung, München 1990, S. 301 f. Informationen über marktgerechte Gehälter stellen zum einen Bankenverbände für die jeweilige Bankengruppe, zum anderen eine Vielzahl von Beratungsgesellschaften (wie z. B. Kienbaum, Towers & Perrin, McLagan) durch jährliche Untersuchungen zur Verfügung, vgl. Erdmann, U., a. a. O., S. 48.

517 Vgl. Festinger, L., Theorie der kognitiven Dissonanz, Bern/Stuttgart/Wien 1978, S. 15 ff.

518 Vgl. Wiltz, St., a. a. O., S. 15 f.

519 Vgl. ebenda, S. 16.

520 Vgl. ebenda.

521 Vgl. ebenda.

Es gibt Hinweise, dass Vergleichende, insbesondere bei Informationsdefiziten, dazu tendieren, Entgelte und sonstige Erträge anderer zu über- und eigene zu unterschätzen.[522] Es verbleibt bei dem Mitarbeiter in der Regel das ungute Gefühl, aufgrund fehlender Transparenz über die vorgenommene Anreizverteilung ungerecht behandelt worden zu sein bzw. mangels Vergleichsmöglichkeiten unpassende Referenzpersonen identifiziert zu haben. Innerhalb eines personell überschaubaren Bereichs ließe sich durch die Diskussion der Vorgesetzten eventuell ein (zumindest aus deren Sicht) als angemessen empfundener Verteilungsmodus festlegen; bereichs- oder geschäftsfeldübergreifend ist dies aufgrund der komplexen und zugleich unterschiedlichen Rahmenbedingungen sehr schwierig bzw. schier unmöglich.[523] Die Mitarbeiter erwarten jedoch von ihrem Arbeitgeber klare, konsistente und logische Gehalts- und Motivationsstrukturen.[524] Die bankbetriebliche Steuerung über Mitarbeiterwerte schafft somit für die Belegschaft die Chance, die erhaltenen individuellen Anreize als Ergebnis fundierter Verteilungsmechanismen einzustufen und – die Nachvollziehbarkeit dieser Mechanismen vorausgesetzt (vgl. Kap. D 1.3.2) – möglicherweise bestehende kognitive Dissonanzen abzubauen bzw. von vornherein zu vermeiden. Die Gewährung individuell abweichender Anreizhöhen verstößt dabei keineswegs gegen den Grundsatz der Gleichbehandlung, da dieser bei verschiedenen Voraussetzungen durchaus unterschiedliche Maßnahmen vorsieht, andernfalls müsste beispielsweise ein Einheitslohn gezahlt werden.[525] Nicht auszuschließen ist allerdings die Gefahr „fehlerhaft" ermittelter schlechter Ergebnisse (zu den möglichen Ursachen hierfür vgl. Kap. E 2.2.2.2) und daraus resultierender Selffulfilling Prophecys.[526] Die einmal in Personalakten abgelegten und/oder in EDV-Systemen gespeicherten Mitarbeiterwerte beginnen möglicherweise ein „Eigenleben", werden im Laufe der Zeit völlig von ihrem Entstehungszusammenhang abgekoppelt und haften schlimmstenfalls ganzen Berufslaufbahnen wie ein Etikett an.[527] Aber auch bei zu Recht vergebenen niedrigen Mitarbeiterwerten besteht die Gefahr, dass eine (vorübergehende) negative Entwicklung beschleunigt und damit unumkehrbar gemacht wird (z. B. in Form einer inneren

---

522 Vgl. ebenda, S. 15.

523 Vgl. Thönneßen, J., Entscheidung aus dem Bauch heraus, in: Personalwirtschaft 4/2001, S. 16–23, S. 20.

524 Vgl. Becker, M., Die Taube, a. a. O., S. 24.

525 Vgl. Peinelt-Jordan, K., Individualisierung: ein Schreckgespenst für Personalverantwortliche?, in: Personal 9/1997, S. 464–465, S. 465.

526 Vgl. Sönnichsen, C., a. a. O., S. 442.

527 Vgl. Breisig, Th., Personalbeurteilung – Mitarbeitergespräch – Zielvereinbarungen, Frankfurt am Main 1998, S. 195.

Kündigung).[528] Für ein zielführendes Bewertungsverfahren verlangt dieser Umstand daher ein hohes Verantwortungsbewusstsein.[529]

Die Gewerkschaften oder die Betriebsräte als Vertreter der Interessen der nicht leitenden Mitarbeiterschaft interpretieren den Menschen ebenfalls als Lohnmaximierer und versuchen deshalb eine fortgesetzte Steigerung der absoluten Lohnhöhe zu erreichen.[530] Dieses Interesse geht konform mit dem des Arbeitgebers, zu besonderer Arbeitsleistung zu motivieren, hohes Engagement zu fordern und dieses im Sinne „austeilender Gerechtigkeit“ zu fördern.[531] Schließlich sind Willkür und Zufälligkeiten absolute Blockadefaktoren in der Leistungserbringung.[532] Das im Rahmen dieser Arbeit vorgestellte System bezweckt keineswegs eine Kostenminimierung, sondern vielmehr eine transparentere und fairere Umverteilung der Mittel, was durchaus im Interesse der Arbeitnehmervertreter liegt.

Die durch das neue Steuerungssystem auch zu erreichende Identifikation von Mitarbeiterpotenzialen dient der Gewährleistung des langfristigen Unternehmenserfolgs, indem Leistungsträger gebunden werden, die auch die Arbeitsplätze der anderen Mitarbeiter sichern. Zugleich schafft das System Transparenz hinsichtlich bestehender Leistungsdefizite mancher Mitarbeiter. Aus Sicht der Arbeitnehmervertreter (aber auch der Mitarbeiter selbst) sollte die Aufdeckung personenbezogener Schwächen in erster Linie Handlungsbedarf zur individuellen Förderung aufzeigen, nicht jedoch unmittelbar auf eine Trennung von Mitarbeitern abzielen.

1.3 Anforderungen an ein zieladäquates personalwirtschaftliches Steuerungssystem

Als gemeinsame Nenner der Interessenlagen der verschiedenen Stakeholder-Gruppen lassen sich insbesondere die nachfolgenden generellen Anforderungen an ein Modell zur Steuerung des Mitarbeiterportfolios auf Basis von Mitarbeiterwerten ableiten.

---

528 Vgl. Sönnichsen, C., a. a. O., S. 442.
529 Vgl. ebenda.
530 Vgl. Staehle, W., Das Bild vom Arbeitnehmer im Wandel der Arbeitgeber-Arbeitnehmer-Beziehungen, in: ZfP 2/1992, S. 141–146, S. 141 ff.
531 Vgl. Prasch, E., a. a. O., S. 9; Huber, M., Geld allein erzeugt kein Commitment, in: Personalführung 11/2003, S. 1–3, S. 2.
532 Vgl. Ueberschaer, N., a. a. O., S. 14.

1.3.1 Abbildungsgenauigkeit versus Benutzerfreundlichkeit

Um dem Erfordernis der Homomorphie Rechnung zu tragen, werden in der Praxis Modelle oftmals so detailliert und kompliziert aufgebaut, dass deren Nutzer weder die dafür erforderlichen Daten bereitstellen noch sich mit dem Modell identifizieren können.[533] Entsprechend komplexe Systeme sind in ihrer Handhabung und vor allem in der Datenermittlung zudem mit hohen Kosten und erheblichem Zeitaufwand verbunden und vermitteln oftmals den Eindruck einer rechnerischen Scheingenauigkeit.[534]

Da in vielen ökonomischen Situationen wenige zentrale Faktoren überragende Bedeutung für den Systemmechanismus besitzen, sollte ein Modell schon aus Praktikabilitätsgründen so angelegt sein, dass es mit möglichst wenigen Faktoren eine wissenschaftlich fundierte Annäherung an die Praxis erreicht.[535] Ein System mit einfachen, robusten Modellstrukturen[536] und anpassungsfähigen Informationsverarbeitungsregeln (Algorithmen)[537] wird von allen Beteiligten – von der Unternehmensleitung über die Vorgesetzten und den Betriebsrat bis hin zu den einzelnen Mitarbeitern – leichter verstanden und besser akzeptiert, da es das Misstrauen reduziert.[538] Das Streben nach Vereinfachung der Modellstrukturen darf allerdings nicht zu „Modellplatonismus“ führen, das heißt zur Formulierung heroischer Prämissen um der Modellierung willen und damit zur Immunisierung gegen eventuell widersprechende praktische Erfahrung: Dies würde zur empirisch-wissenschaftlichen Bedeutungslosigkeit des Modells führen.[539]

---

533 Vgl. Diller, H., Planungstechniken, a. a. O., S. 6 f., Böcker, F., Modellbezogene Akzeptanzprobleme, a. a. O., S. 235.

534 Vgl. Femppel, K., a. a. O., S. 398.

535 Vgl. Böcker, F., Modellbezogene Akzeptanzprobleme, a. a. O., S. 237; Böcker, F., Quantitative Marketing-Modelle, a. a. O., S. 357; Mazanec, J., Das Konzept des „Decision Calculus“ – Fortschrittsfähiger Ansatz der Modellkonstruktion oder Immunisierungsstrategie?, in: WiSt 7/1975, S. 317–324, S. 318.

536 Die Robustheit eines Modells erlaubt es, auch bei ungewöhnlichen Datenkonstellationen zu Modellergebnissen zu gelangen, die noch sinnvoll interpretierbar sind, vgl. Krautter, J., Zum gegenwärtigen Stand, a. a. O., S. 737; Böcker, F., Modellbezogene Akzeptanzprobleme, a. a. O., S. 232 f.; Diller, H., Planungstechniken, a. a. O., S. 7.

537 Vgl. Diller, H., Planungstechniken, a. a. O., S. 7.

538 Vgl. Femppel, K., a. a. O., S. 398; Klein, M., Rating von Asset-Management-Gesellschaften, in: ZfgK 16–17/2001, S. 80–82, S. 80; Olesch, G., Variable Entgeltsysteme für unterschiedliche Mitarbeitergruppen, in: Personal 2/1998, S. 70–75, S. 74.

539 Vgl. Mazanec, J., a. a. O., S. 318.

1.3.2 Nachvollziehbarkeit des Modelldesigns

Zur Festlegung des Ausmaßes, in dem die Stakeholder die Ermittlung von Mitarbeiterwerten rekonstruieren sollen, eignet sich die Orientierung an den folgenden drei Transparenzabstufungen:

- „Überprüfbar" ist eine Information, wenn alle verarbeiteten Einzelinformationen, ihre Quellen und die angewandten Verarbeitungsverfahren und -schritte identifiziert werden können und wenn der Empfänger die Ergebnisse demzufolge „nachrechnen" kann.
- Ergebnisse von Informationsprozessen sind dann „nachvollziehbar", wenn sie den durch Erfahrung geprägten Vorstellungen des Empfängers entsprechen.
- „Unerklärliche" Informationen sind dadurch gekennzeichnet, dass es für den Informationsempfänger in keiner Weise erkennbar ist, wie das Ergebnis zustande gekommen und ob es inhaltlich korrekt ist.[540]

Eine Überprüfbarkeit der errechneten Mitarbeiterwerte durch jeden einzelnen Mitarbeiter würde bedeuten, dass das Management bzw. die Personalabteilung die Belegschaft umfassend über das – komplexe – Bewertungsverfahren informiert.[541] Als nachteilig erweist sich dabei sicherlich die dann entstehende innerbetriebliche Diskussion der Belegschaft über einzelne Komponenten des Systems oder Verknüpfungen von Kriterien, wobei es letztlich kein richtiges oder falsches System, sondern nur ein im Verhältnis zu anderen Systemen als zweckmäßiger erachtetes Steuerungsinstrument gibt.[542] Jede Festlegung der Parameter, der Gewichtung und der Verknüpfungsverfahren erfolgt auf subjektiver Grundlage, nicht zuletzt auch mit dem Ziel, durch eine signifikante Reduktion der Komplexität den Bewertungsvorgang EDV-gestützt vornehmen zu können.[543] Selbst Bewertungsverfahren, die auf einer statistischen Erhebung basieren oder die mittels (sich selbst organisierender) neuronaler Netze (vgl. Kap. F 1.2.2) arbeiten, kommen ohne qualitative und damit letztlich subjektive Einflussnahme, zum Beispiel in Gestalt des Lehrers oder Experten, nicht aus.[544] Eine völlige Transparenz des Systems würde auch dazu führen, dass die jeweiligen Vorgesetzten als Systemnutzer – in Kenntnis der verwendeten

---

540 Vgl. Sönnichsen, C., a. a. O., S. 440.

541 Vgl. ebenda.

542 Zu den rechtlichen Erfordernissen der Einbeziehung des Betriebsrats in die Entwicklung des Steuerungsmodells vgl. Kap. D 2.2.

543 Vgl. Everling, O., Credit Rating durch internationale Agenturen, Wiesbaden 1991, S. 126 f.

544 Vgl. vertiefend Rehkugler, H./Zimmermann, H. G., Neuronale Netze in der Ökonomie, München 1994.

Algorithmen – relativ leicht Implikationen der von ihnen bereitgestellten Informationen für die Mitarbeiterwertermittlung ihrer Abteilung erkennen könnten und möglicherweise Verfälschungen vornehmen.[545] Vorgesetzte könnten beispielsweise versuchen, durch die übertrieben gute Darstellung der mitarbeiterwertrelevanten Ausprägungen (z. B. der Leistungsbeurteilung oder des Mitarbeiterpotenzials) höhere Bonuszahlungen für bestimmte Mitarbeiter zu erreichen bzw. drohende Bonuspoolkürzungen zu kompensieren.[546] Ein solches Verhalten ist zwar anderen Mitarbeitern oder Abteilungen gegenüber nicht gerecht, erspart aber Ärger mit dem einzelnen Mitarbeiter, Diskussionen und Rechtfertigungen.[547]

Als Anforderung an das zu entwickelnde Steuerungssystem wird daher in der vorliegenden Arbeit explizit nicht die Überprüfbarkeit, sondern „nur" die Nachvollziehbarkeit der einbezogenen Kriterien sowie der zugehörigen Verknüpfungs- und Verteilungsmechanismen verlangt.[548] Die für die Steuerung des Mitarbeiterportfolios verantwortliche Instanz sollte auf Nachfrage autorisierter Personenkreise (wie z. B. Betriebsrat, Revision etc.) durchaus die Richtigkeit bzw. Zweckmäßigkeit der Modellparameter (d. h. die Auswahl der gewählten Kriterien sowie deren Gewichtung und Verknüpfung) erläutern können. Die Sicherstellung einer im Sinne von Transparenz definierten Nachvollziehbarkeit des Verteilungssystems von Anreizen bietet den Vorteil, dass die Mitarbeiterschaft die von der Unternehmensleitung festgelegten strategischen Schwerpunkte und deren Gewichtungen kennt und das eigene Handeln darauf ausrichten kann. Die Nachvollziehbarkeit und damit Akzeptanz personalwirtschaftlicher Steuerungssysteme seitens der Mitarbeiter sorgen dafür, dass diese nicht das Gefühl haben, es sei dem Ermessen des jeweiligen Vorgesetzten überlassen, in welche Mitarbeiter das Unternehmen in welchem Maße investiert (in Form von Vergütung, Seminaren etc.).[549] Dennoch lässt sich in der einzelfallbezogenen Anwendung des Steuerungsmodells aufgrund von möglichen und nie auszuschließenden Beurteilungsfehlern (vgl. Kap. E 2.2.2.2) die verständliche

---

545 Vgl. Serfling, K./Pries, A., Möglichkeiten und Grenzen des Rating, in: Die Bank 7/1990, S. 381–384, S. 383.

546 Vgl. Sommerhoff, B., a. a. O., S. 34.

547 Vgl. ebenda, S. 42.

548 Vgl. Femppel, K., a. a. O., S. 398 f.; Worrach, C., a. a. O., S. 67. Das Institute of International Finance sieht als eine Ursache der Finanzmarktkrise missglückte Anreizstrukturen und schlägt zur Erhöhung der Transparenz ebenfalls vor, die zugrunde liegenden Prinzipien und Prozesse der variablen Vergütung (nicht aber die genaue Höhe der Zahlungen) zu veröffentlichen, vgl. o. V., Vergütungen sollen auf den Prüfstand, in: Börsen-Zeitung vom 10.04.2008, S. 5.

549 Vgl. Femppel, K., a. a. O., S. 398.

Forderung nach sachlicher, unvoreingenommener Beurteilung von Mitarbeitern nur schwerlich erfüllen.[550]

Da sich die subjektiven Momente nicht vermeiden lassen, ist für die Sicherung der Qualität des verwendeten Modells (vgl. Kap. F 3) neben der persönlichen und fachlichen Qualifikation der Systemnutzer auch die strikte Einhaltung eines Kontrollsystems von elementarer Bedeutung („Vieraugenprinzip“).[551]

1.3.3 Vergleichbarkeit der Mitarbeiterwerte versus Flexibilität des Systems

Nur Analysen, die unter Verwendung gleicher Kriterien, Mess- und Auswertungsverfahren erstellt werden, können zum Vergleich mehrerer Mitarbeiter herangezogen werden.[552] Mit „Vergleichbarkeit“ ist eine Eigenschaft der zu ermittelnden Mitarbeiterwerte angesprochen, die in zwei unterschiedlichen Dimensionen zu betrachten ist.

Als vergleichbar können Mitarbeiterwerte zum einen dann bezeichnet werden, wenn zu einem gegebenen Zeitpunkt die gleiche Einstufung unterschiedlicher Mitarbeiter die gleiche Mitarbeitereinschätzung seitens des Arbeitgebers signalisiert („horizontale“ Dimension der Vergleichbarkeit von Mitarbeiterwerten).[553] Voraussetzung für diese statische Betrachtung sind konzernweit einheitlich festgelegte Maßstäbe zur Beurteilung des Werts von Mitarbeitern, um tatsächlich auch alle Mitarbeiter des Personalportfolios (vgl. Kap. B 2.2) im In- und Ausland im Rahmen der Personalsteuerung berücksichtigen zu können.

Die „vertikale“ Vergleichbarkeit als zweite Dimension betrifft die Kontinuität des Verfahrens, wobei hierunter die Vergleichbarkeit der Modellanwendung im Zeitablauf zu verstehen ist (dynamische Sichtweise).[554] Diesbezüglich besteht allerdings ein Interessenkonflikt, da das System die inhaltliche Flexibilität bieten muss, die verwendeten Modellstrukturen den (als Folge des Wandels des Umfelds und der Unternehmensentwicklung) sich ändernden Anforderungen zeitnah anpassen zu können (Adaptivität[555]).[556] Jedoch auch wenn der Mit-

---

550 Vgl. ebenda, S. 399; Hirsch, U., Rating ist objektiv subjektiv, in: Büschgen, H. E./ Everling, O. (Hrsg.), Handbuch Rating, Wiesbaden 1996, S. 657–672, S. 662; Neysmith, B. I./Fraser, D. R./Groth, J. C., Bond Ratings in the United States and in Canada, in: Atlanta Economic Review 6/1978, S. 34–38, S. 35.

551 Vgl. Gögel, S./Kulartz, H. J., Qualitative Anforderungen an Ratingsysteme durch das Baseler Papier, in: BI 1/2000, S. 65–71, S. 70.

552 Vgl. Klein, M., a. a. O., S. 80.

553 Vgl. sinngemäß Everling, O., Credit Rating, a. a. O., S. 303.

554 Vgl. Gaugler, E., Erfolgsbeteiligung, a. a. O., Sp. 801.

555 Vgl. Mazanec, J., a. a. O., S. 318.

arbeiterwert und die zugehörigen Berechnungsgrundlagen keiner Veränderung unterliegen, kann die mit dieser Kenngröße signalisierte Wertschätzung im Zeitablauf eine andere sein.[557] Bei einer Aufgabe der Kontinuität der Beurteilung, zum Beispiel durch die gleichmäßige „Inflation" aller Einschätzungen, ändert sich in der Konsequenz allerdings nichts an den jeweils ermittelten Anreizanteilen für die einzelnen Mitarbeiter, da der relative Abstand zu den anderen Mitarbeitern konstant bleibt.[558]

1.3.4 Motivierende Wirkung bei gleichzeitiger Kostenneutralität

Eine mit einem personalwirtschaftlichen Steuerungssystem angestrebte Erhöhung der Motivation durch Anreizverteilungen, die dem Mitarbeiterwert entsprechen[559], kann nur eintreten, wenn erstens die dem Mitarbeiter vorgegebenen Ziele realistisch erreichbar sind und zweitens der Zielerreichungsgrad tatsächlich vom Mitarbeiter selbst und seiner individuellen Leistung beeinflussbar ist (vgl. Kap. E 2.2.1).[560] Der Wert eines Mitarbeiters hängt aus Unternehmenssicht allerdings auch von Faktoren ab, die vom Mitarbeiter nicht zu beeinflussen sind (z. B. funktionsbezogene oder unternehmensbezogene Aspekte). Die Einbeziehung solcher Faktoren kann auf der einen Seite zwar die Akzeptanz des Systems seitens der Mitarbeiter einschränken, auf der anderen Seite aber auch gerade steigern, da ein Mitarbeiter insbesondere bei einer höheren Erwartung an seinen Index die vorgenommene niedrigere Wertung eben nicht zu persönlich nimmt.

Variable, leistungsabhängige Vergütungskonzepte sollten einen unmittelbaren Zusammenhang zwischen dem Wohlergehen des Unternehmens und dem finanziellen Wohlergehen der Mitarbeiter herstellen, das heißt, bei herausragenden Ergebnissen müssen herausragende Vergütungsanteile ausgeschüttet werden.[561] Höhere Zahlungen an Schlüsselpersonen (z. B. Aktienhändler, auf die ein überdurchschnittlich hoher Ertragsanteil entfällt) könnten dann berechtigt erscheinen, wenn die Marktposition der Bank in

---

[556] Vgl. Hentze, J./Kammel, A., Ansatzpunkte für eine Flexibilisierung der Führungskräfteentlohnung, in: ZfP 1/1988, S. 41–56, S. 41 ff.; Olesch, G., a. a. O., S. 74; Knebel, H./Malleskat, W., Zukunftsfähige Vergütungssysteme, in: Personal 12/1998, S. 609–611, S. 609.

[557] Vgl. sinngemäß Everling, O., Credit Rating, a. a. O., S. 301.

[558] Vgl. Neysmith, B. I./Fraser, D. R./Groth, J. C., a. a. O., S. 34.

[559] Vgl. Siegel, B./Degener, R., Leistungs- und ertragsorientierte Entlohnungssysteme, in: ZfgK 12/1988, S. 532–536, S. 532; Rosenstiel, L. von, Willenspsychologie – der steinige Weg zum Ziel, in: Die Bank 1/2000, S. 38–41, S. 40.

[560] Vgl. Femppel, K., a. a. O., S. 397 f.; Becker, M., Die Taube, a. a. O., S. 25.

[561] Vgl. Knebel, H./Malleskat, W., a. a. O., S. 609.

entscheidendem Maße ausgebaut wird und das Gesamtergebnis nachhaltig steigt (was sich positiv auf den Mitarbeiterwert auswirkt).[562] Im Wettbewerb um die besten Spezialisten stehen die Banken allerdings vor einem Dilemma: Einerseits müssen attraktive Vergütungssysteme zum Einsatz kommen, um am internationalen Arbeitsmarkt qualifiziertes Personal finden und halten zu können.[563] Andererseits sollen Boni eine übermäßige Risikobereitschaft nicht zusätzlich fördern.[564] Insofern scheint die Prämisse der reinen Umverteilung der zur Verfügung stehenden Mittel im Sinne eines Nullsummenspiels ein geeignetes Regulativ zur Wahrung der Kostenneutralität und gleichzeitigen Risikobegrenzung zu sein.

2 Rahmenbedingungen für den Einsatz von Totalmodellen zur Steuerung des Mitarbeiterportfolios im Investmentbanking

2.1 Unternehmenskultur als Handlungsrahmen

Die Unternehmenskultur erfüllt eine Reihe wichtiger Funktionen: Sie schafft ein gemeinsames Bezugssystem, beeinflusst Erwartungen, reduziert Komplexität und Unsicherheit, lenkt und legitimiert Handlungen und erzeugt letztlich ein Wirgefühl.[565] Unternehmenskulturen verstärken die Einbindung der Organisationsmitglieder, fördern deren Identifikation mit dem Unternehmen und erhöhen die Leistungsmotivation.[566] Die Sicherstellung der Vereinbarkeit von Unternehmenskultur und einem ganzheitlichen personalwirtschaftlichen Steuerungsmodell ist für dessen späteren Erfolg unabdingbar.[567]

Selbstverständlich lässt sich die Kultur eines Unternehmens nicht mit wenigen Schlagwörtern treffend und umfassend charakterisieren. Dennoch sollen zur Veranschaulichung der Bedeutung der Unternehmenskultur für das Anreizsystem zwei konträre modellhafte Grundtypen dargestellt und anschließend für beide eine jeweils stimmige Anreizstruktur kurz aufgezeigt

---

562 Vgl. Erdmann, U., a. a. O., S. 50.

563 Vgl. Schätzle, R. J., Ohne Boni geht es künftig nicht!, in: Bankmagazin 9/1995, S. 22–23, S. 22.

564 Vgl. ebenda.

565 Vgl. Köpf, G., Unternehmenskultur in Kreditinstituten, in: bank und markt 9/1994, S. 27–32, S. 30.

566 Vgl. ebenda.

567 Vgl. Schmeer, B., Leistungsabhängige Vergütung bei unterschiedlichen Unternehmenskulturen, in: Personalführung 10/1995, S. 832–835, S. 832; Worrach, C., a. a. O., S. 67.

werden.[568] Als Erstes sei die **konservativ-bürokratische** Unternehmenskultur genannt. Deren wesentliche Merkmale sind:

- tief gestaffelte Hierarchien und Aufgabenverteilung;
- das Fehlen von Fachlaufbahnen neben der Führungslaufbahn;
- deutliche und betonte Schnittstellen zwischen den Abteilungen/Bereichen;
- Risikovermeidung anstelle Risikoübernahme;
- die Fokussierung auf die reine Erfüllung der zugewiesenen Aufgaben seitens der Mitarbeiter.[569]

Die **dynamische** Unternehmenskultur als zweiter Typus ist demgegenüber dadurch gekennzeichnet, dass

- Hierarchien so weit wie sinnvoll und möglich abgebaut sind und die Delegierung von Kompetenzen tatsächlich erfolgt ist;
- der Projektorganisation eine höhere Bedeutung zukommt als der herkömmlichen Strukturorganisation;
- Fach- und Führungslaufbahnen gleichwertig nebeneinanderstehen;
- die für das Unternehmen wichtigen Mitarbeitermerkmale, die eine hohe Vorhersagegenauigkeit für gute Leistungen in einem bestimmten Aufgabengebiet erlauben (z. B. bestimmte Fachkenntnisse, Charakterzüge), analysiert und gefördert werden.[570]

Wie unterschiedlich beispielsweise das Vergütungssystem je nach vorherrschender Unternehmenskultur ausgestaltet sein kann, zeigt exemplarisch Abbildung 11 sowohl für die konservativ-bürokratische als auch für die dynamische Variante.

---

568 Vgl. Schmeer, B., Leistungsabhängige Vergütung, a. a. O., S. 833.
569 Vgl. ebenda, S. 834.
570 Vgl. ebenda, S. 833 ff.; Conrad, P./Manke, G., a. a. O., S. 57.

	konservativ-bürokratisch	dynamisch
Bedeutung von: • Funktion/Stelle • Leistungsergebnis • Kompetenz	 hoch gering fehlt	 mittel hoch hoch
Aufgabe des Vergütungssystems	Gewinnen und Halten von sicherheitsorientierten Mitarbeitern	Fördern ständiger individueller Weiterentwicklung
Grundpfeiler der Vergütungssystems	interne Gerechtigkeit, geplante Gehaltsentwicklung	Fördern höchstmöglicher Flexibilität der Organisation
Ziellage der Grundgehälter im Vergleich zum Markt	möglichst auf Marktdurchschnitt	auf oder leicht über dem Niveau des ersten Quartils
variable Vergütung	keine	basiert auf Mix aus individuellem Projekt-, Bereichs- und Unternehmensergebnis
Höhe des Zielbonus	0 %	ca. 20 bis 25 % vom Grundgehalt
Ziellage des gesamten Geldeinkommens	nicht relevant wegen fehlender leistungsbezogener variabler Vergütung	nicht definiert, je nach Situation klar unter bzw. deutlich über dem Durchschnitt

Abb. 11 Gehaltssystem in Abhängigkeit von der Unternehmenskultur[571]

Die Kultur einer Investmentbank wird natürlich durch die Charakteristika ihres Geschäftsfelds beeinflusst, dennoch unterscheiden sich die einzelnen Institute unter anderem durch den Umgangsstil und Arbeitseinsatz.[572] Aber jede Bank verfügt möglicherweise selbst wieder über voneinander abweichende Subkulturen[573], etwa dann, wenn eine Verzahnung des Investmentbankings mit der Firmenkundenbetreuung (sog. Geschäftsfeld „Corporates & Markets") vorherrscht. Aufgrund der erforderlichen sorgfältigen Analyse- und Votierungsaufgaben sind Mitarbeiter im Firmenkundengeschäft tendenziell eher konservativ-bürokratisch geprägt.[574] Dagegen verlangt das schnelllebige Investmentbanking ein Wertesystem, das eine gewisse Dynamik und Individualität der Mitarbeiter (vgl. Kap. D 1.2) betont und – zumindest in einem gewissen

571 Vgl. Schmeer, B., Leistungsabhängige Vergütung, a. a. O., S. 834.
572 Vgl. Achleitner, A.-K., a. a. O., S. 78.
573 Vgl. Köpf, G., a. a. O., S. 29.
574 Vgl. Breuer, R., Investmentbanking als Zukunft, a. a. O., S. 65.

Rahmen – die Bereitschaft zur Risikoübernahme fördert.[575] Personalwirtschaftliche Steuerungssysteme müssen den unterschiedlichen Unternehmens- und Wertekulturen – auch innerhalb eines Unternehmens – Rechnung tragen: Gegebenenfalls sollten daher für die einzelnen Unternehmensbereiche (z. B. für das Investmentbanking getrennt vom Privatkundengeschäft) „kulturadäquate“ Vergütungssystematiken mit den Betroffenen vereinbart werden.[576]

Höchstleistungen im Investmentbanking können nur in Unternehmensstrukturen erbracht werden, die die Mitarbeiter motivieren, effizienter, leistungsfähiger und schneller gegenüber (internen) Kunden und Wettbewerbern zu agieren.[577] Eine „Performancekultur“ bringt dabei neue „Spielregeln“ und Verhaltensnormen, ein neues Leistungsdenken und neue Führungskräfteprofile sowie das Klima für Leistung und Anerkennung hervor, um ein gemeinsames Leistungsverständnis zu erzeugen.[578] Leistung muss daher im Wertesystem des Unternehmens einen hohen Stellenwert haben und vor allem vorgelebt werden.[579] Verstärkte Leistungsorientierung als ein Element der Unternehmenskultur wird allerdings nicht ohne Änderung der Rolle der Vorgesetzten und deren Verhaltens möglich sein.[580] Insbesondere für die eher konservativen deutschen Universalbanken als Anbieter auch von Investmentbanking-Dienstleistungen ist dies eine besondere Herausforderung: Sie müssen eine neue Kultur etablieren, in der Ergebnisorientierung, klare Führung und der Mut zum Risiko akzeptierte Werte sind[581] – und dies in einer Zeit, in der unkontrolliert riskante Geschäfte eine weltweite Krise der Finanzwirtschaft verursachten.

2.2 Tarifvertragliche und arbeitsrechtliche Rahmenbedingungen

Unterschiedliche rechtliche Rahmenbedingungen in den jeweiligen Ländern determinieren die Entwicklung und (globale) Einführung von Modellen zur Steuerung des Personalportfolios auf Basis von Mitarbeiterwerten. Mit Blick auf den deutschen Investmentbankingmarkt sind dabei insbesondere tarifvertragliche Regelungen sowie Vorschriften des Betriebsverfassungsgesetzes (BetrVG) und Sprecherausschussgesetzes (SprAuG) zu beachten. Die wichtigsten dieser Regelungen werden – aufgrund der Komplexität der

---

575 Vgl. Klingebiel, N., a. a. O., S. 7 f.; Breuer, R., Investmentbanking als Zukunft, a. a. O., S. 65.
576 Vgl. Knebel, H./Malleskat, W., a. a. O., S. 609.
577 Vgl. Schust, G. H., a. a. O., S. 66.
578 Vgl. ebenda.
579 Vgl. Schwarz, W., a. a. O., S. 158.
580 Vgl. ebenda.
581 Vgl. Breuer, R., Investmentbanking als Zukunft, a. a. O., S. 65.

rechtlichen Thematik allerdings ohne Anspruch auf vollständige Nennung und abschließende Behandlung sämtlicher einschlägiger Normen – im Folgenden erläutert.

Im Kreditgewerbe gelten für die einzelnen Institutsgruppen getrennte Tarifverträge, die sich – abgesehen von denen der Sparkassen – nicht wesentlich voneinander unterscheiden.[582] Für die Entlohnung sind insbesondere der Manteltarifvertrag, in dem unter anderem die Tarifeingruppierung und monatlichen Mindestgehälter festgelegt sind, und der Gehaltstarifvertrag, der die jährlich neu zu verhandelnden Tarifgehälter enthält, maßgebend.[583] Die Festvergütung ist – anders als außertarifliche Gehälter – somit entsprechend den mit einer Aufgabe verbundenen Anforderungen tariflich festgeschrieben und kann nicht selbst Bestandteil eines Verteilungsmechanismus auf Basis von Mitarbeiterwerten sein – dies gilt jedoch nicht für eine möglicherweise auch an Tarifangestellte im Investmentbanking ausgezahlte Leistungskomponente.[584]

Während sich Tarifverträge auf eine Bankengruppe beziehen, besteht für das einzelne Kreditinstitut die Möglichkeit, spezielle Themenfelder in gesonderten Betriebsvereinbarungen zwischen der Bankführung und den Arbeitnehmervertretungen zu regeln.[585] Doch bevor es zu einer solchen Übereinkunft kommt, ist der Arbeitgeber gemäß § 80 Abs. 2 BetrVG verpflichtet, den Betriebsrat von sich aus rechtzeitig und umfassend über alle Bestandteile eines geplanten Beurteilungssystems zu unterrichten, sodass dieser auf die inhaltliche Gestaltung des Systems tatsächlich Einfluss nehmen kann.[586]

Über ein für die Entwicklung eines mitarbeiterwertorientierten Steuerungsmodells wesentliches Mitbestimmungsrecht verfügt der Betriebsrat gemäß § 94 Abs. 2 BetrVG im Zusammenhang mit der Aufstellung allgemeiner Beurteilungsgrundsätze.[587] Der herrschenden juristischen Meinung zufolge gelten als allgemeine Beurteilungsgrundsätze alle Regeln, Richtlinien oder

---

582 Vgl. Erdmann, U., a. a. O., S. 83.

583 Vgl. ebenda.

584 Zu der Bedeutung von anreizwirksamen Vergütungssystemen auch im Tarifbereich vgl. vertiefend Evers, H., Vergütung als Anreiz- und Steuerungsinstrument, in: consult 7/2002, S. 12–13, S. 13.

585 Vgl. Erdmann, U., a. a. O., S. 84. Im Einzelnen gibt es zwei Gruppen von Arbeitnehmervertretungen, nämlich den Betriebsrat (im öffentlichen Dienst: Personalrat) und den Sprecherausschuss für leitende Angestellte (nicht im öffentlichen Dienst). Aufgrund der im Investmentbankinggeschäft vorherrschenden Dominanz der marktführenden privatwirtschaftlichen Banken konzentrieren sich die nachfolgenden Überlegungen auf die Gremienvertreter dieser Institutsgruppe.

586 Vgl. Breisig, Th., Personalbeurteilung, a. a. O., S. 203.

587 Das Mitbestimmungsrecht bezieht sich nicht auf die Beurteilung im Einzelfall, vgl. Schaub, G., Arbeitsrechts-Handbuch, München 2000, S. 531.

Systeme zur fachlichen oder persönlichen Bewertung neu einzustellender Bewerber oder bereits beschäftigter Mitarbeiter.[588] Nach § 94 Abs. 2 BetrVG hat der Betriebsrat unter anderem mitzubestimmen über:

- die Beurteilungs- und Bewertungsmethoden sowie -maßstäbe (beispielsweise die Ausgestaltung von Beurteilungsskalen, vgl. Kap. E 1);
- die einzelnen Beurteilungskriterien, einschließlich eventueller Gewichtungen;
- Fragen der Durchführung und Gestaltung von Beurteilungs- oder Zielvereinbarungsgesprächen;
- Verfahrensfragen (etwa Festlegung des Beurteilungsbogens, zeitlicher Abstand der Beurteilungen, besondere Beurteilungsanlässe);
- Fragen der Auswertung der Beurteilungen;
- die Aufbewahrung der Beurteilungsunterlagen (wie z. B. die Dauer der Ablage in der Personalakte);
- Rechte der betroffenen Mitarbeiter (z. B. Einspruchs- und Beschwerdemöglichkeiten);
- Konfliktlösungsmechanismen bei Streit über konkrete Beurteilungen (z. B. Bildung eines paritätisch besetzten Ausschusses).[589]

Grenzen der Einflussnahme ergeben sich beispielsweise daraus, dass § 94 Abs. 2 BetrVG dem Betriebsrat kein Mitbestimmungsrecht bei den einzelnen Beurteilungsvorgängen zubilligt.[590] Das Mitbestimmungsrecht ist beschränkt auf die „Infrastruktur" des Personalbeurteilungssystems bzw. – zeitlich ausgedrückt – auf die den eigentlichen Beurteilungsvorgängen vorangehenden Aktivitäten.[591] Auch wenn es sich bei dem zu entwickelnden Steuerungsmodell auf Basis von Mitarbeiterwerten nicht zwangsläufig um ein neues Beurteilungssystem handelt, findet doch zumindest eine Verknüpfung teilweise vorhandener, aufeinander aufbauender Komponenten statt.[592] Der Betriebsrat ist daher zweifelsohne entsprechend den gesetzlichen Vorschriften zu informieren.

---

[588] Vgl. z. B. Fitting, K. et al., Betriebsverfassungsgesetz. Handkommentar, 22. Auflage, München 2004, RN 28–32 zu § 94 BetrVG; Bredehorn, D., Flexibilisierung von Fixvergütungen, in: Personalwirtschaft 6/2003, S. 72–74, S. 73.

[589] Vgl. Bredehorn, D., a. a. O., S. 74; Jedzig, J., Einführung standardisierter Verfahren zur Leistungsbeurteilung von Arbeitnehmern, in: DB 14/1991, S. 753–758, S. 754 f.; Breisig, Th., Personalbeurteilung, a. a. O., S. 207 f.

[590] Vgl. Schaub, G., a. a. O., S. 531; Breisig, Th., Personalbeurteilung, a. a. O., S. 210.

[591] Vgl. Breisig, Th., Personalbeurteilung, a. a. O., S. 210.

[592] Vgl. ebenda, S. 207.

Die geplante Verknüpfung eines mitarbeiterwertbezogenen Steuerungsansatzes mit Entlohnungsaspekten weist ebenfalls eine hohe Gremienrelevanz auf. Nach § 87 Abs. 1 Nr. 10 BetrVG hat der Betriebsrat, soweit eine gesetzliche oder tarifliche Regelung nicht besteht, in Fragen der betrieblichen Lohngestaltung, insbesondere bei der Aufstellung von Entlohnungsgrundsätzen und der Einführung und Anwendung von neuen Entlohnungsmethoden sowie deren Änderung, mitzubestimmen. Dieses Mitbestimmungsrecht des Betriebsrats soll die Arbeitnehmer vor einer einseitig an den Interessen des Unternehmens orientierten Lohngestaltung schützen und somit die innerbetriebliche Lohngerechtigkeit gewährleisten.[593] Über die Änderung der Gehaltsgestaltung[594] und sonstiger allgemeiner Arbeitsbedingungen hat der Arbeitgeber den Sprecherausschuss (ebenso wie über die Einführung oder Änderung allgemeiner Beurteilungsgrundsätze) gemäß § 30 Abs. 1 Nr. 1 und 2 SprAuG lediglich rechtzeitig zu unterrichten.

Abgesehen von den genannten Normen des Betriebsverfassungsrechts, aus denen sich Mitbestimmungs- bzw. Informationsrechte des Betriebsrats im Zusammenhang mit der Konzeption von Beurteilungssystemen ergeben, greifen nach § 92 BetrVG Informations- und Beratungsrechte bei der Verwendung der Beurteilungsdaten.[595] Besonders naheliegend und verbreitet ist die Verwendung von Beurteilungsdaten im Rahmen der

- Personalbedarfsplanung, nach der festgelegt wird, wie viele Arbeitskräfte mit welchen Qualifikationen zu einem bestimmten Zeitpunkt für eine bestimmte Dauer an einem bestimmten Ort zur Verfügung stehen müssen;
- (internen) Personalbeschaffung, bei der es um die rechtzeitige Bereitstellung der mithilfe der Personalbedarfsplanung ermittelten Anzahl von Arbeitnehmern geht, die über eine den Arbeitsplatzanforderungen entsprechende Qualifikation verfügen;

---

593 Vgl. Renner, G., Zeitgemäße Vergütungssysteme: Anmerkungen aus Sicht der Gewerkschaft, in: bank und markt 9/1995, S. 35–40, S. 38. Die Mitbestimmung bei der betrieblichen Gehaltsfindung erstreckt sich nur auf die Strukturformen des Entgelts durch die Festlegung kollektiver Grundsätze, nicht dagegen auf die absolute Gehaltshöhe.

594 Der Begriff „Gehalt“ umfasst nicht nur das Grundgehalt, sondern auch alle sonstigen Teile des Arbeitsentgelts, wie Bonuszahlungen oder Sondervergütungen. Die Fragen der Gehaltsgestaltung beziehen sich auf alle Grundsätze eines bestehenden Vergütungssystems, wie z. B. die Bildung von Gehaltsgruppen und -bändern oder allgemeine Bewertungs- und Zuordnungsregelungen, vgl. Borgwardt, J./Fischer, A./ Janert, W.-R., Sprecherausschußgesetz für leitende Angestellte, 2. Aufl., Wiesbaden 1990, S. 130.

595 Vgl. Breisig, Th., Personalbeurteilung, a. a. O., S. 204.

- Personaleinsatzplanung, die die bestmögliche Eingliederung der verfügbaren Arbeitskräfte in die (bank)betrieblichen Prozesse der Leistungserstellung zum Gegenstand hat („die richtige Frau/der richtige Mann am richtigen Platz“);
- Personalentwicklungsplanung, in deren Mittelpunkt die Anpassung der Qualifikation der Mitarbeiter an die vom Unternehmen gestellten Arbeitsplatzanforderungen steht (vgl. Kap. F 2.1.3);
- Personalabbauplanung (vgl. Kap. F 2.1.5).[596]

Will der Arbeitgeber Beurteilungsdaten in ein EDV-System einspeisen, hat der Betriebsrat ein Mitbestimmungsrecht nach § 87 Abs. 1 Nr. 6 BetrVG.[597] Dieses Mitbestimmungsrecht besteht deshalb, weil es sich um eine technische Einrichtung handelt, mit der das Verhalten oder die Leistung von Beschäftigten kontrolliert werden können und die Persönlichkeitssphäre der Arbeitnehmer geschützt werden soll.[598]

Zum Schutz seiner Person hat nach § 83 Abs. 1 BetrVG jeder Mitarbeiter das Recht, Einsicht in die eigene Personalakte zu nehmen und dabei ein Mitglied des Betriebsrats hinzuzuziehen.[599] Unter den Begriff „Personalakte“ fallen dabei selbstverständlich auch in elektronischen Datenbanken abgespeicherte Personal- und Beurteilungsdaten.[600] Fühlt sich der Mitarbeiter ungerecht behandelt, kann er eine Gegendarstellung verfassen, die der Arbeitgeber auf Verlangen der Personalakte beifügen muss (§ 83 Abs. 2 BetrVG).[601] Auch hat er einen Rechtsanspruch auf Entfernung unrichtiger Angaben in den Personalakten, der notfalls auf dem Klageweg durchgesetzt werden kann.[602]

Ganz abgesehen von den genannten Mitbestimmungs- bzw. Informations- und Beratungsrechten des Betriebsrats signalisiert die „freiwillige Einbindung“ zu Beginn des Projekts eine andere Form der Unternehmenskultur als die durch den Gesetzgeber „zwingend vorgeschriebene“ Hinzuziehung am Ende des Projekts.[603] Durch die frühe Einbindung des Betriebsrats können unterschiedliche Standpunkte integriert und damit langfristige Abstimmungs-

---

596 Vgl. ebenda, S. 204 f.
597 Vgl. ebenda, S. 211.
598 Vgl. ebenda.
599 Vgl. ebenda, S. 224; Fitting, K. et al., a. a. O., RN 10–13 zu § 83 BetrVG.
600 Vgl. Breisig, Th., Personalbeurteilung, a. a. O., S. 224; Fitting, K. et al., a. a. O., RN 3 zu § 83 BetrVG.
601 Vgl. Breisig, Th., Personalbeurteilung, a. a. O., S. 224.
602 Vgl. ebenda.
603 Vgl. Hornstein, E. von/Rosenstiel, L. von, Ziele vereinbaren – Leistung bewerten, München 2000, S. 160.

prozeduren und Grabenkämpfe zwischen Geschäftsleitung und Arbeitnehmervertretung vermieden werden.[604]

Mit Blick auf die Festlegung der in die Mitarbeiterwertermittlung einzubeziehenden Kriterien resultieren in Deutschland Einschränkungen insbesondere aus dem Allgemeinen Gleichbehandlungsgesetz (AGG). Dieses in Deutschland am 18. August 2006 in Kraft getretene Gesetz hat zum Ziel, „Benachteiligungen aus Gründen der Rasse oder wegen der ethnischen Herkunft, des Geschlechts, der Religion oder Weltanschauung, einer Behinderung, des Alters oder der sexuellen Identität zu verhindern oder zu beseitigen" (§ 1 AGG).[605] Der Anwendungsbereich des Benachteiligungsverbots bezieht sich gemäß § 2 AGG unter anderem auf Auswahlkriterien und Einstellungsbedingungen, Beförderungen, Arbeitsentgelt, berufliche Weiterbildung und Entlassungsbedingungen (neben dem vorrangig geltenden Kündigungsschutz). Dem Gedanken der Gleichbehandlung kommt für eine global operierende Investmentbank hohe Bedeutung zu. Da sich das Instrumentarium zur Steuerung des Mitarbeiterportfolios schließlich auf die gesamte Mitarbeiterschaft weltweit beziehen soll, ist es erforderlich, auch die in den jeweils anderen Ländern, wie etwa den USA, geltenden gesetzlichen Regelungen zur Verhinderung jeglicher Diskriminierung zu beachten.

Ob und inwieweit sich ein aktuelles Bonussystem ändern lässt, hängt nicht zuletzt maßgeblich von den arbeitsrechtlichen Grundlagen des bestehenden Vergütungssystems ab. Bonusregelungen basieren häufig auf individuellen vertraglichen Vereinbarungen.[606] Diese können nur einvernehmlich geändert werden, es sei denn, ein wirksamer Widerrufsvorbehalt ist vereinbart worden.[607] Nach geltender Rechtsprechung darf der widerrufliche Teil allerdings 25 bis 30 Prozent der Gesamtvergütung des Arbeitnehmers nicht übersteigen.[608]

2.3 Technisch-organisatorische Rahmenbedingungen

Zur Gesamtbank- bzw. Geschäftsbereichssteuerung bedienen sich das Management und die ihm zugeordneten Stäbe bislang überwiegend der

---

604 Vgl. ebenda.

605 Zu den Gründen, die eine unterschiedliche Behandlung wegen eines in § 1 AGG genannten Grunds zulassen, vgl. vertiefend §§ 8–10 AGG.

606 Vgl. Griebe, Th., Führen mit Bonussystemen, in: http://berufundchance.fazjob.net/s/RubE481DAB3A8B64F8D9188F8FE0AB87BCF/Doc~EF46424A7120B4795909CA5AACDBEB477~ATpl~Ecommon~Scontent.html vom 09.06.2008.

607 Vgl. ebenda.

608 Vgl. BAG, Urteil vom 12.01.2005, AZR 364/04; Griebe, Th., a. a. O.; Frühauf, M./Amann, M./Löhr, J., Investmentbanker pochen auf ihre Boni, in: http://www.faz.net/s/Rub58241E4DF1B149538ABC24D0E82A6266/Doc~E80F54A10F0EB48109CD0B51B964DD466~ATpl~Ecommon~Scontent.html vom 11.02.2009.

traditionellen Datenverarbeitungssysteme des Rechnungswesens, die jedoch mit vielerlei Unzulänglichkeiten behaftet sind.[609] Zum einen liefern sie zumeist nur diejenigen Daten, die für das externe und interne Rechnungswesen benötigt werden[610], vernachlässigen jedoch häufig weiche Faktoren[611], wie etwa die Mitarbeiterzufriedenheit oder den Entwicklungs- und Wissensstand der Mitarbeiter.[612] Zum anderen handelt es sich bei der EDV-Infrastruktur mitunter um eine Vielzahl unterschiedlicher Einzelsysteme, die nicht immer untereinander kompatibel sind und die teilweise noch auf Programmiercodes der ersten Generation basieren.[613] Da die zu entwickelnden Systeme meist auf diesen Altsystemen aufsetzen[614] und auch die Anforderungen von Tochterunternehmen mit unter Umständen eigener Systemarchitektur integrieren müssen, stellt die Informationstechnologie bei dem Aufbau und der Pflege entsprechender Schnittstellen für international operierende Investmentbanken einen kritischen Erfolgsfaktor dar.[615]

Viele Informationen, die Relevanz für die Mitarbeiterwertermittlung besitzen und die – auch über soziodemografische Daten (wie Alter, Berufsposition oder Ausbildungsniveau) hinaus – in der Bank in diversen (Personal-)Datensystemen ohnehin bereits vorhanden sind, lassen sich für ein Totalmodell zur Steuerung des Mitarbeiterportfolios nutzen.[616] Die erfolgreiche Implementierung eines entsprechenden Steuerungsmodells setzt jedoch die Schaffung bzw. Nutzung kompatibler, EDV-gestützter Teilsysteme voraus, die die einzelnen Informationen aus den unterschiedlichsten Subsystemen zu aussagekräftigen Mitarbeiterwerten verknüpfen.[617] Die neue Systemarchitektur sollte dabei eine Brücke zwischen den jeweiligen (Steuerungs-)Instrumenten der Bank bilden, nämlich insbesondere der Stammdatenverwaltung, dem Zielvereinbarungssystem[618], Potenzialanalysen, den Grading-Stufen sowie den Marktanalysen.

---

609 Vgl. Sure, M./Thiel, R., a. a. O., S. 58.
610 Vgl. ebenda.
611 Quellen für diesbezügliche Informationen können z. B. Potenzialanalysen von Mitarbeitern, Teamanalysen, Mitarbeiter- und Kundenbefragungen sein, vgl. Laib, K., Computergestützte Ressourcen-Evaluation, in: Personalführung 9/1996, S. 792–795, S. 792.
612 Vgl. Sure, M./Thiel, R., a. a. O., S. 58.
613 Vgl. ebenda.
614 Vgl. Conrad, P./Manke, G., a. a. O., S. 57.
615 Vgl. Claßen, M./Ahrens, St., a. a. O., S. 36; Nienaber, C., Performance-Management über das Intranet, in: Personalwirtschaft 6/2001, S. 70–74, S. 74; Bruhn, H.-D., a. a. O., S. 22.
616 Vgl. Scholz, Chr./Stein, V., Humankapital messen, a. a. O., S. 11.
617 Vgl. Heinz, M./Hargas, M., Wissensmanagement in Banken: Notizen ins Data Warehouse?, in: bank und markt 10/1999, S. 21–26, S. 24.
618 Vgl. Knist, J./Fichtner, F./Kuhnert, B., Zielvereinbarungen und variable Vergütung DV-gestützt managen, in: Personalführung 11/2003, S. 40–44, S. 41 ff.

Voraussetzung für die effiziente Unterstützung der Steuerung des Mitarbeiterportfolios ist die allgemeine Zugänglichkeit von Informationen durch einheitliche Benutzerschnittstellen mittels einer in der Bank vorhandenen Groupware-Plattform.[619] Moderne Softwarelösungen bieten eine hohe Aussagekraft der Ergebnisse durch die inhaltliche Anpassungsmöglichkeit des Systems an spezifische Fragestellungen.[620] Zusammengehörende Daten können von geeigneter Software automatisch ausgewertet werden, sodass zum Beispiel Ad-hoc-Berechnungen von Mitarbeiterwerten jederzeit möglich sind und auch Team- oder Ländervergleiche auf Knopfdruck grafisch aufbereitet schnell zur Verfügung stehen.[621]

Mithilfe einer EDV-Unterstützung etwa für das Performancemanagement lassen sich deutlich erleichterte Datenerhebungen und -auswertungen und dadurch Zeit- und Kosteneffizienzen erreichen.[622] Während heute zum Beispiel Leistungsbeurteilungen zumeist noch papiergestützt erstellt werden und systematische Auswertungen – sofern sie überhaupt erfolgen – die mühsame und fehleranfällige Übertragung der Daten in die EDV voraussetzen, entfällt dieser Schritt bei einer Nutzung des Intranets.[623] Direkt ins Webformular eingegebene Daten stehen ohne Zeitverzögerung für automatisierte und manuelle Auswertungen zur Verfügung.[624] Dies ist sicherlich keine neue Erkenntnis, jedoch fehlt heute noch weitgehend die entsprechende Umsetzung.[625] Die größte Herausforderung bei der Einführung intranetbasierter Performancemanagementsysteme besteht in der Überzeugung der Datenschutzverantwortlichen und Mitbestimmungsgremien hinsichtlich der Datensicherheit.[626] Heute stehen Verschlüsselungsprogramme zur Verfügung, die den Zugriff auf die Datenbank von einem Rechner innerhalb eines Intranets oder über das Internet verhindern.[627] Zudem existieren in vielen Unternehmen interne

---

619 Vgl. Heinz, M./Hargas, M., a. a. O., S. 23.

620 Vgl. Laib, K., Computergestützte Ressourcen-Evaluation, a. a. O., S. 795.

621 Vgl. ebenda.

622 Vgl. ebenda; Nienaber, C., a. a. O., S. 70.

623 Vgl. Nienaber, C., a. a. O., S. 70; Bardens, R./Wimmer, K., Mehr Freiheit für die Mitarbeiter, in: Bankmagazin 10/1999, S. 74–75, S. 75.

624 Vgl. Nienaber, C., a. a. O., S. 70; Mazanec, J., a. a. O., S. 319.

625 Vgl. Nienaber, C., a. a. O., S. 70.

626 Vgl. ebenda, S. 74. Das sensible Thema „Datenschutz bei Mitarbeiterbeurteilungen" scheint für Mitarbeiter selbst offenbar nicht den Stellenwert zu haben, den es zumeist in Diskussionen von Personalleitern und Betriebsräten einnimmt. Empirische Untersuchungen belegen, dass Mitarbeiter sich über ihre Beurteilungsergebnisse freimütig austauschen, vgl. Eyer, E./Webers, Th., Leistungsbeurteilung bei Gruppenarbeit: Kombination aus Selbst- und Fremdbeurteilung, in: Personal 2/2000, S. 74–79, S. 76.

627 Vgl. Nienaber, C., a. a. O., S. 74.

Richtlinien, die auch die Sicherung und Verschlüsselung sensibler Daten regeln.[628]

Neben technischen Rahmenbedingungen beeinflussen auch organisatorische Gegebenheiten die Entwicklung und Einführung eines auf Mitarbeiterwerten basierenden personalwirtschaftlichen Steuerungsinstruments. Die Leistungs- und Erfolgsmessung im Rahmen von Anreizsystemen setzt beispielsweise die Messung des Grads der Aufgabenerfüllung auf dezentraler Ebene – idealerweise in einem Profitcenter – voraus.[629] Den einzelnen Profitcentern werden im Rahmen der von der Bankleitung vorgegebenen Ziele weitreichende Entscheidungsbefugnisse und Ergebnisverantwortung übertragen, sodass sie quasi wie selbstständige Unternehmen innerhalb eines Bankbetriebs handeln können.[630] Die Anwendbarkeit des Konzepts der Führung durch Zielvereinbarungen (Management by Objectives) setzt dabei neben der Bildung klarer Aufgaben- und Kompetenzbereiche voraus, dass einem Profitcenter nur direkt beeinflussbare Ergebniskomponenten zugerechnet werden.[631] Als selbstständiger Bereich lässt sich beispielsweise der Eigenhandelsbereich abgrenzen, da dort Ergebnisse durch eigenständige Marktaktivitäten erwirtschaftet werden.[632]

Voraussetzung, um erbrachte Leistungen tatsächlich vollständig erfassen zu können, ist neben einer eindeutigen Zuordnung erbrachter Leistungen auch das Vorliegen einer Produktkalkulation. Die Bank muss festlegen, ob Leistungen, die ein Profitcenter von anderen Profitcentern oder Servicecentern in Anspruch nimmt, kostenlos gewährt werden oder ob dafür interne Verrechnungspreise in Rechnung gestellt werden.[633] Die Frage nach optimalen Verrechnungspreisen soll an dieser Stelle allerdings nicht aufgeworfen werden.[634]

3 Matrixansatz zur umfassenden Steuerung des Mitarbeiterportfolios als Zielsystem

Wie eingangs (vgl. Kap. A 2) bereits diskutiert, soll das zu entwickelnde personalwirtschaftliche System innerhalb eines Matrixansatzes Steuerungsimpulse in zweifacher Hinsicht liefern:

---

628 Vgl. ebenda.

629 Vgl. Bardens, R./Wimmer, K., Mehr Freiheit, a. a. O., S. 75.

630 Vgl. Schierenbeck, H., Ertragsorientiertes Bankmanagement, Wiesbaden 1994, S. 9.

631 Vgl. ebenda; Bardens, R./Wimmer, K., Mehr Freiheit, a. a. O., S. 75.

632 Vgl. Erdmann, U., a. a. O., S. 124.

633 Vgl. Bardens, R./Wimmer, K., Ansporn zum Endspurt, in: Bankmagazin 11/1999, S. 72–74, S. 73.

634 Vgl. ebenda.

- Horizontale Sichtweise (anknüpfend an der Einzelpersonen-, Abteilungs-, Bereichs- und Bankebene):
  Das zu entwickelnde ganzheitliche System soll auf unterschiedlichsten Einzelkriterien basierende Mitarbeiterwerte von Einzelpersonen bereitstellen, zugleich aber eine Aggregation der Werte auf Abteilungs-, Bereichs- oder Unternehmensebene zulassen. Ein entsprechendes Instrumentarium soll eine verlässliche Basis für Maßnahmen zur Personalrekrutierung, -entwicklung, -bindung und zum Personalabbau durch operationalisierte Kriterien schaffen.

- Vertikale Dimension (anknüpfend an den Determinanten von Mitarbeiterwerten):
  Personen-, unternehmens- sowie marktbezogene Informationen (somit endogene und auch exogene Faktoren), die alle vergangenheits-, gegenwarts- oder zukunftsbezogenen Charakter aufweisen können, bestimmen den Wert eines Mitarbeiters für das Unternehmen. Die Analyse der Ausprägungen der einzelnen Determinanten des Mitarbeiterwerts (z. B. die erbrachte messbare Leistung) soll (einzelpersonenbezogen oder ebenfalls aggregiert auf Abteilungs-, Bereichs- oder Unternehmensebene) eine kriterienbezogene Stärken- bzw. Schwächenanalyse ermöglichen. Die Intention besteht darin, durch ein solchermaßen modular nutzbares Modell die konkreten Ursachen für unterschiedlich hohe Mitarbeiterwerte aufzuzeigen und dadurch die Voraussetzung zur Ableitung gezielter Maßnahmen durch das Management zu schaffen.

Abbildung 12 veranschaulicht diesen Zusammenhang zur Ableitung von Steuerungsmaßnahmen einerseits auf der Ebene unterschiedlicher Bezugsgrößen, andererseits bezogen auf die wesentlichen Werttreiber (KPIs bzw. ausformuliert Key Performance Indicators).

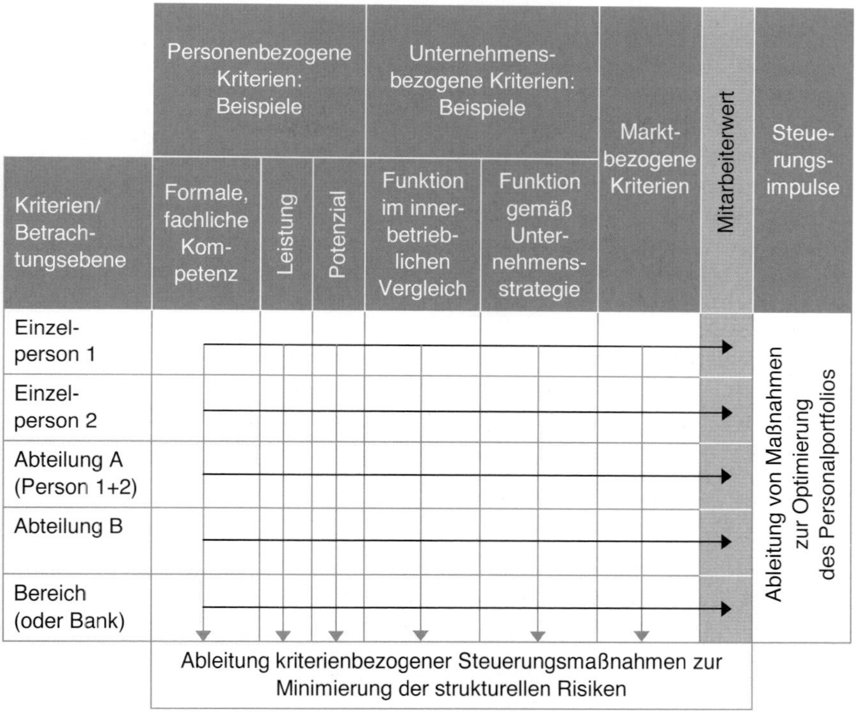

Abb. 12 Matrixorientierter Steuerungsansatz auf Basis von Mitarbeiterwerten

Die Etablierung eines personalwirtschaftlichen Steuerungsinstruments, das in dem vorstehend visualisierten Matrixansatz in einer umfassenden Sichtweise unterschiedlichste Betrachtungsdimensionen und Personalinstrumente vereint, unterstützt die Optimierung von Strukturen, Prozessen und Leistungsergebnissen.[635]

[635] Vgl. Worrach, C., a. a. O., S. 68.

E Auswahl und Operationalisierung der relevanten Modellvariablen zur Ermittlung von Mitarbeiterwerten

Der unterschiedliche Charakter relevanter Kriterien zur Ermittlung von Mitarbeiterwerten deutet auf die Komplexität und Schwierigkeit der „richtigen" Auswahl geeigneter und intern auch akzeptierter Kenngrößen hin. Die Wertigkeit eines Mitarbeiters und damit die Investitions- und Förderungswürdigkeit eines Mitarbeiters kann beispielsweise betrachtet werden

- aus einer vergangenheits-, gegenwarts- und/oder zukunftsorientierten Sicht;
- aus einem statischen (persönliche Stammdaten) oder dynamischen Blickwinkel (Bewegungsdaten) oder
- unter Berücksichtigung einer personen-, unternehmens- (internen) oder marktbezogenen (externen) Wertdimension.

Nicht völlig ausschließen lassen sich gewisse Interdependenzen zwischen den einzelnen Modellvariablen zur Ermittlung von Mitarbeiterwerten. Beispielsweise dürfte tendenziell ein enger Zusammenhang zwischen den Fachkenntnissen eines Mitarbeiters und seiner Fähigkeit zu Produktinnovationen bestehen – zwei wichtigen Determinanten zur Bestimmung von Mitarbeiterwerten. Denkbar wäre zudem, dass die hohe Produktkompetenz und Innovationskraft von Mitarbeitern in sehr spezialisierten Geschäftsfeldern sowohl deren eigenen Mitarbeiterwert als auch die zukünftige Marktentwicklung dieses Nischenmarktes beeinflussen. Im Folgenden sollen solche Randeffekte jedoch vernachlässigt werden.

Jedes Unternehmen muss die „Bausteine" des zu ermittelnden Mitarbeiterwerts entsprechend seiner Unternehmenskultur, den Anforderungen seiner Kunden und den mit diesem Instrument angestrebten Zielen selbst definieren.[636] Auch innerhalb eines Unternehmens können die einzelnen Bausteine unterschiedliche Priorität haben, beispielsweise je nach ihrem Einfluss auf Kundenzufriedenheit, Art der Arbeit, Position des Mitarbeiters, Teamstrukturen oder hierarchischen Stufen.[637] Die folgende Diskussion der Determinanten von Mitarbeiterwerten erhebt daher nicht den Anspruch, einen vollständigen und abschließenden Überblick über alle denkbaren Kriterien oder bezüglich deren Gewichtung eine verbindliche Einschätzung bzw. Empfehlung zu geben. Der

[636] Vgl. Sommerhoff, B., a. a. O., S. 40; Wagner, P., Unser Lohn kommt vom Kunden, Stuttgart 1997, S. 97; Töpfer, A., Zufriedene Mitarbeiter = zufriedene Kunden, in: Zentes, J. (Hrsg.), Mitarbeiterzufriedenheit = Kundenzufriedenheit – Eine Wechselbeziehung?, Mainz 1997, S. 20–46, S. 23; Meyer, C., Betriebswirtschaftliche Kennzahlen und Kennzahlensysteme, 2. Auflage, Stuttgart 1994, S. 29.

[637] Vgl. Sommerhoff, B., a. a. O., S. 46; Wagner, P., a. a. O., S. 85.

Versuch einer solchen Darstellung würde auch dem Wesen eines flexiblen Steuerungsmodells widersprechen, da dieses einer ständigen Anpassung an veränderte organisations- und kontextspezifische Rahmenbedingungen unterliegt.[638]

Die Ermittlung der Gesamtzielerreichung über alle vereinbarten Ziele hinweg (zum rechnerischen Verfahren hierzu vgl. Kap. E 1.1.2.2) ermöglicht die Klassifizierung der Mitarbeiter hinsichtlich ihrer Leistungsfähigkeit.[639] Mittels der mathematischen Verknüpfung der erreichten Ausprägungen aller mitarbeiterwertrelevanten Parameter – und nicht nur der Performance – lässt sich in einem weiteren Schritt (vgl. Kap. F) die mit einem bestimmten Mitarbeiterwert korrespondierende Anreizverteilung ableiten.[640]

1 Messung und Skalierung der Ausprägungen von mitarbeiterwertrelevanten Kriterien

Vor der Diskussion der wichtigsten Einflussfaktoren von Mitarbeiterwerten stellt das nachfolgende Kapitel dar, in welcher Weise sich unterschiedlichste Kriterienkategorien überhaupt erfassen, operationalisieren und damit in eine Mitarbeiterwertermittlung einbeziehen lassen. Insbesondere folgende Messarten zur Ermittlung von Mitarbeiterwerten lassen sich unterscheiden:

Beim **direkten Messen** werden die abzubildenden Merkmale auf der Basis direkter Abzählprozesse beschrieben (z. B. die Erträge aus erfolgreich abgeschlossenen M&A Deals als Maßstab für das Kriterium „Performance").[641] **Indirektes Messen** beinhaltet dagegen die Erfassung anderer als der eigentlich zu betrachtenden Merkmale, um somit auf deren Ausprägungen zu schließen.[642] Ein Beispiel für indirektes Messen ist die Ableitung der Eignung

---

[638] Vgl. sinngemäß Ellis, L., Moody's Relaxes Thrift-Financing Unit Links, in: American Banker vom 16.09.1988, S. 2.

[639] Die Gesamtzielerreichung führt (z. B. bei der von der Commerzbank gewählten Viereraufteilung) zur Einstufung als Top-, Voll-, Basis- oder Grenzleister, vgl. Dahms, R./ Lindena, B., Gemeinsam die Ziele der Bank besser erreichen, in: Personalführung 3/1997, S. 252–257, S. 256; Lindena, B., Leistungsanreize durch variables Vergütungssystem, in: Die Bank 12/1997, S. 712–716, S. 712.

[640] Vgl. Lurse, K., Richtige oder falsche Zielvorgaben, in: Personalwirtschaft 9/1997, S. 46–48, S. 46.

[641] Vgl. zu direktem und indirektem Messen z. B. Conrads, M., a. a. O., S. 37; Mattessich, R., Die wissenschaftlichen Grundlagen des Rechnungswesens. Eine analytische und erkenntniskritische Darstellung doppischer Informationssysteme für Betriebs- und Volkswirtschaft, Düsseldorf 1970, S. 135 ff.

[642] Vgl. ebenda.

eines Mitarbeiters in der Wertpapierabwicklung durch Messung der von ihm bearbeiteten Wertpapierorders pro Zeiteinheit.[643]

Schätzen kann als Spezialfall des Messens genannt werden, der immer dann erforderlich wird, wenn keine direkte oder indirekte Messung möglich ist oder direkte oder indirekte Messungen sich unter Kosten-Nutzen-Abwägungen als unwirtschaftlich herausstellen.[644] So können beispielsweise zwar der gegenwärtige und vergangene Personalbestand sowie die ihn determinierenden Faktoren direkt gemessen werden; der zukünftig benötigte Personalbestand lässt sich aufgrund der unsicheren Erwartung der Marktentwicklung (vgl. Kap. E 3.1) jedoch nur schätzen.[645]

Eine weitere Art und Weise der Informationsbeschaffung besteht im **Bewerten**, das heißt in der Abbildung von Merkmalen in Form reeller Zahlen aufgrund der subjektiven Nutzenvorstellungen des Beurteilers oder desjenigen, für den Abbildungen bzw. Bewertungen vorgenommen werden.[646] Das Problem des Bewertens besteht in der adäquaten Zuordnung reeller Zahlen zu Merkmalen sowie der Existenz unterschiedlicher Nutzenvorstellungen verschiedener Personen über ein und dasselbe Messobjekt (vgl. Kap. E 2.2.2.2).[647] Sollen durch ein Personalbeurteilungssystem nicht nur die Ergebnisse (auch bereichsübergreifend) vergleichbar sein, sondern auch der persönliche, subjektive Einfluss der Beurteiler auf das Beurteilungsergebnis möglichst klein gehalten werden, bedarf es eines vorgegebenen Beurteilungsmaßstabs.[648] Freie Beschreibungen können zwar, wenn die Begriffsbildung eindeutig ist und von den Beurteilern beherrscht wird, zu sehr differenzierten Kennzeichnungen der Persönlichkeiten führen.[649] Die Schwäche freier Formulierungen liegt jedoch zum einen darin, dass ihre verbalen Merkmale oft von dem, der die Beurteilung verwertet, anders verstanden werden als vom Beurteiler.[650] Zum anderen gestatten diese Beschreibungen keinen zuverlässigen Vergleich über ein

643 Vgl. Conrads, M., a. a. O., S. 37.
644 Vgl. ebenda, S. 38.
645 Vgl. ebenda.
646 Vgl. ebenda.
647 Vgl. ebenda, S. 39.
648 Vgl. Olfert, K./Steinbuch, P. A., Personalwirtschaft, Ludwigshafen 1995, S. 242; Lehmann, J. A., Standpunkte nachvollziehen, in: Bankmagazin 4/2000, S. 66–67, S. 66; Schust, G. H., a. a. O., S. 92.
649 Vgl. Brandstätter, H., Die Beurteilung von Mitarbeitern, in: Mayer, A./Herwig, B. (Hrsg.), Handbuch der Psychologie, Band 9, Betriebspsychologie, Göttingen 1970, S. 668–734, S. 668 ff.; Thönneßen, J., a. a. O., S. 18.
650 Vgl. Brandstätter, H., a. a. O., S. 668 ff.

größeres Kollektiv und mehrere Beurteiler hinweg, weil jeder die Akzente anders setzt.[651]

Eine Form, die weitaus häufiger vorkommt als die Bewertung durch schriftliche Kommentare, ist die Einschätzung zum Beispiel von Verhalten, Fähigkeiten und Einstellungen unter Verwendung einer Skala.[652] Vier Grundtypen von Messskalen lassen sich unterscheiden: Nominal-, Ordinal-, Intervall- und Verhältnisskalen.[653] Zu beachten ist allerdings der Unterschied zwischen Quantifizierbarkeit und Messbarkeit: Die Quantifizierbarkeit umfasst alle vier oben genannten Grundskalen zur Messung; die Messbarkeit beschränkt sich auf den kardinalen (auch metrisch genannten[654]) Messbereich – die Intervall- und die Verhältnisskala.[655]

Mittels **Nominalskalen** werden Merkmalen des betrieblichen Humanvermögens reelle Zahlen zugeordnet, die jedoch lediglich Aussagen über Identität oder Unterschiedlichkeit von Merkmalen und damit eine Merkmalsklassifizierung ermöglichen.[656] Ein Beispiel ist die Zuordnung verschiedener Personalnummern zu allen Belegschaftsmitgliedern.[657] Mithilfe der Nominalskalen werden

- eine Identifikation der Merkmale des betrieblichen Humanvermögens (jedem Belegschaftsmitglied wird eine andere reelle Zahl zugeordnet),
- eine Kommunikation über Merkmale des betrieblichen Humanvermögens (statt der individuellen Namen wird nur die Personalnummer mitgeteilt) sowie
- eine Ordnung bzw. Strukturierung der Merkmale des betrieblichen Humanvermögens (in der Personalnummer ist der Beschäftigungsort enthalten)

jedoch nur in dem Sinne erreicht, dass die Zugehörigkeit von Merkmalen zu bestimmten Merkmalsklassen ersichtlich wird.[658] Die Merkmalsausprägungen sind nicht vergleichbar und ihre Anordnung drückt keine Rangordnung aus[659], sodass die Aussagekraft von Nominalskalen für Mitarbeiterwertbetrachtungen gering ist.

---

651 Vgl. ebenda.
652 Vgl. Thönneßen, J., a. a. O., S. 18.
653 Vgl. Heiler, S./Michels, P., Deskriptive und Explorative Datenanalyse, München/Wien 1994, S. 22; Stevens, S. S., On the Theory of Scales of Measurement, Science 103/1946, S. 677–680, S. 677 ff.
654 Vgl. Heiler, S./Michels, P., a. a. O., S. 22.
655 Vgl. Meyer, C., a. a. O., S. 3 f.
656 Vgl. Conrads, M., a. a. O., S. 33.
657 Vgl. ebenda.
658 Vgl. ebenda, S. 34.
659 Vgl. ebenda; Heiler, S./Michels, P., a. a. O., S. 22.

Einen größeren Informationsgehalt als eine Nominalskala weist eine **Ordinalskala** auf: Sie informiert über Äquivalenz und Diversität sowie über die Relationen „größer als“ und „kleiner als“ zweier Merkmale, lässt jedoch keine Aussagen über die Merkmalsabstände oder die absolute Größe von Merkmalen zu.[660] Für die Festlegung von Leistungsstufen werden Bezugsnormen definiert, die sich am Durchschnitt orientieren und allgemein als Maßstab anerkannt sind.[661] Beispielsweise könnte das mitarbeiterwertrelevante Kriterium „Eignung für eine bestimmte Arbeitsaufgabe je Belegschaftsmitglied“ mittels einer Ordinalskala, die von 0 (= nicht geeignet) bis 10 (= am besten geeignet) reicht, ausgedrückt werden.[662] Ein Merkmalsträger mit der Eignungsmesszahl 8 ist nicht etwa doppelt so gut geeignet wie der Merkmalsträger mit der Eignungsmesszahl 4; auch kann aus der Eignungsmesszahl 8 nicht auf die absolute Eignung des Merkmalträgers geschlossen werden.[663] Bei der Festlegung der Stufenanzahl ist zu beachten, dass mit einer zu geringen Abstufung keine ausreichende Leistungsdifferenzierung erreicht werden kann, eine zu feine Abstufung aber eine Scheingenauigkeit suggerieren und das Verfahren verkomplizieren und undurchsichtig machen würde.[664] Eine ungerade Stufenanzahl weist generell den Vorteil auf, dass die Mitte eindeutig festgelegt wird[665], entbindet einen unsicheren Beurteiler jedoch von der Verantwortung, eine eindeutige Entscheidung zwischen einer eher guten oder einer eher schlechten Einstufung vornehmen zu müssen.

Über die in einer Ordinalskala enthaltenen Informationen hinaus kann in einer **Intervallskala** aus den Abständen zwischen den Messergebnissen auf die Abstände zwischen den Merkmalen geschlossen werden, nicht jedoch auf ihre absolute Größe.[666] So drückt beispielsweise der Quotient von beobachteter Leistung und Normalleistung der Mitarbeiter deren individuellen Leistungsgrad aus, der als relative Größe jedoch wesentlich von der Definition der Normalleistung abhängt.[667]

Erst den auf einer **Verhältnisskala** angegebenen Messergebnissen können Informationen über die absolute Größe von Merkmalen entnommen werden,

---

660 Vgl. Conrads, M., a. a. O., S. 34.

661 Vgl. Becker, K., Die Beurteilung des Leiters einer Bankfiliale, Diss. Berlin 1983, S. 81 f.; Hentze, J., Arbeitsbewertung und Personalbeurteilung, Stuttgart 1980, S. 14 und 181.

662 Vgl. Conrads, M., a. a. O., S. 34 f.; Erdmann, U., a. a. O., S. 168.

663 Vgl. Conrads, M., a. a. O., S. 35.

664 Vgl. Gaugler, E. et al., Leistungsbeurteilung in der Wirtschaft, Baden-Baden 1978, S. 63 f.

665 Vgl. Bloch, W., Leistungsbewertung, in: Gaugler, E. (Hrsg.), Handwörterbuch des Personalwesens, Stuttgart 1975, Sp. 1164–1175, Sp. 1167.

666 Vgl. Conrads, M., a. a. O., S. 35; Heiler, S./Michels, P., a. a. O., S. 22.

667 Vgl. Conrads, M., a. a. O., S. 36.

da in diesem Fall „natürliche“ Nullpunkte existieren.[668] Beispiele für in Verhältnisskalen messbare Merkmale sind monetäre Zahlungsvorgänge, die dem Humanvermögen zugerechnet werden können, wie das Handelsvolumen eines Händlers oder Ausgaben der Bank für die Schulung eines Mitarbeiters.[669]

2 Personenbezogene Kriterien für die Mitarbeiterwertberechnung

2.1 Formale, fachliche Kompetenz

Jeder Mensch verfügt über vielfältige Ressourcen und Potenziale, das heißt durch praktische Lebenserfahrung oder gezielte Lernprozesse angeeignete Fähigkeiten, Kenntnisse und Einstellungen.[670] Dieses „Rüstzeug“ eines Menschen zur Bewältigung der sich ihm stellenden Aufgaben kann allerdings brachliegen oder blockiert werden.[671] Kompetenzen sind demzufolge auf Anforderungen bzw. Anwendungssituationen gerichtete, gebündelte Ressourcen, die eingesetzt werden, um ein Ziel (z. B. die Bewältigung eines Problems, einer Aufgabenstellung) zu erreichen.[672] Von den Mitarbeitern werden als fachliche Kompetenzfelder organisations-, prozess-, aufgaben- und arbeitsplatzspezifische berufliche Kenntnisse verlangt sowie die Fähigkeit, durch Vernetzung von Informationen Probleme zu identifizieren und Lösungen zu generieren.[673]

Der Wert des Wissens von Mitarbeitern für das Unternehmen bemisst sich insbesondere nach drei Kriterien, nämlich nach der inhaltlichen Validität des Wissens, der Aktualität des Wissens sowie der Einzigartigkeit der Kenntnisse

---

668 Vgl. ebenda.

669 Vgl. ebenda.

670 Vgl. Kadiski, B., Schlüsselkompetenzen wirksam erfassen, Altstätten 2001, S. 56 f.; Lang, R. W., Schlüsselqualifikationen, München 2000, S. 33 ff.; Schust, G. H., a. a. O., S. 115.

671 Vgl. Woerwag, S./Bogdahn, A., Leistungspotenziale erkennen, Kompetenzen fördern, in: Personalführung 4/2004, S. 28–33, S. 29.

672 Vgl. ebenda; Sonntag, K.-H./Schmidt-Rathjens, C., Kompetenzmodelle – Erfolgsfaktoren im HR-Management?, in: Personalführung 10/2004, S. 18–26, S. 18.

673 Vgl. Kauffeld, S./Grote, S., Kompetenzdiagnose mit dem Kasseler-Kompetenz-Raster, in: Personalführung 1/2000, S. 30–37, S. 30 f.; Bullinger, H.-J./Wörner, K./Prieto, J., Wissensmanagement heute: Daten, Fakten, Trends. Ergebnisse einer Unternehmensstudie des Fraunhofer-Instituts für Arbeitswirtschaft und Organisation in Zusammenarbeit mit dem manager magazin, Stuttgart 1997, S. 7; Sonntag, K.-H./Schmidt-Rathjens, C., a. a. O., S. 19. Sprachkenntnisse als wichtiges Kompetenzfeld finden in der vorliegenden Arbeit ihre Würdigung im Zusammenhang mit kulturellem Verständnis, das in einem international geprägten Umfeld, wie dem Investmentbanking, von immenser Bedeutung ist (vgl. Kap. E 2.2.2.1.3).

(versus deren allgemeine Verfügbarkeit).[674] Die erstgenannte Dimension, die inhaltliche Validität, bezieht sich auf die Art der Wissensentstehung, wobei sich wiederum drei Ebenen unterscheiden lassen:

- wissenschaftlich akzeptiertes Wissen, das eine allgemeine Gültigkeit unter genau definierten Bedingungen hat;
- Urteile bzw. Beurteilungen, die objektiv nachvollziehbar sind, zum Beispiel Compliance-Verhaltensregeln;
- individuelle bzw. kollektive Erfahrungen und daraus abgeleitetes Handlungspotenzial.[675]

Die Akquisitionskosten von Wissen und dessen Wert für das Unternehmen sind am geringsten für wissenschaftlich akzeptiertes Wissen und am höchsten für erfahrungsbezogenes Wissen.[676] Der Wert beispielsweise einer Researchabteilung, die Aktienkursempfehlungen erarbeitet, liegt wesentlich höher als eine Ansammlung von akzeptiertem Wissen, zum Beispiel in Form einer Informationsdatenbank. Die Bedeutung des detaillierten Fachwissens wurde in der Vergangenheit – beginnend in der Berufsausbildung – allerdings oftmals überbetont.[677] Detailwissen wird in Zukunft nur noch bei Spezialaufgaben erforderlich sein, etwa in Stabsfunktionen oder auch bei Beratungsaufgaben[678], und zunehmend aus bankexternen Quellen herangezogen werden, zumal es in immer kürzeren Abständen einer Aktualisierung bedarf.[679]

Die somit angesprochene zeitliche Validität von Wissen bezieht sich auf dessen „Verfallsdatum“: Allgemeines Grundlagenwissen (z. B. Kenntnisse über die Methoden der Unternehmensbewertung, wie etwa die Discounted-Cash-Flow-

[674] Vgl. North, K., a. a. O., S. 66.
[675] Vgl. ebenda.
[676] Vgl. ebenda.
[677] Vgl. Kempkes, H. P., Die Anforderungen an den Top-Banker von morgen, in: Bankmagazin 4/1996, S. 32–34, S. 32.
[678] Vgl. ebenda.
[679] Ein Lernziel für Führungskräfte muss daher sein, beurteilen zu können, wann zur Lösung von Problemen externe Hilfe benötigt wird, vgl. Kempkes, H. P., a. a. O., S. 32.

Methode[680]) hat eine wesentlich längere Gültigkeit als Marktwissen, dessen Wert bereits nach Tagen oder Wochen auf null gesunken sein kann.[681] Arbeitgeber erwarten zunehmend, dass sich Mitarbeiter selbstständig und zeitnah relevantes Fachwissen und neue Arbeitsmethoden aneignen.[682] Zur Erhaltung der eigenen Beschäftigungsfähigkeit ist fachliche Flexibilität von vitaler Bedeutung. IPO-Experten beispielsweise lassen sich bei einem schwachen Marktumfeld auch in angrenzenden, weniger ertragreichen Produktfeldern beschäftigen, wie etwa in der Beratung bei Delistings, das heißt dem Rückzug einer Aktiengesellschaft aus dem börsenmäßigen Handel.[683]

Der Wert von Wissen für eine Bank hängt auch von seinem Seltenheitswert am Arbeitsmarkt in Verbindung mit der Nachfrage nach diesem Wissen ab.[684] So mag ein Experte einzigartige Kenntnisse über einen sehr speziellen ausländischen Aktienmarkt haben, ohne dass dieses Wissen aber nachgefragt wird.[685] Nicht nur für das Unternehmen, das Wissensmanagement betreibt, sondern auch für jeden einzelnen Mitarbeiter sollte gelten, dass das relevante Wissen kontinuierlich revidiert, permanent als verbesserungswürdig angesehen und prinzipiell nicht als Wahrheit, sondern als Ressource betrachtet wird.[686] Die Natur des Wissens bedingt, dass es nicht eindeutig definierbar, meist nur mittelbar und unscharf erfassbar ist und sich somit einer exakten Messung entzieht.[687] Dennoch lässt sich der Nutzen einer Wissensmessung und

680 Vgl. vertiefend z. B. Schildbach, Th., Ein fast problemloses DCF-Verfahren zur Unternehmensbewertung, in: zfbf 12/2000, S. 707–723.

681 Vgl. North, K., a. a. O., S. 66. Die angesprochene geringe Validität von bestimmtem Wissen führt dazu, dass beispielsweise der Marktwert von Händlern, die von ihrer Investmentbank aufgrund persönlichen Fehlverhaltens oder im Rahmen von Personalabbaumaßnahmen freigestellt werden (*garden leave*), innerhalb kürzester Zeit drastisch sinkt. Wie in Kapitel C 2.6 erläutert, berücksichtigt z. B. die Saarbrücker Formel bei der Berechnung von Humankapital explizit den Verfall des Werts von Wissen im Zeitablauf.

682 Vgl. Kauffeld, S./Grote, S., a. a. O., S. 31; Koeder, K. W., „Banking is people" – Mitarbeiterumfragen gezielt einsetzen, in: Bankmagazin 6/1996, S. 35–37, S. 36; Schust, G. H., a. a. O., S. 144; Kobi, J.-M., Die fünf Kernkompetenzen des Human Resources Management, in: Die Bank 11/2002, S. 780–783, S. 781.

683 Vgl. Singer, J., Ist das deutsche Investmentbanking, a. a. O., S. 14; Krieger, F., Karriere trotz Finanzkrise, in: www.ftd.de/karriere_management/karriere/: Bankernachwuchs-Karriere-trotz-Finanzkrise/432324.html vom 10.11.2008.

684 Vgl. North, K., a. a. O., S. 66 f.

685 Vgl. ebenda, S. 67.

686 Vgl. Willke, H., Wissensmanagement als Geschäftsprozess – Eine Einführung mit Beispielen aus der Finanzwirtschaft, in: Heimer, Th./Rossbach, P. (Hrsg.), Management der Ressource Wissen in Banken, Frankfurt am Main 2001, S. 13–29, S. 15.

687 Vgl. Picot, A./Fiedler, M., a. a. O., S. 19 f.; Miller, R./Wurzburg, G., Investing in Human Capital, in: The OECD Observer, Nr. 193, April/Mai 1995, S. 16.

-bewertung damit begründen, dass ein völliger Verzicht darauf im Prinzip gleichbedeutend mit einem Verzicht auf Steuerung und somit Führung ist.[688]

Für das Unternehmen gewinnt die Fachkompetenz dann an besonderem Wert, wenn der Mitarbeiter es auch situationsübergreifend und flexibel, zum Beispiel bei nicht standardisierten Geschäften, zur Problemstrukturierung und Entscheidungsfindung einzusetzen vermag (Methodenkompetenz).[689] Qualifikation kann sowohl durch Training on the Job als auch zum Beispiel durch Selbststudium erworben werden, ohne dass es erforderlich ist, einen bestimmten Leistungsschein zu erwerben oder vorzulegen.[690] Wer einen solchen hat, ist andersherum betrachtet eventuell nicht in jedem Fall in der Lage, praktisch die Tätigkeiten auszuüben, die man theoretisch erwarten dürfte.[691] Der Wert der formalen Qualifikation für das Unternehmen zeigt sich somit nicht primär in der Studiendauer, sondern letztlich erst in der erfolgreichen Umsetzung der Lerninhalte in die Praxis (vgl. Kap. E 2.2.2). Dieser Tatbestand sollte bei der späteren Gewichtung der rein formalen Qualifikation (z. B. kaufmännische Ausbildungen, Bachelor- und Masterabschlüsse[692], Promotion sowie sonstige Weiterqualifizierungen, wie Certified–Financial-Analyst-Abschlüsse) Berücksichtigung finden (vgl. Kap. F 1.1.2.2).

Die in einen Mitarbeiter innerhalb eines bestimmten Zeitraums investierten Seminarkosten[693] drücken die Intensität der erfolgten Wissensvermittlung aus und können als „griffige" Kennzahl in die Mitarbeiterwertermittlung einbezogen werden. Diese vergangenheitsorientierten Kosten lassen zwar positive Auswirkungen auf die Performance eines Mitarbeiters vermuten[694], eine stets

---

688 Vgl. Picot, A./Fiedler, M., a. a. O., S. 20.

689 Vgl. Kauffeld, S./Grote, S., a. a. O., S. 31; Grote, M., Organisations- und Personalentwicklung in Banken, Frankfurt am Main 1998, S. 139.

690 Vgl. Renner, G., a. a. O., S. 36.

691 Vgl. ebenda.

692 Zusammen mit anderen 28 europäischen Staaten setzte sich Deutschland am 19.06.1999 mit Unterzeichnung einer (unverbindlichen) Erklärung in Bologna zum Ziel, bis zum Jahr 2010 einen gemeinsamen europäischen Hochschulraum zu schaffen (sog. Bologna-Prozess). Die Umstellung der Studiengänge auf das zweistufige Bachelor- und Masterstudiensystem führte zu länderübergreifender Kompatibilität und Vergleichbarkeit der europäischen Studienabschlüsse. Mit dem Bachelor wurde auch in Deutschland ein berufsbefähigender Studienabschluss eingeführt, der bereits nach drei bis vier Jahren erlangt werden kann, vgl. vertiefend Bundesministerium für Bildung und Forschung, Der Bologna-Prozess, in: http://ww.bmbf.de/de/3336.php, o. O., o. J.

693 Vgl. PricewaterhouseCoopers, Backroom to boardroom: bridging people gaps with Saratoga, o. O. 2006, S. 17.

694 Vgl. ebenda.

eindeutige Zurückführung des Lernerfolgs ausschließlich auf die Weiterbildungsmaßnahme fällt jedoch schwer, insbesondere bei Soft-Skill-Seminaren.

2.2 Leistung

Die nun folgende Betrachtung konzentriert sich auf die im Rahmen getroffener Zielvereinbarungen erreichten, quantitativen und qualitativen Leistungsergebnisse als einen weiteren Maßstab für den Wert eines Mitarbeiters.[695] Die gezeigte Performance ist ein wesentlicher Bestandteil des Mitarbeiterwerts, da schwache bis durchschnittliche Leistungen im Topmanagement, in den einzelnen Schlüsselpositionen und bei den Mitarbeitern langfristig die Marktposition bzw. Existenz des Unternehmens gefährden.[696]

2.2.1 Zielvereinbarungen

Einer der Hauptschwachpunkte vieler Banken liegt in der nicht durchgängigen Umsetzung der vom Management beschlossenen Strategien in konkrete Aktionen.[697] Ein Grund hierfür besteht häufig in der unzureichenden Verbindung zwischen strategischen Zielen und den Zielen einzelner Bereiche, Abteilungen bzw. Mitarbeiter.[698] Ausgehend von den strategischen Gesamtbankzielen ist es daher Aufgabe des Topmanagements, im Rahmen eines sukzessiven Zielplanungsprozesses für einzelne Verantwortungsbereiche operationale Leistungsziele zu formulieren und diese hinsichtlich Inhalt, Ausmaß und Zeitbezug zu präzisieren.[699] Die Leistungsbewertung als Soll-Ist-Vergleich eines festgelegten Ziels mit dem Zielerreichungsgrad praktizieren die Unternehmen zunehmend in Form einer Zielvereinbarung zwischen Führungskraft und Mitarbeiter anstelle einer reinen Zielvorgabe[700] durch den Vorgesetzten.[701]

---

695 Abgesehen von dem quantitativen oder qualitativen Arbeitsergebnis bezeichnet der in der Literatur teilweise unspezifisch verwendete Begriff „Leistung“ auch den mitarbeiterspezifischen Ressourceneinsatz, das heißt die persönliche Anstrengung zur Erfüllung bestimmter Aufgaben oder zur Erreichung bestimmter Ziele, vgl. Femppel, K., a. a. O., S. 396.

696 Vgl. Schust, G. H., a. a. O., S. XVI.

697 Vgl. Sure, M./Thiel, R., a. a. O., S. 54.

698 Vgl. ebenda; Klingebiel, N., a. a. O., S. 24.

699 Vgl. Spreiter, M., Gemeinsame Ziele für eine viel versprechende Zukunft, in: Bankmagazin 3/2001, S. 76–79, S. 76; Karpinski, H., Gemeinsam ans Ziel, in: Bankmagazin 2/2001, S. 56–57, S. 56 f.; Lindena, B., Leistungsanreize, a. a. O., S. 714; Lyding, W./Hören, M. von, Einführung einer leistungs- und marktgerechten AT-Vergütung, in: Personalführung 5/2001, S. 40–47, S. 47.

700 Liegt eine Zielvorgabe vor, ist diese unter Billigkeitsabwägungen zu betrachten, und damit findet auch der arbeitsrechtliche Gleichbehandlungsgrundsatz Anwendung, vgl. Redmann, B., a. a. O., S. 25.

In einem persönlichen Gespräch ist für jeden einzelnen Mitarbeiter festzulegen, welchen Beitrag er für die Erfüllung des Team- oder Abteilungsziels leisten kann und welche Zwischenziele mit einem festen Zeitplan dafür vereinbart werden müssen.[702] In Unternehmen kann es heute nicht mehr darum gehen, in autoritärer Weise „Urteile über Mitarbeiter" zu sprechen.[703] Vielmehr besteht die Herausforderung darin, Menschen dafür zu gewinnen und zu begeistern, dass sie sich für die Erreichung ehrgeiziger Unternehmensziele engagieren.[704] Der Vorgesetzte und sein Mitarbeiter müssen gemeinsam herausfinden, wie das Aufgabenfeld in Abstimmung mit den Unternehmenszielen so gestaltet werden kann, dass der Mitarbeiter seine spezifischen Fähigkeiten über angemessene Herausforderungen und Entwicklungschancen optimal einbringen kann.[705] Von der Akzeptanz der getroffenen Vereinbarungen auch durch den Mitarbeiter hängt dessen Akzeptanz zum einen des Kriteriums „Leistung" als Parameter von Mitarbeiterwerten, zum anderen des gesamten Steuerungskonzepts ab.

In der Praxis bereitet vielen Führungskräften die Formulierung hochwertiger Zielvereinbarungen allerdings Schwierigkeiten, da immer wieder Aufgaben mit Zielen verwechselt werden[706] und zudem teilweise eindeutige, operationalisierbare Messkriterien für die individuelle Erfolgsbeurteilung fehlen.[707] Dabei sollte mit der Zielformulierung möglichst gleichzeitig die Festlegung und Operationalisierung der Beurteilungskriterien erfolgen, um den Mitarbeitern die Orientierung zu erleichtern und die Erwartungen zu verdeutlichen.[708] Zudem

---

701 Vgl. Femppel, K., a. a. O., S. 396. Die in den 70er- und 80er-Jahren des vergangenen Jahrhunderts sehr verbreiteten Verfahren der Beurteilung durch den jeweiligen Vorgesetzten sind in der jüngeren Zeit wegen der Unbestimmtheit der Anforderungen an den Mitarbeiter, der hohen Subjektivität der Bewertung durch den Vorgesetzten, der starken hierarchischen Ausrichtung und der geringen Differenzierung in den Beurteilungen zunehmend in die Kritik geraten, vgl. Lurse, K., Erfolgsanalyse ist partnerschaftlich, in: Personalwirtschaft 2/2001, S. 46–51, S. 46.

702 Vgl. Spreiter, M., a. a. O., S. 76; Prasch, E./Torka, W., a. a. O., S. 519; Schust, G. H., a. a. O., S. 87; Svoboda, M., Erfolg durch Zielvereinbarung, in: Personalwirtschaft 12/1997, S. 35–41, S. 40; Hoos, W./Siebold, M., a. a. O., S. 36.

703 Vgl. Kunz, G., Zielvereinbarungen, a. a. O., S. 493.

704 Vgl. ebenda.

705 Vgl. Lehmann, J. A., a. a. O., S. 67.

706 Vgl. Wildenmann, B./Sprenger, R. K., Pro & contra Zielvereinbarungen, in: Personalwirtschaft 4/2001, S. 90.

707 Vgl. Wilbs, D., Rolle im Wandel, in: Personalführung 1/1997, S. 48–52, S. 52.

708 Vgl. Becker, F. G./Fallgatter, M./Seitz, S., Zielorientierte Leistungsbeurteilung, in: Die Bank 5/1995, S. 270–278, S. 272; Mazanec, J., a. a. O., S. 319; Bardens, R./ Wimmer, K., Mehr Freiheit, a. a. O., S. 74; Osenroth, K./Hören, M. von, Einführung variabler Vergütung bei den Stadtwerken Solingen, in: Personalführung 9/1999, S. 26–30, S. 28; Peuntner, Th., Management by Objectives (MbO) – Grundlagen, in: Personal 10/1999, S. 486; Kunz, G., Visionen gezielt umsetzen, in: Bankmagazin 4/2001, S. 74–75, S. 74.

erschwert eine solche Zieloperationalisierung die Willkür bei einer eventuell notwendigen nachträglichen Interpretation der Ergebnisse.[709] Um ihre volle Anreiz- und Steuerungswirkung voll entfalten zu können, sollten die individuell festgelegten Ziele darüber hinaus

- auf den jeweiligen Aufgabenbereich konkret zugeschnitten und nicht weitestgehend von anderen Umständen oder dem Verhalten anderer Personen abhängig sein[710];
- vom Mitarbeiter und Vorgesetzten vollkommen angenommen und weder von oben aufgezwungen noch von unten „abgetrotzt" werden;
- einerseits zwar anspruchsvoll zu erreichen, andererseits aber realistisch sein (d. h. dem persönlichen Leistungsvermögen entsprechen).[711]

Für eine „faire" (d. h. der gestellten Aufgabe und der erbrachten Leistung gleichermaßen angemessene) Beurteilung ist allerdings auch der Betrachtungszeitpunkt des Leistungszeitraums maßgebend.[712] Der Wert einer erbrachten Arbeitsleistung lässt sich nämlich je nach Aufgabenfeld häufig erst nach mehreren Jahren richtig einschätzen.[713] Dieser Sachverhalt gilt insbesondere bei Akquisitionstätigkeiten, bei denen der Bank durch den erforderlichen Aufbau von Kundenbeziehungen erst zeitverzögert Erträge zufließen. Auch Führungskräfte, die strategische Verantwortung tragen, lassen sich eher an längerfristigen Erfolgen messen[714], während transaktionsorientierte Tätigkeiten (z. B. in den Handelsbereichen der Investmentbanken) ohne eine solche Zeitverzögerung zu Erträgen führen (sollten). Die teilweise nur zeitversetzt mögliche Beurteilung der nachhaltigen Leistungsqualität stellt jedoch nicht die grundsätzliche Eignung von „Leistung" als Kriterium für Mitarbeiterwerte infrage, sondern erfordert vielmehr zeitlich gestaffelte, gegebenenfalls an bestimmte Bedingungen gekoppelte Bonusauszahlungen (vgl. Kap. F 2.1.4.2).

---

709 Vgl. Becker, F. G./Fallgatter, M./Seitz, S., a. a. O., S. 272.

710 Vgl. Redmann, B., a. a. O., S. 23. Diese für Zielvereinbarungen geltende Bedingung muss keineswegs für ein System zur Steuerung des Mitarbeiterwerts gelten, da dieses aufgrund des längeren Zeithorizonts durchaus auch nicht vom Mitarbeiter zu beeinflussende Kriterien enthalten sollte (vgl. Kap. E 3).

711 Mit Blick auf die Fürsorgepflicht der Unternehmen im Rahmen einer sozialen Marktwirtschaft ist es wichtig, dass es Höchstgrenzen gibt, denn Systeme ohne Grenzen überfordern Mitarbeiter, die sich selbst einem hohen Leistungsdruck aussetzen, der letztlich unter Umständen das Gegenteil bewirkt, vgl. Renner, G., a. a. O., S. 37 und 40.

712 Vgl. Leichtfuß, R./Bonacker, M., a. a. O., S. 626.

713 Vgl. Erdmann, U., a. a. O., S. 205; Gutenberger, H.-J., Rankings und Ratings – Orientierungshilfe mit Einschränkung, in: ZfgK 7/2002, S. 38–41, S. 38 ff.

714 Vgl. Leichtfuß, R./Bonacker, M., a. a. O., S. 626.

In der Praxis sind die Messkriterien oftmals nicht im Rahmen eines Management-by-Objectives-Systems an die Vergütung gekoppelt.[715] Doch gerade die Knüpfung von Zielerreichung und Leistung der Mitarbeiter an die Anreizverteilung mittels der Berechnung von Mitarbeiterwerten erhöht die Verbindlichkeit der getroffenen Vereinbarungen.[716] Mitarbeiter akzeptieren in der Regel betriebliche Zielvereinbarungen als Mittel zum Zweck, um in den Genuss von Anreizen zu gelangen.[717] Eine Gefahr bei einem zielorientierten Vergütungssystem kann allerdings darin bestehen, dass Mitarbeiter und Vorgesetzte ihr Augenmerk ausschließlich auf die vereinbarten Ziele richten und Routineaufgaben vernachlässigen, die selbstverständlich ordnungsgemäß erledigt werden müssen, aber nicht Gegenstand der Zielvereinbarung waren.[718]

Das zu entwickelnde Modell zur Steuerung des Mitarbeiterportfolios soll die relative Wertigkeit einzelner Mitarbeiter im Verhältnis zur gesamten Belegschaft ermitteln. Dieser übergeordnete Bezugsrahmen schafft die Notwendigkeit für jeden Vorgesetzten, sich tatsächlich mit jedem einzelnen Mitarbeiter stärker zu befassen und über dessen erbrachte Wertschöpfung nachzudenken. Es entsteht hierdurch ein erheblicher Druck auf die Vorgesetzten vonseiten der Mitarbeiter, regelmäßige Zielvereinbarungen mit ihnen zu treffen und später Beurteilungsgespräche zu führen, was ansonsten im betrieblichen Alltag nur sporadisch erfolgt. Somit führt eine Anreizverteilung auf Basis von Mitarbeiterwerten als Nebeneffekt zu einer noch stärkeren Institutionalisierung von Mitarbeiterbeurteilungen.

Bei den Kriterien, die zur Festlegung von Zielen herangezogen werden, lassen sich quantitative und qualitative unterscheiden. Im Mitarbeitergespräch erfolgt seitens der Führungskraft unter Würdigung der individuellen und der teamorientierten Zielerreichung eine Einschätzung der erbrachten Leistung (vgl. Kap. E 2.2.2).[719]

2.2.1.1 Vereinbarung quantitativer Ziele

Quantitative Leistungskriterien haben den Vorteil, dass Unterschiede im Leistungsniveau genauer ermittelt werden können, als das mit qualitativen Kriterien möglich wäre.[720] Solche quantitativen Größen werden zumeist

715 Vgl. Wilbs, D., a. a. O., S. 52.
716 Vgl. Spreiter, M., a. a. O., S. 78; Hoos, W./Siebold, M., a. a. O., S. 36.
717 Vgl. Graumann, M./Niedermeyer, M., Höhere Motivation durch Partizipation, in: Personalführung 1/2003, S. 72–75, S. 72.
718 Vgl. Bardens, R./Wimmer, K., Nicht jedes Ziel hat einen Sinn, in: Bankmagazin 12/1999, S. 58–60, S. 58 ff.
719 Vgl. Kick, Th., a. a. O., S. 310.
720 Vgl. Erdmann, U., a. a. O., S. 109.

ex post ermittelt – entweder als absolute, relative (entsprechend der Veränderungsrate oder im Verhältnis zu vergleichbaren Instituten oder zu Branchengrößen) oder zielgemäße (Unter- oder Übererfüllung von Zielen, Zielerreichungsgrad) Erfolgskriterien.[721] Noch immer überwiegen als Zielvorgaben klassische Kennwerte (wie z. B. Volumen- bzw. Ergebnisziele oder Neugeschäftsvereinbarungen).[722] Im Sales-Bereich beispielsweise stehen als Zielgrößen die ertragreiche Ausschöpfung vorhandener sowie die Gewinnung neuer Kundenbeziehungen im Vordergrund; Ansatzpunkt für die Leistungserfassung ist der Umsatz mit diesen Kunden bzw. der erzielte Deckungsbeitrag.[723] Die Bemessungsgrundlage für Kundenbetreuer aus diesem Bereich sollte die individuelle Leistung des Mitarbeiters in der Marktbearbeitung dominierend abbilden, aber auch die Leistung des jeweiligen Vertriebsteams berücksichtigen, damit das System nicht ausschließlich das Einzelkämpfertum belohnt.[724] Außerdem ist die Einbeziehung der gemeinsam erbrachten Leistung ein Mittel, um den Teamgeist zu fördern.[725]

Diese und ähnliche Vorgaben belohnen allerdings in Kombination mit kurzen Bewertungszeiträumen risikogeneigtes Verhalten der Mitarbeiter zur Erreichung ihrer Gewinnziele.[726] Ein solcher Effekt lässt sich am Subprime-Markt, der als Ausgangspunkt der aktuellen Finanzkrise gilt, veranschaulichen: Investitionen in diesen Teil des Hypothekenmarktes, der sich durch Kreditnehmer mit überwiegend geringer Bonität auszeichnet, waren bis zum Eintreten der Kreditkrise aufgrund einer hohen Renditeerwartung attraktiv.[727] Bei den jährlichen Bonusrunden wird der Risikofaktor der getätigten Geschäfte jedoch regelmäßig unberücksichtigt gelassen – so war es noch im Angesicht der drohenden Krise möglich, ohne ein unmittelbar persönliches Risiko mit Subprime-Krediten Gewinne zu erzielen.[728] Moderne leistungsorientierte Zielvereinbarungen setzen andere Schwerpunkte und berücksichtigen die Nachhaltigkeit und Wertorientierung als die entscheidenden Faktoren.[729] Von den in den vergangenen Jahren entwickelten wertorientierten Modellen seien beispielhaft genannt der Economic Value Added, der Cash Value Added und der Market Value Added, wobei sich hinter den unterschiedlichen Bezeichnungen einander ähnliche

[721] Vgl. Becker, F. G., Anreizsysteme für Führungskräfte. Möglichkeiten zur strategisch-orientierten Steuerung des Managements, Stuttgart 1990, S. 29 ff.

[722] Vgl. Leichtfuß, R./Bonacker, M., a. a. O., S. 625 f.; Olfert, K./Steinbuch, P. A., a. a. O., S. 236.

[723] Vgl. Leichtfuß, R./Bonacker, M., a. a. O., S. 630.

[724] Vgl. ebenda.

[725] Vgl. ebenda.

[726] Vgl. Griebe, Th., a. a. O.

[727] Vgl. ebenda.

[728] Vgl. ebenda.

[729] Vgl. ebenda.

Ansätze verbergen.[730] Eine Ergebnisgröße wird zu den Kapitalkosten ins Verhältnis gesetzt, um daraus den zusätzlich für das Unternehmen geschaffenen Wert zu errechnen.[731] Als Beispiel hierfür lässt sich der Eigenhandel nennen, dessen Haupterfolgsfaktor die Generierung eines hohen, ergebnisstarken Handelsvolumens bei gleichzeitiger Minimierung der vorgehaltenen Handelsbestände und damit der eingegangenen Kurs-, Zins- und Währungsrisiken ist.[732] Verlustpotenziale im Eigenhandel, die durch Eigenkapital abzudecken sind, lassen sich über die Durchschnittshöhe der Nominalbestände, die Kursvolatilität für ein vorgegebenes Konfidenzintervall und die benötigte Liquidationsdauer produktspezifisch abschätzen.[733] Eigenkapitalkosten auf das Capital at Risk sind – ebenso wie die Refinanzierungs- und Abwicklungskosten – von den realisierten und nicht realisierten Handelsgewinnen/-verlusten abzuziehen.[734] Es kann daher in Einzelfällen durchaus auch sinnvoll sein, für einen erwartungsgemäß defizitären Bereich negative Ergebnisbeiträge vorzugeben, wenn ein Erfolg bereits darin besteht, die Verluste niedriger als erwartet ausfallen zu lassen.[735]

Schätzen beispielsweise Mitarbeiter des Bereichs Equity Capital Markets bei der Durchführung von Kapitalerhöhungen den Markt falsch ein, so besteht die Gefahr, dass die als Underwriters fungierenden Garanten der Emission selbst einen Großteil der neuen Aktien zum überhöhten Ausgabepreis übernehmen müssen.[736] Die Absage bzw. Verschiebung einer Kapitalerhöhung bzw. eines Börsengangs aufgrund eines eingetrübten Kapitalmarktumfelds bedeutet zwar zunächst, dass Erträge entgehen, erspart aber gegebenenfalls einen erheblichen Imageschaden im Falle einer vom Markt nicht angenommenen Transaktion.

Zur Sicherung der Nachhaltigkeit der erbrachten Leistungen besteht in Deutschland durch die Neufassung der MaRisk (vgl. Kap. C 2.7) für alle Kredit- und Finanzdienstleistungsinstitute die Anforderung, die Zeiträume zur

---

[730] Vgl. ebenda.

[731] Vgl. ebenda.

[732] Vgl. Leichtfuß, R./Bonacker, M., a. a. O., S. 631.

[733] Vgl. ebenda.

[734] Vgl. ebenda.

[735] Vgl. Laux, H., Zum Einfluss einer Sollgewinn-Vorgabe bei gewinnabhängiger Prämie, in: Die Unternehmung 2/1975, S. 169–186, S. 185.

[736] Gegen entsprechende Zahlung von Gebühren verpflichten die emissionsbegleitenden Banken teilweise sogenannte Sub-Underwriters, das heißt andere Banken und Broker, die zumindest einen Teil des Platzierungsrisikos übernehmen, vgl. o. V., Suche nach Herberge für neue HBOS-Aktien, in: Börsen-Zeitung vom 22.07.2008, S. 5; Bayer, T., HBOS-Aktionäre verschmähen Kapitalerhöhung, in: http://www.ftd.de/unternehmen/finanzdienstleister/:Bankenkrise%20HBOS%20Aktion%E4re%20Kapitalerh%F6hung/388256.html vom 21.07.2008.

Bewertung der Wirksamkeit der Mitarbeiterleistungen zu strecken (Long-Term-Incentives).[737] Artikel 7 1.7 MaRisk schreibt explizit vor, dass der Messzeitraum für die variable Vergütung und der Leistungszeitraum für die Vergütung unter Berücksichtigung der Laufzeit der Risiken hinreichend langfristig zu gestalten sind. Die variablen Boni dürfen nicht mehr an kurzfristig hohen Renditen ausgerichtet sein, sondern müssen sich am langfristigen Erfolg des Instituts orientieren.[738] Sollte sich im Nachhinein herausstellen, dass ein Geschäftsabschluss unter Risikoaspekten nicht vertretbar war, müssen die Verantwortlichen einen Teil oder sogar ihren gesamten Bonus zurückzahlen.[739] Eine Mitarbeiterwertermittlung, die auch das vom Mitarbeiter eingegangene Risiko bei der Performancebeurteilung berücksichtigt, trägt zur Einhaltung einer Balance im Sinne eines ausgewogenen Verhältnisses von Chancen und Risiken bei.[740]

Quantitative Zielsetzungen lassen sich nicht nur für diejenigen Mitarbeiter festlegen, die in Kundenbereichen tätig sind. Denn auch die Leistungen der Stabsabteilungen sind – entgegen der Meinung mancher Skeptiker – mess- und bewertbar, wenngleich mit einer wesentlich bedeutsameren qualitativen Komponente als in den Front-Office-Einheiten.[741] Die Erfolgs- und Leistungskriterien beziehen sich im Servicebereich auf den direkten, indirekten und internen Leistungsbeitrag und ermöglichen es, Zielvereinbarungen zur Optimierung der Effizienz und Qualität zu definieren.[742] Für Abwicklungs- und Stabsbereiche sind Größen, wie zum Beispiel Produktivitätssteigerungsraten oder der Erfüllungsgrad wesentlicher in der Planung festgelegter Aufgaben und Projekte (etwa die Einführung einer neuen Handelsplattform bis zu einem festgelegten Stichtag), zu verwenden.[743] In Bereichen, die regelmäßig quantitativ messbare Leistungen erbringen, wie etwa in der Wertpapierabwicklung, sollten darüber hinaus Produktivitätssteigerungen bzw. Stückkostensenkungen in die Leistungsbeurteilung einbezogen werden.[744]

---

737 Vgl. Bundesanstalt für Finanzdienstleistungsaufsicht, Mindestanforderungen an das Risikomanagement – MaRisk, a. a. O.; Griebe, Th., a. a. O.

738 Vgl. Afhüppe, S./Delhaes, D., Bund greift bei Bankboni durch, a. a. O.; o. V., Aufsicht greift bei Bankenboni durch – Strengere Vergütungsregeln für die Branche, in: Börsen-Zeitung vom 15.08.2009, S. 1.

739 Vgl. ebenda.

740 Vgl. o. V., UniCredit richtet Boni an Nachhaltigkeit aus, in: Börsen-Zeitung vom 15.07.2009, S. 4.

741 Vgl. Leichtfuß, R./Bonacker, M., a. a. O., S. 629; Bardens, R./Wimmer, K., Mehr Freiheit, a. a. O., S. 74; Erdmann, U., a. a. O., S. 109.

742 Vgl. Uepping, H./Matthes, E., a. a. O., S. 859.

743 Vgl. Leichtfuß, R./Bonacker, M., a. a. O., S. 629.

744 Vgl. ebenda.

2.2.1.2 Vereinbarung qualitativer Ziele

Um die Performance eines Mitarbeiters später vollständig beurteilen zu können, ist neben den Leistungsergebnissen auch das Leistungsverhalten[745] einzubeziehen, das dabei alle Aspekte des Arbeits-, Führungs- und Sozialverhaltens sowie auch die sogenannte emotionale Intelligenz umfasst.[746] Ebenso wie die qualitativen Leistungsziele lassen sich die Ausprägungsstufen des Leistungsverhaltens durch geeignete Operationalisierung messen, miteinander vergleichen und in die Ermittlung von Mitarbeiterwerten einbeziehen.

Als Kritikpunkt an der Verwendung eigenschaftsorientierter, qualitativer Beurteilungsmerkmale (z. B. Initiative, Zuverlässigkeit, Genauigkeit, Selbstständigkeit[747]) führen Becker et al. an, dass erwiesenermaßen oftmals mit durchaus unterschiedlichen Eigenschaften die gleichen Leistungen erbracht werden können.[748] Durch die Aufgabenbezogenheit der Beurteilung sollten den Mitarbeitern vielmehr klare Ergebnisziele vorgegeben und die Art und Weise der Zielerreichung der Verantwortung des Mitarbeiters überlassen werden.[749]

2.2.1.2.1 Erwartungen an das Arbeitsverhalten des Mitarbeiters

Zu den Merkmalen des **Arbeitsverhaltens** zählen alle persönlichen Verhaltensweisen am Arbeitsplatz, die die Quantität und Qualität des Leistungsergebnisses direkt beeinflussen.[750] Beispiele dafür sind Planungs- und Organisationsgeschick, die Initiative am Arbeitsplatz oder auch die Zielidentifikation.[751] Zielidentifikation wiederum beinhaltet Zielorientierung, persönliche Verantwortung sowie das Bemühen, ständig Verbesserungen in Quantität, Qualität und Innovation zu erzielen.[752] Das Interesse, Geschehnisse aktiv zu gestalten, sowie die Offenheit für Veränderungen stellen gerade in einem sehr wettbewerbsintensiven und schnelllebigen Umfeld wie dem Investmentbanking ein wesentliches Merkmal zur Differenzierung gegenüber anderen Mitarbeitern dar.[753]

---

745 Vgl. Bruhn, H.-D., a. a. O., S. 19.
746 Vgl. Becker, K., a. a. O., S. 13 f.; Lehmann, J. A., a. a. O., S. 66.
747 Vgl. Olfert, K./Steinbuch, P. A., a. a. O., S. 236.
748 Vgl. Becker, F. G./Fallgatter, M./Seitz, S., a. a. O., S. 271.
749 Vgl. ebenda, S. 272.
750 Vgl. Erdmann, U., a. a. O., S. 165.
751 Vgl. ebenda, S. 165; Bruhn, H.-D., a. a. O., S. 19.
752 Vgl. Schust, G. H., a. a. O., S. 115.
753 Vgl. Kauffeld, S./Grote, S., a. a. O., S. 31.

2.2.1.2.2 Erwartungen an das Führungsverhalten des Mitarbeiters

Dem Ansatz von Hinterhuber folgend besteht Führungsverhalten oder **Leadership** aus drei Säulen: Die Führungskraft muss

- ein Visionär sein, der zugleich den Siegeswillen seiner Mitarbeiter anspornt und ihrer Tätigkeit eine Richtung und einen Sinn gibt;
- Vorbild sein, Engagement zeigen, Energien freisetzen sowie Talente und Innovationen fördern;
- den Unternehmenswert steigern und Wohlstand für alle Partner des Unternehmens schaffen, also nicht nur für die Anteilseigner, sondern auch für die Kunden, Mitarbeiter und sonstigen Stakeholder.[754]

Führungsqualitäten sind nicht gleichzusetzen mit Managementqualitäten: Leadership heißt, neue Möglichkeiten zu entdecken und umzusetzen oder umsetzen zu lassen; Management bedeutet dagegen, konkrete Probleme zu lösen.[755] Management ist somit die Arbeit innerhalb eines Systems, Leadership dagegen ist die Arbeit am System.[756] Gerade bei späteren Gewichtungsentscheidungen des Kriteriums „Führungsverhalten" im Verhältnis zu den anderen Kriterien des Mitarbeiterwerts sollte beachtet werden, dass die Zahl der Führungskräfte aufgrund immer schlankerer Hierarchien weiter abnehmen wird.[757]

Als Maßstab für die spätere Bewertung der Führungsaufgabe eines Mitarbeiters eignet sich zum Beispiel das Kriterium „Verbesserung des Arbeitsklimas", gemessen anhand von Kennzahlen zur Fluktuation, zu Fehlzeiten oder von Ergebnissen einer Mitarbeiterbefragung.[758] Die Messung der Führungsleistung könnte sich auch an der Anzahl der geführten Mitarbeitergespräche orientieren (qualitative Größe), wobei sich aus diesem Kriterium jedoch keine Aussage über die Qualität der einzelnen Gespräche ableiten lässt. Die Anzahl absolvierter Schulungsstunden je Vollzeitarbeitskraft (FTE)[759] lässt dagegen nur bedingt Rückschlüsse auf die Ernsthaftigkeit der Wahrnehmung des Führungsauftrags zu: Seminare sollten aufgrund der verursachten Kosten nur nach dem

---

[754] Vgl. Hinterhuber, H. H., Dirigent des Unternehmens, in: Personalwirtschaft 2/2001, S. 54–55, S. 54.

[755] Vgl. ebenda.

[756] Vgl. ebenda.

[757] Vgl. Krämer, H.-P., a. a. O., S. 18.

[758] Vgl. Bardens, R./Wimmer, K., Mehr Freiheit, a. a. O., S. 74 f.

[759] Vgl. PricewaterhouseCoopers, Wichtige Trends, a. a. O., S. 21.

Bedarfskriterium zugeteilt werden und keinen Hebel zur Erhöhung des eigenen Mitarbeiterwerts der Führungskraft bilden.

Zur Ermittlung von Mitarbeiterwerten findet das Kriterium „Führungsverhalten" zwangsläufig nur auf den Personenkreis Anwendung, der eine Vorgesetztenfunktion ausübt. Somit besteht durch dieses selektive Kriterium die Möglichkeit, den Wertbeitrag – positives Verhalten vorausgesetzt – von Mitgliedern des Managements in besonderer Weise bei der Mitarbeiterwertermittlung zu berücksichtigen.

2.2.1.2.3 Erwartungen an die soziale, fremdsprachliche und kulturelle Kompetenz des Mitarbeiters

Das **Sozialverhalten** (die Sozialkompetenz) als zweite Merkmalsgruppe bezieht sich auf alle Verhaltensweisen, die im Umgang etwa mit Vorgesetzten, Kollegen, Mitarbeitern, Kunden und Geschäftspartnern wichtig sind (z. B. Kooperationsbereitschaft und Teamfähigkeit, Kommunikationsfähigkeit).[760] Flachere Hierarchien und abteilungsübergreifende Projektarbeiten erfordern ein hohes Maß an Teamgeist.[761] Die Fähigkeit und Bereitschaft des Einzelnen, in einer Gruppe an der Erreichung festgesetzter oder vereinbarter Ziele wirkungsvoll mitzuarbeiten, sind wesentliche Voraussetzungen für den Erfolg von Teamarbeit.[762] Schließlich ist jeder Mitarbeiter auf die Unterstützung des Teams angewiesen, umgekehrt muss er auch einen angemessenen Beitrag für das Team leisten.[763] Wer erfolgreich mit anderen zusammenarbeiten will, sollte in der Lage und bereit sein,

- gut und intensiv zuzuhören und sich um Verständnis zu bemühen;
- offen zu kommunizieren, sich verständlich auszudrücken;

[760] Vgl. Erdmann, U., a. a. O., S. 165; Grote, M., a. a. O., S. 139.
[761] Vgl. Bothe-Fehl, I., Durch einen Seitenwechsel die Führungsqualität erhöhen, in: Bankmagazin 12/2001, S. 62–64, S. 62.
[762] Vgl. Ueberschaer, N., a. a. O., S. 16; Prasch, E./Torka, W., a. a. O., S. 517.
[763] Vgl. Prasch, E./Torka, W., a. a. O., S. 519.

- präzise, umfassend und vorbehaltlos andere zu informieren, Wissensvorsprünge und Erfahrungen weiterzugeben und damit dem Unternehmen auf Dauer zur Verfügung zu stellen[764];
- Kompromisse auszuhandeln und zu akzeptieren, sich rücksichtsvoll und zuverlässig zu verhalten;
- ressortübergreifende Themen zu erfassen und kooperativ zu lösen;
- gemeinsame Ziele höher zu gewichten als die Durchsetzung der eigenen Ziele;
- gemeinsame Normen und Regeln zu achten und zu unterstützen.

Neben der Sozialkompetenz sind im Investmentbanking auch Sprach- und Kulturkenntnisse wichtige Komponenten von Mitarbeiterwerten. Wenn Nationen sich demografisch diversifizieren, werden auch Belegschaften in global tätigen Unternehmen zwangsläufig vielfältiger in Bezug auf Ethnizitäten, Nationalitäten, Religionen, Erfahrungen usw.[765] Im Investmentbanking ist Englisch auch für die Mitarbeiter in deutschen Instituten bereits die gängige Wirtschaftssprache, zumal die eigenen Teams ohnehin oftmals multikulturell besetzt sind und viele Transaktionen über Ländergrenzen hinweg erfolgen.[766] Die Mitarbeiter müssen in der Lage sein, schnell tragfähige Kontakte – auch gruppen- und abteilungsübergreifend – zu knüpfen und Arbeitsbeziehungen herzustellen, um Pläne in sozialen Interaktionssituationen erfolgreich entwickeln und realisieren zu können.[767] Die zunehmende Internationalisierung erfordert jedoch nicht nur die Kenntnis der Fachterminologie, sondern auch die Kenntnis der kulturellen

---

[764] Aus Unternehmensberatungen ist beispielsweise folgende pragmatische Initiative bekannt, die dazu dient, Knowledge Leaders in der eigenen Organisation zu identifizieren, das heißt Mitarbeiter, die Wissen aktiv an andere weitergeben. Die Spielregeln hierbei lauten: Jeder Mitarbeiter erhält pro Quartal 50 Punkte, die er an Kollegen verteilen kann (aber nicht muss), die ihn besonders unterstützt haben. Jeder Mitarbeiter stellt sich folgende Fragen: Wer hat mich bei der Lösung eines Problems aktiv unterstützt? Wer hat mich an seinen Erfahrungen teilhaben lassen? Wer fördert Wissensaufbau und -transfer in unserem Unternehmen besonders? Die mit Punkten bedachten Kollegen sammeln diese Punkte auf ihrem – zentral verwalteten – Punktekonto und können sich zum Ende des Geschäftsjahres nach der Punktzahl gestaffelt ein Geschenk aus einem festgelegten Repertoire aussuchen (z. B. hochkarätige Seminare nach eigener Wahl, inklusive Seminargebühr und Reisespesen). Auf diese Weise lassen sich die Kooperationsbereitschaft und die Weitergabe von Fachkenntnissen durchaus als Kriterium in die Mitarbeiterwertermittlung einbeziehen, vgl. North, K., a. a. O., S. 67.

[765] Vgl. Fischer, H./Steffens-Duch, S., Herausforderungen, a. a. O., S. 479.

[766] Vgl. Schust, G. H., a. a. O., S. 115.

[767] Vgl. Kauffeld, S./Grote, S., a. a. O., S. 31.

Besonderheiten des Wirtschaftsraums.[768] Zu den interkulturellen Kompetenzen zählen beispielsweise Einfühlungsvermögen in kulturspezifische Normen und Wertvorstellungen oder auch die Unvoreingenommenheit diesen gegenüber.[769] Unvoreingenommene Menschen sind sich der Relativität der eigenen kulturellen Standards bewusst und betrachten andere Kulturen als gleichwertig, ohne andersartige kulturelle Standards als eigene zu übernehmen.[770]

Mindestanforderungen an die Sprachkenntnisse eines Mitarbeiters zur Ausübung einer beruflichen Tätigkeit lassen sich in einfacher Weise auf einer Skala festlegen, sodass ein von neutraler Seite durchgeführter Sprachtest genaue Auskunft über das Sprachniveau des Mitarbeiters geben kann. Bei den sogenannten Soft Skills (wie z. B. den kulturellen Kompetenzen) bietet sich – auch mit Blick auf die spätere eindeutige Einordnung des Ausprägungsgrads – anstelle einer Skala eher die digitale Unterscheidung in „Kompetenz ausgeprägt" bzw. „Kompetenz nicht beobachtbar" an. Anhaltspunkte für das Vorhandensein kultureller Kompetenz könnten zum Beispiel beruflich erfolgreich vorgenommene längere Auslandsaufenthalte sein.

2.2.1.2.4 Erwartungen an die emotionale Intelligenz des Mitarbeiters

Erfolgreiches menschliches Verhalten lässt sich nach dem amerikanischen Wissenschaftsjournalisten und Trainer Daniel Goleman auf einen hohen Grad an **emotionaler Intelligenz** zurückführen.[771] Goleman, der die emotionale Intelligenz unter Managementaspekten in einer Vielzahl empirischer Studien untersucht hat, stellte ein stets wiederkehrendes Erfolgsmuster bei erfolgreichen Führungskräften fest.[772] Die High Performers unter den Managern unterscheiden sich von ihren weniger erfolgreichen Kollegen durch eine wesentlich höhere Ausprägung ihrer auf emotionalen Fähigkeiten aufbauenden

768 Vgl. Redicker, C.-H., Schlüsselqualifikation Wirtschaftsenglisch, in: Die Bank 10/1995, S. 602–605, S. 602; Heimer, Th., Wissensmanagement – Eine Einleitung, in: Heimer, Th./Rossbach, P. (Hrsg.), Management der Ressource Wissen in Banken, Frankfurt am Main 2001, S. 3–12, S. 3.

769 Vgl. Kühlmann, T. M./Stahl, G. K., Anforderungen an Mitarbeiter in internationalen Tätigkeitsfeldern, in: Personalführung 11/1998, S. 44–55, S. 50 f.

770 Vgl. ebenda, S. 51.

771 Vgl. Uepping, H., Manager sein heißt lebenslanges Lernen, in: Bankmagazin 12/1999, S. 54–56, S. 55.

772 Vgl. ebenda.

Kompetenzen, wozu insbesondere Flexibilität, Vertrauenswürdigkeit, Teamfähigkeit und der Drang, etwas zu erreichen, zählen.[773]

Emotionale Intelligenz lässt sich nach der grundlegenden Definition von Salovey/Mayer insbesondere gliedern in:

- die Selbstwahrnehmung, das heißt die realistische Einschätzung eigener Emotionen;
- die angemessene Handhabung der eigenen Gefühle (z. B. Unterdrückung von Impulsivität);
- die Fähigkeit, Gefühle anderer zu verstehen;
- den Umgang mit Emotionen anderer (Konfliktfähigkeit).[774]

Insbesondere seit der Veröffentlichung von Daniel Golemans Forschungen in seinem Buch „Emotionale Intelligenz“[775] haben sich zahlreiche Autoren[776] im In- und Ausland intensiv mit der Bedeutung der emotionalen Intelligenz (EQ) für das private und das berufliche Leben beschäftigt.

Die emotionale Intelligenz als ein Kriterium von Mitarbeiterwerten weist in ihren einzelnen Facetten deutliche Überschneidungen mit den skizzierten Dimensionen des Leistungsverhaltens, das heißt des Arbeits-, Führungs- und Sozialverhaltens, auf. So betrifft beispielsweise der Drang, etwas zu erreichen, das Arbeitsverhalten und gegebenenfalls die Führungskompetenz, der einfühlsame „Umgang mit den Emotionen anderer“ die Sozialkompetenz.

2.2.2 Beurteilung der Zielerreichung

Die Analyse der Abweichung von Zielplanung und -erreichung bedeutet die Antwort auf die Frage, ob und wie der Mitarbeiter seine Ziele erreicht hat, und findet ihre Zusammenfassung in der Bewertung der Gesamtperformance in einem Mitarbeitergespräch.[777] Der Grad der Erreichung der zwischen Vorgesetztem und Mitarbeiter vereinbarten quantitativen und qualitativen

---

[773] Vgl. ebenda, S. 55. Einen Überblick über gängige Instrumente zur Messung der Ausprägung der verschiedenen Kompetenzen bei Mitarbeitern vermittelt Kring, W., Künftig erfolgreiche Mitarbeiter auswählen, in: Bankmagazin 11/1997, S. 70–73, S. 70.

[774] Vgl. Salovey, P./Mayer, J. D., Emotional Intelligence, in: Imagination, Cognition and Personality 9/1990, S. 185–211, S. 189.

[775] Vgl. Goleman, D., Emotionale Intelligenz, München 1999.

[776] Vgl. z. B. Al-Baghdadi, W., Personalentwicklung zwischen IQ und EQ, in: BI 9/2000, S. 33–38, S. 34.

[777] Vgl. Schust, G. H., a. a. O., S. 90; Schwandt, M./Aden, H., Strukturierte Mitarbeitergespräche erfolgreich einführen und umsetzen, in: Personalführung 6/1998, S. 64–69, S. 65.

Ziele[778] ist ein wichtiger Bestandteil des zu ermittelnden Mitarbeiterwerts. Zugegebenermaßen ist es aufgrund des subjektiven Einflusses seitens der Führungskraft schwierig, Mitarbeiter nach einheitlichen Maßstäben zu beurteilen.[779] Dennoch gibt es drei zentrale Argumente für den Einsatz von Beurteilungsinstrumenten, die zugleich Teil des Argumentariums für die Notwendigkeit des Einsatzes von Mitarbeiterwerten generell sind:

- Mitarbeiter haben Anspruch auf die Bewertung ihrer Leistungen und Fähigkeiten, um zu erfahren, wo individueller Verbesserungsbedarf bzw. dementsprechend Entwicklungsmöglichkeiten bestehen.[780]
- Mitarbeiter müssen bezüglich ihrer Fähigkeiten, Kenntnisse und Einstellungen bewertet werden, um eine Entscheidung über ihre weitere berufliche Entwicklung im Unternehmen treffen zu können.[781]
- Und schließlich ist eine Einschätzung der Leistung in einem bestimmten Zeitraum notwendig, um eine Basis für die Festlegung der leistungsgerechten Entlohnung zu erhalten.[782]

Die jährliche Leistungsbeurteilung ist – unabhängig von dem in dieser Arbeit diskutierten Modell von Mitarbeiterwerten – allerdings für viele Führungskräfte ein Konfliktfeld.[783] Wenn die Einschätzung des Vorgesetzten nicht mit der Selbsteinschätzung des Mitarbeiters übereinstimmt, kann es zu schwierigen Auseinandersetzungen kommen oder, sofern die Differenzen nicht thematisiert werden, zu einem Gefühl der Benachteiligung beim Mitarbeiter.[784] Dies dürfte umso mehr der Fall sein, wenn die Mitarbeiterbeurteilung sich maßgeblich auf die Bonushöhe auswirkt.[785] Einen Ausweg aus diesem Dilemma bietet die Kombination von Selbst- und Fremdbeurteilung.[786] Empirische Studien bestätigen, dass in der Praxis eine hohe Übereinstimmung zwischen Selbst- und Fremdbeurteilung besteht und sich Mitarbeiter durchaus kritisch im Vergleich mit den Kollegen einschätzen.[787] Die Ursache hierfür dürfte darin bestehen, dass Mitarbeiter zwar ein Interesse an einem hohen eigenen Mitarbeiterwert besitzen, aber gleichzeitig die Gefahr, als Folge der Selbstüberschätzung im Arbeitsleben überfordert und zugleich unglaubwürdig zu

---

778 Vgl. Olfert, K./Steinbuch, P. A., a. a. O., S. 232.
779 Vgl. Thönneßen, J., a. a. O., S. 16.
780 Vgl. ebenda, S. 17; Becker, F. G./Fallgatter, M./Seitz, S., a. a. O., S. 270.
781 Vgl. Thönneßen, J., a. a. O., S. 16.
782 Vgl. ebenda, S. 16 f.; Becker, F. G./Fallgatter, M./Seitz, S., a. a. O., S. 270.
783 Vgl. Eyer, E./Fischer, W./Webers, Th./Wewers, J., Selbst- und Fremdbeurteilung bei Vergütung von Teamarbeit, in: Personalführung 7/1999, S. 32–35, S. 32.
784 Vgl. ebenda.
785 Vgl. ebenda.
786 Vgl. ebenda.
787 Vgl. ebenda, S. 34 f.

werden, als Regulativ wirkt. Treten tatsächlich Beurteilungsdifferenzen auf, so zwingt dieses Verfahren zudem Vorgesetzte und Mitarbeiter, ihre Urteile zu begründen, Beispiele zu nennen und Vergleiche zu ziehen, um zu einer konsensfähigen Bewertung zu gelangen.[788]

Um umfassende Aufschlüsse über die erbrachten Mitarbeiterleistungen zu gewinnen, eignet sich ein 360-Grad-Feedback.[789] Grundgedanke des 360-Grad-Feedback-Verfahrens ist es, mitarbeiterbezogene Leistungseinschätzungen vom Vorgesetzten, aber auch von weiteren Beurteilergruppen zu erheben, um Mitarbeiter wissen zu lassen, wie ihre Arbeitsergebnisse und -verhaltensweisen aus unterschiedlichen Perspektiven wahrgenommen werden.[790] Das 360-Grad-Feedback beinhaltet somit neben dem Vorgesetztenurteil auch Kollegenmeinungen, die Selbsteinschätzung durch den Mitarbeiter sowie die Beurteilung durch interne (oder externe) Kunden (siehe Abb. 13).[791] Da die Wahrnehmung eines einzelnen Beurteilers möglicherweise subjektiv ist[792], setzen angelsächsisch geprägte Investmentbanken (je nach Bedeutung der Position) Beurteilergremien ein, um ein hohes Maß an Objektivität und Fairness zu gewährleisten.[793] Die Beurteilung der Zielerreichung unter Einbeziehung verschiedener kompetenter Personen erhöht aufgrund der eher gegebenen Akzeptanz seitens der Mitarbeiter die Eignung zur Verwendung auch für die Mitarbeiterwertberechnung.

---

788 Vgl. ebenda, S. 35.

789 Vgl. Holderegger, P./Schmidt, R., Internetgestütztes 360°-Feedback mit Coaching, in: Personalführung 11/2001, S. 44–48, S. 44.

790 Vgl. Gerpott, T. J., 360-Grad-Feedback-Verfahren, in: Personal 7/2000, S. 354–359, S. 354.

791 Vgl. Laib, K., Das 360-Grad-Feedback, in: Personalführung 12/1997, S. 1138–1143, S. 1138; Niedermair, G./Mitterer, R., Die Vorgesetztenbeurteilung – Gordischer Knoten des heutigen Managements?, in: Personal 7/2000, S. 346–353, S. 346 ff. Es soll jedoch nicht unerwähnt bleiben, dass die Zufriedenheit interner Kunden im Sinne des internen Dienstleistungsgedankens allerdings nur vordergründig eine stets erstrebenswerte Zieldimension darstellt. Diesbezügliche Zielvorgaben sind als Bewertungsmaßstab für diejenigen Mitarbeiter ungeeignet, die qua Funktion eine Kontrolltätigkeit ausüben und deren Arbeitsqualität – wie z. B. im Falle der Rechtsabteilung – insbesondere durch das Erkennen eines bankbetrieblichen Gefahrenpotenzials und ggf. die Empfehlung zum Verzicht auf die Durchführung einer zu stark risikobehafteten Transaktion zum Ausdruck kommt. Das Kriterium „interne Kundenzufriedenheit" als Wertmaßstab für Mitarbeiter verleitet Mitarbeiter möglicherweise zu Gefälligkeitsaussagen zur Erhaltung hoher eigener Sympathiewerte und schadet in bestimmten Fällen den Interessen der Bank, vgl. Hardes, H. D., Ein Bonussystem für zielorientiertes Handeln der Mitarbeiter, in: Personalwirtschaft 6/2003, S. 50–55, S. 50.

792 Vgl. Perwein, A./Scharpf, R., Führungspotentiale erkennen und bereitstellen, in: Personalführung 2/1995, S. 132–134, S. 133.

793 Vgl. ebenda; Erdmann, U., a. a. O., S. 206.

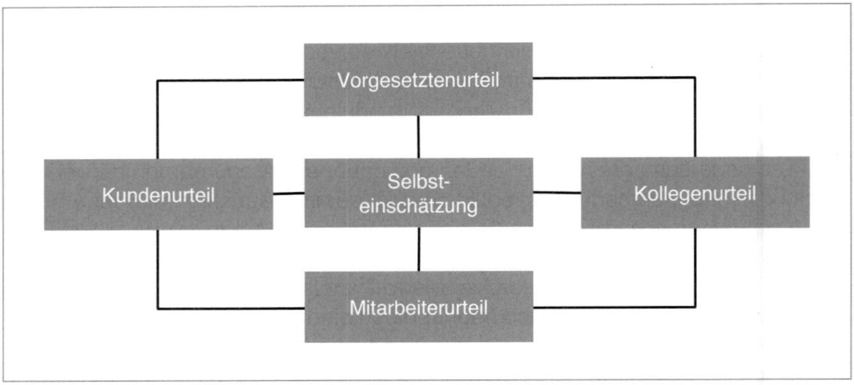

Abb. 13 Einschätzungsdimensionen in einem 360-Grad-Feedback[794]

Die vereinbarten quantitativen Ziele müssen sich nicht zwangsläufig auf ein Individuum beschränken, sondern können auch als zu erreichendes Teamergebnis formuliert werden. So könnte beispielsweise die Personalabteilung von den anderen Bereichen Punkte für die Zusammenarbeit erhalten, je nachdem, wie gut sie deren Arbeit unterstützt hat.[795] Eine Fremdbeurteilung durch leistungsempfangende Bereiche basiert allerdings letztlich ebenfalls auf Werturteilen, wenn auch nicht ausschließlich auf denen des Vorgesetzten.[796] Der wirkliche Anteil einzelner Mitglieder am Gruppenergebnis lässt sich jedoch selten konfliktfrei ermitteln – es sei denn, man einigt sich auf eine offene gegenseitige Beurteilung in einem gruppendynamischen Prozess.[797] Eine solche Beurteilung wird aber unter Wahrung des Gruppenklimas eher zu einer Nivellierung in Incentivierungsfragen als zu einer starken Differenzierung führen.

2.2.2.1 Auswirkungen der Umfeldbedingungen auf die Leistungserbringung

Der Wertschöpfungsgrad von Mitarbeitern hängt nicht nur vom Mitarbeiter selbst ab, das heißt beispielsweise von seinen Fachkenntnissen, dem Grad der Zielidentifikation oder seinem Engagement.[798] Für eine faire Leistungs-

---

[794] Vgl. Laib, K., Das 360-Grad-Feedback, a. a. O., S. 1139.
[795] Vgl. Braun, R., Erfolgsorientierte Vergütung – nur über das Team, in: bank und markt 9/1995, S. 14–17, S. 16.
[796] Vgl. Bardens, R./Wimmer, K., Ansporn zum Endspurt, a. a. O., S. 72.
[797] Vgl. Ueberschaer, N., a. a. O., S. 18.
[798] Vgl. Schust, G. H., a. a. O., S. 25.

bewertung sind zudem die internen und externen Leistungsbedingungen heranzuziehen (vgl. Abb. 14).[799]

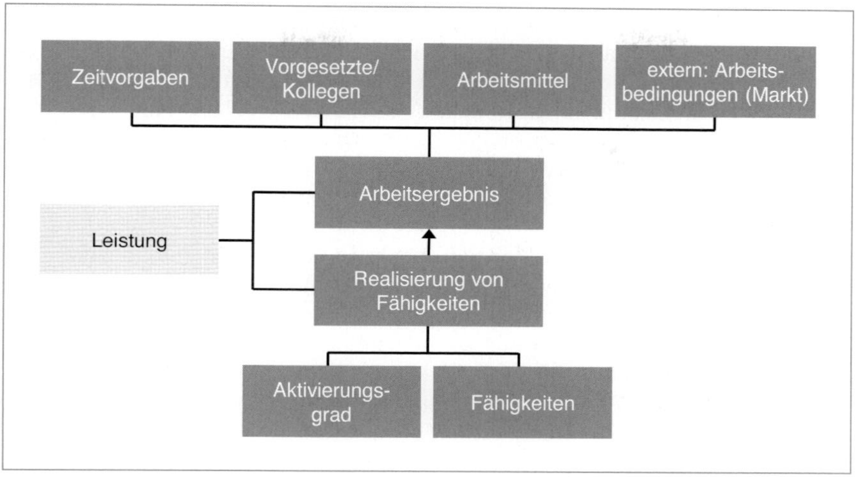

Abb. 14 Interne und externe Einflussfaktoren auf die Arbeitsleistung[800]

Als interne Einflussfaktoren auf die Arbeitsleistung wirken sich nicht nur die vorhandenen Fähigkeiten des Mitarbeiters und deren Aktivierungsgrad, der beispielsweise durch private Rahmenbedingungen eingeschränkt sein kann[801], aus.[802] Auch der Grad der Definition von Aufgaben und Zielen, das erlebte Führungsverhalten oder die Unterstützung der Motivationsfähigkeit durch die Personalverantwortlichen (immaterielle, materielle Anreize, Anerkennung/ Sanktionen) prägen als personelle Rahmenbedingungen das Handeln der Mitarbeiter.[803] Da beispielsweise eine zu niedrige Leistungsvorgabe Mitarbeiterleistungen in einem zu positiven Licht erscheinen lassen würde, sollten die Wahl und Realisierung eines höheren Ziels bei der Bewertung der Performance (und damit auch der Berechnung des Mitarbeiterwerts) entsprechend auch stärkere Berücksichtigung finden als die Wahl und Realisierung eines niedrigeren Ziels.[804]

Zudem beeinflussen technische, organisatorische (z. B. vorgegebene Prozessabläufe oder eingeräumte Kompetenzen), räumliche und atmosphärische

[799] Vgl. Erdmann, U., a. a. O., S. 47.
[800] Vgl. Renner, G., a. a. O., S. 37.
[801] Vgl. Redmann, B., a. a. O., S. 26.
[802] Vgl. Renner, G., a. a. O., S. 37.
[803] Vgl. Schust, G. H., a. a. O., S. 25; Schwarz, W., a. a. O., S. 164.
[804] Vgl. Lurse, K., Richtige oder falsche Zielvorgaben, a. a. O., S. 46–48, S. 48.

Einflussfaktoren das Gesamtergebnis in positiver oder negativer Weise.[805] Möglicherweise beeinträchtigen im Einzelfall insbesondere die personellen Bedingungen, das heißt Personaleinsatzentscheidungen oder Personalengpässe, die zielgerechte Aufgabenerfüllung der Mitarbeiter nachhaltig.[806] So geht der Personalabbau im Investmentbanking bei teilweise unverändertem Leistungsangebot und dementsprechend unverändert hohen Erwartungen der Vorgesetzten an Leistungsqualität und -umfang einher mit Mehrarbeit mancher Mitarbeiter, die sich aufgrund der ihnen zusätzlich übertragenen Aufgaben jedoch um deren Erfüllung zwangsläufig nicht immer im erforderlichen Maße kümmern können.

Das Arbeitsergebnis hängt zudem von exogenen Größen wie zum Beispiel von Marktschwankungen, der Performance der Wettbewerber oder sonstigen erschwerenden (oder erleichternden) Rahmenbedingungen ab, die bei der Beurteilung der erbrachten Leistungen entsprechende Berücksichtigung finden sollten.[807] So kann etwa eine geringe Zielunterschreitung, die unter unerwartet schwierigen äußeren Bedingungen zustande kam, durchaus noch als volle Zielerreichung bewertet werden.[808] Im M&A-Geschäft richtet sich der Bonus der Beschäftigten insbesondere nach der Anzahl begleiteter Übernahmen, dem diesbezüglichen Transaktionsvolumen und den daraus abgeleiteten Provisionen.[809] Jedoch kann in einigen Fällen der richtige Ratschlag des M&A-Beraters gerade darin bestehen, eine geplante Transaktion, etwa aufgrund einer zwischenzeitlich eingetretenen bzw. bereits absehbaren Verschlechterung des Marktumfelds, abzusagen.[810] Im Steuerungsmodell sollte der Wert eines M&A-Mitarbeiters daher nicht davon beeinträchtigt werden, dass dieser unter Umständen kurz vor dem Abschluss noch von einer Transaktion abrät.[811] Der Wert des Mitarbeiters bzw. die daraus abgeleitete Bonuszahlung sollte daher auch von der Kundenzufriedenheit (vgl. Kap. E 2.4) abhängen, die

---

805 Vgl. Erdmann, U., a. a. O., S. 47 f.; Schust, G. H., a. a. O., S. 25; Schwarz, W., a. a. O., S. 164; Sommerhoff, B., a. a. O., S. 41; Renner, G., a. a. O., S. 37; Redmann, B., a. a. O., S. 22.

806 Vgl. Erdmann, U., a. a. O., S. 47.

807 Vgl. Renner, G., a. a. O., S. 37; Redmann, B., a. a. O., S. 22; Svoboda, M., Erfolg durch Zielvereinbarung, a. a. O., S. 37; Dahms, R./Lindena, B., a. a. O., S. 256; Lindena, B., Leistungsanreize, a. a. O., S. 715.

808 Vgl. Dahms, R./Lindena, B., a. a. O., S. 256; Lindena, B., Leistungsanreize, a. a. O., S. 715. Ebenso darf eine Übererfüllung der vereinbarten Ziele nicht zur Bestrafung führen, indem das Erreichte im nächsten Jahr als Normalfall in der Zielvereinbarung gilt, da diese Vorgehensweise die Mitarbeiter und das Team unweigerlich demotivieren würde, vgl. Spreiter, M., a. a. O., S. 78.

809 Vgl. o. V., Hohe Bonuszahlungen, a. a. O., S. 19.

810 Vgl. ebenda.

811 Vgl. ebenda.

von einem externen Berater im Rahmen der Performancebeurteilung erfragt wird – allerdings ist dies noch Neuland für viele Investmentbanken.[812]

In der Praxis schieben Mitarbeiter bei fehlendem Erfolg oftmals die für das eigene Handeln als hemmend empfundenen, selbst direkt nicht zu beeinflussenden Rahmenbedingungen als Ausrede vor, um eigene Leistungsdefizite zu kaschieren. Ein Customer-Relationship-Manager könnte zum Beispiel monieren, dass die räumliche Verteilung seiner Kunden, die zu einem höheren Zeitaufwand für Reisetätigkeit pro Kundenbeziehung führt, oder das geringere akquisitorische Potenzial seines Betreuungsbereichs ihn gegenüber seinen Kollegen benachteiligen.[813] Mit Blick auf den Markt können auch vom jeweiligen Vertriebsmitarbeiter nicht maßgeblich beeinflussbare Konditionen, die schlechter als diejenigen der Konkurrenz sind, oder eine branchenbezogene Flaute der betreuten Kundensegmente zur Nichterreichung vereinbarter oder vorgegebener Ziele führen.[814] Insofern sollten Vorgesetzte die Zielerreichung bereits während des Geschäftsjahres im Rahmen regelmäßiger Zwischengespräche mit dem Mitarbeiter analysieren[815], Ziele beim Eintreten unerwarteter, vom Mitarbeiter nicht zu vertretender Ereignisse unterjährig adjustieren und die Zielerreichung dann im eigentlichen Beurteilungsgespräch überprüfen.[816]

Alle genannten internen und externen Ansatzpunkte zur Rechtfertigung nicht erreichter Leistungsziele können von Mitarbeitern generell bei Beurteilungen angeführt werden und sind somit keineswegs als eine Unschärfe in der Methodik der Mitarbeiterwertberechnung einzustufen. Voraussetzung für die Erbringung der erwarteten Leistungen ist daher das Vorliegen der Hygiene-

---

812 Vgl. ebenda.

813 Vgl. Schiller, B., Leistungsbeeinflussung von Mitarbeitern im Bankaußendienst, in: Sparkasse 4/1990, S. 171–176, S. 174. Zu den zentralen Einflussfaktoren, die die Arbeitsleistung der Mitarbeiter eines Unternehmens bestimmen, zählen neben der Organisationsstruktur z. B. auch das allgemeine Kommunikationsverhalten im Unternehmen, vgl. Gölzner, H., Systemisch-integrative Führung zur Steigerung der Performance, in: Personalführung 2/2004, S. 50–53, S. 50.

814 Vgl. Redmann, B., a. a. O., S. 26.

815 Vgl. Dahms, R./Lindena, B., a. a. O., S. 254.

816 Vgl. Laber, H./Maassen, O., Mitarbeiterleistung muß sich „lohnen", in: Bankmagazin 5/1996, S. 58–60, S. 59; Redmann, B., a. a. O., S. 26.

faktoren nach Herzberg (vgl. Kap. G 2.1.4.1).[817] Mittels geeigneter Indikatoren müssen die gesamtverantwortlichen Führungskräfte des Unternehmens daher zunächst überprüfen, inwieweit Arbeitsumfeld, Führung, Personalprozesse, Informationsstrukturen, Unternehmensorganisation oder auch Marktumfeld die Erbringung der vereinbarten Arbeitsleistung überhaupt ermöglichen.[818] Das beste Steuerungsmodell findet bei den Anwendern keine Akzeptanz, wenn ungünstige Rahmenbedingungen nicht das Modell an sich, sondern bereits die Aussagekraft der erreichten Performancewerte infrage stellen.

2.2.2.2 Auftreten von Beurteilungsfehlern

Im Vorgang der vermeintlich wertfreien Registrierung von Informationen im Gehirn schalten sich über das Bewusstsein vielfältige individuelle Wahrnehmungs-, Denk- und Entscheidungsmuster ein, die im Ergebnis dazu führen, dass es keine für alle Menschen gleiche oder identische Wirklichkeit gibt.[819] Jeder erfasst seine Umwelt nur „selektiv“, das heißt ausschnitthaft.[820] In der Praxis lassen sich daher Beurteilungsfehler bei der Einschätzung der individuellen Leistungen (und der jeweiligen Potenziale) aufgrund unterschiedlicher Wahrnehmungen, individueller Werte und Maßstabsanwendungen des Beurteilers[821] sowie möglicherweise mit einer Beurteilung verfolgter Intentionen nicht ausschließen.[822] Wahrnehmungsverzerrungen eines Beurteilers lassen sich insbesondere auf folgende Einschätzungsfehler zurückführen:

- Der Haloeffekt tritt auf, wenn der Beurteiler von einem wesentlichen Merkmal des Beurteilten auf andere Eigenschaften dieser Person schließt

---

817 Vgl. Scholz, Chr., Zehn Aktionsfelder der Saarbrücker Formel, in: Personalwirtschaft 2/2005, S. 34–36, S. 36. Analog zur Hygiene in der Medizin, die zwar keine Heilung bewirken kann, jedoch eine Vorbeugung gegen Krankheiten darstellt, bezeichnet Herzberg als Hygienefaktoren solche Faktoren, deren Verschlechterung Arbeitsunzufriedenheit auslösen, vgl. Herzberg, F./Mausner, B./Synderman, B. B., The Motivation to Work, New York/London 1959, S. 113; vertiefend Herzberg, F., Work and the Nature of Man, London 1968.

818 Vgl. Scholz, Chr., Zehn Aktionsfelder, a. a. O., S. 36.

819 Vgl. Breisig, Th., Personalbeurteilung, a. a. O., S. 152.

820 Vgl. ebenda. Zu den Faktoren, die den individuellen Wahrnehmungsprozess beeinflussen, vgl. vertiefend Rübling, G., Verfahren und Funktionen der Leistungsbeurteilung in Unternehmen, Konstanz 1988, S. 41.

821 Vgl. Becker, F. G./Fallgatter, M./Seitz, S., a. a. O., S. 272.

822 Eine umfangreiche Auflistung solcher ergebnisbeeinflussender Wahrnehmungs- bzw. Beurteilungstendenzen findet sich z. B. bei Lueger, G., Die Bedeutung der Wahrnehmung bei der Personalbeurteilung. Zur psychischen Konstruktion von Urteilen über Mitarbeiter, 2. Auflage, München/Mering 1993, S. 178 f.

(z. B. suggeriert das gelegentliche späte Erscheinen am Arbeitsplatz dem Vorgesetzten eine gewisse Unzuverlässigkeit des Mitarbeiters).[823]

- Bei Egozentriefehlern geht der Beurteiler von sich selbst aus, ohne die unterschiedliche Ausbildung oder Erfahrung des Beurteilten bei seiner Einschätzung des Mitarbeiters zu berücksichtigen.[824] Er projiziert also eigene Stärken und Schwächen auf den Mitarbeiter.
- Ideologiefehler führen dazu, dass Mitarbeiter, welche die gleichen politischen und weltanschaulichen Vorstellungen haben wie der Beurteiler, häufig besser beurteilt werden.[825]
- Dem Klebereffekt zufolge beeinflusst die „Beurteilungshistorie" eines Mitarbeiters den Beurteilenden und lässt ihn leicht annehmen, dass jemand, der früher gute Leistungen vollbrachte, heute keine schlechten vollbringen kann (und umgekehrt).[826]
- Der Hierarchieeffekt hat zur Folge, dass die Beurteilung tendenziell umso besser ausfällt, je höher der zu beurteilende Mitarbeiter in der Hierarchie eingeordnet ist.[827]

Bei der Anwendung eines Beurteilungsmaßstabs ist üblicherweise davon auszugehen, dass sich bei der Beurteilung einer größeren Zahl von Mitarbeitern die Einschätzungen bzw. Einstufungen entsprechend der Gauß'schen Normalverteilung verhalten.[828] Um eine große Mittelgruppe schart sich eine geringere Zahl besser und schlechter beurteilter Mitarbeiter; extrem gut oder extrem schlecht beurteilte Mitarbeiter werden bei einer Normalverteilung selten vorkommen.[829] Von dieser Verteilung können in der Praxis allerdings die Mitarbeiterbeurteilungen einzelner Vorgesetzter stark abweichen.[830]

- Für strenge Beurteiler sind gute Leistungen das Normale. Eine „mittlere" Beurteilung ist das Beste, was sie glauben vergeben zu können, sodass ihre Verteilungskurve deswegen fast ausschließlich im unterdurchschnittlichen

---

823 Vgl. Olfert, K./Steinbuch, P. A., a. a. O., S. 251; Bloch, W., Leistungsbewertung, a. a. O., Sp. 1173.

824 Vgl. Olfert, K./Steinbuch, P. A., a. a. O., S. 251.

825 Vgl. ebenda.

826 Vgl. Grote, M., a. a. O., S. 190; Lueger, G., a. a. O., S. 179; Olfert, K./Steinbuch, P. A., a. a. O., S. 252; Becker, M., Die Taube, a. a. O., S. 28; Grunow, D., Personalbeurteilung, Stuttgart 1976, S. 53.

827 Vgl. Grote, M., a. a. O., S. 190; Schust, G. H., a. a. O., S. 124 f.

828 Vgl. Olfert, K./Steinbuch, P. A., a. a. O., S. 246; Breisig, Th., Personalbeurteilung, a. a. O., S. 172.

829 Vgl. Olfert, K./Steinbuch, P. A., a. a. O., S. 246.

830 Vgl. ebenda.

Bereich liegt.[831] Durch tendenziell harte Urteile möchten diese Vorgesetzten auf ihre Arbeitsgruppe erzieherisch einwirken und sie disziplinieren.[832]

- Nachsichtige Beurteiler bringen es nicht über sich, ihre Mitarbeiter – mit denen sie schließlich tagtäglich zusammenarbeiten – durch ein negatives Urteil zu demotivieren (Mildeeffekt); solche Vorgesetzte heben die Beurteilung ihrer Mitarbeiter entweder absichtlich oder unbeabsichtigt an und kommen damit zu einer „schiefen" Beurteilungskurve.[833]
- Vorsichtige Beurteiler beurteilen ihre Mitarbeiter möglichst durchschnittlich, um damit keinem Mitarbeiter zu sehr „wehzutun"; dadurch kann ihr Ergebnis, glauben sie, nie besonders falsch sein.[834] Ursache einer solchen vorsichtigen Vorgehensweise kann Unsicherheit sein, da Beurteiler im internen Quervergleich zwar eine relative Vergleichbarkeit von Leistungen herstellen können, aufgrund des Fehlens einer externen Benchmark jedoch Fehleinschätzungen befürchten.[835] Vorsicht resultiert unter Umständen aber auch

---

831 Vgl. ebenda, S. 247; Schwarz, W., a. a. O., S. 164; Lueger, G., a. a. O., S. 181.

832 Vgl. Schettgen, P., Personalbeurteilung zwischen systemischer Kontrolle und widerborstiger Subjektivität, in: Loewenfeld, W. von (Hrsg.), Die Beurteilung. Vom Ritual zum sozialen Management im öffentlichen Dienst, Stuttgart o. J., S. 45–80, S. 56 f.

833 Vgl. Olfert, K./Steinbuch, P. A., a. a. O., S. 246; Thönneßen, J., a. a. O., S. 23; Grunow, D., a. a. O., S. 53.

834 Vgl. Olfert, K./Steinbuch, P. A., a. a. O., S. 247; Krosnick, J. A./Alwin, D. F., A Test of the Form-Resistant Correlation Hypothesis. Ratings, Rankings, and the Measurement of Values, in: Public Opinion Quarterly 52/1988, S. 526–538, S. 526; Hellevik, O., Measuring Cultural Orientations: Rating versus Ranking, in: International Journal of Public Opinion Research 6/1994, S. 289–297, S. 293.

835 Vgl. Domsch, M./Gerpott, T. J., Verhaltensorientierte Beurteilungsskalen, in: DBW 6/1985, S. 666–680, S. 674. Die Gefahr relativer Leistungsbetrachtungen lässt sich modellhaft am Beispiel der Prinzipal-Agent-Theorie verdeutlichen: Eine Partei, Prinzipal genannt, delegiert risikobehaftete Tätigkeiten an Auftragnehmer, die sogenannten Agenten. Da der Prinzipal annahmegemäß die von den Agenten ergriffenen Handlungen (Efforts) nicht beobachten kann, können diese nicht als Lohnbemessungsgrundlage dienen. Alternativ hierzu könnte der Prinzipal eine relative Leistungsbewertung und -entlohnung auf Basis der Handlungsergebnisse (des Outputs) vornehmen. In diesem Beispiel einer Vergütung auf Basis von Outputdifferenzen könnten sich die Agenten allerdings auf eine gleichmäßige Senkung der Efforts einigen. Die Lohnbemessungsgrundlage – und somit die zu erwartende Entlohnung – bliebe dann trotz geringeren Arbeitseinsatzes konstant und würde zu einer Schädigung des Prinzipals führen (Phänomen der sog. Kollusion). Das in der vorliegenden Untersuchung zu entwickelnde System schließt diese Gefahr aus, indem es trotz relativen Mitarbeiterwertvergleichs zwar von einem festen Bonus- bzw. allgemeiner formuliert Anreiztopf ausgeht, der jedoch von Jahr zu Jahr entsprechend der Entwicklung des Investmentbankinggeschäfts variiert, vgl. Krapp, M., Relative Leistungsbewertung im dynamischen Kontext – Eine Analyse der Kollusionsproblematik bei wiederholter Delegation, in: zfbf 5/2000, S. 257–277, S. 258; Winter, St.,

aus Konfliktscheue; in diesem Falle weichen Vorgesetzte durch „geschönte" Formulierungen in den mündlichen Erläuterungen bzw. schriftlichen Beurteilungen Meinungsverschiedenheiten und Auseinandersetzungen mit ihren Mitarbeitern aus.[836] Durch ihre vorsichtige Verhaltensweise vermeiden Vorgesetzte auch das Risiko, dass sich leistungsschwache Mitarbeiter eventuell an den Betriebsrat zwecks Unterstützung wenden oder ihre Arbeitsleistung als Zeichen passiven Widerstands reduzieren.[837] Jeder Vorgesetzte ist sich zudem darüber im Klaren, dass sich im Falle einer schlechten Beurteilung des Mitarbeiters dessen Chancen auf eine innerbetriebliche Versetzung verringern.[838] Letzten Endes wäre also der Vorgesetzte selbst Opfer seiner „ehrlichen" Beurteilung.[839]

In der Praxis tritt immer wieder der Effekt auf, dass die Beurteiler vom Management eine bestimmte Verteilung der Beurteilungen als Vorgabe erhalten, und zwar in der Annahme, dass es immer einige besonders leistungsstarke bzw. -schwache Mitarbeiter und eine größere Menge durchschnittlich leistungsstarker Mitarbeiter gibt (vgl. Abb. 15).

Beurteilungs-ergebnis	Prozent-anteil	Mitarbeiteranzahl je Cluster bei einer gesamten Mitarbeiteranzahl von			
		5	10	15	25
sehr gut	7,5 %	0	1	1	2
gut	25,0 %	1	2	4	6
befriedigend	35,0 %	3	4	5	9
ausreichend	25,0 %	1	2	4	6
unzureichend	7,5 %	0	1	1	2

Abb. 15 Verteilungsvorgabe (Beispiel)[840]

Relative Leistungsbewertung – Ein Überblick zum Stand von Theorie und Empirie, in: zfbf 10/1996, S. 898–926, S. 898; Breid, V., Aussagefähige agencytheoretische Ansätze im Hinblick auf die Verhaltenssteuerung von Entscheidungsträgern, in: zfbf 9/1995, S. 821–854, S. 821 ff.; Harbring, Chr./Irlenbusch, B., Anreiz zu produktiven und destruktiven Anstrengungen durch relative Entlohnung, in: zfbf 9/2004, S. 546–574, S. 546.

836 Vgl. Olfert, K./Steinbuch, P. A., a. a. O., S. 234.

837 Vgl. Hager-van der Laan, J./Laan, K. van der, Beurteilungsverfahren in kooperativen Arbeitsbeziehungen, in: Selbach, R./Pullig, K.-K. (Hrsg.), Handbuch Mitarbeiterbeurteilung, Wiesbaden 1992, S. 165–194, S. 171.

838 Vgl. ebenda.

839 Vgl. ebenda.

840 Vgl. Olfert, K./Steinbuch, P. A., a. a. O., S. 248.

Die Vorgabe von Verteilungsschlüsseln soll bezwecken, dass die Beurteiler weder zu nachsichtig noch zu vorsichtig urteilen.[841] Abgesehen von der schädlichen Wirkung auf das viel beschworene Motivationsziel ist diese Vorgehensweise aber nicht zuletzt aufgrund der oftmals nicht hinreichend großen Zahl zu beurteilender Personen innerhalb einer Abteilung oder eines Bereichs methodisch fragwürdig und führt unter Umständen zu Härtefällen.[842]

Beurteilungsfehler müssen nicht zwangsläufig das Ergebnis der selektiven Wahrnehmung des Vorgesetzten sein, sondern basieren möglicherweise auf einer bewusst unrealistisch vorgenommenen Mitarbeitereinschätzung. Die Gründe hierfür können vielfältig sein, wie etwa die Durchsetzung einer bestimmten Leistungszulage, das „Wegloben“ unbequemer Mitarbeiter oder die Sperrung des Aufstiegs besonders guter Mitarbeiter, die der Vorgesetzte nicht verlieren will.[843] Zudem versuchen manche Vorgesetzte, durch besonders gute individuelle Beurteilungen Nachteile ihrer Mitarbeiter im Festgehalt oder in der variablen Vergütung auszugleichen.[844] Um zu vermeiden, dass Vorgesetzte in solchen Fällen durch „geschönte“ Beurteilungen einen zusätzlichen Anteil am Gesamtbonustopf in ihre Abteilung „ziehen“, sollten Bonuszahlungen nur innerhalb eines zugewiesenen Bonuspools erfolgen.[845] Auf diese Weise bleiben die Kosten im vorgesehenen Rahmen; bewusste Verfälschungen gleichen sich teilweise aus.

Skalierungsmethoden (vgl. Kap. E 1) führen zwar zur Bildung von Leistungsstufen oder -standards und schaffen einen Vergleichsmaßstab für die Beurteilung bestimmter Merkmalsausprägungen verschiedener Mitarbeiter. Bei dem Vorgesetzten verbleibt jedoch letztlich das immer subjektiv zu treffende Urteil über die Ausprägung insbesondere qualitativer Merkmale.[846] Die hieraus resultierenden schädlichen bzw. verzerrenden Einflüsse auf das Beurteilungsergebnis treten jedoch bei den unterschiedlichsten Beurteilungssystemen auf und sind somit kein Spezifikum eines Ansatzes zur Ermittlung von Mitarbeiterwerten. Wichtig ist es dennoch, sich dieser Einflüsse bewusst zu sein, da Mitarbeiter mit ermitteltem geringem Mitarbeiterwert hierin die oder eine Ursache ihrer ungünstigen Einstufung suchen werden. Wenn sich subjektive

841 Vgl. ebenda, S. 247. Ein weiterer Grund für Verteilungsvorgaben besteht in der Kalkulierbarkeit von Bonuszahlungen, sofern die jeweiligen Boni fest an die jeweiligen Leistungseinstufungen gekoppelt sind: Beispielsweise könnten alle Associates der Leistungskategorie „gut“, die sich im zweiten Berufsjahr befinden, einen identischen Bonus erhalten.

842 Vgl. Breisig, Th., Personalbeurteilung, a. a. O., S. 174 f.

843 Vgl. Grote, M., a. a. O., S. 190; Schust, G. H., a. a. O., S. 124 f.

844 Vgl. Steingass, K.-D., Zielvereinbarungen einführen, evaluieren, weiterentwickeln, in: Personalführung 5/2001, S. 34–38, S. 36.

845 Vgl. Dahms, R./Lindena, B., a. a. O., S. 257.

846 Vgl. Lattmann, C., Leistungsbeurteilung als Führungsmittel, Bern/Stuttgart 1975, S. 49.

Einflüsse bei qualitativen Beurteilungsverfahren schon nicht vollständig vermeiden lassen, so kann von allen Beteiligten ein Beurteilungssystem dennoch akzeptiert werden, bei dem von vornherein möglichen Beurteilungsfehlern und Ermessensbewertungen entgegengewirkt wird.[847] Das kann beispielsweise durch die Mitwirkung der Beteiligten bei der Systemkonzeption, eine ausreichende Schulung der Beurteiler oder die Herbeiführung einer Beurteilung durch ein Gremium erreicht werden.[848]

Im Investmentbanking weist speziell der M&A-Bereich die Besonderheit auf, dass für die einzelnen Transaktionen je nach Eignung und Verfügbarkeit der einzelnen Mitarbeiter Projektteams zusammengestellt werden. In das Gesamtjahresfeedback fließen somit in der Regel die Aussagen der verschiedenen Projektleiter zu den Mitarbeitern im jeweiligen Projekt ein. Die Vielfalt der einbezogenen Beurteilungsaussagen führt zu einer Nivellierung der möglichen Beurteilungsfehler. Dies ist in anderen Fachabteilungen ebenfalls möglich, sofern der disziplinarische Vorgesetzte in seine Beurteilung die Einschätzungen des fachlichen Vorgesetzten (sofern diese Funktion innerhalb einer Matrixorganisation vorliegt) bzw. weiterer Hauptansprechpartner des Mitarbeiters (z. B. interner Kunden) einbezieht.

Bei jeder Art der Durchführung von Mitarbeiterbeurteilungen bestehen – wie erläutert – grundsätzliche Probleme, die letztlich auch in die Berechnung von Mitarbeiterwerten einfließen. Dennoch sind Mitarbeiterbeurteilungen ein Schlüsselinstrument, um überhaupt zielgerichtete personalwirtschaftliche Steuerungsmaßnahmen vornehmen zu können.

2.3 Potenzial

Neben der erbrachten Leistung ist auch das Potenzial eines Mitarbeiters eine wichtige Determinante des Mitarbeiterwerts.[849] Die Herausforderung der Personalrekrutierung und -entwicklung besteht darin, Menschen auszuwählen und zu fördern, die den Anforderungen von morgen gewachsen sind.[850] Aber welche persönlichen Qualitäten und Fähigkeiten bzw. Verhaltensweisen sind von wesentlicher Bedeutung für den zukünftigen Wert eines Mitarbeiters? Verschiedene Vorgehensweisen lassen sich unterscheiden, um bei der

---

847 Vgl. Erdmann, U., a. a. O., S. 117.

848 Vgl. ebenda.

849 Vgl. Wickel-Kirsch, S./de Vries, L./Dürr, A., a. a. O., S. 31.

850 Vgl. Rosenstiel, L. von, Potentialanalyse und Potentialentwicklung, in: Rosenstiel, L. von/ Lang-von Wins, Th. (Hrsg.), Perspektiven der Potentialbeurteilung, Göttingen 2000, S. 3–25, S. 4; Dirks, H., Mitarbeiterbeurteilung, in: Gaugler, E. (Hrsg.), Handwörterbuch des Personalwesens, Stuttgart 1975, Sp. 1347–1355; Sp. 1347.

Mitarbeiterwertberechnung Potenzialeinschätzungen auf die voraussichtlichen Megatrends der Branche auszurichten:

- Manche Entscheidungsträger gehen in unreflektierter Weise davon aus, dass die künftigen Anforderungen weitgehend den heutigen entsprechen, und beschränken sich auf die Analyse dessen, was heute gefordert wird.[851]
- Andere Manager schreiben beobachtbare Trends fort[852] und schließen beispielsweise von einer in der jüngeren Vergangenheit steigenden Anzahl an Börsengängen auf eine auch zukünftig wachsende Bedeutung dieses Geschäftsfelds.
- Wiederum andere gehen von einer komplexen Wechselwirkung verschiedener Entwicklungstendenzen aus und versuchen, dieser Komplexität dadurch Herr zu werden, dass sie strategische Workshops, Delphi-Verfahren oder Szenariotechniken[853] nutzen, um einen möglichst realistischen Blick in die Zukunft zu werfen.[854] Auch betriebliche Experten, Mitarbeiter von Forschungseinrichtungen oder beispielsweise Unternehmensberater eignen sich als „Trendbarometer", um für die Branche wichtige Marktentwicklungen frühzeitig zu erkennen, richtig einzuschätzen und Trendqualifikationen herauszuarbeiten.[855]

Die Erkundung neuer Trends beruht allerdings nicht allein auf einem System objektiver Indikatoren und formaler Abfragen, sondern schließt in besonderer Weise auch ein intuitives Gespür für komplexe Situationen ein.[856] Wenngleich methodische Puristen die Einbeziehung subjektiver Einschätzungen ablehnen mögen, so darf dabei nicht vergessen werden, dass kein Prognosemodell ohne spezielle Postulate auskommt, die mehr oder weniger subjektiv sind (z. B. die Wahl von Inputvariablen bei Regressionsmodellen).[857] Bei allem Wandel sollten jedoch auch zukünftig Fachkräfte bestimmte Kerneigenschaften besitzen, wie:

---

[851] Vgl. Rosenstiel, L. von, Potentialanalyse, a. a. O., S. 5.

[852] Vgl. ebenda.

[853] In Szenarien lassen sich alternative zukünftige Ereignisse (z. B. voraussichtliche Anzahl an Börsengängen deutscher Unternehmen in Abhängigkeit von der DAX-Entwicklung) postulieren, um ihren vermutlichen Einfluss auf die Geschäftsentwicklung abzuschätzen, vgl. Stier, W., Marktentwicklung durch Prognoseverfahren antizipieren – Managementunterstützung für Planung und Steuerung, in: Thexis 2/2002, S. 5–8, S. 5.

[854] Vgl. Rosenstiel, L. von, Potentialanalyse, a. a. O., S. 5.

[855] Vgl. o. V., Das Instrument der Trendforschung, in: PersonalführungPlus '99, S. 36–43, S. 37. Ein Überblick über gängige Prognoseverfahren, deren Spektrum sich von relativ einfachen bis hin zu komplizierten mathematischen Konzepten erstreckt, findet sich z. B. bei Stier, W., a. a. O., S. 6 f.

[856] Vgl. o. V., Das Instrument, a. a. O., S. 37.

[857] Vgl. Stier, W., a. a. O., S. 5 f.

- überdurchschnittliche Intelligenz;
- Kompetenz im Umgang mit unterschiedlichen Charakteren;
- hohe zielorientierte Handlungsmotivation;
- Lernfähigkeit, um sich mit Neugier veränderten Anforderungen zuzuwenden und rasch die Kompetenz für den angemessenen Umgang mit der neuen Situation zu erwerben.[858]

Die kontinuierlichen Veränderungen des Arbeitsmarktes bringen es mit sich, dass die Passung von Mitarbeitern auf ihren aktuellen Arbeitsplatz zwar nach wie vor von Bedeutung ist, aber insbesondere die geistige Flexibilität zur Übernahme weiterführender, sich möglicherweise erst zukünftig bildender Aufgaben immer wichtiger wird.[859] Von erheblicher Relevanz für die Personalarbeit der Zukunft dürfte in diesem Kontext der fortschreitende technologische Wandel sein, der in aller Regel mit einer Veränderung der Arbeitsplätze und -inhalte verbunden sowie von neuartigen organisatorischen Strukturen und beruflichen Qualifikationen begleitet ist.[860]

Aufgrund der Schnelllebigkeit des Geschäfts- und Produktumfelds zählt die Investmentbankingsparte sicherlich zu den Branchen, in denen sich das Berufsbild nicht bloß allmählich über mehrere Generationen hinweg, sondern innerhalb eines einzigen Berufslebens (und hier sogar mehrmals) gravierend gewandelt hat[861]: Funktionen unterliegen innerhalb kurzer Zeitspannen grundlegenden Veränderungen oder werden gar gänzlich überflüssig.[862] Dieser Wandel macht auch vor sehr qualifizierten Funktionen nicht halt. Beispielsweise erlebten nach dem Zusammenbruch des Neuen Marktes Emissionsspezialisten einen drastischen Rückgang der Nachfrage nach ihren Beratungsleistungen (vgl. Kap. B 1.4).[863] Auch der Bedarf an Analysten sank spürbar: Skandale um „fingierte" Aktienreporte und Anlagetipps aus der New Economy, die sich in der Baisse als „Flop" erwiesen, schadeten dem Ansehen von Analysten sehr.[864] Im

---

[858] Vgl. Rosenstiel, L. von, Potentialanalyse, a. a. O., S. 19.

[859] Vgl. Wottawa, H., a. a. O., S. 48; Honegger, J., Employability statt Jobsicherheit, in: Personalwirtschaft 6/2001, S. 50–54, S. 50.

[860] Vgl. Wunderer, R., Unternehmerisches Personalmanagement, a. a. O., S. 41.

[861] Vgl. Hohner, H.-U./Hoff, E.-H., Beurteilung als Persönlichkeitsförderung? Aspekte einer entwicklungsorientierten Diagnostik, in: Selbach, R./Pullig, K.-K. (Hrsg.), Handbuch Mitarbeiterbeurteilung, Wiesbaden 1992, S. 39–66, S. 45 f.

[862] Vgl. Fischer, H./Steffens-Duch, S., Employability: Beschäftigungsfähigkeit sichern, in: Die Bank 5/2000, S. 336–340, S. 336.

[863] Vgl. Franke, D., Börsengänge 2002, a. a. O., S. 30.

[864] Vgl. o. V., Vom Traumjob zum Arbeitsamt, in: Süddeutsche Zeitung vom 05.03.2003, S. 28; Singer, J., Käuferstreik, a. a. O., S. 8; Singer, J., Ist das deutsche Investmentbanking, a. a. O., S. 11 ff.; Singer, J., „Wischi-Waschi-Studien", a. a. O., S. 6; Janzen, J., a. a. O., S. 15 ff.

Zuge der Sparwelle im Bankensektor reduzierten immer mehr Geldhäuser ihre Researchabteilungen, ausländische Institute konzentrierten ihre Analyseteams weitgehend auf London oder die jeweiligen Heimatländer.[865] Exemplarisch für nicht mehr zeitgemäße Berufsgruppen seien die nach der Euroeinführung auf europäische Währungen spezialisierten Devisenhändler genannt.[866] In den genannten Fällen besteht aufgrund der starken beruflichen Spezialisierung, gekoppelt mit einem vergleichsweise hohen Gehaltsniveau, bei einer Dezimierung der Fachabteilung bzw. dem Wegfall des Geschäftszweigs das Problem, den betroffenen Mitarbeitern bankintern sowohl fachlich als auch gehaltlich adäquate alternative Positionen anbieten zu können. Durch sich wandelnde Marktstrukturen und Kundenwünsche entfallen allerdings nicht nur Arbeitsinhalte, es kommen auch völlig neue Aufgabenfelder (z. B. E-Commerce) hinzu, die mit aktuellen Mitarbeiterressourcen nicht oder nicht ausreichend bearbeitet werden können.[867]

Die Möglichkeit der Wahrnehmung auch anderer bankbetrieblicher Aufgaben entspricht in der Investmentbankingpraxis jedoch keineswegs immer dem Wunsch (und den Fähigkeiten) der Mitarbeiter: Immer wieder ist hier festzustellen, dass aufgrund ihrer hohen Produktorientierung Mitarbeiter – wie etwa im Sales-Bereich – ausschließlich in ihrem ureigenen Bereich tätig sein möchten und berufliche Veränderungen kategorisch ablehnen. Anstatt das Produktfeld zu wechseln, präferieren viele Investmentbankingmitarbeiter eher den Wechsel des Arbeitgebers, sofern das eigene Produkt überhaupt noch eine Zukunft am Markt hat. Auch ein von Mitarbeiterseite initiierter Wechsel von einer Linienfunktion in eine Stabsabteilung[868] findet im Investmentbanking selten statt, nicht zuletzt, weil die bei zunehmender Berufserfahrung gestiegenen Gehälter bzw. Boni mit Blick auf das Gehaltsgefüge von Stabsabteilungen eine solche Versetzung in der Praxis erschweren. Von einem Wechsel in eine interne Abteilung (z. B. die Revision) hält viele Front-Office-Mitarbeiter zudem die Schwierigkeit ab, durch die damit verbundene Abkopplung vom operativen Geschäft zu einem späteren Zeitpunkt wieder eine kundenbezogene Funktion übernehmen zu können.

Um in einem sich stark wandelnden Umfeld die eigene Beschäftigungsfähigkeit zu erhalten und für seinen Arbeitgeber einen dauerhaften Wert darstellen zu können, reicht eine hohe formale Grundqualifikation (vgl. Kap. E 2.1) aufgrund der schnellen Verfallbarkeit des einmal erworbenen Wissens nicht aus. Zu den zentralen zukünftigen Erfolgsfaktoren eines Mitarbeiters zählen – neben einer hohen Fachkompetenz – vor allem Eigeninitiative und lebenslange Lern- und

---

865 Vgl. o. V., Vom Traumjob, a. a. O., S. 28.
866 Vgl. Fischer, H./Steffens-Duch, S., Employability, a. a. O., S. 336.
867 Vgl. ebenda.
868 Vgl. Alewald, Th., a. a. O., S. 847.

Veränderungsbereitschaft.[869] In die Mitarbeiterwertberechnung sollte dabei die Verantwortung des Mitarbeiters für seine Weiterbildung und damit die eigene Employability, das heißt die interne (unternehmensbezogenen) und externe (arbeitsmarktbezogenen) Beschäftigungsfähigkeit, einfließen.[870] Die Möglichkeiten zum Beweis dieser Fähigkeiten und damit zur Erhöhung der formalen, fachlichen Kompetenz hängen vom jeweiligen Tätigkeitsfeld ab. Seine Flexibilität könnte ein Mitarbeiter zum Beispiel durch den berufsbegleitenden, üblicherweise finanziell oder durch zeitliche Zugeständnisse von Bankenseite unterstützten Erwerb von Zusatzqualifikationen (wie etwa dem Abschluss als Certified Financial Analyst) belegen.

Die Konzentration auf die für die Zukunft des Unternehmens so wichtigen potenzialstarken Mitarbeiter und der zum einen verlangte, zum anderen aber auch geförderte Ausbau von Potenzialen beinhalten für eine Bank jedoch Zielkonflikte und eine gewisse Eigendynamik: Die Employability eines Mitarbeiters muss für das Unternehmen nämlich nicht a priori positiv sein.[871] Unternehmen haben zwar ein Interesse an qualifizierten Mitarbeitern, jedoch steigen mit der Qualifikation der Mitarbeiter auch deren Chancen auf dem Arbeitsmarkt und damit unter Umständen auch die Fluktuationsraten in den jeweiligen Abteilungen.[872] Ein Unternehmen, das viel Geld in die Weiterbildung seiner Mitarbeiter steckt, aber nicht in der Lage ist, den nun höher qualifizierten Mitarbeitern im eigenen Unternehmen Entwicklungsmöglichkeiten zu bieten, wird zur Sprungbrettfirma.[873] Aus diesem Dilemma resultieren erhöhte Anforderungen an die spätere Feinjustierung des Steuerungsmodells hinsichtlich der Kopplung betrieblich geförderter Qualifizierungsmaßnahmen an bestimmte Mindestmitarbeiterwerte (vgl. Kap. G 2.1.4.2).

Abgesehen von der Veränderungsbereitschaft im Sinne geistiger Flexibilität bestimmt die Veränderungsbereitschaft im Sinne von Mobilität den Mitarbeiterwert ebenfalls positiv, da die (weitgehend) uneingeschränkte geografische Einsetzbarkeit eines Mitarbeiters dem Arbeitgeber bei internationalen Vakanzen oder Aufgabenverlagerungen zwischen den weltweiten Standorten Handlungsfreiheit einräumt. Kritisch ist allerdings anzumerken, dass sich Mobilität zu einem Wert entwickelt, der oftmals kaum noch kritisch hinterfragt

---

869 Vgl. Kring, W., a. a. O., S. 70; Fischer, H./Steffens-Duch, S., Employability, a. a. O., S. 339.

870 Vgl. Vollath, J., Anforderungen an das Human-Resources-Management im Bereich der Finanzdienstleistungen, in: Brunner, W. L./Vollath, J. (Hrsg.), Handbuch Finanzdienstleistungen, Stuttgart 1993, S. 670–679, S. 677; Honegger, J., a. a. O., S. 50; Day, H./Fischer, H., Die Initiative „Selbst-GmbH“, in: PersonalführungPlus ’99, S. 26–30.

871 Vgl. Honegger, J., a. a. O., S. 51.

872 Vgl. ebenda.

873 Vgl. ebenda.

wird.[874] Der bloße Wechsel ist kein Zeichen des Erfolgs, im Wandel liegt nicht die Vollendung.[875] Und: Beständigkeit ist nicht in jedem Fall gleichbedeutend mit Starrheit und Perspektivlosigkeit.[876] Die Bereitschaft zur Übernahme weiter gehender Verantwortung am bisherigen Standort ist daher in die Mitarbeiterwertermittlung in gleicher Weise wie bewiesene (und nicht nur bekundete) Mobilität einzubeziehen.

Die Potenzialdiagnose dient dem Zweck, das in einem Menschen noch Schlummernde, sich künftig erst Entfaltende, jedenfalls aber das nicht offensichtlich und leicht in seinem täglichen Verhalten zu Beobachtende zu erkennen.[877] Das unterscheidet die Potenzialbeurteilung von der Leistungsbeurteilung. Deren erklärtes Ziel ist es, ein Bild vom vergangenen oder derzeitigen Verhalten und den Verhaltensergebnissen einer Person zu ermöglichen.[878] Die Art und Komplexität des gewählten Verfahrens zur Analyse des Potenzials von Mitarbeitern richten sich nach der jeweiligen Unternehmensgröße und dem Entwicklungsgrad des Personalmanagements. Vorgesetzte und/oder Personalmanager führen in systematischer Weise Potenzialanalysen durch, indem sie beispielsweise

- mittels diagnostischer Verfahren systematisch Stärken und Schwächen ermitteln oder
- Potenzialabgleiche gegenüber den aktuellen Stellenanforderungen oder konkreten Zielpositionen vornehmen.[879]

---

874 Vgl. Schneider, N. F./Limmer, R., Mobilität erzeugt Stress, in: Personalwirtschaft 10/2001, S. 28–32, S. 29.

875 Vgl. ebenda.

876 Vgl. ebenda.

877 Vgl. Schuler, H., Das Rätsel der Merkmals-Methoden-Effekte: Was ist „Potential" und wie lässt es sich messen?, in: Rosenstiel, L. von/Lang-von Wins, Th. (Hrsg.), Perspektiven der Potentialbeurteilung, Göttingen 2000, S. 53–71, S. 54.

878 Vgl. ebenda. Gleichwohl kann der Vorgesetzte im Mitarbeitergespräch neben seiner Leistungseinschätzung auch seine Potenzialeinschätzung, ggf. im Hinblick auf zukünftige Einsatzmöglichkeiten, erörtern, vgl. Schwandt, M./Aden, H., a. a. O., S. 66; Olfert, K./Steinbuch, P. A., a. a. O., S. 232; Toemmler-Stolze, K., Potentialermittlung durch systematisch geführte Vorgesetztenbefragung, in: Personalführung 1/1993, S. 58–63, S. 60 f.; Perwein, A./Scharpf, R., a. a. O., S. 132.

879 Vgl. Schust, G. H., a. a. O., S. 131.

Als gängiges **diagnostisches Instrument** zur Analyse von Mitarbeiterpotenzialen gelten in der Praxis Assessment-Center, in denen die Teilnehmer[880] gemeinsam eine Kombination verschiedener Verfahren, wie zum Beispiel Verhaltensbeobachtung, Interview oder Arbeitsprobe, durchlaufen.[881] Jede der Aufgaben oder Übungen soll Gelegenheit geben, mindestens eine, meistens mehrere Fähigkeiten zu erfassen, die vorab in Abhängigkeit von den Unternehmenswerten und den zu besetzenden Positionen als relevant definiert wurden.[882] Jede der Fähigkeiten soll in mindestens einer, möglichst aber in mehreren Übungen beobachtbar sein.[883] Ein Expertengremium (z. B. Vertreter der Fachbereiche und der Personalabteilung) erfasst das Verhalten der Teilnehmer im Hinblick auf die erfolgsrelevanten Kriterien, bewertet es und erreicht aufgrund der systematisch durchgeführten Mehrfachbeurteilungen eine entsprechend hohe Prognosegüte.[884] Die Vorteile eines Assessment-Centers liegen vor allem in der relativen Objektivität der Beurteilung und in der Genauigkeit, mit der hier im Vergleich zu anderen Verfahren Vorhersagen im Hinblick auf die Erledigung späterer (Führungs-)Aufgaben getroffen werden.[885] Allerdings haben Assessment-Center auch Nachteile, die vielfach unerwähnt bleiben[886]:

- Künstliche Situation
  Jedes Assessment-Center beinhaltet eine künstliche Situation, in der die spezifischen betrieblichen Realitäten nur ansatzweise simuliert werden können. Verstärkt wird dieser Sachverhalt noch dadurch, dass viele Betriebe aus Kostengründen auf Standardaufgaben zurückgreifen, die wenig auf die Anforderungen des Betriebs zugeschnitten sind.

- Teilnehmerbonus
  Teilnehmer mit großer Assessment-Center-Erfahrung können sich im Vergleich zu Neulingen in der Regel souveräner in einem Auswahlverfahren behaupten und zudem ihren Blick eher auf das Wesentliche richten.

---

880 Für die Potenzialeinschätzung aller Mitarbeiter dürfte sich das sogenannte Einzelassessment dagegen als zu aufwendig erweisen: Es handelt sich hierbei in der Regel um eintägige, maximal zweitägige Veranstaltungen, bei denen in Interviewphasen und Tests zur Verhaltenssimulation Diagnosen des Qualifikationsbedarfs und der Entwicklungsmöglichkeiten der Kandidaten erstellt werden, vgl. Schust, G. H., a. a. O., S. 143.

881 Vgl. Toemmler-Stolze, K., a. a. O., S. 58; Perwein, A./Scharpf, R., a. a. O., S. 134.

882 Vgl. Schuler, H., a. a. O., S. 54.

883 Vgl. ebenda.

884 Vgl. Perwein, A./Scharpf, R., a. a. O., S. 134.

885 Vgl. Toemmler-Stolze, K., a. a. O., S. 58 f.

886 Vgl. ebenda, S. 58 ff.

- Hohe Erwartungshaltung
  Jedes innerbetriebliche Assessment-Center weckt bei den teilnehmenden Mitarbeitern eine hohe Erwartungshaltung bezüglich zukünftig zu übernehmender Fach- oder Führungspositionen. Nicht immer sind Unternehmen aber in der Lage, den erfolgreichen Kandidaten in einem zeitlich angemessenen Rahmen eine entsprechende Position anzubieten.

- Konsequenzen für erfolglose Teilnehmer
  Abgesehen von der persönlichen Enttäuschung und Frustration derjenigen, die das Assessment-Center ohne Erfolg abgeschlossen haben, beeinträchtigt der nicht zu verheimlichende Misserfolg die Reputation dieser Mitarbeiter im Unternehmen und damit auch die weitere Mitarbeit. Im Assessment-Center gescheiterte (und trotzdem gute) Kandidaten sehen teilweise für sich im Unternehmen keine berufliche Perspektive mehr und kündigen.

- Kosten
  Assessment-Center sind aufgrund der erforderlichen gründlichen Vor- und Nachbereitung, der Vielzahl eingesetzter Beobachter sowie der zeitaufwendigen Durchführung kostspielige Verfahren zur Potenzialanalyse.

Eine Potenzialeinschätzung kann auch durch den **Abgleich der Qualifikation** eines Mitarbeiters **mit den Anforderungen einer konkreten Zielposition** erfolgen.[887] In der Praxis sind jedoch geeignete Stellen nicht zwangsläufig vakant, sodass in diesem Fall allenfalls eine Aussage über die grundsätzliche Eignung eines Mitarbeiters für eine idealtypische Anschlussaufgabe ableitbar ist. Gerade mit Blick auf die spätere Besetzung von gehobenen Managementpositionen bietet sich bei zu treffenden Potenzialaussagen die Abstrahierung von konkreten Funktionen an, da hier die Fachkenntnisse gegenüber den generellen Führungsfähigkeiten zurücktreten.[888] Aufgrund der im Investmentbanking vorherrschenden Fluktuation und der nie auszuschließenden Unsicherheit von Prognosen sollten Potenzialaussagen nicht pauschal für den gesamten Zyklus des Berufslebens eines Mitarbeiters, sondern nur für nächste Entwicklungsschritte innerhalb eines zu definierenden Zeithorizonts getroffen werden.[889]

Mögliche Unzulänglichkeiten von durchgeführten Potenzialeinschätzungen fließen zwar (ebenso wie die zuvor diskutierten Beurteilungsfehler, vgl. Kap. E 2.2.2.2) in den entwickelten Ansatz zur Mitarbeiterwertberechnung ein. Trotzdem sei an dieser Stelle nochmals ausdrücklich erwähnt, dass diese

---

887 Vgl. Schust, G. H., a. a. O., S. 136.

888 Vgl. PricewaterhouseCoopers, Minimierung von Personalrisiken durch effektives Talent-Management, o. O. 2009, S. 16.

889 Vgl. in Analogie zur Ermittlung von Kundenwertbetrachtungen Kirchhoff, A./ Günther, M. J., a. a. O., S. 50.

Unsicherheiten nicht das neue System per se infrage stellen, zumal Potenzialeinschätzungsmethoden ohnehin im Unternehmen ihren Einsatz finden bzw. andernfalls ein wesentliches Instrument zur gezielten Personalentwicklung fehlt.

2.4 Sonstige personenbezogene Kriterien für die Mitarbeiterwertberechnung

Neben der formalen, fachlichen Kompetenz, der erbrachten Leistung und dem Potenzial eines Mitarbeiters bestimmen weitere personenbezogene Faktoren den Wert eines Mitarbeiters für sein Unternehmen, die nachfolgend exemplarisch in ihrer Aussagekraft und Wirkungsrichtung diskutiert werden.

Die Frage, ob ein Mitarbeiter mit mehr **Berufserfahrung** und damit gestiegenem **Alter** einen höheren oder geringeren Wert für das Unternehmen besitzt, lässt sich nicht pauschal beantworten. Zwar tun sich ältere Mitarbeiter teilweise schwerer als jüngere Kollegen, wenn es um die Umstellung der Organisation oder um die Einführung neuer Systeme geht.[890] Jedoch können ältere Mitarbeiter durch ihre Routine und Erfahrung vieles ausgleichen, was sie an Leistungskraft verlieren.[891] Mit einem breiten Erfahrungshorizont wächst auch die Führungsqualität, das heißt, es fällt dem Mitarbeiter leichter, komplexe Wirkungsweisen einzelner Maßnahmen in der jeweiligen Situation einzuschätzen.[892]

Die einzelnen Leistungsperioden eines Mitarbeiters hängen jedoch in starkem Maße – neben personenbezogenen Faktoren, wie zum Beispiel persönlichen Lebensumständen oder genereller Leistungsbereitschaft – von seiner jeweiligen Funktion ab.[893] Der Wert beispielsweise eines Wertpapierhändlers für seine Bank nimmt aufgrund der enorm hohen beruflichen Belastung im schnelllebigen Investmentbankinggeschäft und der damit verbundenen üblicherweise begrenzten Bereitschaft zur dauerhaften Erwerbstätigkeit ab Erreichung eines Leistungszenits mit ca. 45 Jahren deutlich ab.[894] Dagegen

---

[890] Vgl. Leicher, R., Der Umgang mit dem Alter, in: Bankmagazin 3/2001, S. 86; Pfeiffer, W./Dörrie, U./Stoll, E., a. a. O., S. 34.

[891] Vgl. ebenda.

[892] Vgl. Uepping, H., a. a. O., S. 55; Leicher, R., Der Umgang, a. a. O., S. 86.

[893] Vgl. Pfeiffer, W./Dörrie, U./Stoll, E., a. a. O., S. 33 f.

[894] Aufgrund der Schnelllebigkeit des Geschäfts und des damit einhergehenden Produktwandels ist es gerade im Investmentbanking nicht außergewöhnlich, dass Führungskräfte schon in jungen Jahren höchste Positionen erreichen. Es ist jedoch schwer vorstellbar, dass diese Spitzenmanager die hiermit verbundene Arbeitsbelastung 25 bis 30 Jahre durchhalten können, vgl. Kobi, J.-M., Erfolgsfaktor Mitarbeiter, a. a. O., S. 53.

schließt sich bei einem M&A-Berater nach einer Einarbeitungsphase eine länger andauernde Reifephase an, die seinen Mitarbeiterwert aufgrund zunehmender Erfahrung und Seniorität im Umgang mit Kunden deutlich steigen lässt.

Um das Problem der Bewertung der Kriterien „Berufserfahrung" bzw. „Alter" im Kontext der Mitarbeiterwertermittlung zu lösen, bestehen zwei Möglichkeiten: Zum einen könnte je nach Relevanz für das jeweilige Geschäftsfeld eine unterschiedliche Gewichtung der einzelnen Altersstufen vorgenommen und somit etwa der Erfahrung der Mitarbeiter im beratungsintensiven Geschäft ein höheres Gewicht beigemessen werden als im Handel.[895] Zum anderen gibt es aber auch Argumente für einen gänzlichen Verzicht auf die oben genannten Kriterien. Schließlich spiegeln diese eine gewisse Seniorität des Mitarbeiters wider, die in die Berechnung des Mitarbeiterwerts bereits im Rahmen der zugeordneten Tarifgruppen bzw. Grading-Stufen (vgl. Kap. E 3.1) und der damit einhergehenden Verantwortungsgrade einfließt.

Eine unterschiedliche Berücksichtigung des **Geschlechts** von Mann und Frau in der Ermittlung von Mitarbeiterwerten erscheint – ganz abgesehen von einer möglichen Diskriminierung – unangebracht, da die Möglichkeit der Elternzeit beiden Ehepartnern offensteht und im Falle von Teilzeittätigkeiten der jeweilige prozentuale Zeitanteil entsprechend bei einem Mann oder seiner Frau Berücksichtigung finden könnte. Zwei weitere Aspekte sprechen eindeutig für die nachrangige Bedeutung des Geschlechts als Kriterium für die Ermittlung von Mitarbeiterwerten im Investmentbanking: Die geistigen Fähigkeiten von Männern und Frauen unterscheiden sich objektiv nicht.[896] Die geringere körperliche Leistungsfähigkeit von Frauen aufgrund physiologischer

895 Bei einem weltweit einheitlichen Einsatz eines Steuerungsmodells auf Basis von Mitarbeiterwerten ist allerdings zu überprüfen, inwiefern lokale rechtliche Regelungen die Verwendung des Alterskriteriums möglicherweise als gesetzeswidrige Diskriminierung von Mitarbeitern interpretieren (vgl. Kap. D 2.2). Eine Entscheidung beispielsweise des Europäischen Gerichtshofs (EuGH) bestätigt, dass grundsätzlich die Bemessung der Arbeitsvergütung nach dem Dienstalter des Arbeitnehmers sachlich gerechtfertigt ist, um die Berufserfahrung zu honorieren, die den Arbeitnehmer befähigt, seine Arbeit besser zu verrichten. Dieser Zusammenhang trifft insbesondere auf anspruchsvolle Tätigkeiten (wie im Investmentbanking) zu – im Gegensatz zu sehr einfach gelagerten und gleichförmigen Tätigkeiten, die ein Arbeitnehmer, unabhängig vom Einzelfall, nach mehr oder weniger kurzer Einarbeitungszeit beherrscht, vgl. o. V., Gleichbehandlung und Altersdiskriminierung, in: B+P Arbeitsrecht 2/2007, S. 98–99, S. 99; EuGH, Urteil vom 03.10.2006, C-17/05-NZA 2006.

896 Vgl. Pfeiffer, W./Dörrie, U./Stoll, E., a. a. O., S. 36.

Unterschiede spielt im Dienstleistungsbereich eine untergeordnete Rolle, da hier intellektuelle Fähigkeiten gefragt sind.[897]

Als wichtige Determinante von Mitarbeiterwerten eignet sich das sogenannte **Commitment** der Mitarbeiter, das einem „psychologischen Band" zwischen Individuum und Organisation gleichkommt.[898] Commitment (wörtlich: Hingabe, Verbundenheit) drückt sich aus in der Identifikation mit und der Akzeptanz von Zielen und Werten des Unternehmens, im Engagement und im Bedürfnis, bei diesem Arbeitgeber zu bleiben, selbst wenn von externer Seite eine bessere Bezahlung, höherer Status oder die Übertragung zusätzlicher Verantwortung geboten werden (Loyalität).[899] Seit einigen Jahrzehnten ist allerdings zu beobachten, dass traditionelle Werte, wie Disziplin, Pflichtgefühl, Ein- und Unterordnung sowie Hierarchieakzeptanz, zugunsten neuer Werte, wie Individualität, Egoismus, Opportunismus und Hedonismus, immer stärker zurücktreten.[900] Selbstentfaltungsziele und Bedürfnisse nach selbstbestimmter Gestaltung des eigenen Lebens werden den Menschen auch in Bezug auf ihr berufliches Umfeld und ihre Karriereplanung immer wichtiger.[901] Diese Werteverschiebung wird dazu führen, dass der psychologische Vertrag zwischen Unternehmen und ihren Mitarbeitern schrittweise abgebaut wird: Loyalität verschwindet für Mitarbeiter als Wert zunehmend[902], der Wert von (verbliebener) Loyalität für das Unternehmen ist daher hoch einzuschätzen.

Commitment als „emotionale Selbstverpflichtung" hat entscheidenden Einfluss auf erfolgskritische Einstellungen und Verhaltensweisen der Mitarbeiter, wie Eigeninitiative, Flexibilität und Entwicklungsbereitschaft.[903] Viele der genannten Ausprägungsformen von Commitment fließen in die Mitarbeiterwertermittlung bereits über separat erfasste Determinanten ein, zum Beispiel kommt das gezeigte Engagement in der erbrachten Leistung zum Ausdruck – im Gegensatz zum anderweitig nicht abgebildeten Kriterium „Loyalität". Dieses setzt sich im Sinne einer inneren Bindung des Mitarbeiters im Wesentlichen aus drei Aspekten zusammen, die vom Personalmanagement bei einem professionellen Retention-Management (vgl. Kap. G 2.2.2) beeinflusst werden

---

897 Vgl. ebenda.

898 Vgl. Moser, K., Personalmarketing. Eine Einführung, München 1992, S. 95.

899 Vgl. ebenda; Steffens-Duch, S., Commitment – die Bank im Urteil der Mitarbeiter, in: Die Bank 3/2000, S. 183–185, S. 183.

900 Vgl. Drumm, H. J., Szenarioprognosen für ein künftiges HR-Management, in: Personalführung 5/2001, S. 64–71, S. 65; Heitmüller, H.-M., a. a. O., S. 31.

901 Vgl. Heitmüller, H.-M., a. a. O., S. 31.

902 Vgl. Drumm, H. J., a. a. O., S. 65. Zur Analogie von Mitarbeiterloyalität zu kundenbezogener Bankloyalität vgl. Süchting, J., Die Bankloyalität als Grundlage zum Verständnis der Absatzbeziehungen von Kreditinstituten, in: Kredit und Kapital 3/1972, S. 269–300, S. 280.

903 Vgl. vertiefend Steffens-Duch, S., a. a. O., S. 183 f.

können: rationale Dimension, emotionale (affektive) Verbundenheit, moralische (normative) Verpflichtung.[904]

Aus rationaler Perspektive wägt ein Individuum die Vor- und Nachteile des Verbleibens in einer Organisation ab.[905] Gegenstand sind die gesamte Palette materieller und immaterieller Nutzen einerseits (vgl. Kap. G 2.1.4.1) sowie der die gesamte Lebenssituation betreffende persönliche Aufwand andererseits.[906] An die hoch qualifizierten Mitarbeiter im Investmentbanking werden sehr hohe Anforderungen unter anderem in Bezug auf ihr fachliches Können, nationale und internationale Mobilität, zeitliche Flexibilität, interkulturelle Kompatibilität und Sprachkompetenz gestellt.[907] Im Gegenzug stellen die Mitarbeiter hohe Ansprüche an ihren Arbeitgeber und fordern interessante Aufgaben, Handlungs- und Entscheidungsspielräume, attraktive Bezahlung und weitere Anreize.[908] Diese Anforderungsdualität und das Wissen um den eigenen Marktwert führen häufig dazu, dass sich eine hohe, auf Selbstoptimierung ausgerichtete Bereitschaft entwickelt, den Arbeitgeber zu wechseln, sobald zentrale Ansprüche nicht mehr erfüllt sind.[909] Der gelegentliche Wechsel des Arbeitgebers ist in dieser Branche zudem durchaus üblich und gehört teilweise zu einer professionellen Karriere. Der gerade im Zusammenhang mit der Investmentbankingbranche oftmals verwendete Begriff des „Jobsöldners" bezeichnet dieses Phänomen.[910] Die geringe Loyalität in dem angelsächsisch geprägten Investmentbanking beruht auch darauf, dass insbesondere im Falle der Eigenkündigung von Mitarbeitern aus den Front-Office-Bereichen der neue Arbeitgeber in der Regel entgehende Bonuszahlungen erstattet (Sign-on-Bonus). In den teilweise stark spezialisierten Geschäftsfeldern des Investmentbankings kann für Banken jedoch das Problem einer gewissen Abhängigkeit von Mitarbeitern auftreten, die über eine am Markt rare Qualifikation verfügen. Im Falle einer latenten oder akuten Abwanderungsgefahr versuchen die Banken, die Leistungsträger durch Halteprämien (sog. Retention-Zahlungen) an ihr Haus zu binden. Mit Blick auf die bewiesene (oder die erwartete) Performance dieser Schlüsselmitarbeiter tolerieren die Arbeitgeber somit bewusst deren geringe Loyalität bzw. Söldnermentalität. Eine niedrige, da durch monetäre Anreize „erkaufte" Loyalität wirkt sich auf den individuellen Mitarbeiterwert allerdings mindernd aus. Einen solchen Effekt müssen andere Determinanten von Mitarbeiterwerten durch entsprechende Gewichtungen daher kompensieren können, da diese Mitarbeitergruppe bei

---

904 Vgl. Nagel, A., Was Mitarbeiter bindet, in: Personal 4/2005, S. 24–27, S. 24.
905 Vgl. Schirmer, U., Commitment fördern, a. a. O., S. 50.
906 Vgl. Nagel, A., a. a. O., S. 24.
907 Vgl. Schirmer, U., Commitment fördern, a. a. O., S. 48.
908 Vgl. ebenda.
909 Vgl. ebenda.
910 Vgl. ebenda.

positivem Geschäftsverlauf einen immens wichtigen Beitrag zum finanziellen Wohlergehen der Bank leistet.

Die eingeschränkte Loyalität dem Arbeitgeber gegenüber resultiert aber auch aus einem weiteren Spezifikum der Investmentbankingbranche: Die vergleichsweise hohe Arbeitsbelastung, ausgeglichen durch hohe Gehälter, führt dazu, dass Mitarbeiter insbesondere aus den Front-Office-Bereichen nur für eine begrenzte Zeit im Berufsleben stehen möchten und sich aufgrund der erreichten finanziellen Unabhängigkeit früher als Beschäftigte in vielen anderen Branchen privat gesetzten Aufgaben im Leben zuwenden (können).

Zur emotionalen Verbundenheit gehört die positive innere Einstellung des Mitarbeiters zum Unternehmen, die in der eigenen Tätigkeit, den sozialen Beziehungen, aber auch in den Produkten oder Dienstleistungen des Unternehmens verankert sein kann.[911] Diese affektive Bindung entsteht durch positive Erfahrungen und erfüllte Erwartungen und drückt sich unter anderem in Arbeitszufriedenheit und Identifikation mit dem Arbeitgeber aus.[912] Sie ist jedoch zu trennen vom Gefühl der Verpflichtung.[913] Loyalität besteht insbesondere bei vielen Mitarbeitern der Front-Office-Bereiche gegenüber ihrem Team oder ihrem Produktbereich, ist jedoch kaum gegenüber ihrem Arbeitgeber ausgeprägt. Die hohe Teamorientierung führte (insbesondere in den wirtschaftlich erfolgreichen Zeiten der Investmentbankingbranche) immer wieder zum Wechsel ganzer Teams zu Wettbewerbern, wobei in der Regel der betreute Kundenstamm mitgenommen und das Geschäft mehr oder weniger unverändert „unter neuer Flagge" weiterbetrieben wurde.[914]

Der Aspekt der moralischen Verpflichtung dagegen entwickelt sich aus der Übereinstimmung des individuellen und des unternehmensspezifischen Systems von Werten und Normen.[915] Diese Form der Verbundenheit einer Person entsteht auf der Basis moralisch-ethischer Überlegungen, weil das Unternehmen den Mitarbeiter „gut behandelt".[916] Eine diesbezügliche Bindung

---

[911] Vgl. Nagel, A., a. a. O., S. 24.

[912] Vgl. ebenda; Schirmer, U., Commitment fördern, a. a. O., S. 50.

[913] Vgl. ebenda.

[914] Vgl. Caytas, I. G./Mahari, J. I., a. a. O., S. 41; Marliere-Farnschläder, A., Grenzmanagement: Die Metamorphose der Banken, in: Die Bank 12/1999, S. 838–844, S. 839; Wanner, C./Clausen, S./Jenkins, P./Fromme, H., CSFB wirbt mit Millionen um Dresdner Banker, in: http://www.ftd.de/ub/fi/1088603064805.html?nv=hptn vom 01.07.2004; Wanner, C./Clausen, S./Dreykluft, J., Dresdner stoppt Aderlass in Investmentbank, in: http://www.ftd.de/ub/fi/1088603068951.html?nv=hpm vom 02.07.2004.

[915] Vgl. Schirmer, U., Commitment fördern, a. a. O., S. 51; Nagel, A., a. a. O., S. 24.

[916] Vgl. Schirmer, U., Commitment fördern, a. a. O., S. 51.

(und volle Entfaltung der Arbeitsleistung[917]) entsteht beispielsweise dadurch, dass Mitarbeiter Vertrauen aufbauen durch konstant positive Erfahrungen mit fairem und gerechtem Umgang im Unternehmen.[918] Um solche Konstanz zeigen zu können, brauchen Unternehmensleitungen aber über einige Jahre gleiche betriebliche Rahmenbedingungen[919], eine Voraussetzung, die auf das Investmentbankinggeschäft aufgrund der Marktgegebenheiten nicht zutrifft. Durch die Volatilität der Märkte fassen viele Investmentbanker ihre hohen Gehälter als Risikoprämie auf und rechnen bei schlechter Marktlage eher damit, ein Aufhebungsangebot ihres Arbeitgebers bzw. keinen Anschlussvertrag zu erhalten. Speziell Investmentbanken, die sich regelmäßig von einem als weniger leistungsstark erachteten Teil ihrer Belegschaft trennen, geht durch diese Abbaumaßnahmen Vertrauen verloren. Zeit, Neues aufzubauen, steht nicht zur Verfügung.

Die Ausführungen verdeutlichen, dass insbesondere der rationalen Komponente im Investmentbanking eine wesentliche Bedeutung zukommt. Trotz oder gerade wegen der loyalitätshemmenden Gegebenheiten in dieser Branche gilt es, die von Schlüsselpersonen vorgenommenen Vergleiche mit Einsatzmöglichkeiten bei anderen Arbeitgebern so zu gestalten, dass die individuelle Entscheidung immer wieder positiv zugunsten der eigenen Bank ausfällt.[920] Schließlich ist aus Arbeitgebersicht die längerfristige Personalerhaltung die Voraussetzung dafür, dass sich der Aufwand des Unternehmens für Rekrutierung und Weiterbildung der Mitarbeiter lohnt und auf längere Sicht überhaupt eine geordnete Aufgabenverteilung geplant und damit Kundenservice gewährleistet werden kann.[921] Loyalität ist – trotz der besonderen Gegebenheiten im Investmentbanking – somit ein wesentlicher Indikator, um möglicherweise auftretende Austrittsrisiken (vgl. Kap. G 2.2.2) frühzeitig erkennen und ihnen entgegentreten zu können.

Ein persönlichkeitsbezogenes Kriterium, wie Loyalität, lässt sich nicht auf direktem Wege ermitteln, sondern setzt (zugegebenermaßen subjektive) Rückschlüsse und Deutungen durch den Vorgesetzten voraus.[922] Für diesen

---

[917] Vgl. Lohaus, D./Habermann, W., Emotionale Bindung ist out, in: Personal 11/2006, S. 48–50, S. 50.

[918] Vgl. ebenda, S. 49.

[919] Vgl. ebenda.

[920] Vgl. Rastetter, D., Commitment: Bindung neuer Mitarbeiter an das Unternehmen, in: Personal 12/1998, S. 626–631, S. 627.

[921] Vgl. ebenda, S. 626.

[922] Vgl. Liebel, H. J., Personalentwicklung durch Verhaltens- und Leistungsbewertung, in: Liebel, H. J./Oechsler, W. A., Personalbeurteilung. Neue Wege zur Beurteilung von Leistung, Verhalten und Potential, Wiesbaden 1992, S. 103–191, S. 142; Breisig, Th., Personalbeurteilung, a. a. O., S. 159; Kobi, J.-M., Erfolgsfaktor Mitarbeiter, a. a. O., S. 54.

ergeben sich aus der Wahrnehmung der täglichen Zusammenarbeit mit seinem Mitarbeiter vielfältige Anhaltspunkte, die auf den jeweiligen Grad der Loyalität schließen lassen.[923] Weitere Gründe für eine erhöhte Wechselbereitschaft des Mitarbeiters können beispielsweise eine karrierehemmende Mitarbeiterstruktur in der jeweiligen Abteilung, das direkte Arbeitsumfeld oder gezahlte bzw. erwartete materielle und immaterielle Leistungen sein.[924] Zur Einschätzung des allgemeinen Austrittsrisikos lassen sich aus Mitarbeiterbefragungen Aussagen ableiten etwa hinsichtlich

- der generellen (Arbeits-)Zufriedenheit der Belegschaft, eines wichtigen Frühindikators für Fehlzeiten und Kündigungen[925];
- des von den Mitarbeitern wahrgenommenen Unternehmensimages;
- des empfundenen Attraktivitätsvorteils der Bank gegenüber alternativen Arbeitgebern oder
- der sonstigen Motivatoren und Hemmnisse für einen hypothetischen Arbeitgeberwechsel (faktische Bindungsgründe, wie die gute Erreichbarkeit für immobile Personen, führen trotz Unzufriedenheit unter Umständen zu einer hohen Mitarbeiterbindung).[926]

Allerdings sind Arbeitnehmer oft nicht bereit, in einer betriebsinternen, anonymen Befragung ihre Unzufriedenheit zu äußern.[927] Schlimmer noch: Kennen die Mitarbeiter die Auswirkungen ihrer in einer Befragung zum Thema „Zufriedenheit“ getroffenen Aussagen auf ihren Mitarbeiterwert, so nutzen sie möglicherweise diese unmittelbar von ihnen beeinflussbare Stellschraube der Mitarbeiterwertermittlung, indem sie als wünschenswert angenommene, aber nicht der Wahrheit entsprechende Antworten geben. Insofern liefert das beobachtbare Verhalten in einem vertrauensvollen Verhältnis zwischen Vorgesetztem und Mitarbeiter zumeist die wertvolleren Aufschlüsse hinsichtlich der Mitarbeiterloyalität.

---

923 Vgl. PricewaterhouseCoopers, Wichtige Trends, a. a. O., S. 27.

924 Vgl. ebenda, S. 26; Kobi, J.-M., Erfolgsfaktor Mitarbeiter, a. a. O., S. 54.

925 Vgl. Schirmer, U., Commitment fördern, a. a. O., S. 57. Mitarbeiterzufriedenheit ist zwar eine wichtige Kenngröße, die sich positiv auf Commitment und Loyalität auswirkt. Scholz weist jedoch auf die aus verschiedenen Studien gewonnene Erkenntnis hin, dass Zufriedenheit allein den betrieblichen Erfolg nicht steigert; wesentlich entscheidender ist die Bereitschaft der Mitarbeiter, ihre Arbeitskraft in das Unternehmen einzubringen, vgl. Scholz, Chr., Zehn Aktionsfelder, a. a. O., S. 36.

926 Vgl. Fiebig, St., Nachhaltigkeitsberichte: Werden sie bald Pflicht?, in: Personalführung 2/2004, S. 54–59, S. 56.; in Analogie zu Keller, B./Krause, J./Siek, M., Kundenbindung als Instrument des Marketing Controlling, in: Die Bank 8/2002, S. 548–553, S. 549 ff.; Kobi, J.-M., Erfolgsfaktor Mitarbeiter, a. a. O., S. 54.

927 Vgl. Fischer, L./Fischer, O., Sind zufriedene Mitarbeiter gesünder und arbeiten sie härter?, in: Personalführung 3/2007, S. 20–32, S. 26.

Als eine weitere personenbezogene Determinante besitzt die (produktive) **zeitliche Verfügbarkeit** eines Mitarbeiters Relevanz für den Wert des jeweiligen Mitarbeiters für sein Unternehmen. Dieses Kriterium beinhaltet insbesondere fünf Facetten, nämlich:

- die Laufzeit des Vertrags;
- die vereinbarte Kündigungsfrist;
- die vertraglich geregelte Wochenarbeitszeit;
- die Frage der Bereitschaft, Überstunden zu leisten;
- die Abwesenheiten vom Arbeitsplatz.

Befristete Beschäftigungsverhältnisse gelten im Investmentbankinggeschäft zumeist für neue Mitarbeiter ohne nennenswerte Berufserfahrung, für unterstützende Funktionen (z. B. Aushilfen) oder für Aufgaben außerhalb des Kerngeschäfts. Die befristete Bindung von Mitarbeitern sichert dem Unternehmen die Arbeitskraft des Mitarbeiters und führt bei geringem Arbeitsanfall im Aufgabengebiet des Mitarbeiters oder bei unzureichender individueller Performance zu betrieblicher Flexibilität. Auf den Wert eines Mitarbeiters wirkt sich diese Vertragsvariante jedenfalls nicht negativ aus, sofern der Zeitraum der Zusammenarbeit für eine aussagekräftige Einschätzung lang genug ist.

Die Aussagekraft des Kriteriums „vereinbarte Kündigungsfrist“ für die Bestimmung eines Mitarbeiterwerts hängt dagegen von den individuellen Umständen ab. Bei tariflich vergüteten Bankangestellten besteht gemäß § 17 Abs. 1 MTV (Manteltarifvertrag) üblicherweise eine Kündigungsfrist von sechs Wochen zum Ende eines Kalendervierteljahres. Dieser Zeitraum wird in der Regel durch Erteilung einer Handlungsvollmacht oder durch Übergang in ein außertariflich bezahltes Beschäftigungsverhältnis – der Bedeutung der neuen Aufgabe angemessen – auf sechs Monate verlängert. Lange Kündigungsfristen stärken bei Freistellungen auf Veranlassung der Bank im Rahmen von Aufhebungsverhandlungen die Arbeitnehmerposition und erhöhen den Druck auf adäquate Weiterbeschäftigung bzw. Kompensation durch Zahlung eines monetären Ausgleichs. Auch im Falle von Eigenkündigungen bildet die in manchen Humankapitalwertmodellen[928] zugrunde gelegte Verweildauer vom aktuellen Bewertungszeitpunkt bis zum arbeitsvertraglich geregelten frühestmöglichen Termin des Ausscheidens eines Mitarbeiters – zumindest in diesem speziellen Geschäftsumfeld – keineswegs eine verlässliche Planungsbasis. Investmentbanken stellen Mitarbeiter, die gekündigt haben, insbesondere bei ansonsten zu befürchtenden operativen Risiken

[928] Vgl. Ortner, G. E./Thielmann-Holzmayer, C., a. a. O., S. 13.

zeitnah zum Erhalt der Kündigung frei (wobei die arbeitsvertraglichen Ansprüche des Mitarbeiters auf Fortzahlung der Festgehälter und die zeitanteilige variable Vergütung davon unbenommen sind). Da das Kriterium „Kündigungsfrist" für die Berechnung von Mitarbeiterwerten demzufolge keine eindeutige Wirkungsrichtung aufweist, ist die Zweckmäßigkeit der Einbeziehung dieses Kriteriums in das zu entwickelnde Totalmodell eher fragwürdig.

Der auf die tariflich festgelegte wöchentliche Arbeitszeit bezogene prozentuale Beschäftigungsgrad muss dagegen aus Fairnessgründen auf jeden Fall in die Mitarbeiterwertberechnung einfließen: Arbeitnehmer im Teilzeitbeschäftigungsverhältnis sind zwar nur zeitlich begrenzt für den Arbeitgeber tätig, erwarten aber Leistungen über ihr eigentliches Gehalt hinaus dementsprechend nur anteilig im Verhältnis zu der geleisteten Arbeitszeit (vgl. Kap. B 2.2).

Auf den ersten Blick erscheinen angefallene Überstunden im stark leistungsorientierten Arbeitsumfeld geeignet als Ausdruck hohen Engagements für das Unternehmen und damit als eine leicht operationalisier- und erfassbare weitere Determinante von Mitarbeiterwerten. Allerdings sind Überstunden nicht immer mit produktiver Tätigkeit gleichzusetzen. Sie resultieren möglicherweise aus dem Druck, gesichtswahrend ausreichend lange Arbeitszeiten vorzuweisen, oder können auch der Kompensation eigener Defizite und damit Arbeitsrückstände dienen. Um zu vermeiden, dass Überstunden nur um ihrer selbst und damit der Erhöhung des Mitarbeiterwerts willen geleistet werden, empfiehlt es sich daher, von diesem Kriterium für die Wertberechnung abzusehen.

Ein hohes Maß an – tatsächlich produktiv genutzter – Präsenz im Rahmen der vereinbarten Arbeitszeit bildet die Basis, um zum Unternehmenserfolg beizutragen und damit zugleich seinen Wert für das Unternehmen unter Beweis zu stellen. Betriebliche Fehlzeiten dagegen – gleich aus welchem Grund – beeinträchtigen die Erreichung der bankbetrieblichen Ziele. Abwesende Mitarbeiter verursachen besonders in Stoßzeiten erhebliche Störungen im Betriebsablauf.[929] Für die Mitarbeiter bedeutet das Fehlen von Kollegen häufig Mehrarbeit, für Vorgesetzte in aller Regel zusätzlichen Aufwand für organisatorische Umstellungen zur Besetzung der jeweiligen Arbeitsplätze.[930] Als Folge hoher Fehlzeiten steigt die Fehlerhäufigkeit, es entstehen zusätzliche betriebliche Kosten (mit der Folge sinkender Produktivität), zum Beispiel für

---

929 Vgl. Leicher, R., Fehlzeiten der Mitarbeiter reduzieren, in: Bankmagazin 12/1995, S. 40–41, S. 40; Nieder, P./Michalk, S., Absentismus und betriebliche Gesundheitsförderung, in: Personalführung 9/1995, S. 782–791, S. 783.

930 Vgl. Nieder, P./Michalk, S., a. a. O., S. 783.

Ersatzkräfte oder die Überstundenvergütung für die dann erforderliche Mehrarbeit der Arbeitskollegen.[931]

Abgesehen von erteiltem Erholungsurlaub gemäß § 15 MTV des privaten Bankgewerbes bestehen übliche Ursachen für Abwesenheiten von der Arbeit unter anderem in

- der Teilnahme an Schulungsmaßnahmen des Arbeitgebers;
- der Inanspruchnahme des jedem Mitarbeiter gesetzlich zustehenden Bildungsurlaubs (fünf Tage pro Jahr) oder gewährter Sonderurlaubstage (etwa wegen Umzugs oder eines Todesfalls in der Familie) oder
- in tatsächlichen oder nur vorgeschobenen Krankheiten.

Abwesenheiten durch die Teilnahme an Schulungsmaßnahmen mindern kurzfristig betrachtet das Leistungsergebnis eines Mitarbeiters, kommen dem Arbeitgeber jedoch längerfristig zugute. Fehlzeiten durch Belegung von Seminaren sollten deshalb den zu errechnenden Mitarbeiterwert nicht negativ beeinträchtigen oder zumindest durch eine Wertsteigerung des Mitarbeiters aufgrund höherer Qualifikation wieder egalisiert werden. Den gesetzlich zustehenden Bildungsurlaub nehmen ohnehin nur wenige Arbeitnehmer im Investmentbanking in Anspruch, sodass seine praktische Relevanz eher gering ist.[932] Auch die vom Arbeitgeber teilweise gewährten Sonderurlaubstage betreffen nur eine geringe Anzahl von Tagen im Jahr und sind daher zu vernachlässigen.

Der individuelle Krankenstand, eine weitere mögliche Ursache für betriebliche Fehlzeiten, ist eine recht problematische Determinante für die Ermittlung des Mitarbeiterwerts und die spätere Verteilung von Anreizen. Kein Mitarbeiter, auch kein Leistungsträger, ist vor krankheitsbedingten Ausfällen gefeit. Es beeinträchtigt die Loyalität sämtlicher Mitarbeiter, wenn das Unternehmen im Krankheitsfall nicht zum Mitarbeiter steht und diesen durch die Einbeziehung der Fehltage in die Mitarbeiterwertberechnung sogar noch bestraft. Vorgetäuschte Krankheiten und der hiermit verbundene Absentismus sind dem Betroffenen nur äußerst schwer nachzuweisen (z. B. durch die Einschaltung des Medizinischen Dienstes der Krankenversicherung [MDK]).[933] Aufgrund des professionellen Anspruchs der (meisten) Mitarbeiter an sich selbst (vgl. Kap. D 1.2) besteht im Investmentbanking das Problem vorgetäuschter Krankheiten oder das Fernbleiben vom Arbeitsplatz unter bewusster Aus-

---

931 Vgl. Leicher, R., Fehlzeiten, a. a. O., S. 40.

932 Die Frage nach der Sinnhaftigkeit von anerkannten Bildungsurlaubsmaßnahmen in Bezug auf die konkrete Aufgabe des einzelnen Mitarbeiters in seiner täglichen Arbeit soll hier nicht gestellt bzw. beantwortet werden.

933 Vgl. Nieder, P./Michalk, S., a. a. O., S. 783.

nutzung der Freiräume hinsichtlich der gesetzlichen Nachweispflicht[934] allerdings kaum. Der Grund hierfür liegt auch darin, dass (längere) Abwesenheiten es den Mitarbeitern (z. B. den Händlern) erschweren, Marktentwicklungen im Detail zu verfolgen. Zudem motiviert die angespannte Arbeitsmarktsituation im Investmentbanking die Mitarbeiter dazu, nur bei ernsthaften Krankheiten dem Arbeitsplatz fernzubleiben.[935] Der gänzliche Verzicht auf das Kriterium „individueller Krankenstand" käme zwar den „Hypochondern" in der Mitarbeiterschaft entgegen[936], hätte jedoch auch den Vorteil, dass Mitarbeiter ihre Krankheiten tatsächlich erst zu Hause auskurieren, gegebenenfalls Spätfolgen vermeiden und nicht durch verfrühte Rückkehr an ihren Arbeitsplatz Kollegen möglicherweise anstecken und dadurch einen erhöhten Krankenstand auslösen.[937]

Somit erscheint dieses zwar über die betrieblichen Fehlzeiten leicht quantitativ erfassbare Kriterium nicht als Determinante einer fairen Mitarbeiterwertermittlung im Investmentbanking geeignet. Von der Personalabteilung vorgenommene Absentismusanalysen finden ohnehin regelmäßig statt, sodass diese ausreichen sollten, um bei auftretenden und erkannten Mustern adäquate Maßnahmen einzuleiten.

Als weiteres personenbezogenes Kriterium weist das **Referenzpotenzial** des Mitarbeiters Relevanz für dessen Wert für das Unternehmen auf. Insbesondere aufgrund der Eigenschaften von Bankprodukten als einerseits beratungsintensiven, andererseits abstrakten, nicht tangiblen Dienstleistungen kommt der persönlichen Beziehung der Bankmitarbeiter zu den Geschäftspartnern eine wesentliche Rolle zu.[938] Die hohe Bedeutung von Finanz-

---

934 Dauert die Arbeitsunfähigkeit länger als drei Tage, muss der Mitarbeiter seinem Arbeitgeber eine ärztliche Bescheinigung über die Arbeitsunfähigkeit sowie deren voraussichtliche Dauer spätestens am ersten darauffolgenden Arbeitstag zukommen lassen (§ 5 Abs. 1 Satz 2 Entgeltfortzahlungsgesetz).

935 Vgl. Fürstenberg, R./Fürstenberg, W., Ein neues Krankheitspanorama belastet die Unternehmen, in: http://www.humancapitalreport.eu/html/aus_forschung_und_praxis.html#krankheitspanorama, 3. Quartal 2007, o. S.

936 Indirekt fließt dieses Kriterium in eine Mitarbeiterwertermittlung ohnehin ein: Wenn ein Mitarbeiter ohne tatsächliches Krankheitsbild die Grauzonen des Fernbleibens („Krankfeierns") für sich in Anspruch nimmt, so wird sich diese disziplinlose Haltung auch auf die ansonsten im Arbeitsleben gezeigte Performance, ein in die Mitarbeiterwertermittlung einzubeziehendes Kriterium, auswirken.

937 Für dauerkranke Mitarbeiter stellt sich aufgrund der nicht erbrachten Leistung ohnehin nicht die Frage der Vergabe monetärer bzw. nicht monetärer Anreize, eines wichtigen Anwendungsgebiets der mitarbeiterwertbezogenen Steuerung.

938 Vgl. Süchting, J., Die Bankloyalität, a. a. O., S. 270 ff.; Süchting, J., Bankmanagement, a. a. O., S. 422 f.; Singer, J., Das Verhalten der Mitarbeiter ist für Kunden das stärkste Kaufargument, in: Sparkasse 4/2002, S. 151.

transaktionen sowohl für das auftragerteilende Unternehmen als auch für die abwickelnde Bank setzt ein besonderes Vertrauensverhältnis zwischen beiden Vertragsparteien voraus. Die persönlichen Kontakte von Mitarbeitern können insbesondere bei beratungsintensiven Produkten, wie im M&A-Geschäft, im günstigsten Fall dazu führen, dass ein Mitarbeiter bzw. die Bank einen Auftrag erhält.[939] Die Qualität der Beziehung von Mitarbeitern zu Geschäftspartnern hängt von Kriterien wie Sympathie, Anerkennung, Vertrauen, Gegenseitigkeit und der wahrgenommenen Kompetenz ab.[940] Das individuelle Referenzpotenzial umfasst die Anzahl der potenziellen Kunden, die ein Mitarbeiter aufgrund seines Einflussvermögens sowie der Größe, Art und Kontakthäufigkeit und -intensität seiner Beziehungsnetzwerke mit positiven Informationen bezüglich seines Arbeitgebers bzw. dessen Produkten erreichen und entsprechend beeinflussen kann. Die Nutzung des Referenzpotenzials kann sich neben der Weiterempfehlung von Produkten bzw. des Unternehmens insgesamt auch auf die Anwerbung neuer Mitarbeiter durch Weiterempfehlung des Unternehmens beziehen, woraus eine Senkung der Rekrutierungskosten resultiert.[941]

Neben dem Referenzpotenzial trägt auch der **Grad der bankinternen Vernetzung** eines Mitarbeiters zu dessen Wert für sein Unternehmen bei. Mitarbeiter, die über ein stabiles internes Netzwerk verfügen, sind eher in der Lage, auf informellem Wege Wissen auszutauschen und auf diese Weise betriebliche Sachverhalte schneller und zugleich umfassender zu beurteilen. Die Quantität der internen Kontakte korrespondiert mit der individuellen Kontaktfreude, zu einem gewissen Grad aber auch mit der Art der Tätigkeit des Mitarbeiters. Eine Funktion mit vielen Schnittstellen zu anderen Abteilungen ermöglicht eine hohe interne Visibilität, fordert diese zugleich aber auch ein. Darüber hinaus steigt mit zunehmender Dauer der Betriebszugehörigkeit die Anzahl an beruflichen Gelegenheiten, um vielfältige interne Kontakte aufzubauen und zu vertiefen. Die Tragfähigkeit und damit die Qualität der internen Kontakte hängen insbesondere von persönlichen Eigenschaften des Mitarbeiters ab, wie zum Beispiel dessen Zuverlässigkeit oder Verbindlichkeit im Auftreten. Eine detaillierte Beurteilung des Grads der internen Vernetzung ihrer Mitarbeiter fällt Vorgesetzten sicherlich nicht leicht. Dennoch sollten sie in der Lage sein, hierzu aufgrund ihrer Kenntnis der Tätigkeit und der Persönlichkeit ihrer Mitarbeiter zumindest eine grobe und dennoch valide Einschätzung abzugeben, die in die Mitarbeiterwertermittlung einfließen kann.

---

939 Vgl. Singer, J., Das Verhalten, a. a. O., S. 151.

940 Vgl. Belz, Ch., Persönliche Geschäftsbeziehungen, in: Thexis 2/2002, S. 22–23, S. 22.

941 Vgl. Reichheld, F., Der Loyalitätseffekt, Frankfurt am Main 1997, S. 126; Meffert, H./ Bruhn, M., a. a. O., S. 452; Laabs, J., A Prize Referral Program, in: Personnel Journal 5/1991, S. 95–97, S. 95 ff.

Kundeninformationssysteme bilden eine technische Plattform, um das Beziehungsnetzwerk der Mitarbeiter, das sich – je nach Funktion – durchaus auch auf Kollegen oder wichtige interne Kunden beziehen kann und soll, systematisch zu erfassen und die wichtigen Mitarbeiter an der Schnittstelle zu Schlüsselpartnern zu identifizieren. Allerdings sind Mitarbeiter unter Umständen nicht bereit, ihrem Arbeitgeber gegenüber vollkommene Transparenz hinsichtlich ihrer geschäftlichen (oder auch privaten) Kontakte zu schaffen.

3 Personenunabhängige Kriterien für die Mitarbeiterwertberechnung

Unter der Kategorie der personenunabhängigen Determinanten des Mitarbeiterwerts lassen sich Kriterien subsumieren, bei denen die Bank ohne Einflussnahme des Mitarbeiters durch bestimmte Entscheidungen Hilfsgrößen einer Mitarbeiterwertbetrachtung beeinflusst. Zu solchen Entscheidungen zählen insbesondere:

- die Festlegung des mit einer Stelle verbundenen Verantwortungsumfangs bzw. hierarchischen Rangs;
- die Entwicklung und Umsetzung einer als adäquat angesehenen Unternehmensstrategie mit entsprechenden Auswirkungen auf die betroffenen Funktionalbereiche im Front- und Back-Office;
- die Bestimmung bzw. die Zahlung eines tariflich festgelegten bzw. außertariflichen, als marktfähig bzw. vertretbar angesehenen Gehalts für die vom jeweiligen Mitarbeiter ausgeübte Tätigkeit.

Positiv betrachtet, kann ein Mitarbeiter durch die einbezogenen personenunabhängigen Kriterien einen möglicherweise aus der eigenen Sicht zu niedrigen Bonus oder die unterbliebene Verleihung eines höherwertigen Firmentitels eher akzeptieren (eine entsprechende Transparenz des Systems vorausgesetzt), ohne dies als Affront verstehen zu müssen. Insbesondere aber im Falle negativer Auswirkungen dieser Faktoren auf die Höhe des eigenen Mitarbeiterwerts werden Mitarbeiter die Nichtgewährung bestimmter Anreize – gegebenenfalls auch als Rechtfertigung sich bzw. anderen gegenüber – primär auf die von ihnen nicht unmittelbar beeinflussbaren Parameter zurückführen (vgl. auch Kap. E 2.2.2.1). Wichtig ist es gerade für ambitionierte Mitarbeiter, die mit den personenunabhängigen Faktoren verbundenen Signale richtig zu deuten. Mitarbeiter sollten bei ihrer Karriereplanung darauf achten, möglichst solche beruflichen Funktionen innezuhaben, die für das Unternehmen gegenwärtig und auch in naher Zukunft als attraktives und strategisch bedeutsames Dienstleistungsfeld gelten.

3.1 Gegenwärtige und zukünftige Bedeutung der Funktion eines Mitarbeiters aus Bankensicht

Waren früher Hierarchieebenen, Firmentitel oder (zumindest latent) auch Alter und Betriebszugehörigkeit Bewertungsparameter der individuellen Förderung und der Gehaltspolitik, so haben mittlerweile viele Banken für ihre Mitarbeiter Stellenbewertungssysteme etabliert, die eine entsprechende Ordnung ermöglichen.[942] Die Vertrautheit der Mitarbeiter mit der Vorgehensweise zur Einstufung ihrer Stelle ist eine gute Voraussetzung für die Akzeptanz der Verwendung dieser Systematik auch für die Mitarbeiterwertermittlung. Eine Stellenbewertung ruht üblicherweise auf drei „Säulen“, nämlich:

- Stellenbeschreibungen, die alle erforderlichen Informationen über den Inhalt und Zweck einer Stelle enthalten;
- einem Bewertungssystem, das objektive Kriterien zur Bewertung von Stellen vorgibt;
- einem Bewertungsprozess, in dem die Voreingenommenheit bzw. Subjektivität einzelner urteilender Personen weitgehend ausgeschaltet wird.[943]

Stellenbewertungen beziehen sich zwar – wie der Name schon sagt – auf die jeweiligen Stellen und nicht auf die Positionsinhaber[944], sind aber als Ersatzmaßstab dennoch in gewisser Weise geeignet, die Wertigkeit eines Mitarbeiters für seine Bank durch die Bedeutung seiner Position auszudrücken. Die im Folgenden kurz vorgestellten Verfahren lassen sich je nach Grad der Einbeziehung der Stellenanforderungen in zwei Kategorien unterscheiden: Bei der sogenannten summarischen Beurteilung (angewendet wird diese beispielsweise im Rahmen des Rangfolge- und des Lohngruppenverfahrens) findet eine ganzheitliche, das heißt von einzelnen Leistungskriterien losgelöste Stellenbetrachtung statt.[945] Eine analytisch vorgenommene Beurteilung (wie beim Rangreihen- und beim Stufenwertzahlverfahren) erfolgt dagegen anhand der einzelnen Kriterien; das Gesamturteil ergibt sich durch Ermittlung einer Wertsumme über alle Beurteilungskriterien (vgl. Abb. 16).[946]

---

942 Vgl. Lindena, B., Leistungsanreize, a. a. O., S. 712; Svoboda, M./Woermann, Chr., Neues Karriere- und Vergütungssystem – von Titeln zu Verantwortungsstufen, in: Die Bank 11/1996, S. 644–647, S. 645.

943 Vgl. Bechinie, E./Graf, L., Gehaltsmanagement in der Bank, in: Die Bank 7/1979, S. 327–333, S. 330; Hoos, W./Siebold, M., a. a. O., S. 33.

944 Vgl. Alewald, Th., a. a. O., S. 848; Lyding, W./Hören, M. von, a. a. O., S. 42.

945 Vgl. Olfert, K./Steinbuch, P. A., a. a. O., S. 237.

946 Vgl. ebenda; Blang, H.-G./Kramer, M., Job Grading – Ein Muss im globalen Wettbewerb, in: B+P Personalpraxis 9/2007, S. 591–594, S. 593.

Analyse der Anforderungen / Quantifizierung der Anforderungen	summarisch	analytisch
Reihung	Rangfolgeverfahren *(job ranking method)*	Rangreihenverfahren *(factor ranking method)*
Stufung	Lohngruppenverfahren *(job grade system)*	Stufenwertzahlverfahren *(point rating method)*

Abb. 16 Grundtypen der Stellenbewertung[947]

Das **Rangfolgeverfahren** ordnet die einzelnen Stellen nach dem Schwierigkeitsgrad der Arbeitsanforderungen.[948] Dafür werden die Arbeitsplätze als Ganzes beurteilt, paarweise verglichen[949] und in ihrer relativen Bedeutung gezeigt.[950] Bei dem **Lohngruppenverfahren** (auf diesem basieren die Tarifverträge im Bankenbereich) wird dagegen eine bestimmte Anzahl von Lohn- bzw. Gehaltsgruppen für als repräsentativ erachtete Tätigkeiten gebildet, die an diese gestellten Anforderungen werden inhaltlich beschrieben und durch Richtbeispiele ergänzt.[951] Die Arbeitsplätze werden den verschiedenen Lohnstufen zugeordnet. Die Stufendefinitionen reichen von Tätigkeiten ohne Vorkenntnisse (Tarifgruppe 1 des Bankentarifvertrags) bis zu Tätigkeiten, die sich durch ihren Schwierigkeits- und/oder Verantwortungsgrad deutlich von den jeweiligen unteren Stufen abheben (Tarifgruppe 9). In Abhängigkeit von den Berufsjahren legt der Tarifvertrag für die verschiedenen Tarifgruppen Wertigkeiten, das heißt Mindestmonatsgehaltssätze, fest.[952] Im Tarifbereich eingeordnete Tätigkeiten gibt es im Investmentbanking insbesondere im Nachwuchsbereich sowie im Back-Office (z. B. in der Wertpapierabwicklung).

Bei dem **Rangreihenverfahren** werden für jeden Arbeitsplatz Anforderungen einzeln ermittelt und bewertet.[953] Die Einzelbeurteilungen werden gewichtet und zu einem Gesamtwert zusammengefasst, der für die Bildung der Rangreihe maßgebend ist.[954] Auch bei dem **Stufenwertzahlverfahren** wird die Gesamtanforderung in einzelne Anforderungsarten zerlegt und für jede Anforderungsart dann eine Anzahl von Stufen mit einer zugeordneten Wertigkeit fest-

---

947 Vgl. Erdmann, U., a. a. O., S. 53.
948 Vgl. Erdmann, ebenda.
949 Vgl. ebenda.
950 Vgl. Alewald, Th., a. a. O., S. 848.
951 Vgl. Erdmann, U., a. a. O., S. 53.
952 Anders als im Falle der im außertariflichen Bereich üblichen Gehaltsbänder lässt sich somit im Tarifbereich der Wert einer Funktion eindeutig bestimmen.
953 Vgl. Erdmann, U., a. a. O., S. 53.
954 Vgl. ebenda.

gelegt.[955] Der Gesamtarbeitswert ergibt sich aus den Wertzahlen der einzelnen Anforderungsarten, die jeweils gewichtet oder ungewichtet berücksichtigt werden können.[956] Um dieses Verfahren übersichtlicher und praktikabler zu machen, können die ermittelten Punktwerte in sogenannten Funktionswertgruppen zusammengefasst werden.[957] Auf diese Weise lassen sich alle Stellen personenunabhängig bewerten und in verschiedene (bankweit geltende) Funktionsgruppen einteilen. Für die Grundgehälter aller Funktionsgruppen im außertariflichen Bereich werden üblicherweise Ober- und Untergrenzen (sog. Gehaltsbänder) definiert, um Einzelgehälter von Funktionen gleicher Wertigkeit nach der Qualifikation der Stelleninhaber differenzieren zu können.[958]

Die analytischen Verfahren der Stellenbewertung eignen sich aufgrund ihrer differenzierten Vorgehensweise in besonderem Maße für die Mitarbeiterwertermittlung, die selbst ebenfalls zum Ziel hat, eine Rangreihe aller Mitarbeiter (wie beim Scoring, vgl. Kap. F 1.1.2.2) oder Leistungsgruppen (wie beim Rating, vgl. Kap. F 1.2) abzubilden. Beispielhaft seien folgende nicht personenbezogene Kriterien für die analytische Bewertung der Bedeutung einer Stelle genannt:

- Das Kriterium „Schul- und Berufsausbildung sowie Fremdsprachen" misst die Mindestanforderungen an Kenntnissen, die durch Ausbildung erworben wurden und die den Arbeitsplatzinhaber in die Lage versetzen, die Aufgaben seines Arbeitsplatzes zufriedenstellend auszuführen.[959] Das erforderliche Wissen kann formell (durch entsprechende Prüfung) oder auf andere Art und Weise, zum Beispiel durch Selbststudium, erworben worden sein.[960]
- Das Kriterium „Erfahrung" bewertet das Mindestmaß an beruflichen Erfahrungen, die im Anschluss an die Schul- und Berufsausbildung erworben werden müssen, damit der Arbeitsplatzinhaber den durchschnittlichen Anforderungen seines Arbeitsplatzes gerecht werden kann.[961]

---

955 Vgl. ebenda; Blang, H.-G./Kramer, M., a. a. O., S. 593.

956 Vgl. Erdmann, U., a. a. O., S. 53.

957 Vgl. Alewald, Th., a. a. O., S. 848; Hoos, W./Siebold, M., a. a. O., S. 34.

958 Vgl. Lindena, B., Leistungsanreize, a. a. O., S. 712; Younger, W. F., The Hay Guide-Chart Profile Method, in: Bowey, A. M. (Hrsg.), Handbook of Salary and Wage Systems, Hants/England 1986, S. 235–248, S. 243. Durch gewöhnlich sich überlappende Gehaltsbänder besteht sogar die Möglichkeit, höhere Gehälter als ein „Einsteiger" einer höheren Grading-Stufe zu erzielen, vgl. Hoos, W./Siebold, M., a. a. O., S. 34.

959 Vgl. Schust, G. H., a. a. O., S. 134.

960 Vgl. ebenda.

961 Vgl. ebenda; Femppel, K., a. a. O., S. 398.

- Das Kriterium „Interaktion“ drückt die Anforderungen aus, die an einen imaginären Arbeitsplatzinhaber hinsichtlich seiner Kommunikationsfähigkeiten inner- und außerhalb des Unternehmens gestellt werden.[962]
- Die „Führungsspanne“ bewertet den Umfang der Führungsverantwortung, der sich beispielsweise aus der Größe der monatlichen Grundgehaltssumme der Organisationseinheit[963] oder der Zahl der direkt oder indirekt unterstellten Mitarbeiter ergibt.[964]
- „Aufgabenvielfalt“ misst den Grad der Verschiedenartigkeit, den Umfang, die Reichweite und Arbeitsteiligkeit der Tätigkeit sowie die Komplexität der Rahmenbedingungen.[965]
- Das Kriterium „Denkanforderung“ beschreibt das Ausmaß des erforderlichen strategisch-konzeptionellen, analytischen und schöpferischen Denkens.[966]
- Das Kriterium „Einfluss auf Ergebnisse“ misst das Ausmaß, in dem ein Arbeitsplatzinhaber direkt verantwortlich ist für die Gestaltung von Ergebnissen, zum Beispiel durch von ihm zu verantwortende Entscheidungen über Investitionen.[967]
- Das Kriterium „Entscheidungsfreiheit“ bezieht sich auf die Größe des Handlungsspielraums und den Grad der Selbstständigkeit, die von einem Arbeitsplatzinhaber – unter Berücksichtigung von Vorgaben, Richtlinien und Zielen – erwartet werden.[968]

Für das Kriterium „Denkanforderung” beispielsweise lassen sich wiederum auf einer Skala einzelne (im nachfolgenden Beispiel fünf) Ausprägungsgrade festlegen[969]:

- Wiederholend
  (Identische Situationen erfordern Lösungen, die gelernt und geübt wurden);
- Schematisch
  (In ähnlichen Situationen werden Lösungen angewandt, die aus angelerntem Wissen ausgewählt werden müssen);

---

962 Vgl. Schust, G. H., a. a. O., S. 134.
963 Vgl. ebenda.
964 Vgl. Hören, M. von, Vergütung von Führungskräften, a. a. O., S. 275.
965 Vgl. Schust, G. H., a. a. O., S. 134; Femppel, K., a. a. O., S. 398; Eickhoff, A. M., a. a. O., S. 32.
966 Vgl. ebenda; Alewald, Th., a. a. O., S. 848.
967 Vgl. Schust, G. H., a. a. O., S. 133; Femppel, K., a. a. O., S. 398; Erdmann, U., a. a. O., S. 53.
968 Vgl. Schust, G. H., a. a. O., S. 134.
969 Vgl. Younger, W. F., a. a. O., S. 243.

- Unterschiedlich
  (Verschiedenartige Situationen erfordern die Suche und Auswahl von Lösungen vor dem Hintergrund des Gelernten);
- Übertragend
  (Es gilt, Situationen zu bewältigen, die analytisches, interpretierendes und/oder konstruktives Denken verlangen; Entscheidungen müssen ohne Rücksprache gefällt werden);
- Kreativ
  (Neue oder ungewöhnliche richtungsweisende Situationen lassen sich durch die Entwicklung neuer Konzepte und ein ideenreiches Vorgehen meistern).

In jüngster Zeit setzt sich in Wissenschaft und Praxis zunehmend die Erkenntnis durch, dass anstelle von Inputgrößen (wie der erforderlichen Ausbildung, Erfahrung oder Problemlösungskompetenz) vielmehr Outputgrößen (wie Beiträge der Funktion zur Strategieentwicklung, die Rolle in Geschäftsprozessen oder der direkte Einfluss auf KPIs) den Wert einer Stelle determinieren.[970] Durch die stärkere Berücksichtigung von Wertbeiträgen wird auch eine weitgehende Hierarchiefreiheit des Bewertungsansatzes erreicht, das heißt, eine hierarchisch höher angesiedelte Position erzielt nicht von vornherein eine höhere Bewertung.[971]

Viele der vom Stelleninhaber losgelösten Anforderungen weisen eine gewisse Analogie zu den personenbezogenen Beurteilungskriterien auf, wie zum Beispiel das erwartete Kontaktverhalten und die Determinante „Referenzpotenzial“ von vorhandenen Mitarbeitern (vgl. Kap. E 2.4) oder die erforderliche und die tatsächliche formale, fachliche Kompetenz. Insofern liegt es nahe, im Sinne einer stärkeren Verzahnung von Teilsystemen die im Grading-Modell formulierten Anforderungen und Erwartungen auf die im Performancemanagementsystem getroffenen Zielvereinbarungen abzustimmen. Ist für eine bestimmte Stelle beispielsweise das Kriterium „Denkanforderung“ mit dem Ausprägungsgrad „kreativ“ relevant, so müsste die Beurteilung durch den Vorgesetzten abbilden, in welchem Maße der Stelleninhaber diese funktionsspezifische Anforderung tatsächlich erfüllt.

Der Wert einer betrieblichen Funktion für das Unternehmen hängt allerdings nicht nur von dem Ausprägungsgrad der jeweiligen Anforderungen dieser Stelle ab. Selbst wenn hohe Anforderungen einer Funktion Rückschlüsse auf die

---

970 Vgl. Blang, H.-G./Kramer, M., a. a. O., S. 593.

971 Vgl. ebenda, S. 593 f. Vorstandsvorsitzende der großen deutschen Banken kokettieren gelegentlich gerne damit, dass sie keineswegs zu den Großverdienern ihrer Bank zählen, da ihnen ihre erfolgreichen Investmentbankingmitarbeiter gehaltsmäßig deutlich überlegen sind.

Wertigkeit des – diese Anforderungen erfüllenden – Stelleninhabers zulassen, muss darüber hinaus die zukunftsbezogene Sichtweise dieser Determinante von Mitarbeiterwerten Berücksichtigung finden. Als vollkommen eigenständiges Kriterium muss daher die aufgrund marktbezogener Entwicklungen bereits absehbare bzw. erwartete strategische Bedeutung des jeweiligen Aufgabenfelds eines Mitarbeiters bzw. seines Produktbereichs für die jeweilige Investmentbank Eingang in die Mitarbeiterwertberechnung finden. Gerade Änderungen des rechtlichen Handlungsrahmens können den bankbetrieblichen Bedarf an bestimmten Qualifikationen stark beeinflussen. So fördert Basel II (vgl. Kap. C 2.7) das Anleihegeschäft, da steigende Ausfallrisiken von Krediten für die Kunden zu höheren Preisen führen[972] und zu alternativen Wegen der Fremdkapitalaufnahme zwingen.

Die Einschätzung des zukünftigen Aktivitätsgrads einer Investmentbank innerhalb eines Geschäftszweigs durch das Management kann zum Beispiel auf einer Ordinalskala auf den fünf Stufen „starker Ausbau der Aktivitäten", „moderater Ausbau", „Halten des Niveaus", „schrittweiser Rückzug" oder „Marktaustritt" erfolgen. Je nach Marktentwicklung bzw. unternehmerischer Entscheidung können als anspruchsvoll oder weniger anspruchsvoll eingestufte Aufgabenfelder an Bedeutung gewinnen oder auch komplett wegfallen (vgl. Kap. E 2.3), wie etwa im Falle der Commerzbank AG, die seit 2004 auf Eigenhandelsgeschäfte verzichtet.[973] Im positiven Fall wirkt sich ein geplantes stärkeres Engagement in einem bestimmten Aufgaben- oder Produktfeld wertsteigernd auf die Mitarbeiter mit den zukünftig verstärkt benötigten bereits vorhandenen Kompetenzen aus. Im umgekehrten Fall sinkt – ebenfalls ohne Mitwirkung der Mitarbeiter – deren Wert für das Unternehmen zwangsläufig. Dies geschieht umso mehr, je geringer die ebenfalls zukunftsorientierten, aber personenbezogenen Kriterien „Flexibilität" und „Veränderungsbereitschaft", beispielsweise aufgrund der persönlichen Bindung an das vertraute Produktfeld, im Einzelfall vorhanden sind. Diesen Determinanten von Mitarbeiterwerten kommt beim Ausbau eines Produktfelds somit gegebenenfalls eine prophylaktische Bedeutung, im Falle einer Rückzugsstrategie dagegen eine kompensierende Wirkung zu.

Differenziert zu betrachten ist der Verkauf etwa des gesamten Investmentbankinggeschäfts, wie zum Beispiel die von der Allianz SE zwischenzeitlich angedachte vom übrigen Dresdner-Bank-Konzern isolierte Veräußerung der

---

[972] Vgl. Kramer, J. W., Ratingsysteme in Banken, in: BI 9/2001, S. 4–11, S. 4.

[973] Vgl. o. V., Commerzbank will Eigenhandel zurückfahren, in: http://www.finanznachrichten.de/nachrichten-2004-09/artikel-1812081.asp vom 21.09.2004.

Investmentbankingsparte Dresdner Kleinwort[974]: Für die Zukunft des Kerngeschäfts des verkaufenden Versicherungsunternehmens verkörperten in diesem Fall die einzelnen Investmentbankingmitarbeiter dieser Sparte keinen Wert mehr. Dennoch geht – neben anderen Aspekten, wie der Attraktivität des Käufers – von der fairen Behandlung der Belegschaft (z. B. im Sinne der Zahlung marktgerechter Boni) bis zum vollzogenen Verkauf des Geschäftsfelds maßgebliche Wirkung auf den Verbleib der Mitarbeiter im Unternehmen und damit auf den Wert der Sparte für den potenziellen Käufer aus. Zudem ziehen sich Verkaufsverhandlungen unter Umständen über einen längeren Zeitraum hin und sind letzten Endes erfahrungsgemäß nicht immer von Erfolg gekrönt. Die Demotivation der dann weiterhin im Konzern verbleibenden Mitarbeiter aufgrund der Herabsetzung des Mitarbeiterwerts und der damit verbundenen eingeschränkten Förderung (z. B. restriktive Teilnahme an Seminaren) kann Auswirkungen haben, die von Leistungsverweigerung bis hin zur inneren Kündigung führen.

3.2 Gezahlte Festgehälter als Maßstab für Knappheit auf dem internen und externen Markt

Das Gehalt beruht in idealtypischer Betrachtung auf einem Konsens zweier Parteien, nämlich des Unternehmens und seines Mitarbeiters.[975] Es ist in seiner Höhe – neben der Macht und dem Verhandlungsgeschick der Parteien – abhängig unter anderem von den Zielsetzungen und Gehaltsstrukturen des Unternehmens, den Zielvorstellungen und Erwartungen des Mitarbeiters und den Gegebenheiten des externen Arbeitsmarktes.[976] Somit drückt ein Gehalt auch eine vom Unternehmen bewertete Knappheit bestimmter Mitarbeiterressourcen aus. Ein Unternehmen wird einem Mitarbeiter, der einen bestimmten Ertrag erwirtschaftet, jedoch nicht ebendiesen Betrag als Gehalt auszahlen, da es Gewinn- und Wachstumsziele zu erreichen sucht.[977] Daher wird das Gehalt im Regelfall niedriger ausfallen, als der Wert des Mitarbeiters für das Unternehmen eingeschätzt wird.[978] Damit spiegelt das Gehalt den Wert eines Mitarbeiters nur teilweise wider und kann allenfalls ein Indikator hierfür sein.[979] Als besonderes Problem international agierender Investmentbanken ist das aufgrund länderspezifischer Lebenshaltungskosten von Land zu Land

---

[974] Vgl. o. V., Verkauf von Dresdner Kleinwort, in: http://www.teleboerse.de/937126.html vom 20.03.2008.

[975] Vgl. Kopatz, A., a. a. O., S. 40. Bei der Gewinnung neuer Mitarbeiter übernimmt ggf. ein beauftragter Personalberater (sog. Headhunter) stellvertretend für das Unternehmen die Verhandlungsführung.

[976] Vgl. ebenda, S. 40; Femppel, K., a. a. O., S. 399; Eickhoff, A. M., a. a. O., S. 33.

[977] Vgl. Kopatz, A., a. a. O., S. 40.

[978] Vgl. ebenda, S. 41.

[979] Vgl. ebenda.

variierende Gehaltsniveau anzusehen. Um global einheitlich Mitarbeiterwertberechnungen unter Einbeziehung des Kriteriums „Gehalt“ durchzuführen, müssen daher entweder lokal unterschiedliche Gewichtungen dieses Kriteriums oder eine Umrechnung der Gehälter in fiktive, indexierte Größen erfolgen.

Eine Alternative zur Beschreibung einer Knappheitssituation mithilfe von Istgehältern stellen Marktdaten dar, die von hierauf spezialisierten Beratungsgesellschaften unter Mitwirkung verschiedenster Investmentbanken zusammengestellt werden. Die als Durchschnittswerte bereitgestellten Marktdaten stehen allerdings in keinem Zusammenhang mit der individuellen Mitarbeiterleistung und würden beispielsweise bei einem gehaltlich unter dem Marktdurchschnitt liegenden „Schlechtleister“ den zu errechnenden Mitarbeiterwert sogar noch anheben. Als positiver Nebeneffekt zwingt die Marktbetrachtung dazu, systematisch die vorhandenen innerbetrieblichen Gehaltsstrukturen mit externen Marktgegebenheiten abzugleichen und eigene Gehaltsstrukturen gegebenenfalls anzupassen. Andernfalls werben Banken entweder vergeblich um zusätzliche Arbeitskräfte oder verlieren gute Mitarbeiter fluktuationsbedingt an die Wettbewerber.[980]

Die Überlegungen dieses Kapitels zeigen, dass in Sonderfällen weder das tatsächliche Gehalt noch die durchschnittlichen Marktgehälter für sich alleine betrachtet einen unumstrittenen Beitrag zur Mitarbeiterwertermittlung zu leisten vermögen.

[980] Vgl. Femppel, K., a. a. O., S. 399; Hillen, J., Durchführung von Benchmarking-Projekten, in: Die Bank 12/1995, S. 758–762, S. 758.

F Ableitung von Mitarbeiterwerten aus den Ausprägungen der ausgewählten Determinanten

Die Berechnung von Mitarbeiterwerten anhand von Nutzwertanalysen oder des Ratingverfahrens bildet die Vorstufe zur relativen Betrachtung der gewonnenen Kennziffern. Auf deren Basis ist eine fundierte und damit glaubwürdige Initiierung von Handlungsimpulsen zur wirkungsvollen Steuerung des Mitarbeiterportfolios möglich.

1 Verfahren zur Mitarbeiterwertermittlung

1.1 Nutzwertanalysen

Wie in Kapitel E aufgezeigt, sind die Betrachtungsfelder, die im Rahmen von Totalmodellen für die Berechnung von Mitarbeiterwerten Relevanz besitzen, vielfältig. Nun stellt sich jedoch die Frage, wie eine ganzheitliche Bewertung der einzelnen Mitarbeiter erfolgen soll, wenn sich die Ausprägung eines Kriteriums bei einem Mitarbeiter gegenüber anderen Kollegen als überlegen, die Werte anderer Determinanten sich jedoch als unterlegen erweisen.[981] Zur praxisnahen Lösung von Planungsproblemen bei mehrfacher Zielsetzung stehen vielfältige Verfahren zur Verfügung, von denen jedoch nur manche – hier sind insbesondere Nutzwertanalysen zu nennen – tatsächlich eine hohe praktische Bedeutung erlangt haben.[982]

Unter einem Nutzwert versteht man eine Maßzahl auf metrischem oder ordinalem Messniveau, welche die einem „Beurteilungsobjekt“ (hier: einem Mitarbeiter) gegenüber erbrachte Wertschätzung in kompakter Form zum Ausdruck bringt.[983] Nutzwertanalysen sind entscheidungslogisch fundierte Informationsverarbeitungsregeln mit dem Zweck, komplexe Entscheidungsalternativen entsprechend den Präferenzen des Entscheidungsträgers bezüglich eines mehrdimensionalen Zielsystems zu ordnen.[984] Nutzwertanalysen bieten somit die Basis für eine rationale Durchdringung von

[981] Vgl. Diller, H., Nutzwertanalysen, in: Diller, H. (Hrsg.), Marketingplanung, München 1980, S. 44–49, S. 44.

[982] Vgl. Diller, H., Nutzwertanalysen, a. a. O., S. 45; vertiefend Hettich, G. O., Entscheidungsprinzipien und Entscheidungsregeln bei mehrfacher Zielsetzung, in: WiSt 10/1978, S. 484–487.

[983] Vgl. Diller, H., Nutzwertanalysen, a. a. O., S. 44.

[984] Vgl. ebenda, S. 56.

Bewertungsproblemen und für die Offenlegung von ansonsten intuitiv und damit unkontrollierbar ablaufenden Präferenzbildungsprozessen.[985]

1.1.1 Eliminierung ineffizienter Alternativen

Eine Form von Nutzwertanalysen besteht in der Elimination ineffizienter Alternativen durch die Formulierung von Anspruchsniveaus, die jede Alternative erreichen muss, um überhaupt in die weitere Betrachtung einbezogen zu werden.[986] Kennzeichnend für eine ineffiziente Alternative ist daher, dass sie gegenüber mindestens einer anderen Alternative bei wenigstens einer Betrachtungsgröße einen geringeren und bei allen anderen Kriterien keinen höheren Ausprägungsgrad aufweist.[987] Das Anliegen ist es bei der Elimination ineffizienter Alternativen nicht, durch unterschiedliche Anspruchsniveaus bei allen Kriterien bereits eine Gewichtung einzuführen, sondern lediglich jene Alternativen auszusondern, die Kernanforderungen mit Blick auf einzelne Ziele nicht erfüllen.[988] Diese Vorgehensweise zielt somit primär auf eine Reduktion der Systemkomplexität durch die vorgenommene Vorselektion ab und stellt lediglich eine Vorstufe für die Anwendung jener Verfahren dar, die eine Rangreihung der besten Alternativen (in diesem Fall der Mitarbeiter) ermöglichen.[989] Die Ausklammerung „ineffizienter" Mitarbeiter aus der weiteren Betrachtung, verbunden mit der gänzlichen Verweigerung von Anreizzuteilungen jeder Art, ist – übertragen auf die Situation im Investmentbanking – gleichbedeutend mit der Identifikation von „Abbaukandidaten". Abgesehen von der arbeitsrechtlichen Komponente, das heißt den zumeist nur mangelhaft dokumentierten Leistungs- bzw. Verhaltensdefiziten eines Mitarbeiters und dem gleichzeitig vorhandenen bzw. geäußerten Bonusanspruch, birgt eine solche Vorgehensweise das Risiko negativer Ausstrahlungseffekte auf die Belegschaft.

1.1.2 Rangreihenverfahren

Eine Rangreihe – auch Ranking genannt – ist die Festlegung einer eindeutigen Reihenfolge (Rangfolge) für eine Anzahl vergleichbarer Elemente nach bestimmten bewerteten Kriterien.[990] Die Zielsetzung entsprechender Rangreihenverfahren, der zweiten Gruppe der Nutzwertanalysen, besteht darin,

---

[985] Vgl. ebenda, S. 57.
[986] Vgl. ebenda, S. 47.
[987] Vgl. Hettich, G. O., a. a. O., S. 484.
[988] Vgl. Diller, H., Nutzwertanalysen, a. a. O., S. 47.
[989] Vgl. ebenda, S. 48.
[990] Vgl. Sönnichsen, C., a. a. O., S. 431.

Zielkonflikte rational zu handhaben.[991] Zu dieser Gruppe von Verfahren zählen vor allem die lexikografische Rangreihung und Punktbewertungsmodelle.[992]

1.1.2.1 Lexikografische Rangreihung

Bei der lexikografischen Rangreihung muss die planende Person zunächst alle Ziele in eine Präferenzrangfolge bringen, also festlegen, welches der in die Betrachtung einbezogenen Kriterien das wichtigste, welches das zweit-, drittwichtigste usw. ist.[993] In einem zweiten Schritt werden dann die verschiedenen Alternativen (hier die Mitarbeiter) nach Maßgabe der wichtigsten Zielgröße, zum Beispiel der im zurückliegenden Jahr gezeigten Performance, geordnet.[994] Besitzen dabei wenigstens zwei Alternativen den gleichen Zielerreichungsgrad, wird das zweitwichtigste Ziel herangezogen.[995] Zeigen dabei wiederum zwei oder mehrere Alternativen übereinstimmende Ergebnisse, wird das drittwichtigste Ziel betrachtet, bis schließlich eine vollständige Rangreihung aller Alternativen (analog einer alphabetischen Anordnung von Wörtern in einem Lexikon entsprechend deren erstem, zweitem und nachfolgendem Buchstaben) erreicht ist.[996]

Bei diesem Verfahren handelt es sich um eine rigorose Vereinfachung der Problemsituation, da weniger wichtige Kriterien keine oder nur geringe Berücksichtigung finden, im konkreten Anwendungsfall also einzelne Determinanten von Mitarbeiterwerten unterdrückt werden.[997] Ist erst einmal ein Mitarbeiter auf den ersten Rangplatz gesetzt, können die anderen nur noch auf den verbleibenden, niedrigeren Rangplätzen eingestuft werden, da Rangplatzbindungen nicht möglich sind.[998] Die Einfachheit des Bewertungsprozederes wird dadurch erkauft, dass ein schlechtes Ergebnis bei einem Kriterium durch gute Ergebnisse bei anderen Kriterien nicht kompensiert werden kann.[999] Die Anwendung der lexikografischen Rangreihung ist

---

991 Vgl. Diller, H., Nutzwertanalysen, a. a. O., S. 45.
992 Vgl. ebenda.
993 Vgl. Hettich, G. O., a. a. O., S. 485.
994 Vgl. ebenda.
995 Vgl. ebenda.
996 Vgl. ebenda.
997 Vgl. Diller, H., Nutzwertanalysen, a. a. O., S. 48.
998 Vgl. Hicks, L. E., Some properties of ipsative, normative and forced-choice normative measurement, in: Psychological Bulletin 74/1970, S. 167–184, S. 167 ff.; Krosnick, J. A./ Alwin, D. F., a. a. O., S. 528; Munson, J. M./McIntyre, S. H., Developing Practical Procedures for the Measurement of Personal Values in Cross-Cultural Marketing, in: Journal of Marketing Research 16/1979, S. 48–52, S. 49; Rankin, W. L./Grube, J. W., A comparison of ranking and rating procedures for value system measurement, in: European Journal of Social Psychology 10/1980, S. 233–246, S. 234 und 244.
999 Vgl. Diller, H., Nutzwertanalysen, a. a. O., S. 48.

insbesondere dann sinnvoll, wenn ein dominantes Ziel verfolgt wird, gegenüber dem alle anderen Ziele nur noch nebensächlich sind.[1000] Beurteilungsfehler (vgl. Kap. E 2.2.2.2) bei den als dominant eingestuften Kriterien haben bei diesem Verfahren verheerende Folgen für den betroffenen Mitarbeiter, da dieser im Rahmen der Mitarbeiterwertermittlung zum Beispiel nicht die Möglichkeit hat, eine Fehleinschätzung seines Vorgesetzten bezüglich der gezeigten Performance durch andere Faktoren zu kompensieren. Somit eignet sich das Verfahren der lexikografischen Rangreihung nur in sehr begrenztem Maße für die Beurteilung des komplexen Wirkungszusammenhangs aller Determinanten von Mitarbeiterwerten.

1.1.2.2 Scoring-Modelle

Eine Rangfolge, die – anders als die lexikografische Rangreihung – Kriterien unterschiedlichster Art berücksichtigt, lässt sich mithilfe von Punktwertmodellen bilden. Solche Scoring-Modelle verkörpern einfach strukturierte, jedoch vielfach differenzierbare Bewertungsverfahren, die auf dem Prinzip beruhen, die Wertschätzung einer Alternative im Hinblick auf alle relevanten Beurteilungskriterien durch inhaltlich nicht interpretierbare und damit gegenseitig aufrechenbare Punktwerte zum Ausdruck zu bringen.[1001]

Die völlige Offenheit von Punktbewertungsmodellen bezüglich Art und Anzahl der einzubeziehenden Urteilskriterien bietet dem Modellbenutzer die Chance, jene Indikatoren zu wählen, auf die es seiner Erfahrung und Einschätzung nach in jedem Einzelfall besonders ankommt.[1002] Nicht zuletzt diese Eigenschaft macht Scoring-Modelle so benutzerfreundlich und anpassungsfähig[1003] – zwei bedeutsame Anforderungen an das zu entwickelnde Steuerungssystem (vgl. Kap. D 1.3.1). Für die effiziente Steuerung des Mitarbeiterportfolios ist allerdings eine Beschränkung auf wenige, wichtige Determinanten von Mitarbeiterwerten (vgl. Kap. E 2 und E 3) erforderlich, die einen erkennbaren Einfluss auf die geschäftliche Ergebnisentwicklung haben, da ansonsten die notwendige Gewichtung der einzelnen Kriterien nicht mehr rational zu bewältigen ist.[1004] Zudem erfordert die spätere Verrechnung der Punktwerte (z. B. bei ihrer Aufsummierung) eine größtmögliche Unabhängigkeit der gewählten Kriterien, um rechnerische Über- und Untergewichtungen zu vermeiden.[1005] Durch die Auswahl weitgehend überschneidungsfreier Kriterien für die Ermittlung von Mitarbeiterwerten lassen sich Überbewertungen

[1000] Vgl. ebenda.
[1001] Vgl. ebenda.
[1002] Vgl. ebenda, S. 50.
[1003] Vgl. ebenda.
[1004] Vgl. ebenda, S. 49; Schütte, M., Humankapital messen, a. a. O., S. 25.
[1005] Vgl. Diller, H., a. a. O., S. 49.

bestimmter Aspekte zwar einschränken, aus der fehlenden Trennschärfe mancher Kriterien können jedoch faktisch Doppelgewichtungen resultieren.[1006] Beispielsweise besteht zwischen den auf den ersten Blick scheinbar unabhängigen Kriterien „Commitment“ und „Verfügbarkeit“ eine positive Korrelation: Mitarbeiter, die sich in starkem Maße mit ihrer Arbeit und ihrem Arbeitsumfeld identifizieren, sind häufig auch bereit, bei kleinen „Unpässlichkeiten“ ihre Arbeit zu verrichten.[1007]

Um nun einen Mitarbeiterwert in Form eines Punktwerts zu erfassen, der die unterschiedlichsten Einflussgrößen berücksichtigt, sind nach der Auswahl der relevanten operationalisierbaren Einflussfaktoren folgende weitere Schritte erforderlich:

- die Vergabe von Punkten, das heißt die Transformation der Ergebnismatrix in eine Punktwertmatrix, sodass alle Ausprägungen der verschiedenen Determinanten von Mitarbeiterwerten in einheitlichem Maßstab vorliegen und damit grundsätzlich gegenseitig aufrechenbar sind;
- die Gewichtung der Beurteilungskriterien und der Teilpunktwerte entsprechend den Zielpräferenzen des Modellanwenders;
- die Bestimmung der Verknüpfungsregel für Teilbeurteilungsergebnisse;
- die Modellüberprüfung und gegebenenfalls -revision.[1008]

Die Vergabe von Punkten für bestimmte Zielerreichungsausmaße muss besonders systematisch und sorgfältig erfolgen, um willkürliche Ergebnisse zu vermeiden und die strikte Trennung dieses Arbeitsschritts von dem der Kriteriengewichtung sicherzustellen.[1009] Will man nämlich die größere Bedeutung eines „guten“ Ergebnisses bei einem Kriterium im Vergleich zu einem ebenso guten bei einem weniger wichtigen Kriterium unmittelbar durch höhere Punktwerte zum Ausdruck bringen, wird das Bewertungsverfahren sehr leicht inkonsistent und unübersichtlich.[1010] Es empfiehlt sich deshalb, zunächst eine Transformationsmatrix mit eindeutigen Regeln für die Punktevergabe aufzustellen[1011], wobei insbesondere folgende Grundsätze zu beachten sind[1012]:

[1006] Vgl. Breisig, Th., Personalbeurteilung, a. a. O., S. 160.
[1007] Vgl. Leicher, R., Fehlzeiten, a. a. O., S. 40.
[1008] Vgl. Diller, H., Nutzwertanalysen, a. a. O., S. 49.
[1009] Vgl. ebenda, S. 50.
[1010] Vgl. ebenda.
[1011] Vgl. ebenda.
[1012] Vgl. ebenda, S. 51; Breisig, Th., Personalbeurteilung, a. a. O., S. 163.

- Die Punkteskala sollte für alle Kriterien gleich breit sein, um implizite Gewichtungen zu vermeiden.
- Die Punkteskala sollte nicht bei 0, sondern bei 1 beginnen, um die Möglichkeit der Gewichtung auch für die niedrigsten Punktwerte offenzuhalten.
- Die Bewertungsrichtung muss bei allen Kriterien gleich sein, das heißt „guten“ Ergebnissen wird ungeachtet der Definition des jeweiligen Kriteriums, die negativ oder positiv sein kann, immer ein höherer Punktwert zugemessen als „schlechten“.
- Die Breite der Punkteskala sollte sowohl dem Differenzierungsvermögen des Modellbenutzers als auch der jeweiligen Verteilung der Ergebnisse angemessen sein. In der Regel reichen Skalen von 1 („sehr schlecht“) bis 5 oder 7 („sehr gut“) aus, zumal mit zunehmender Anzahl von Merkmalsausprägungen deren Trennschärfe abnimmt.

Eine Hauptschwierigkeit bei der Anwendung von Scoring-Modellen besteht in der Übertragung subjektiv erlebter und häufig genug widersprüchlicher Wertvorstellungen in ein quantitativ eindeutiges Gewichtungsschema.[1013] Die Gewichtung der jeweiligen Kriterien von Mitarbeiterwerten kann anhand von Faktoren erfolgen, die jedem Beurteilungskriterium als Multiplikator zugeordnet werden, oder mittels Anteilsausweis, das heißt durch die Verwendung von Prozentanteilen.[1014] Die Festlegung von Gewichtungen (ebenso wie von Punktwerten) räumt den Vorgesetzten zwar einen gewissen Handlungsspielraum ein, kann aber auch zu Überforderung bzw. zu Manipulationen führen, da sich durch die geschickte Wahl der Parameter bestimmte Merkmalsausprägungen verstärken oder nivellieren können.

Für die logisch einwandfreie Ableitung von Gewichten für einzelne Ziele bzw. Kriterien wurde eine Vielzahl analytischer Hilfestellungen entwickelt, die von der einfachen Rangreihung über die Delphi-Methode bis hin zu mathematisch anspruchsvollen, psychometrischen Verfahren (z. B. dem Conjoint Measurement) reichen.[1015] All diese Verfahren entbinden den Entscheidungsträger jedoch letztlich nicht davon, Zielvorstellungen gegeneinander abzuwägen und darauf aufbauend Prioritäten zu setzen.[1016] Punktwertmodelle bieten hier „lediglich“ den Vorteil, dass dieser Bewertungsvorgang rational durchlaufen und nach außen hin dokumentiert werden muss,

---

[1013] Vgl. Diller, H., Nutzwertanalysen, a. a. O., S. 52.

[1014] Vgl. Olfert, K./Steinbuch, P. A., a. a. O., S. 241.

[1015] Vgl. vertiefend Schlegel, H., Produktbewertungsmodelle, in: Böcker, F./Dichtl, E. (Hrsg.), Erfolgskontrolle im Marketing, Berlin 1975, S. 147–178; Dreyer, A., Scoring-Modelle bei Mehrfachzielsetzung, in: ZfB 4/1974, S. 255–274.

[1016] Vgl. Diller, H., Nutzwertanalysen, a. a. O., S. 54.

der Planungsprozess also transparenter und für die Diskussion im Management zugänglicher wird.[1017]

Bei der Festlegung der Gewichtungen sämtlicher Einzelkriterien zur Ermittlung der individuellen Mitarbeiterwerte sind insbesondere folgende Prinzipien denkbar: Gewichte können in einem iterativen Prozess so festgelegt werden, dass dadurch in der Vergangenheit vorgenommene Anreizverteilungen (bei damals abweichender Größe des Anreizpools zumindest als relative Größe) bestätigt werden, wobei mögliche Fehlallokationen allerdings fortgesetzt würden. Dieses lässt sich dagegen durch die Bestimmung als „richtig" erachteter Gewichtungsanteile vermeiden. In diesem Falle entsteht ein Vergleichsmaßstab, der dazu anregt, die Richtigkeit vergangener (relativer) Anreizzuteilungen zu hinterfragen (vgl. Kap. G).

Die Gewichtung der verschiedenen Determinanten der Mitarbeiterwertberechnung (das heißt auch des Kriteriums „Leistung und Verhalten" als Sammelbegriff für den Erfüllungsgrad einer Vielzahl von Erwartungen) lässt sich nicht pauschal als „richtig" vorgeben, sondern hängt vom Stellenwert der Faktoren im jeweiligen Unternehmen ab.[1018] Erhebliche motivatorische Wirkung geht beispielsweise von Steuerungssystemen aus, bei denen Topkandidaten einer niedrigeren Grading-Stufe einen höheren Mitarbeiterwert im Vergleich zu „Minderleistern" einer höherwertigen Gruppe erhalten können.[1019] Eine entsprechend stärkere Gewichtung der gezeigten Performance gegenüber der jeweiligen Grading-Stufe unterstreicht den Vorrang einer – im Investmentbanking sehr verbreiteten – Leistungskultur vor besitzstandsorientiertem Denken. Maßgabe für Gewichtungsentscheidungen sind insbesondere die Aussagekraft des jeweiligen Kriteriums für Mitarbeiterwerte und der Grad der nachvollziehbaren Operationalisierbarkeit. So ist beispielsweise der Faktor „Motivation des Mitarbeiters" bedeutsam für dessen Mitarbeiterwert, jedoch eher indirekt über hilfsweise heranzuziehende Kriterien, wie die individuelle Performance, messbar.

Zur stringenten Umsetzung des bankbetrieblichen Zielsystems bietet sich die einheitliche Gewichtung je Mitarbeiterwertkriterium über alle Funktionen hinweg an. Diese Vorgehensweise erleichtert die Vergleichbarkeit der gewichteten individuellen Punktwerte. Innerhalb seines eigenen Verantwortungsbereichs sollte dem einzelnen Vorgesetzten jedoch der Freiraum gewährt werden, die Wertigkeit der im Zielvereinbarungsgespräch festgelegten Leistungs- und Ver-

---

[1017] Vgl. ebenda.

[1018] Vgl. Marschlich, A., Konferenz „Wissensbilanz": Wohin geht die Reise?, in: pwc: Das Magazin für Vorausdenker August 2005, S. 40–41, S. 41.

[1019] Vgl. Hoos, W./Siebold, M., a. a. O., S. 36; Stelzer, G., Flexible Vergütungssysteme, in: ZfgK 17/1990, S. 886–889, S. 886.

haltensdimensionen entsprechend ihrer Bedeutung für die jeweilige Funktion festzulegen.[1020] Beispielsweise können hervorragende Sprachkenntnisse Grundvoraussetzung für die Ausübung bestimmter Funktionen sein und dementsprechend einen höheren Gewichtungsfaktor rechtfertigen, für andere dagegen nicht zwingend erforderlich sein (vgl. Kap. E 2.2.1.2.3). Denkt man sich den Führungsstatus eines Managers als gleichschenkliges Dreieck, zusammengesetzt aus Fach-, Sozial- und Führungskompetenz, so ist in der Unternehmenspraxis festzustellen, dass sich die Gesamtwirkung dieser Kompetenzen immer am kürzesten Schenkel, das heißt an der am schwächsten ausgeprägten Komponente, orientiert.[1021] So kann beispielsweise eine fachliche Qualifikation nur dann optimal wirken, wenn der Manager auch über die dazugehörige Sozial- und Führungskompetenz verfügt.[1022] Sind also unterschiedliche Ausprägungen der einzelnen Komponenten festzustellen, ist es für die optimale Führungskraft notwendig, die anderen Komponenten am Maximum auszurichten, sodass Einklang herrscht.[1023] Bestehen demzufolge starke Defizite bei einem Kriterium, sollte dies bei der Ermittlung des Mitarbeiterwerts besonders stark ins Gewicht fallen, da andere Kriterien darunter leiden. Positiv gesehen kann bei bestimmten Funktionen einzelnen Elementen der Beurteilung auch höhere Bedeutung beigemessen werden, sodass ein solches dominantes Kriterium möglicherweise schwächere Ausprägungen anderer Kriterien kompensiert. So könnte eine Investmentbank einem Händler, der auch in einem schwierigen Marktumfeld noch hervorragende Ergebnisse erzielt, bestimmte Defizite (z. B. im Sozialverhalten) eher nachsehen.

Der relative Wert eines Mitarbeiters lässt sich rechnerisch ermitteln, indem die (eventuell unterschiedlich gewichteten) Einzelwerte aller relevanten Determinanten addiert und ins Verhältnis zur Gesamtsumme der Werte aller

---

[1020] Vgl. Dahms, R./Lindena, B., a. a. O., S. 254; Schust, G. H., a. a. O., S. 115; Hagenauer, T., Von der Ermessenstantieme zum zielorientierten Bonus, in: Personal 7/1995, S. 324–327, S. 325; Dreyer, A., a. a. O., S. 257; Hinz, M., Erfolgsorientierte Vergütungskonzepte, in: Personalführung 4/1997, S. 296–301, S. 298; Becker, F. G./ Fallgatter, M./Seitz, S., a. a. O., S. 271.

[1021] Vgl. Uepping, H., a. a. O., S. 55.

[1022] Vgl. ebenda.

[1023] Vgl. ebenda.

Mitarbeiter gesetzt werden.[1024] Unterschiedlich skalierte Kriterien (wie z. B. bezüglich der formalen, fachlichen Kompetenz, der erbrachten Leistung oder des beigemessenen Potenzials) fließen in die dimensionslose Kennzahl im Sinne einer ganzheitlichen Betrachtung ein. Gerade wegen der bei Punktbewertungsmodellen „erzwungenen" Lösung eines Entscheidungskonflikts durch bestimmte Gewichtungs- und Aggregationsverfahren liegt es nahe, vor der Modelleinführung die Sensitivität der Modellergebnisse auf unterschiedliche Gewichtungen bzw. Aggregationsweisen hin zu untersuchen.[1025] Die mitarbeiterbezogenen Scoring-Werte lassen sich – wenn auch methodisch anders als die lexikografische Rangreihung – in einer eindeutigen Reihenfolge anordnen[1026] (oder in ein ordinales Skalenniveau als Ratingsymbole überführen, vgl. Kap. F 1.2). Behalten die Alternativen auch bei veränderten Gewichtungen oder Aggregationsverfahren ihren Platz in der Rangreihe der Punktwerte bei, so verstärkt dies das Vertrauen des Modellbenutzers in die Richtigkeit des Ansatzes, während das Ergebnis andernfalls zur Vorsicht und eventuell zur Revision des Modells mahnt (vgl. Kap. F 3).[1027]

Ein weiterer Vorteil von Scoring-Verfahren besteht in der Vertrautheit vieler Nutzer mit den zugrunde liegenden Mechanismen. Die ermittelten Punktwerte repräsentieren allerdings abstrakte Wertkategorien, die im vorliegenden Anwendungsfall erst im Vergleich zu den Werten anderer Mitarbeiter oder in Relation zum aggregierten Wert aller betrachteten Mitarbeiter eine hohe Aussagekraft erlangen. Die fehlende, von Planungs- bzw. Entscheidungsträgern in der Praxis oft gewünschte Anschaulichkeit der Modellergebnisse kann zumindest teilweise durch grafische Darstellungen erreicht werden.[1028]

[1024] Vgl. Erdmann, U., a. a. O., S. 173. Zur Zusammenfassung einer Punktwertmatrix muss die Bildung des gewichteten arithmetischen Mittelwerts der Teilergebnisse keineswegs das richtige Verfahren darstellen. Die Bestimmung eines globalen Punktwerts für eine Alternative muss jedoch korrekterweise nach Maßgabe der subjektiven Einstellung des Entscheidungsträgers hinsichtlich der Kompensierbarkeit schlechter Teilergebnisse durch gute Teilergebnisse sowie der Stetigkeit und Linearität der Nutzenpräferenzfunktion erfolgen. Dazu eignen sich auch andere Aggregationsmodelle als das arithmetische Mittel, bei dem unbegrenzte Kompensierbarkeit und Linearität vorausgesetzt werden, vgl. vertiefend zu solchen in praxi allerdings selten angewendeten Aggregationsmodellen Diller, H., Nutzwertanalysen, a. a. O., S. 54.

[1025] Vgl. Diller, H., Nutzwertanalysen, a. a. O., S. 54.

[1026] Der Unternehmensberatung Kienbaum zufolge sind viele deutsche Unternehmen an der Einführung von Rankings interessiert, diesen stehen deutsche Arbeitnehmervertreter jedoch kritisch gegenüber. In den USA verwenden dagegen bereits 25 Prozent der Fortune-500-Firmen Performance-Rankings, vgl. o. V., Berater fordern stärkere Leistungsbeurteilung, in: http://www.jobscout24.de/content/Berater_fordern_staerkere_Leistungsbeurteilung.html?searchTerm=&category ID=1018&type=B2B vom 21.08.2008.

[1027] Vgl. Diller, H., Nutzwertanalysen, a. a. O., S. 54 f.

[1028] Vgl. ebenda, S. 55.

So lassen sich beispielsweise für jeden Mitarbeiter in Säulendiagrammen die jeweiligen Ausprägungen der einzelnen Kriterien veranschaulichen, indem ungewichtete Punktwerte als Strecken, gewichtete dagegen durch Flächen (absoluter Punktwert multipliziert mit dem Gewichtungsfaktor) dargestellt werden.[1029]

1.2 Rating

1.2.1 Definition von Rating

Das Substantiv „Rating“ (ebenso wie das zugehörige englische Verb *to rate*) wird in vielfältigen Zusammenhängen auch über finanzwirtschaftliche Anwendungsgebiete hinaus gebraucht[1030], wie beispielsweise in der Psychologie[1031] oder im Personalwesen, konkret etwa bei Personalbeurteilungen.[1032] Unter einem „Rating“ kann die „Note“ oder „Zensur“ selbst verstanden werden, das heißt das durch ein Symbol bzw. ein Zeichen oder eine semantische Verkettung von Zeichen respektive durch eine Zeichenfolge ausgedrückte Urteil einer Beurteilungsinstanz.[1033] Eine Ratingskala weist ordinales Skalenniveau auf.[1034] Sie kann aus einer in regelmäßige Intervalle aufgeteilten Strecke bestehen, die den Ausprägungsgrad (z. B. hoch – mittel – gering) eines bestimmten Merkmals (z. B. des Werts eines Mitarbeiters) zeigt. Die Zielsetzung von Ratings besteht – allgemein formuliert – darin, durch die Deckung des Informationsbedarfs von Entscheidungsträgern deren

---

1029 Vgl. ebenda, S. 56; Schlegel, H., a. a. O., S. 159 ff.

1030 Vgl. Everling, O., Credit Rating, a. a. O., S. 22; Wucknitz, U. D., Personal-Rating und Personal-Risikomanagement, Stuttgart 2005, S. 6.

1031 Vgl. vertiefend Schmidt, H. D., Die Beurteilung des menschlichen Verhaltens durch Ratingskalen, Diss. Bonn 1965; Garner, W. R., Rating scales, discriminability, and information transmission, in: Psychological Review 1960, S. 343–352; Stockford, L./ Bissell, H. W., Factors involved in establishing a merit-rating scale, in: Personnel 1949, S. 94–118.

1032 Vgl. z. B. Baker, J., Causes of Failure in Performance Appraisal and Supervision: A Guide to Analysis and Evaluation for Human Resources Professionals, London 1988; Manning, G./Curtis, K., Performance: Managing for Excellence, Cincinnati (Ohio) 1988; Fletcher, C./Williams, R., Performance Appraisal for Career Development, Aldershot (Hampshire) 1985.

1033 Vgl. Mattern, E., Rating im internationalen Kreditgeschäft, in: Die Bank 8/1984, S. 374–378, S. 374; Schmidt, R., Rating börsennotierter Unternehmen, in: Manuskripte aus dem Institut für Betriebswirtschaftslehre der Universität Kiel, Nr. 232, März 1989, S. 2; Everling, O., Credit Rating, a. a. O., S. 23. Sinclair definiert ein „Rating“ als „a score or assessment based on how much of a particular quality someone or something has“, vgl. Sinclair, J., Collins COBUILD English Language Dictionary, London/Stuttgart 1987, S. 1191.

1034 Vgl. Sönnichsen, C., a. a. O., S. 431.

Entscheidungen zu unterstützen.[1035] Die einfache Darstellung des Bewertungsergebnisses in Form nicht numerischer Symbole reduziert die Komplexität einer Entscheidungssituation und verkürzt den Entscheidungsprozess signifikant.[1036]

Abgesehen von dem Ratingsymbol werden mit „Rating“ aber auch der Vorgang der Beurteilung, die Folge von notwendigen Schritten zur Festlegung des Urteils bzw. das Entscheidungsverfahren über das einer bestimmten Person oder Sache zuzuordnende klassifizierende Symbol bezeichnet.[1037] Zur sprachlichen Unterscheidung lässt sich die prozessuale Komponente der Festlegung eines Ratings daher treffender mit dem Ausdruck „Ratingverfahren“ beschreiben (vgl. Kap. F 1.2.2).[1038]

Bewertungsergebnisse, die häufig mit Ratings verwechselt werden, sind die bereits zuvor erwähnten Rankings (vgl. Kap. F 1.1.2)[1039], die sich jedoch von Ratings in wesentlichen Merkmalen unterscheiden: Ein Ranking ist ein Verfahren zur Erstellung einer Rangliste und nicht das Ergebnis.[1040] Bei Rankings werden die einzelnen Rangplätze mithilfe numerischer Werte (Score- oder Punktwerte) ermittelt.[1041] Die verglichenen Elemente werden entsprechend der relativen Wichtigkeit der Werte in eine Rangfolge gebracht, in der jeder Rang nur einmal besetzt wird (Zahl der Elemente = Zahl der Ränge).[1042] Bei einem Ranking ist eine zweckmäßige Beurteilung einzelner Elemente nur möglich, wenn auch die anderen (darüber und/oder darunter positionierten) Elemente mit ihren Rangzuordnungen mitgeteilt werden.[1043] Demgegenüber behält ein Rating seinen Informationsgehalt auch dann, wenn nur ein geratetes Element betrachtet wird.[1044] Das ordinale Skalenniveau von Ratings erlaubt zudem die Einteilung der Bewertungsergebnisse in Gruppen gleicher Qualität, wobei jede Klasse mehrfach oder gar nicht besetzt sein kann.[1045] Während Rangplätze nur relativ zueinander interpretiert werden können, ermöglicht das Ratingverfahren

[1035] Vgl. ebenda, S. 434.
[1036] Vgl. ebenda.
[1037] Vgl. Everling, O., Credit Rating, a. a. O., S. 23 f.
[1038] Vgl. z. B. Gordon, S./Niebuhr, J. J., Introduction to Moody's rating process, in: Felix, R. (Hrsg.), Commercial Paper, London 1987, S. 145–157, S. 145 ff.
[1039] Vgl. Sönnichsen, C., a. a. O., S. 431.
[1040] Vgl. ebenda, S. 432.
[1041] Vgl. ebenda.
[1042] Vgl. Krosnick, J. A./Alwin, D. F., a. a. O., S. 534.
[1043] Vgl. Sönnichsen, C., a. a. O., S. 432.
[1044] Vgl. ebenda.
[1045] Vgl. ebenda; Schulz, J., a. a. O., S. 3.

durch die nichtnumerische Darstellung auch Aussagen über die absolute Wichtigkeit von Mitarbeitern und somit auch interindividuelle Vergleiche.[1046]

Die Übertragbarkeit von Grundüberlegungen aus dem Rating von Finanztiteln und Emittenten auf Mitarbeiter im Sinne eines intern vorgenommenen „Personalratings" ist grundsätzlich möglich, wenngleich methodisch wesentliche Unterschiede bestehen, da beim Rating im Finanzbereich ein kommerzieller Dritter als unabhängige Instanz Urteile über seine Objekte für Anleger veröffentlicht.[1047] Die Qualität der erstellten Ratings wird letztlich von den Märkten kontrolliert, in denen sie eingesetzt werden.[1048] Mit unrealistischen Ratings würde eine Ratingagentur ihre Glaubwürdigkeit riskieren, daher sind Unabhängigkeit und Objektivität von großer Bedeutung.[1049] Trotz interner Feststellung von Ratingurteilen wird die Unternehmensleitung ebenfalls um möglichst zutreffende Mitarbeitereinstufungen bemüht sein (müssen), um „gerechte" Allokationsentscheidungen zu treffen und mit (weiterhin) motivierten Leistungsträgern die bankbetrieblichen Ziele zu erfüllen.

1.2.2 Ratingverfahren

Der Einsatz von Ratingverfahren zielt im Rahmen der Mitarbeiterwertermittlung darauf ab, alle einbezogenen Mitarbeiter direkt einer Qualitätsklasse zuzuordnen. In Kapitel E wurden bereits quantitative, aber auch qualitative Determinanten von Mitarbeiterwerten identifiziert, deren Bewertungsergebnisse sich zu einem Rating als Ausdruck der Gesamtqualität eines Mitarbeiters verdichten lassen.[1050] Abbildung 17 zeigt im Überblick die Teilphasen eines Ratingverfahrens von der Bewertungsvorbereitung bis hin zur Bewertungsdurchführung.

[1046] Vgl. Russell, P.A./Gray, C. D., Ranking or rating? Some data and their implications for the measurement of evaluation response, in: British Journal of Psychology 85/1994, S. 79–92, S. 80; Schulz, J., a. a. O., S. 3.

[1047] Vgl. Bissinger, M., Rating als Mittel zur Transparenzverbesserung, in: Der Betriebswirt 2/2002, S. 10–14, S. 10.

[1048] Vgl. ebenda, S. 11.

[1049] Vgl. ebenda.

[1050] Vgl. Sönnichsen, C., a. a. O., S. 444 ff.; Gutenberger, H.-J., a. a. O., S. 41.

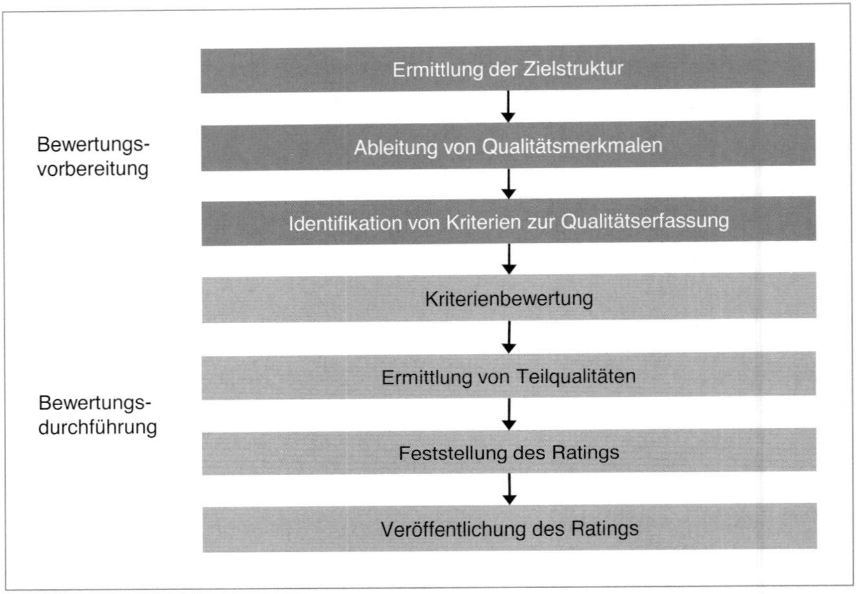

Abb. 17 Grundmodell eines Ratingverfahrens[1051]

Zur Verknüpfung der für ein Rating relevanten Informationen stehen vielfältige durch einen einheitlichen Analyse- und Bewertungsprozess gekennzeichnete, nachfolgend exemplarisch genannte Verfahren zur Verfügung.[1052]

In **Scoring-Modellen** als Basis für eine Ratingermittlung werden die mit Zahlen belegten Ausprägungen der Indikatoren mit einem Gewichtungsfaktor multipliziert, um anschließend aus der Gesamtsumme aller Einzelprodukte durch einfache Transformation ein Rating auf vorgegebener Skala zu gewinnen (vgl. Kap. F 1.1.2.2).[1053] Es handelt sich bei diesem System um ein qualitatives Verfahren, da die Gewichtungsfaktoren nicht mithilfe mathematisch-statistischer Methoden, sondern durch subjektive Einschätzung der Analysten bestimmt werden.[1054] Den Abschluss des Ratingverfahrens bildet die Vergabe bzw. die Veröffentlichung des Ratings.[1055]

[1051] Vgl. Sönnichsen, C., a. a. O., S. 445.

[1052] Vgl. Gutenberger, H.-J., a. a. O., S. 41. Einen detaillierten Überblick über weitere Konzeptionen von mathematisch-statistischen Ratingsystemen bietet z. B. Everling, O., Credit Rating, a. a. O., S. 127 ff.

[1053] Vgl. Everling, O., Credit Rating, a. a. O., S. 125 f.

[1054] Vgl. ebenda, S. 126; Schütte, M., Humankapital messen, a. a. O., S. 25.

[1055] Vgl. Sönnichsen, C., a. a. O., S. 444.

Die **Diskriminanzanalyse** ist ein mathematisch-statistisches Klassifikationsverfahren zur Trennung einer Gesamtheit von „Objekten“ (hier: Mitarbeitern) mit dem Ziel, diese (möglichst) überschneidungsfrei bestimmten Teilgesamtheiten (hier: „wertvollen“ und „weniger wertvollen“ Mitarbeitern) zuzuordnen.[1056] Die Aufteilung der Objekte erfolgt dabei mittels einer Trennfunktion (Diskriminanzfunktion) und der Festlegung eines Trennwerts (sog. Cut-off Point), dessen Über-/bzw. Unterschreitung über die Zuordnung der Objekte zu einer der beiden Gruppen entscheidet.[1057] Verwendet die Diskriminanzfunktion lediglich eine Kennzahl, spricht man von univariater, andernfalls von multivariater Diskriminanzanalyse.[1058]

Für die Anwendung der linearen multivariaten Diskriminanzanalyse sollten allerdings verschiedene Voraussetzungen erfüllt sein, um eine optimale Klassifikation zu erzielen: Normalverteilung der Kennzahlenwerte[1059], Gleichheit der Varianz-Kovarianz-Matrizen sowie Unabhängigkeit bzw. Trennfähigkeit der Kennzahlen.[1060] Die Verletzung einer oder mehrerer Bedingungen kann zwar zu suboptimalen Ergebnissen führen, die lineare Diskriminanzanalyse hat sich aber insgesamt als recht immun gegen die Verletzung dieser Voraussetzungen erwiesen.[1061] Somit stellt die positive Korrelation, die zwischen manchen Determinanten von Mitarbeiterwerten (wie z. B. im Falle von „Wissen“ und „Alter“) besteht, das entwickelte Steuerungsmodell methodisch nicht infrage.

Künstliche neuronale Netze (KNN) sind mathematische Modelle, die am prinzipiellen Aufbau und der Lernfähigkeit des menschlichen Gehirns orientiert sind.[1062] Wie im biologischen Vorbild ist in KNN eine Vielzahl von Speicherzellen, sogenannten Neuronen, miteinander verbunden, deren synaptische Verbindungen die Wissensbasis des Netzes darstellen.[1063] Neuronale Netze werden heute in vielen Bereichen dann eingesetzt, wenn

---

[1056] Vgl. Oser, P., Einsatz der Diskriminanzanalyse bei Kreditwürdigkeitsprüfungen, in: Betriebs-Berater 7/1996, S. 367–375, S. 367.

[1057] Vgl. ebenda.

[1058] Vgl. ebenda; Christians, U./Schadrack, M., Mathematisch-statistische Verfahren zur Unterstützung des Credit Rating, in: Kreditwesen 22/2002, S. 1207–1210, S. 1207.

[1059] Vgl. Goede, K./Weinrich, G., Bessere Kreditentscheidung durch Neuronale Netze?, in: Die Bank 7/1996, S. 420–423, S. 420.

[1060] Zu den statistischen Grundlagen vgl. Oser, P., a. a. O., S. 367 ff. Zu den Prämissen und Anwendungsbeschränkungen mathematisch-statistischer Verfahren generell vgl. Strube, M., Statistische und methodische Probleme bei der Kreditwürdigkeitsprüfung, Frankfurt am Main 1998, S. 24 ff.

[1061] Vgl. Feidicker, M., Kreditwürdigkeitsprüfung. Entwicklung eines Bonitätsindikators, Düsseldorf 1992, S. 142.

[1062] Vgl. Krause, C., Kreditwürdigkeitsprüfung mit Neuronalen Netzen, Düsseldorf 1993, S. 33 ff.

[1063] Vgl. Christians, U./Schadrack, M., a. a. O., S. 1208; Krause, C., a. a. O., S. 33 ff.

eine Formalisierung und Verarbeitung des Wissens durch Expertensysteme in Form von Wenn-dann-Regeln nicht möglich ist, die Problemdomäne aber mit einer ausreichenden Anzahl von Beispielfällen zu beschreiben ist.[1064]
Die Ermittlung von Mitarbeiterwerten fußt exakt auf dieser Konstellation: Bei einer entsprechend hohen Mitarbeiteranzahl liegen zahlreiche aussagekräftige Informationen mit deutlichen Bezügen zu Mitarbeiterwerten vor. Die Komplexität der relevanten Wirkungsfaktoren und -zusammenhänge führt ohne systemseitige Unterstützung zur Schwierigkeit der ganzheitlichen, rationalen Verknüpfung der Einzelkriterien. Den Prozess von der Informationseingabe über die Informationsverarbeitung in der sogenannten Zwischenschicht bis hin zur Informationsausgabe zeigt Abbildung 18.

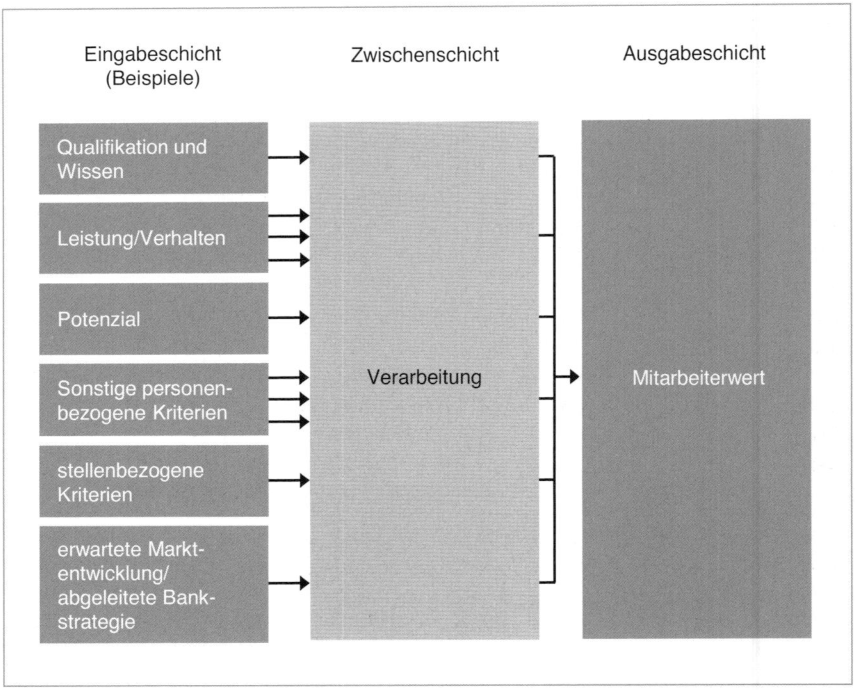

Abb. 18 Aufbau eines neuronalen Netzes am Beispiel der Mitarbeiterwertermittlung

Neuronale Netze sind aufgrund der Möglichkeit der parallelen Informationsverarbeitung in der Lage, beliebig komplexe lineare sowie nicht lineare Datenzusammenhänge durch Lernalgorithmen selbstständig zu entdecken,

1064 Vgl. Füser, K., Neuronale Netze: Kreditentscheid per Künstlicher Intelligenz, in: Kreditpraxis 1/1999, S. 11–13, S. 12.

was sie gegenüber anderen Verfahren überlegen macht.[1065] Dabei gelten neuronale Netze als robust und fehlertolerant auch gegenüber lückenhaften oder unscharfen Daten.[1066] Die Robustheit eines Ratings gilt als wesentliches Kriterium für die Stabilität und damit die Glaubwürdigkeit eines Ratingsystems, da sich Ratings bei geringfügigen Veränderungen der Entscheidungsparameter nicht ändern dürfen.[1067] Im Gegensatz zu klassischen Expertensystemen verarbeiten neuronale Netze nicht das (statische) Wissen eines oder mehrerer Experten, sondern erlernen Problemlösungen eigenständig und dynamisch auf der Basis der ihnen präsentierten Daten.[1068] Im Zusammenhang mit der Ermittlung von Mitarbeiterwerten können neuronale Netze ihr Problemlösungsverständnis erlernen, indem sie beispielsweise wiederholt mit Beispielfällen für die Klassifikation als „höherwertiger" oder „geringerwertiger" Mitarbeiter konfrontiert werden. Neuronale Netze gewichten eigenständig während der Phase des Wissenserwerbs den wechselseitigen Einfluss von Einzelmerkmalen, die eine Rolle bei der Entscheidungsfindung spielen können.[1069]

In der Praxis wird neuronalen Netzen bislang nur eine geringe Bedeutung hinsichtlich des Einsatzes in Ratingsystemen beigemessen, von Diskriminanzanalysen dagegen wesentlich mehr Gebrauch gemacht.[1070] Als entscheidender Nachteil von neuronalen Netzen gilt deren Blackboxcharakter, der die Nachvollziehbarkeit des Ergebnisses erschwert bzw. unmöglich macht.[1071] Während ein erfahrener Nutzer eines Analyseverfahrens mit stabiler Diskriminanzfunktion ein Gefühl für den Aussagegehalt der Ergebnisse entwickelt, ändert das neuronale Netz mit jedem Trainingslauf seinen Bewertungsmaßstab, die Maße sind nicht geeicht und verwirren den Nutzer.[1072] Um die Entscheidungsfindung neuronaler Netze transparenter zu gestalten, versuchen neuere Ansätze daher, neuronale Netze mit Expertensystemen zu verbinden.[1073] Trotz der bestehenden Leistungsstärke solcher Systemkombinationen besteht in

---

[1065] Künstliche neuronale Netze stellen nicht lineare Regressionsmodelle dar, vgl. Oehler, A./Unser, M., Finanzwirtschaftliches Risikomanagement, Berlin 2001, S. 245; Menck, K.-P., Rating mittels statistischer neuronaler Netze, Frankfurt am Main 2001, S. 153.

[1066] Vgl. Christians, U./Schadrack, M., a. a. O., S. 1208; Baetge, J., Bilanzanalyse, Düsseldorf 1998, S. 574; Dietz, J./Füser, K./Schmidtmeier, S., Kreditwürdigkeitsprüfung durch Neuronale Netzwerke, in: Sparkasse 11/1996, S. 523–527, S. 527.

[1067] Vgl. Hirsch, U., a. a. O., S. 663.

[1068] Vgl. Dietz, J./Füser, K./Schmidtmeier, S., a. a. O., S. 523.

[1069] Vgl. ebenda.

[1070] Vgl. Christians, U./Schadrack, M., a. a. O., S. 1209.

[1071] Vgl. ebenda.

[1072] Vgl. Goede, K./Weinrich, G., a. a. O., S. 423; Dietz, J./Füser, K./Schmidtmeier, S., a. a. O., S. 525.

[1073] Vgl. Christians, U./Schadrack, M., a. a. O., S. 1210.

deren Anwendung aber noch ein weiterer Anpassungs- und Forschungsbedarf.[1074]

Als alternative Vorgehensweise zur Ermittlung eines Ratings auf Basis mathematisch-statistischer Verfahren kann ein **Ratingkomitee** gebildet werden.[1075] Ein solches Komitee sollte sich aus den an der Analyse beteiligten Experten zusammensetzen, die in einer Sitzung die Teilqualitäten diskutieren und im Anschluss daran das Rating festlegen.[1076] Der Vorteil dieses Verfahrens besteht darin, dass zusätzliche, einer Evaluation schwer zugängliche Aspekte in die Bewertung einfließen können, die im vorangegangenen Teil des Ratingverfahrens noch keinen oder nur einen unzureichenden Niederschlag gefunden haben und somit die Qualität des Ratings steigern.[1077] Das Entscheidungsfeld eines Ratingkomitees übersteigt hinsichtlich der Anzahl der zu bewertenden Aspekte und der Tragweite der hieraus abgeleiteten Entscheidungen den Einsatzbereich der im Investmentbanking oftmals bereits etablierten Beurteilungsgremien (vgl. Kap. E 2.2.2). Durch die Vorgabe verbindlicher Ratingstandards dürfte es einer (je nach Fachbereich unter Umständen personell unterschiedlich besetzten) Ratinginstanz jedoch auch in Investmentbanken möglich sein, individuelle Gegebenheiten der zu beurteilenden Mitarbeiter bei der Urteilsfindung zu berücksichtigen.

1.2.3 Ratingklassen bzw. -symbole

Das Rating konkretisiert sich in Ratingsymbolen, die ihren informativen Charakter dadurch erhalten, dass ihnen Definitionen zugeordnet werden.[1078] Je feiner die Einteilung der Ratingklassen ist, desto differenzierter und trennschärfer kann eine mitarbeiterwertorientierte Steuerung des Personalportfolios erfolgen. Zugleich sinkt jedoch innerhalb der einzelnen Ratingklassen die Anzahl der Fälle – was die statistische Aussagekraft, also die Ratingqualität, schmälert.[1079] Zu viele Ratingsymbole verringern zudem die Übersichtlichkeit und erhöhen die Komplexität eines auf Ratings gestützten Portfoliomanagements ebenso wie die des zugrunde liegenden Rating-

[1074] Vgl. ebenda.

[1075] Vgl. Sönnichsen, C., a. a. O., S. 448; Bissinger, M., a. a. O., S. 10 f.; Rief, W., Standard & Poor's Rückversicherungsrating, in: Achleitner, A.-K./Everling, O. (Hrsg.), Versicherungsrating, Wiesbaden 2005, S. 157–178, S. 163.

[1076] Vgl. ebenda; Wucknitz, U. D., Personal-Rating, a. a. O., S. 11.

[1077] Vgl. Sönnichsen, C., a. a. O., S. 448; Everling, O., Credit Rating, a. a. O., S. 288.

[1078] Vgl. Bissinger, M., a. a. O., S. 12 f.; Everling, O., Credit Rating, a. a. O., S. 35.

[1079] Vgl. Gögel, S./Kulartz, H. J., a. a. O., S. 66 f.

verfahrens.[1080] Ein Patentrezept für die Konzeption der Klassenbildung gibt es allerdings nicht.[1081]

Große Bekanntheit haben in der Finanzwelt insbesondere die von den drei international größten Ratingagenturen Moody's, Standard & Poor's (S&P) und Fitch Ratings vorgenommenen Ratingeinstufungen von Unternehmen, Emittenten oder Anleihen erlangt.[1082] Die Übertragung dieser etablierten Grundstruktur auch auf Mitarbeiterwerte erleichtert sicherlich die Einführung und Akzeptanz von Mitarbeiterratings. Neben der bereits vorhandenen Vertrautheit gerade der Investmentbankingmitarbeiter mit Ratingsymbolen spricht für deren Verwendung auch ihre leichte Verständlichkeit für Mitarbeiter unterschiedlichster Kulturen an den weltweiten Standorten.[1083]

Die in der Ratingpraxis anzutreffenden Ratingsymbole und -definitionen lassen sich unter anderem nach dem Zeithorizont der Betrachtung (kurz- bzw. langfristig) differenzieren.[1084] Im langfristigen Bereich (vgl. Abb. 19) werden zum Beispiel von Moody's Ratingsymbole, die von Aaa bis C reichen, zur Klassifizierung von Schuldverschreibungen mit Ursprungslaufzeiten von über einem Jahr verwendet.[1085] Am oberen Ende dieser Skala steht das Aaa, das die höchste Bonität ausdrückt.[1086] Aaa geratete Schuldverschreibungen zeigen im Vergleich zu niedriger gerateten Papieren eine geringe Eintrittswahrscheinlichkeit von Zahlungsstörungen, selbst unter widrigsten ökonomischen Umständen.[1087] Am unteren Ende der Ratingskala steht das C, welches das höchste vorstellbare Bonitätsrisiko ausdrückt.[1088]

[1080] Vgl. Gordon, S./Levey, D. H./Mahoney, C., Credit analysis and ratings, in: Ingrams, L. (Hrsg.), International Bond Portfolio Management, London 1989, S. 127–148, S. 129.

[1081] Vgl. Gögel, S./Kulartz, H. J., a. a. O., S. 66.

[1082] Vgl. Dittrich, F., The Credit Rating Industry: Competition and Regulation, in: http://kups.ub.uni-koeln.de/volltexte/2007/2045/pdf/Dittrich_2007_The.Credit.Rating.Industry-Competition.and.Regulation.pdf, Diss. Köln 2007, S. 17; Paul, St./Paul, Th./Stein, St., Rating-Agenturen für den Mittelstand, in: RATINGaktuell 2/2002, S. 36–38, S. 36. In Deutschland wurden in den letzten Jahren mehrere Agenturen gegründet, zu denen z. B. Creditreform Rating, EuroRatings, RS Rating Services, Baetge & Partner, Cresta-Score und URA zählen, vgl. Wucknitz, U. D., Personal-Rating, a. a. O., S. 10.

[1083] Vgl. Everling, O., Credit Rating, a. a. O., S. 305.

[1084] Vgl. ebenda, S. 36 f.; Bissinger, M., a. a. O., S. 10.

[1085] Vgl. Berblinger, J., Marktakzeptanz des Rating durch Qualität, in: Büschgen, H. E./Everling, O. (Hrsg.), Handbuch Rating, Wiesbaden 1996, S. 21–110, S. 32.

[1086] Vgl. ebenda.

[1087] Vgl. ebenda, S. 32 f.

[1088] Vgl. ebenda, S. 33.

Moody's	S&P	Fitch Ratings	Erläuterung
Aaa	AAA	AAA	beste Qualität, geringstes Ausfallrisiko
Aa1	AA+	AA+	hohe Qualität
Aa2	AA	AA	
Aa3	AA-	AA-	
A1	A+	A+	angemessene Deckung von Zins und Tilgung, viele gute Investmentattribute, aber auch Elemente, die sich bei einer Veränderung des wirtschaftlichen Umfelds negativ auswirken können
A2	A	A	
A3	A-	A-	
Baa1	BBB+	BBB+	angemessene Deckung von Zins und Tilgung, aber auch spekulative Charakteristika, mangelnder Schutz gegen wirtschaftliche Veränderungen
Baa2	BBB	BBB	
Baa3	BBB-	BBB-	
Ba1	BB+	BB+	sehr mäßige Deckung von Zins und Tilgung, auch in gutem Wirtschaftsumfeld
Ba2	BB	BB	
Ba3	BB-	BB-	
B1	B+	B+	geringe Sicherung von Zins und Tilgung
B2	B	B	
B3	B-	B-	
Caa1	CCC+	CCC+	niedrigste Qualität, geringster Anlegerschutz, in akuter Gefahr eines Zahlungsverzugs, bei Moody's bereits im Zahlungsverzug
Caa2	CCC	CCC	
Caa3	CCC-	CCC-	
Ca	CC	CC	
C	C	C	
–	D oder SD	DDD	im Zahlungsverzug, bei Fitch Ratings mit unterschiedlichen Erwartungen hinsichtlich der Rückzahlungsquoten (100 bis 90 %, 90 bis 50 %, unter 50 %)
–	–	DD	
–	–	D	

Abb. 19 Langfristige Bonitätsnoten (Ratings) bei Moody's, Standard & Poor's und Fitch Ratings[1089]

Moody's Prime- bzw. Not-Prime-Ratingsymbole dienen der Beurteilung von Wertpapieren, deren Laufzeit unter einem Jahr liegt, wie zum Beispiel

[1089] Vgl. DG Bank, Cresta-Score Bonitätsanalyse, Fixed Income, Frankfurt am Main 2000, S. 7; Bissinger, M., Rating als Mittel zur Transparenzverbesserung, in: Der Betriebswirt 2/2002, S. 10–14, S. 13.

Commercial Papers oder andere Geldmarktinstrumente (vgl. Abb. 20).[1090] Prime Ratings bestätigen eine ausreichende Liquidität, dagegen bringt ein Not-Prime-Rating eine erhöhte Gefahr von Liquiditätsengpässen zum Ausdruck.[1091]

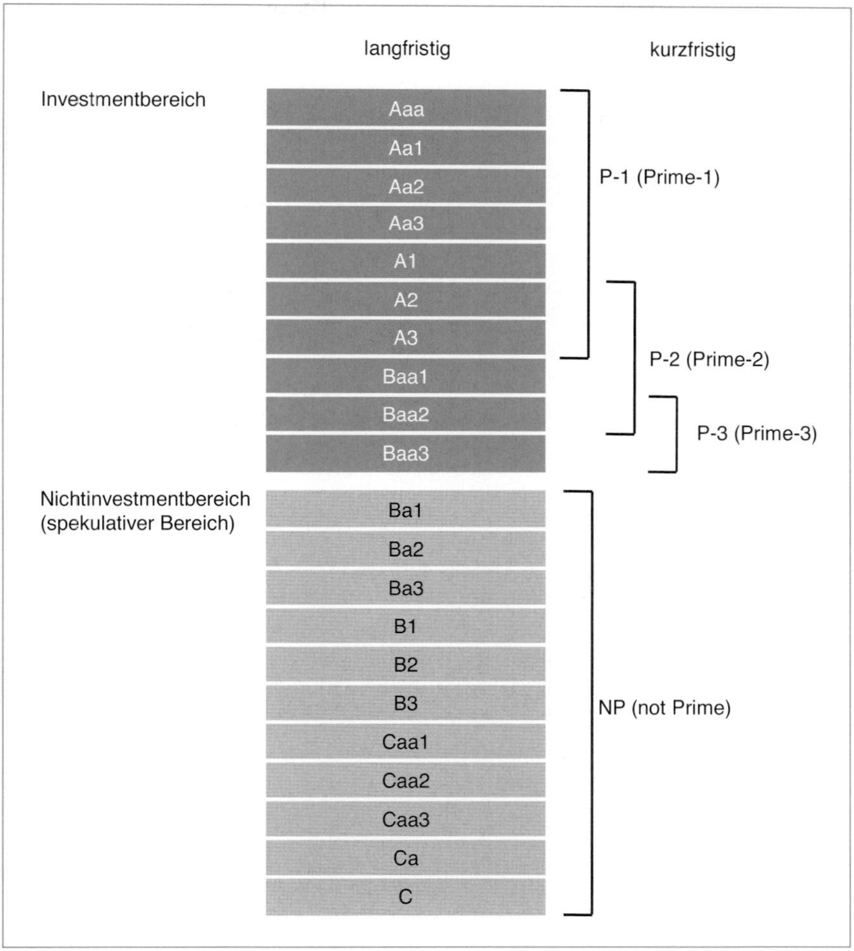

Abb. 20 Lang- und kurzfristige Ratingskalen bei Moody's[1092]

[1090] Vgl. Berblinger, J., Marktakzeptanz des Rating durch Qualität, a. a. O., S. 33.
[1091] Vgl. ebenda.
[1092] Vgl. Moody's Investors Service, Moody's Ratingsymbole und -definitionen, o. O. 2007, S. 13.

Der Gedanke, Ratingkategorien nach dem betrachteten Zeitraum zu differenzieren, lässt sich grundsätzlich durchaus auch auf die Ermittlung von kurz- und langfristigen Mitarbeiterwerten übertragen. Kurzfristig bedeutsame Aspekte des Ratings betreffen zum Beispiel die beurteilte Leistung von Mitarbeitern im zurückliegenden Geschäftsjahr. Langfristig orientierte Aussagen zum Wert von Mitarbeitern im Investmentbanking müssten dagegen in stärkerem Maße zukunftsweisende Aspekte berücksichtigen, das heißt beispielsweise Potenzialaussagen zu den einzelnen Mitarbeitern unter Berücksichtigung der erwarteten Marktentwicklung und der voraussichtlichen strategischen Ausrichtung der Bank. Ein zu komplexes System zur Steuerung des Mitarbeiterportfolios anhand verschiedener Ratingsymbole für einen Mitarbeiter je Betrachtungszeitraum birgt trotz aller Fokussierungsvorteile allerdings die Gefahr von Akzeptanzproblemen. Eine solche dürfte insbesondere in der zwangsläufig zunächst durch Unsicherheit und Unerfahrenheit der Mitarbeiter geprägten Anfangsphase der praktischen Modellnutzung auftreten. Insofern empfiehlt sich die Verwendung einer einzigen Skala, die zugleich lang- und kurzfristige mitarbeiterwertbezogene Aussagen berücksichtigt.

2 Relativierung bzw. Clusterung der Ergebnisse der Mitarbeiterwertermittlung

Die Relativierung der ermittelten Mitarbeiterwerte dient dem Management als Grundlage, um vor der Ableitung von Steuerungsmaßnahmen einen Überblick über die Struktur des Mitarbeiterportfolios bzw. über personelle Risiken zu erhalten. Der Versuch der abschließenden Erläuterung aller anwendbaren statistischen Instrumente würde allerdings den Rahmen der vorliegenden Arbeit sprengen, sodass sich die nachfolgenden Ausführungen auf die wesentlichen Anwendungsfälle beschränken.

Auf der personellen Ebene können die individuellen Scoring-Werte als Basis für die Bildung eines Rankings a) aller Mitarbeiter oder b) von Gruppen dienen, die eine (etwa durch ein Rating benannte) Mitarbeiterwertklasse bilden (vgl. Abb. 21).

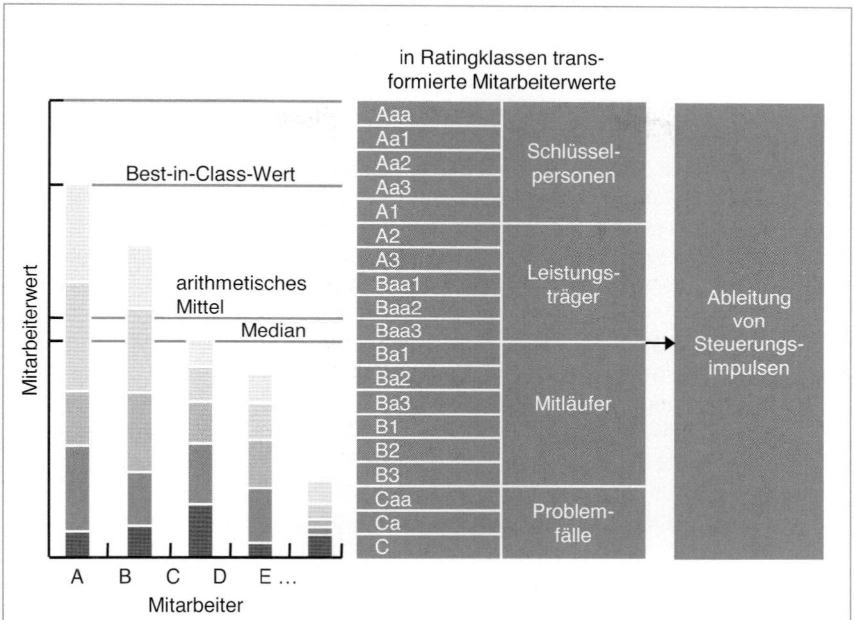

Abb. 21 Analyse der Struktur des Mitarbeiterportfolios anhand der ermittelten Mitarbeiterwerte

Die Unterteilung der Balkendiagramme in die (gewichteten) Wertbeiträge der einzelnen Determinanten zum jeweiligen Mitarbeiterwert veranschaulicht die relative Bedeutung der berücksichtigten Einflussgrößen. Auf diese Weise lassen sich die ermittelten Scoring-Werte nicht nur als absolute Größen, sondern auch entsprechend ihrer Zusammensetzung im Zeitablauf vergleichen.

Um die unanschaulichen Scoring-Werte so umzuformen, dass sie dem menschlichen Vorstellungsvermögen geläufiger werden, eignet sich die Bildung von Verhältniszahlen. Diese statistischen Kenngrößen sind definiert als Quotient zweier Maßzahlen, von denen jede für sich einen bestimmten Sachverhalt beschreibt, also eine eigenständige Bedeutung hat.[1093] Die relative Bedeutung eines Mitarbeiters für sein Unternehmen lässt sich beispielsweise durch den Quotienten des individuellen Mitarbeiterwerts und der Gesamtzahl der Werte aller Mitarbeiter ausdrücken. Konzentrationsmaße liefern eine Antwort auf die Frage, wie Merkmalsausprägungen auf die Merkmalsträger, hier die Mitarbeiter, insgesamt verteilt sind. Eine absolute Konzentration liegt dann vor, wenn absolut wenige Merkmalsträger den gesamten oder zumindest einen großen Teil des Totalwerts des Konzentrationsmerkmals auf sich

[1093] Vgl. Buttler, G./Stroh, R., Einführung in die Statistik, Reinbek 1980, S. 130.

vereinigen.[1094] Angewendet auf Mitarbeiterwerte bedeutet dies, dass ein verhältnismäßig großer Anteil der zu erreichenden Punktwerte auf nur wenige und damit für das Unternehmen wertvolle Mitarbeiter entfällt, denen gegenüber demzufolge eine hohe Abhängigkeit des Unternehmens besteht. Eine relative Konzentration existiert dann, wenn ein geringer Anteil der Merkmalsträger einen großen Teil des Totalwerts des Konzentrationsmaßes auf sich vereinigt (wenn z. B. auf 5 Prozent der Mitarbeiter 70 Prozent der Gesamtpunktwerte entfallen).[1095] Die relative Konzentration ist dann am geringsten, wenn alle Einheiten genau den gleichen Merkmalswert, das heißt beispielsweise alle Mitarbeiter den gleichen Gesamtpunktwert, aufweisen.[1096]

Eine Relativierung der Ergebnisse lässt sich in einem internen Benchmarking durch Ermittlung des Best-in-Class-Werts oder eines Mittelwerts, der die gesamte Verteilung repräsentiert, darstellen.[1097] Ein Beispiel für Mittelwerte ist der sogenannte Median (auch Zentralwert genannt), der in der Mitte der geordneten Werte liegt und eine Häufigkeitsverteilung in zwei gleich große Teile trennt.[1098] Die Vielzahl ermittelter Punktwerte lässt sich auch durch das arithmetische Mittel repräsentieren. Dieses ergibt sich, indem man den Totalwert eines Merkmals, hier die Summe der Mitarbeiterwerte aller Mitarbeiter, gleichmäßig auf die Einheiten verteilt, das heißt durch die Anzahl der Mitarbeiter dividiert.[1099] Verzerrungen treten allerdings dann auf, wenn extrem große oder kleine, für die Häufigkeitsverteilung untypische Werte (sog. Ausreißer) auftreten, da diese das arithmetische Mittel stark beeinflussen.[1100]

Die „(wahrscheinlichkeits)theoretische Varianz" ist als Streuungsmaß von großer Bedeutung, um die Abweichung der Mitarbeiterwerte voneinander auszudrücken.[1101] Die Summe der quadrierten Abweichungen vom Mittelwert (hierdurch lässt sich erreichen, dass sich Abweichungen nach oben und

[1094] Vgl. ebenda, S. 197.
[1095] Vgl. ebenda, S. 198.
[1096] Vgl. ebenda.
[1097] Vgl. Claßen, M./Ahrens, St., a. a. O., S. 34.
[1098] Vgl. Buttler, G./Stroh, R., a. a. O., S. 155; Heiler, S./Michels, P., a. a. O., S. 99.
[1099] Vgl. Buttler, G./Stroh, R., a. a. O., S. 161.; Heiler, S./Michels, P., a. a. O., S. 22.
[1100] Vgl. Buttler, G./Stroh, R., a. a. O., S. 166.
[1101] Die Differenz zwischen dem größten und dem kleinsten Mitarbeiterwert zeigt zwar die Variationsbreite der Werte auf, hängt jedoch stark von Ausreißern ab und besitzt daher nur geringe Aussagekraft, vgl. Eicke, B., Statistik – Eine Einführung, Glarus (Schweiz) 2003, S. 103 f.

unten nicht aufheben) wird durch n, die Anzahl der Werte, dividiert.[1102] Die theoretische Varianz schafft somit eine Vergleichsmöglichkeit des Mitarbeiterportfolios verschiedener Abteilungen oder Bereiche der Bank.

Um in einem späteren Schritt Effizienzgewinne durch die Bündelung von Steuerungsmaßnahmen zu erzielen, bietet es sich an, Mitarbeiter entsprechend ihrem Mitarbeiterwert mehr oder weniger stark differenziert in Gruppen (z. B. Schlüsselpersonen, Mitläufer und Problemfälle) zusammenzufassen. Ein in den USA gängiges Prinzip zur Clusterung des Mitarbeiterportfolios ist die 20-70-10-Bewertung, das sogenannte Peer Ranking, wobei 20 Prozent der Arbeitnehmer als Topleistungsträger, 70 Prozent als Durchschnitt und 10 Prozent als zu schulende oder gegebenenfalls abzubauende Low Performers eingestuft werden.[1103]

Die skizzierten statistischen Hilfsmittel eignen sich in analoger Weise zur Analyse der Merkmalsausprägungen je Determinante über alle Mitarbeiter hinweg, um Hinweise auf personelle Risikopotenziale zu erhalten. Beispielsweise liegen dem Management die Performanceeinstufungen der Mitarbeiter aller Bereiche der Bank vor. Die Streuung der jeweiligen Werte hängt unter anderem stark von der Anzahl der je Kriterium vorgegebenen Stufen ab. Risikobezogene Anhaltspunkte ergeben sich zum Beispiel durch die Anzahl der Mitarbeiter, die den unterdurchschnittlichen Performancekategorien angehören. Die wahrscheinlichkeitstheoretische Varianz legt Abweichungen in bestimmten Abteilungen von durchschnittlich zu erwartenden Performanceverteilungen offen.

Mithilfe des – wie beispielhaft erläutert – statistisch aufbereiteten Datenmaterials lassen sich somit personen(gruppen)bezogene (horizontale Sichtweise, vgl. Kap. G 2.1) bzw. kriterienbezogene Steuerungsimpulse (vertikale Sichtweise, vgl. Kap. G 2.2) ableiten. Die Maßnahmen auf personeller Ebene besitzen dabei operativen Charakter, die auf einzelne Determinanten von Mitarbeiterwerten bezogenen Steuerungsaktivitäten haben dagegen strukturelle und somit strategische Auswirkungen.

[1102] Die Bildung der Quadratwurzel der Varianz führt zur Standardabweichung. Dem erhöhten Rechenaufwand steht der Vorteil gegenüber, dass die Standardabweichung dieselbe Einheit wie die gemessenen Werte hat, wobei die Scoring-Werte aber ohnehin dimensionslos und dadurch recht unanschaulich sind, vgl. Eicke, B., a. a. O., S. 105 f.; Laib, K., Computergestützte Ressourcen-Evaluation, a. a. O., S. 794.

[1103] Vgl. o. V., Berater fordern, a. a. O.; Dürr, W./Mayer, H., Wahrscheinlichkeitsrechnung und Schließende Statistik, München/Wien 1987, S. 79 ff.

G Einführung, Anwendung und Revision von Totalmodellen auf Basis von Mitarbeiterwerten zur Steuerung des Personalportfolios im Investmentbanking

Die Implementierung des mit seinen möglichen Komponenten und Verknüpfungsmechanismen skizzierten Modells zur Steuerung des Mitarbeiterportfolios anhand von Mitarbeiterwerten soll dabei helfen, personalwirtschaftliche Risiken mit ihren geschäftlichen Auswirkungen zu erkennen und proaktiv zu reduzieren bzw. zu vermeiden. Wie präzise ein solches System aber auch vor seiner Einführung geplant wird, es sollte nie zu unreflektierten Steuerungsentscheidungen im Sinne von „Wenn-dann-Mechanismen" führen. Ein stark schematisches Vorgehen, das heißt die undifferenzierte Umsetzung automatisiert gewonnener Ergebnisse, lässt im Einzelfall das nötige Fingerspitzengefühl vermissen.[1104] Erst die zusätzliche Berücksichtigung systemseitig nicht erfasster oder erfassbarer Faktoren, wie zum Beispiel individueller Erfahrungen, gewährleistet die erforderliche Flexibilität (nicht zu verwechseln mit Willkür) und trägt maßgeblich zur gewünschten Akzeptanz des Steuerungssystems sowohl bei den Entscheidungsträgern als auch bei den Mitarbeitern bei. Allerdings entsteht bei zu starker individueller Einflussnahme auf das Steuerungssystem die Gefahr der „Modellierung eigener Ignoranz" und der Generierung fehlerhafter Modellergebnisse aufgrund eines falschen Dateninputs.[1105] Derartige „Gigo-Effekte" („Garbage in – Garbage out") bergen zudem die Gefahr, dass sich die Wirkung der Fehlerfortpflanzung bei komplexen Modellstrukturen möglicherweise potenziert.[1106]

1 Organisatorische Aspekte der Modellimplementierung

1.1 Personelle Zusammensetzung des Projektteams

Die Einführung des mitarbeiterwertbasierten Totalmodells erfordert aus organisatorischer Sicht zunächst die Klärung der personellen Zuständigkeiten. Ein nicht sachgerecht implementiertes personelles Steuerungssystem kann gravierende Auswirkungen auf die Leistungserstellung und auf das Betriebsklima haben.[1107] Deshalb ist es wichtig, die Verantwortung für die Einführung des neuen Systems einem Spezialisten zu übertragen, der Erfahrungen in der Projektarbeit und in der Umsetzung personalpolitischer Maßnahmen besitzt.[1108] Durch eine Einbeziehung externer Berater kann die Bank deren Fach- und

[1104] Vgl. Diller, H., Planungstechniken, a. a. O., S. 7.
[1105] Vgl. ebenda.
[1106] Vgl. Böcker, F., Modellbezogene Akzeptanzprobleme, a. a. O., S. 237 f.
[1107] Vgl. Erdmann, U., a. a. O., S. 225.
[1108] Vgl. ebenda.

Methodenkenntnisse nutzen und aus Betriebsblindheit resultierende Fehlentwicklungen vermeiden, um somit die Effizienz des Implementierungsprozesses erheblich zu steigern.[1109] Externe Berater können bei der Konzeptentwicklung und Prozesssteuerung unterstützend mitwirken, internes Know-how können sie jedoch nicht ersetzen.[1110] Die Vorteile der Involvierung bankinterner Mitarbeiter liegen dagegen neben der Kenntnis von Institutsbesonderheiten in dem kostengünstigeren Einsatz sowie der Verfügbarkeit über die Einführungsphase hinaus auch bei der Klärung von Anwendungsproblemen.[1111] Unabhängig von der Entscheidung, die Implementierung externen Beratern und/oder internen Führungskräften zu übertragen, sollte die unternehmensspezifisch auszugestaltende Entwicklung und Realisierung eines Modells zur Steuerung des Mitarbeiterportfolios unter frühzeitiger Einbeziehung aller relevanten Personenkreise (insbesondere der Führungskräfte, des Personalleiters, der Mitarbeiter und des Betriebsrats) erfolgen.[1112] Die kooperative, projekthafte Vorgehensweise stellt sicher, dass vielfältige Sichtweisen und Interessen von Mitarbeitern unterschiedlichster Hierarchieebenen und Aufgabenfelder in die Konzeption einfließen und das Modell nach Implementierung entsprechende Akzeptanz findet.[1113]

1.2 Optionen zur zeitlichen Abfolge der Systemeinführung

Je nach Größe der Bank empfiehlt es sich, das entwickelte Totalmodell zunächst in einem Pilotbereich zu testen, um Erfahrungen mit dem Verfahren zu sammeln.[1114] Die strategischen Optionen zur anschließenden Modelleinführung bestehen darin, sukzessive (Strategie des Inkrementalismus),

[1109] Vgl. Gaugler, E. et al., Leistungsbeurteilung, a. a. O., S. 27; Zander, E., a. a. O., S. 183.

[1110] Vgl. Conrad, P./Manke, G., a. a. O., S. 57.

[1111] Vgl. Erdmann, U., a. a. O., S. 226 f.

[1112] Ziel der Einbeziehung des Betriebsrats sollte unter anderem der Abschluss einer Betriebsvereinbarung sein (zu den einschlägigen Bestimmungen des Betriebsverfassungsgesetzes vgl. Kap. D 2.2), vgl. Hager-van der Laan, J./ Laan, K. van der, a. a. O., S. 193; Uepping, H./Matthes, E., a. a. O., S. 865.

[1113] Vgl. Hornstein, E. von/Rosenstiel, L. von, a. a. O., S. 158.

[1114] Vgl. Hager-van der Laan, J./Laan, K. van der, a. a. O., S. 194.

gesamthaft (Strategie des „Bombenwurfs") oder mittels einer Kombination beider Möglichkeiten vorzugehen.[1115]

- Im Rahmen einer inkremental orientierten Strategie zur Implementierung eines Anreizverteilungssystems werden die vorhandenen bzw. benötigten Teilsysteme (das Beurteilungssystem, Potenzialanalysen, die Grading-Systematik etc.) sukzessive so lange gestaltet, bis das gewünschte Totalmodell entwickelt ist. Der Vorteil dieser induktiven Vorgehensweise ist die langsame Anpassung der bestehenden Regelungen an die Zielvorstellungen, ohne größere Widerstände seitens der betroffenen Personenkreise erwarten zu müssen. Aufgrund der im Zeitablauf jeweils nur geringfügigen Änderung des Status quo kann der Blick für das Gesamtkonzept und kreative Lösungen jedoch leicht verstellt werden.
- Demgegenüber beinhaltet die Strategie des „Bombenwurfs" die komplette Einführung des geplanten Verteilungssystems, verbunden mit der vollständigen Eliminierung bestehender Entlohnungsregelungen bzw. sonstiger Verteilungsmechanismen. Massive Widerstände sind bei dieser Vorgehensweise in der Anfangsphase zumeist nicht zu erwarten, da zunächst alle Beteiligten Erfahrungen mit dem neuen System sammeln. Nachdem jedoch das erste Mal die Verteilungsschlüssel berechnet und Anreize auf dieser Basis ausgeschüttet wurden, ist damit zu rechnen, dass einzelne Mitarbeiter den Berechnungsmodus und die Verteilungsregelungen nicht akzeptieren, weil möglicherweise erwartete „Belohnungen" welcher Art auch immer ausblieben.
- Als dritte Möglichkeit zur Einführung eines neuen Beurteilungssystems verbindet das Konzept der geplanten Evolution die Vorzüge der beiden erläuterten Extremstrategien: Zunächst wird das Steuerungssystem insgesamt neu konzipiert, dann aber in Teilschritte zerlegt, die nacheinander realisiert werden. Für die Bankpraxis würde dies bedeuten, dass beispielsweise erst für den obersten Führungskreis die neuen Verteilungsregeln vorgesehen und dann sukzessive auf nachfolgende Leitungsebenen ausgedehnt werden. Der Vorteil dieser Vorgehensweise ist darin zu sehen, dass zu Beginn der Planung ein gesamtes Konzept entwickelt wird, das schlüssig

---

[1115] Zu diesen Möglichkeiten vgl. vertiefend Bircher, B., Langfristige Unternehmensplanung, Bern/Stuttgart 1976, S. 284 ff.; Kirsch, W. et al., Das Management des geplanten Wandels von Organisationen, Stuttgart 1979, S. 180 ff. und 315 ff.; Schüller, St., Organisation von Controllingsystemen in Kreditinstituten, in: Schierenbeck, H. (Hrsg.), Schriftenreihe des Instituts für Kreditwesen der Westfälischen Wilhelms-Universität Münster, Band 28, Frankfurt am Main 1984, S. 283 ff.; Douglas, S. P./Craig, C. S., Evolution of global marketing strategy, in: Columbia Journal of World Business 3/1989, S. 53; Kreutzer, R., Global Marketing – Konzeption eines länderübergreifenden Marketing: Erfolgsbedingungen, Analysekonzepte, Gestaltungs- und Implementierungsansätze, Diss. Wiesbaden 1989, S. 238.

ist und völlig neue Lösungen zulässt. Mit der stufenweisen Einführung besteht zudem die Möglichkeit, auf unvorhergesehene Entwicklungen frühzeitig zu reagieren und mögliche Widerstände zu vermeiden, ohne das gesamte System infrage zu stellen.

Ein Patentrezept zur Implementierung des Steuerungsmodells auf Basis von Mitarbeiterwerten existiert aufgrund der Besonderheiten eines jeden Unternehmens sicherlich nicht, jedoch erscheint das Konzept der geplanten Evolution mit Blick auf eine stringente Einführung und gleichzeitige Akzeptanz des neu eingeführten Systems die mehr Erfolg versprechende Alternative zu sein.

1.3 Kommunikative Begleitung der Modelleinführung

1.3.1 Interne Kommunikation des Modellzwecks und der Modellparameter

Mit Anreizsystemen ist zwingend eine Erfolgs- oder Leistungsmessung der Mitarbeiter verknüpft.[1116] Der damit verbundene Leistungsdruck und das persönliche Risiko, unter Umständen Abstriche beim Erhalt von Anreizen in Kauf nehmen zu müssen, lösen bei manchen Mitarbeitern möglicherweise Unsicherheit aus, die schnell zu Widerständen gegen das neue Steuerungssystem führen kann.[1117] Klare Informationen bei Projektbeginn sowie zum Ende der Durchführungsphase haben maßgeblichen Einfluss auf die Vertrauensbildung und die Effizienz des Implementierungsprozesses.[1118] So sollte durch adäquate interne Kommunikation den Mitarbeitern zum Beispiel verdeutlicht werden, dass die in der betrieblichen Praxis vielfach übliche besitzstandswahrende Ausrichtung der jährlichen Tantieme auf das Niveau des Vorjahres konsequent aufgehoben und die Höhe der jährlichen Tantieme nun vielmehr streng auf den Grad der Erfüllung mitarbeiterwertrelevanter Kriterien ausgerichtet wird.[1119] Umfassende Informationen sind umso wichtiger, je höher der Anteil der

---

[1116] Vgl. Bardens, R./Wimmer, K., Ansporn zum Endspurt, a. a. O., S. 72.

[1117] Vgl. ebenda; Erdmann, U., a. a. O., S. 232.

[1118] Vgl. Gaugler, E. et al., Einführung und Auswertung von Leistungsbeurteilungssystemen. Betriebliche Ansätze und Erfahrungen, Baden-Baden 1979, S. 36 f.; Kirsch, W. et al., Reorganisationsprozesse im Unternehmen, München 1975, S. 47; Knopf, R. et al., Die Effizienz von Reorganisationsprozessen aus Sicht der Praxis, München 1976, S. 104; Gmür, U.,/Scherrer, C., Lohn- und Gehaltssysteme, Grüsch 1988, S. 95.

[1119] Vgl. Lindena, B., Leistungsanreize, a. a. O., S. 715 f.; Knebel, H./Malleskat, W., a. a. O., S. 610.

Leistungsbewertung ist, der auf qualitativen Kriterien beruht.[1120] Denn nur bei angemessener Transparenz des Bewertungs- und Berechnungsprozesses und einem echten Vertrauensverhältnis zwischen der Bankführung und den Mitarbeitern wird von Letzteren eine qualitative Bewertung akzeptiert.[1121]

Um den Führungskräften und ihren Mitarbeitern das Mitarbeiterwertmodell mit seinen Chancen (und Risiken) praxisnah zu vermitteln, stehen der Bank verschiedene Kommunikationswege offen (vgl. Abb. 22).[1122] So bieten beispielsweise schriftliches Informationsmaterial (wie Broschüren und/oder ein Anschreiben) oder flankierend hierzu durchgeführte Informationsveranstaltungen den Mitarbeitern Gelegenheit, sich über den im Steuerungsmodell hergestellten Zusammenhang zwischen der Erfüllung der formulierten Erwartungen und den zugeteilten Anreizen umfassend Klarheit zu verschaffen.[1123]

[1120] Vgl. Erdmann, U., a. a. O., S. 232; Gaugler, E. et al., Einführung, a. a. O., S. 36 f.; Kirsch, W. et al., Reorganisationsprozesse im Unternehmen, a. a. O., S. 47; Knopf, R. et al., Die Effizienz, a. a. O., S. 104; Becker, F. G., Anreizsysteme für Führungskräfte, a. a. O., S. 144.

[1121] Vgl. ebenda. Die angestrebte durch Kommunikationsmaßnahmen herzustellende Transparenz des Systems soll (wie in Kap. D 1.3.2 erläutert) die Nachvollziehbarkeit des Modelldesigns erlauben, nicht jedoch zur Überprüfbarkeit der Modellparameter durch den einzelnen Mitarbeiter führen.

[1122] Vgl. Gaugler, E. et al., Einführung, a. a. O., S. 37 f.; Müller, W./Schultheiß, Ph., Nur Gewinner, in: Personal 12/2008, S. 10–11, S. 11.

[1123] Vgl. Laber, H./Maassen, O., a. a. O., S. 60; Bardens, R./Wimmer, K., Ansporn zum Endspurt, a. a. O., S. 72; Hager-van der Laan, J./Laan, K. van der, a. a. O., S. 194.

Kriterien	Vorteile	Nachteile
Direkte, persönliche Kommunikation ...	• lässt zusätzliche Erläuterungen und individuelle Botschaften zu • weckt positive Emotionen, wirkt vertrauenerweckend und überzeugend • führt zu direktem Feedback	• ist zeitaufwendig bei großen Unternehmen an verschiedenen (weltweiten) Standorten • hängt im Ergebnis von der Qualität des Vermittlers ab • löst unter Umständen negative Emotionen aus
Kommunikation durch Papiermedien ...	• ist nachvollziehbar und beweisfähig • sichert gleichen Informationsstand • ermöglicht schnelle Information bei großen Zielgruppen	• lässt keine Differenzierung zu • ist in den Dialogmöglichkeiten begrenzt
Kommunikation durch elektronische Medien ...	• erlaubt schnelle Information unterschiedlicher Zielgruppen auch über große Distanzen • beinhaltet gegebenenfalls große Informationsmengen, die selektiv abgerufen werden können	• setzt spezielle Empfangseinrichtungen der Kommunikationspartner voraus • erfordert hohe Kosten für Infrastruktur (diese ist im Investmentbanking ohnehin vorhanden)

Abb. 22 Wahl adäquater Kommunikationswege zur Einführung des Steuerungskonzepts[1124]

Die Akzeptanz seitens der Modellanwender ist letztlich die Voraussetzung für eine erfolgreiche Implementierung des gesamten Steuerungskonzepts.[1125] Die Mitarbeiter müssen das Wozu des eingeleiteten Paradigmenwechsels positiv für sich beantworten, dürfen sich also nicht als Beurteilungsgegenstand betrachten, sondern müssen sich als integrativen Bestandteil des Beurteilungssystems sehen können.[1126] Nur so kann es gelingen, die Individualziele der Mitarbeiter und die Gesamtziele der Geschäftsleitung aufeinander abzustimmen.[1127] Insofern kommt der umfassenden Schulung der Führungskräfte, die als Anwender und zugleich Promotoren des Steuerungssystems auch

---

[1124] Vgl. Schick, S., Problemfelder der internen Kommunikation. Vortragsunterlagen der Management-Circle-Konferenz „Controlling der internen Kommunikation“ vom 25./26.08.1999 in Frankfurt am Main.
[1125] Vgl. Hornstein, E. von/Rosenstiel, L. von, a. a. O., S. 206.
[1126] Vgl. ebenda, S. 156.
[1127] Vgl. ebenda.

gegenüber der Mitarbeiterschaft agieren sollen, eine Schlüsselfunktion bei den Vorbereitungen zur Systemeinführung zu.[1128]

1.3.2 Umgang mit möglichen Widerständen gegen das Mitarbeiterwertkonzept

Die Konzeptionierung und spätere Nutzung bewegen sich im Spannungsfeld der unterschiedlichsten Stakeholder-Interessen sowie unternehmenskultureller, rechtlicher und technisch-organisatorischer Rahmenbedingungen (vgl. Kap. D 1. und D 2).[1129] Um in diesem Kontext verbleibende Spielräume und damit Chancen nutzen zu können, ist die vertiefende Auseinandersetzung mit möglichen kritischen Argumentationsweisen zur adressatengerechten Gestaltung von Kommunikationsmaßnahmen unabdingbar.[1130]

Im Zusammenhang mit der Ermittlung von Humankapital oder auch mit einzelnen Mitarbeiterwerten kommen unversehens neben grundsätzlichen auch moralische oder methodische Bedenken auf:

- Warum müssen sich Wissenschaftler und Berater überhaupt mit dem Wert des Humankapitals auseinandersetzen, wo doch Arbeits- und Tarifverträge millionenfach den Wert der jeweiligen Arbeitskraft festlegen?[1131]
- Dürfen wir den Wert von Mitarbeitern überhaupt messen, da Menschen eine Würde und deshalb also keinen Preis haben?[1132]
- Wie lässt sich der Wert von Menschen mittels einer materiellen Größe ausdrücken?[1133]

Der Aufgabe des Personalmanagements (der Steigerung der Arbeitsproduktivität) vorgelagert ist die **normative** Frage, welchen Stellenwert Arbeit im Unternehmen eigentlich hat.[1134] Diese ethische Perspektive fordert die Legitimität und ethische Reflexion der Praktiken im Personalmanagement ein.[1135] Die „hohe Schule" des Personalmanagements besteht auch darin,

---

[1128] Vgl. Bastgen, K. P./Slotta, Chr./Kleine, Th., Leistungsbezug mit System, in: Personal 12/2006, S. 10–13, S. 13; Müller, W./Schultheiß, Ph., a. a. O., S. 11.
[1129] Vgl. Müller, K., a. a. O.
[1130] Vgl. Hornstein, E. von/Rosenstiel, L. von, a. a. O., S. 162.
[1131] Vgl. PricewaterhouseCoopers, Unternehmensstudie, a. a. O., S. 8.
[1132] Vgl. Marschlich, A., Bewertung des Faktors Mensch, in: FAZ.NET vom 08.04.2005, o. S.
[1133] Vgl. PricewaterhouseCoopers, Unternehmensstudie, a. a. O., S. 8.
[1134] Vgl. Dielmann, K., Personalleiter brauchen Ethik, in: Personal 9/2007, S. 33.
[1135] Vgl. ebenda.

darauf hinzuwirken, dass betriebswirtschaftliche Ziele und ethische Anforderungen im Unternehmen integrativ betrachtet werden.[1136]

Vergütung galt immer als Gegenleistung, die jemand für erbrachte Arbeit erwarten durfte.[1137] Damit wäre in der Vergütung der Marktwert der Arbeitsleistung gegeben.[1138] Streng genommen ist aber nur der Lohn, den ein Arbeiter für die Herbeiführung eines bestimmten Ergebnisses bekommt (Werkvertrag), als genauer Gegenwert für die erbrachte Leistung zu sehen.[1139] Schon das Gehalt eines Angestellten bezeichnet mehr den Lebensunterhalt, der für ein Dienstverhältnis gewährt wird.[1140] Unter anderem durch sozialstaatliche Einflüsse auf die Entlohnungssysteme ist die Unmittelbarkeit des Zusammenhangs zwischen erbrachter Leistung und dem Wert der Leistung aufgelöst worden.[1141] Vor allem aber gilt für das Humankapital wie für alle anderen Produktionsfaktoren, dass ihr Einsatz mehr oder weniger Nutzen erwirtschaften kann, als ihr Einsatz kostet.[1142] Zudem finden andere Parameter der Mitarbeiterwertermittlung, wie etwa das Potenzial des Mitarbeiters oder die strategische Geschäftsausrichtung, nicht zwangsläufig ihren Niederschlag in dem gezahlten Gehalt, da dieses bestimmten Restriktionen, wie beispielsweise dem zur Verfügung stehenden Budget oder tarifvertraglichen Zwängen (d. h. vorgegebenen funktionsbezogenen und damit weitgehend leistungsunabhängigen Tarifgruppen), unterliegt.

Die immer noch weit verbreitete **ethisch-moralische** Skepsis gegenüber der Humankapitalbewertung erschwert teilweise eine sachliche Auseinandersetzung mit dieser Thematik.[1143] Befürworter und Gegner tragen seit Jahren einen erbitterten wissenschaftlichen Streit über die Möglichkeiten und Grenzen der Bewertung von Humankapital aus.[1144] Die Wahl des Begriffs „Humankapital“

1136 Vgl. ebenda.
1137 Vgl. PricewaterhouseCoopers, Unternehmensstudie, a. a. O., S. 9.
1138 Vgl. ebenda.
1139 Vgl. ebenda.
1140 Vgl. ebenda.
1141 Vgl. ebenda.
1142 Vgl. ebenda.
1143 Vgl. Pietsch, G., Zwischen Analyse und Paralyse, in: Personal 11/2007, S. 8–10, S. 10.
1144 Vgl. PricewaterhouseCoopers, Unternehmensstudie, a. a. O., S. 7. Zur emotionalen Diskussion der Methodik von Bewertungsansätzen vgl. beispielsweise Cisek, G., Personalwirtschaftliche Programmpolitik, a. a. O., S. 30 ff.; Scholz, Chr./Stein, V., Das neue Paradigma der Humankapitalbewertung, in: Personal 7–8/2006, S. 52–53; Becker, M./Labucay, I./Rieger, C., Formel ohne Fortschritt, a. a. O., S. 30 ff.; Becker, M./Labucay, I./Rieger, C., Erfassung und Bewertung von Humankapital – Kritische Anmerkungen zur Saarbrücker Formel, in: BFuP 1/2007, S. 38–58, S. 38 ff.; Scholz, Chr., Es zieht ein Herr Becker durchs Land ... noch immer – Replik zur Kritik

zum „Unwort des Jahres 2004"[1145] hat sicherlich die Neigung zu einer opportunistischen Interpretation gefördert[1146], ohne dabei diesem Steuerungsinstrument auch nur annähernd gerecht zu werden. Als Begründung ihrer Entscheidung gibt die Unwort-Jury an, Humankapital degradiere nicht nur die Arbeitskräfte in Betrieben, sondern Menschen überhaupt zu nur noch ökonomisch interessanten Größen.[1147] Hier wird allerdings die Prämisse des Human-Capital-Managements unterschlagen, der zufolge ein quantitativ belegbarer Wert der Belegschaft deren Bedeutung für das Unternehmen im positiven Sinne hervorhebt und die Mitarbeiter aus ihrem derzeitigen De-facto-Status als Kostenfaktor befreit.[1148] Ohne einen strukturierten Human-Capital-Management-Ansatz besteht vielmehr die Gefahr, dass Mitarbeiter in wirtschaftlich guten Zeiten unverbindlich als Kapital gelobt, in schlechten Zeiten aber als Kostenfaktor wegrationalisiert werden.[1149] Zwar rücken Humankapitalbetrachtungen den Wert der Belegschaft insgesamt in den Fokus[1150] und weichen von der Zielsetzung des vorgestellten Totalmodells ab, das die Ermittlung relativer Mitarbeiterwerte auf Einzelpersonen- bzw. aggregiert auf Personengruppenebene bezweckt. Aufgrund der engen Verwandtschaft der Themen schadet die Diffamierung von Humankapitalansätzen jedoch auch dem Ansehen von Anstrengungen zur Steuerung des Mitarbeiterportfolios auf Basis von Mitarbeiterwerten.

Wem die „Bepreisung" menschlicher Leistungsträger aus moralischen Gründen bedenklich erscheint, der wird zugeben müssen, dass von der Vergangenheit (z. B. in Form der Festlegung von Marktpreisen für Sklaven[1151]) bis in die Gegenwart immer eine Bewertung des Humanvermögens stattgefunden hat. Der Blick auf die berufliche Situation beispielsweise von Profifußballern

---

am Artikel zur Saarbrücker Formel, in: BFuP 1/2007, S. 59–65; Scholz, Chr./Stein, V., Praxisferne Sicht, in: Personal 12/2006, S. 37–39.

[1145] Vgl. Schlosser, H. D., Generelle Stellungnahme zum Unwort des Jahres „Humankapital", in: http://www.unwortdesjahres.org/2004.html, Februar 2005.

[1146] Vgl. Pietsch, G., a. a. O., S. 10; PricewaterhouseCoopers, Unternehmensstudie, a. a. O., S. 7.

[1147] Vgl. Schlosser, H. D., a. a. O.

[1148] Vgl. Scholz, Chr., Zehn Fragen, a. a. O., S. 12; PricewaterhouseCoopers, Unternehmensstudie, a. a. O., S. 8; Schütte, M., Externe Berichterstattung zu Wissen, Humankapital, intellektuellem Kapital – ein Vorschlag zur Begriffsklärung, in: DB 5/2005, S. 240–241, S. 241.

[1149] Vgl. Scholz, Chr., Denunzierung von „Humankapital" als Untat des Jahres 2004, Pressemitteilung der Universität Saarbrücken vom 19.01.2005, o. S.; Scholz, Chr./Stein, V., Humankapital: Jetzt erst recht!, in: http://www.org-portal.org/portal/artikel.php?did=594 vom 16.09.2009; Scholz, Chr., Zehn Fragen, a. a. O., S. 12.

[1150] Vgl. Scholz, Chr., Denunzierung, a. a. O.; Scholz, Chr./Stein, V., Humankapital: Jetzt erst recht!, a. a. O.

[1151] Vgl. Schoenfeld, H.-M., a. a. O., Sp. 998.

beweist, dass diese Vorgehensweise schon längst eine Selbstverständlichkeit ist: Ablösesummen sind in diesem Geschäft „Anschaffungskosten“ für die Humanressourcen der Vereine und fließen mit diesem Wert in die Bilanz ein, da Transfersummen (neben den gezahlten Gehältern) die vom Markt durch Angebot und Nachfrage determinierten Handelspreise widerspiegeln.[1152]

Die Klassifikation von Menschen ist auch auf Kundenseite längst üblich. Beispielsweise richteten viele deutsche Banken in den 90er-Jahren des letzten Jahrhunderts ihr Privatkundengeschäft durch den Wandel von der Produkt- zur Kundengruppenorientierung strategisch neu aus.[1153] Kundengruppenorientierung heißt, die geschäftliche Verantwortung nicht mehr auf Produkte, sondern auf unterschiedliche Kundensegmente und deren kritische Erfolgsfaktoren zu fokussieren.[1154] Eine entsprechende Bildung von Kundengruppen – etwa nach dem Kriterium des verfügbaren Geldvolumens bei Privatkunden – muss bei gleichzeitiger Differenzierung der verlangten Preise für ein reduziertes Leistungsangebot der Bank keineswegs diskriminierend sein. Entscheidend ist hier, dass bei den „Standardkunden“ im Vergleich zu den „Premiumkunden“ nicht zu deutlich das Gefühl einer Zweiklassengesellschaft zum Ausdruck kommt.

Auch in der bankinternen Betrachtung wäre es illusorisch, ein identisches Leistungs- und Wertniveau aller Mitarbeiter zu unterstellen, bzw. fahrlässig, eine solche Nivellierung anzustreben. Daher ist der Kritik an Human-Capital-Management, „unmenschlich zu sein“[1155], entgegenzusetzen, dass Mitarbeiterbeurteilungen bzw. -vergleiche ohnehin erfolgen. In vielen anderen Branchen finden sogar „Rennlisten“ der besten Mitarbeiter als gängiges Motivations- und Steuerungsinstrument seit Langem Verwendung („Mitarbeiter des Monats“). Allerdings beruht die Hervorhebung einzelner Mitarbeiter in diesen Fällen nur auf stark eingeschränkten Kriterien, ohne den Anspruch einer differenzierten Wertermittlung zu erheben, wie es im Hinblick auf die Komplexität der Produktwelt und Einflussfaktoren im Investmentbanking erforderlich ist.

Emotionaler Widerstand resultiert aus der Angst vor Neuem und äußert sich in Form eines unbestimmten Gefühls, das nicht rational erklärt werden

---

[1152] Vgl. Scholz, Chr./Bechtel, R., Human Capital Management (HCM): Wieviel ist ein Mitarbeiter wert?, in: https://www.saarbruecker-formel.net/artikel.html1#awieviel, Impulsstatement vom 06.02.2003, S. 1–7, S. 2; Gloger, A., Humankapital für die Bilanz, in: WELT ONLINE vom 10.09.2005, o. S.

[1153] Vgl. Scheer, O., Das Geschäftsstellennetz im Wandel, in: Die Bank 8/1994, S. 463–468, S. 464.

[1154] Vgl. ebenda.

[1155] Vgl. Scholz, Chr., Human Capital Management, in: randstadkorrespondent 2/2005, S. 8.

kann.[1156] Häufigster Einwand ist an dieser Stelle, dass der Status quo „doch ganz akzeptabel" sei und sicherlich nichts Besseres nachkommen werde.[1157] Die Befürchtungen müssen thematisiert und durch gezielte Kommunikationsmaßnahmen Schritt für Schritt abgebaut werden.[1158]

Abgesehen von der ethischen Fragestellung finden sich in der einschlägigen Fachliteratur kritische Stimmen, die bezweifeln, ob es **methodisch** vertretbar sei, Menschen auf Summen- bzw. Multiplikationswerte zu reduzieren.[1159] Das diesem Vorgehen zugrunde liegende Kompensationsmodell, dem zufolge Stärken und Schwächen nach einer simplen Arithmetik gegeneinander aufgerechnet werden, sei methodisch nicht zu rechtfertigen.[1160] Für Platzierungs- und Förderungsmaßnahmen enthalte das gebildete Gesamturteil keine valide Informationsbasis.[1161] Zudem neige der ermittelte Gesamtwert zur Verselbstständigung, da die vorgenommene Analyse möglicherweise auf eine einzige Kennziffer reduziert werde, die vorher mühevoll erhobenen Informationen aber verschwänden.[1162] Zudem neigten Gesamtwertbildungen zu Diskriminierungen und Demotivierung, suggerierten einen offenen Vergleich zwischen Beschäftigten und brächten Unruhe und destruktive Züge in Arbeitsgruppen hinein.[1163]

Die vielfältigen positiven Auswirkungen von Humankapitalanalysen (wie z. B. die Möglichkeit, Wissensdefizite systematisch aufzudecken und zu beseitigen) bleiben bei einer derartig skeptischen Betrachtung außen vor.[1164] Dabei gehen anerkannte wissenschaftliche Quellen durchaus davon aus, dass sich Humankapital messen lässt, wenngleich die Meinungen über die „richtige" methodische Vorgehensweise divergieren.[1165] Personalwirtschaftliche

---

[1156] Vgl. Hornstein, E. von/Rosenstiel, L. von, a. a. O., S. 163.
[1157] Vgl. ebenda, S. 162.
[1158] Vgl. ebenda, S. 163.
[1159] Vgl. Breisig, Th., Personalbeurteilung, a. a. O., S. 171; Schütte, M., Externe Berichterstattung, a. a. O., S. 240.
[1160] Vgl. Breisig, Th., Personalbeurteilung, a. a. O., S. 171.
[1161] Vgl. Neuberger, O., Rituelle (Selbst-)Täuschung. Kritik der irrationalen Praxis der Personalbeurteilung, in: DBW 1/1980, S. 27–43, S. 37.
[1162] Vgl. Mungenast, M., Grenzen merkmalsorientierter Einstufungsverfahren und ihre mögliche Überwindung durch zielorientierte Leistungsbeurteilungsverfahren, München 1990, S. 63; Steinort, U., Soll die Personalbeurteilung gerecht sein?, in: Verwaltungsführung – Organisation – Personal 1/1995, S. 32–37, S. 34.
[1163] Vgl. Becker, F. G., Grundlagen betrieblicher Leistungsbeurteilungen, 2. Auflage, Stuttgart 1994, S. 277.
[1164] Vgl. Witt, R.-D./Nägeli, C., a. a. O.
[1165] Vgl. o. V., Mehrwert durch Menschen schaffen, in: VDI nachrichten vom 27.06.2003, o. S.; Scholz, Chr./Stein, V., Das neue Paradigma, a. a. O., S. 52 f.; Becker, M./ Labucay, I./Rieger, C., Erfassung, a. a. O., S. 38 ff.

Steuerungsentscheidungen beruhen letztlich auf einer Vielzahl unterschiedlich skalierter, zunächst nicht direkt vergleichbarer Einflussfaktoren. Die Aufgabe etwa von Scoring-Modellen ist es gerade, die verschiedensten Dimensionen durch Transformation in Punktwerte einem direkten Vergleich zugänglich zu machen. Doch lässt sich zugegebenermaßen auch über diese Methodik diskutieren (z. B. über die Auswahl von Kriterien und die Festlegung von Skalierungen oder Gewichtungen), ohne zwangsläufig abschließend zu einer einheitlichen Einschätzung zu gelangen.

Unstrittig ist sicherlich auch, dass sich zukunftsorientierte Prognosen der personalwirtschaftlichen Wertbeiträge oder Ertragspotenziale nie ganz ohne subjektiven Einfluss handelnder Personen treffen lassen.[1166] Jedwede Methode der Mitarbeiterwertberechnung setzt eine Vielzahl von Annahmen voraus, die nicht für jeden in gleicher Weise nachvollziehbar sind.[1167]

Beispielsweise ist die Auswahl der Parameter entscheidend für den zu ermittelnden Mitarbeiterwert.[1168] Die Komplexität, die erforderlich wäre, die vollständige Kompetenz und Leistungsfähigkeit eines Individuums zu messen, übersteigt nämlich sehr rasch jedes vernünftige Maß.[1169] Jede Skalierung, die die Beurteilung der Vorgesetzten in Zahlenwerten erfassbar machen soll, ist willkürlich und nicht nach wissenschaftlich klar belegten Konstruktionsregeln zu begründen.[1170] Es ist auch nicht zu leugnen, dass die Interpretation der einzelnen Skalenausprägungen in hohem Maße vom individuellen Maßstabs- und Bezugssystem des Vorgesetzten abhängt.[1171] Zudem ist jegliche Wahrnehmung und Beurteilung durch eine Vielzahl verzerrender Effekte (vgl. Kap. E 2.2.2.2) geprägt, die oft in der Terminologie von Beobachtungs- bzw. Beurteilungsfehlern dem Vorgesetzten als Moment der Unzulänglichkeit angelastet werden.[1172] In Wirklichkeit sind solche Tendenzen unvermeidlich und können auch durch noch so intensive Trainings bestenfalls abgemildert werden.[1173] Zwar gilt es, diese Subjektivität so weit wie möglich auszumerzen, jedoch macht die menschliche Subjektivität als „Schmierstoff" der Mikropolitik zielgerichtetes und menschliches Arbeiten und Kooperieren erst möglich.[1174] Letztlich sollte nicht die grundlegende Diskussion der fehlenden Objektivier-

---

[1166] Vgl. Pietsch, G., a. a. O., S. 9; Wottawa, H., a. a. O., S. 50.
[1167] Vgl. Pietsch, G., a. a. O., S. 9 f.
[1168] Vgl. Marschlich, A., Bewertung, a. a. O., o. S.
[1169] Vgl. ebenda.
[1170] Vgl. Breisig, Th., Personalbeurteilung, a. a. O., S. 194.
[1171] Vgl. ebenda.
[1172] Vgl. ebenda.
[1173] Vgl. ebenda.
[1174] Vgl. ebenda, S. 196 f.; Breisig, Th., Betriebliche Sozialtechniken. Handbuch für Betriebsrat und Personalwesen, Neuwied/Frankfurt am Main 1990, S. 19 ff.

barkeit diesbezüglicher Analysen im Vordergrund stehen, sondern vielmehr die Art des Umgangs mit den Ergebnissen.[1175]

Die exemplarisch aufgeführten Ansatzpunkte für rationalen Widerstand gegen die Methodik von Mitarbeiterwertmodellen können in logische Argumente gefasst werden und stellen damit den am leichtesten handhabbaren Widerstand dar.[1176] Wenn nachvollziehbar begründet werden kann, warum die Einführung eines mitarbeiterwertbasierten Steuerungssystems und damit ein Wandel im Unternehmen von entscheidender Bedeutung sind, weicht diese Art von Widerstand schnell der besseren Einsicht.[1177] Auch wenn man mit Recht viele Einzelfragen zur Bewertung des Humankapitals noch diskutieren muss, so gibt es doch keine Alternative zu diesem Weg heraus aus der Unverbindlichkeit.[1178] Durch die differenzierte Auseinandersetzung mit dem Human Capital (HC) erhalten Unternehmen wichtige Ansatzpunkte zur Optimierung der Personalarbeit.[1179] Der in dieser Arbeit vorgestellte Ansatz zur Bewertung von Human Capital erlaubt dabei eine sinnvolle Verzahnung verschiedenster Einzelsysteme zur Erreichung der betrieblichen Ziele. Es ist im Sinne einer planmäßigen Vorgehensweise sicherlich allemal besser, sich der Vielzahl der für eine Entscheidung relevanten Faktoren bewusst zu sein und anhand der verschiedenen Stellschrauben gezielt Simulationen vorzunehmen, als aufgrund genereller bzw. ethisch-moralisch begründeter methodischer Zweifel von vornherein zu resignieren und Entscheidungen gar einer eindimensionalen Urteilsfindung zu überlassen.[1180]

Letztlich ist der Methodenstreit zwischen Vertretern verschiedener Konzepte nicht selten auf die Verfolgung unterschiedlicher Bewertungszwecke zurückzuführen.[1181] So schließen sich die Methoden der Humankapitalbewertung keineswegs gegenseitig aus, sondern können nebeneinander zur Anwendung kommen, wenn unterschiedliche Bewertungszwecke im Vordergrund stehen.[1182]

[1175] Vgl. Pietsch, G., a. a. O., S. 10.
[1176] Vgl. Hornstein, E. von/Rosenstiel, L. von, a. a. O., S. 163.
[1177] Vgl. ebenda.
[1178] Vgl. Scholz, Chr., Human Capital Management, a. a. O., S. 8.
[1179] Vgl. ebenda.
[1180] Vgl. Scholz, Chr., Denunzierung, a. a. O.; Scholz, Chr./Stein, V., Humankapital: Jetzt erst recht!, a. a. O.
[1181] Vgl. Pietsch, G., a. a. O., S. 9.
[1182] Vgl. ebenda.

2 Modellanwendung mittels eines Matrixansatzes zur umfassenden Steuerung des Mitarbeiterportfolios

2.1 Ableitung von Steuerungsimpulsen auf Einzelpersonen-, Abteilungs-, Bereichs- oder Bankebene

Die statistische Analyse des Datenmaterials, das der Mitarbeiterwertermittlung zugrunde liegt (vgl. Kap. E 2), versetzt das Management in die Lage, geeignete Maßnahmen zur Optimierung des Mitarbeiterportfolios zu ergreifen. So sehr derzeit den identifizierten vermeintlichen Leistungsträgern zusätzliche Vergütung, Aufstiegsmöglichkeiten und erhöhte Aufmerksamkeit zuteil werden, so wenig (fundiert) setzen sich die Personalverantwortlichen allerdings in der Praxis mit den im Quervergleich als Durchschnitts- oder Low Performers eingeschätzten Mitarbeitern auseinander.[1183] Das entwickelte Steuerungsmodell unterstützt das Management als nutzbringende Bewertungsmethode dabei, einen systematischen Vergleich der Wertigkeit der Mitarbeiter für die Investmentbank vorzunehmen und auf der operativen Individuums-, auf der taktischen Abteilungs- und der strategischen Gesamtunternehmensebene klare Handlungsempfehlungen abzuleiten.[1184] Die jeweiligen Ansatzpunkte zur Fundierung von Entscheidungen zur Steuerung des Personalportfolios erstrecken sich über die einzelnen Teilphasen des Mitarbeiterzyklus, das heißt von der Rekrutierung von Mitarbeitern und deren Einsatz über die Qualifizierung bzw. Entwicklung und Personalbindung bis hin zum Personalabbau (vgl. Abb. 23).

[1183] Vgl. Müller, K., a. a. O.
[1184] Vgl. Scholz, Chr./Stein, V./Bechtel, R., a. a. O., S. 53 f.

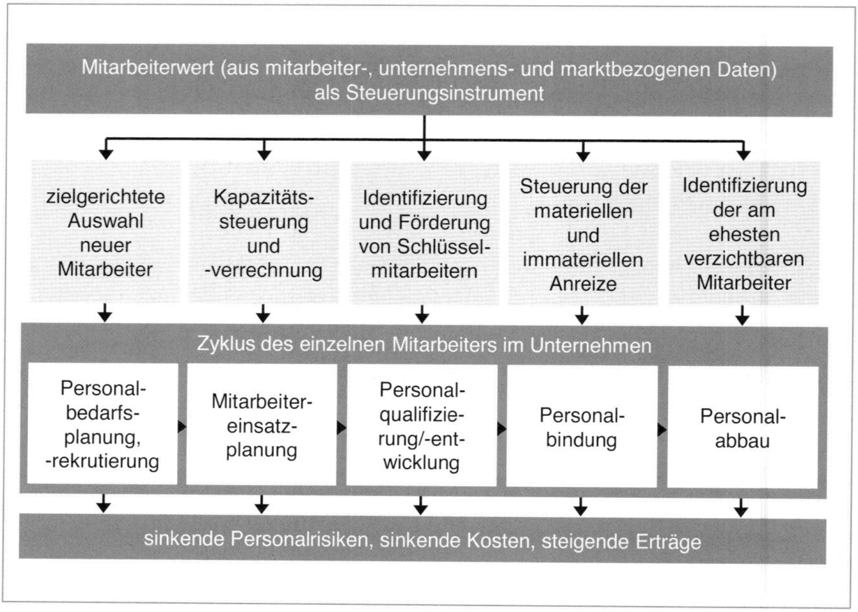

Abb. 23 Ansatzpunkte zur Ableitung von Steuerungsimpulsen

In einem ganzheitlichen, rollierenden Ansatz ermittelte Mitarbeiterwerte versetzen das Management in die Lage, gezielt die Ressourcensteuerung mit der strategischen Ausrichtung der Bank zu verknüpfen und somit auf fundierterer Basis als bisher personelle Steuerungsimpulse abzuleiten.

2.1.1 Personalbedarfsplanung und -rekrutierung

Die Abschätzung des zukünftigen quantitativen Personalbedarfs ergibt sich aus der strategischen Ausrichtung der Investmentbank, das heißt der Entscheidung über eine Investitions- oder Rückzugsstrategie bezüglich bestimmter Geschäftsfelder. Das entwickelte Totalmodell unterstützt diese Planungsüberlegungen im Sinne von Rückkopplungseffekten durch qualitative Aussagen hinsichtlich der Eignung bzw. Nichteignung der vorhandenen Mitarbeiter zur Erfüllung der derzeitigen bzw. der zukünftigen Anforderungen. Bei der Kalkulation des angestrebten, über den augenblicklichen Personalbestand hinausgehenden Mehrbedarfs ist somit für Rekrutierungsaktivitäten auch der durch die Mitarbeiterwertanalyse ermittelte Ersatzbedarf für offensichtlich ungeeignete und nicht weiter qualifizierbare Mitarbeiter einzuplanen (vgl. Kap. G 2.1.5).

Die Rekrutierung von Mitarbeitern ist eine der zentralen Managementaufgaben, da die Fähigkeiten der Mitarbeiter zunehmend zu den entscheidenden Wettbewerbsvorteilen zählen.[1185] Werden die „falschen“ Mitarbeiter ausgewählt, ist es schwierig, nachträglich deren fehlende bzw. unzureichende Fähigkeiten zu entwickeln, vor allem, wenn es sich um persönliche oder soziale Kompetenzen handelt (vgl. Kap. E 2.2.1.2.3).[1186] Die Aktivitäten sowohl zur Identifikation passender Mitarbeiter für interne Vakanzen als auch zur Rekrutierung neuer Mitarbeiter profitieren von der Mitarbeiterwertanalyse in qualitativer Hinsicht. Ergänzend oder alternativ zu den in einer Stellenausschreibung üblicherweise genannten Anforderungen könnte die Vorgabe eines Mindestmitarbeiterwerts die Erwartungshaltung gegenüber potenziellen Kandidaten zum Ausdruck bringen. Ein solcher Erwartungswert kann sich auf den Mitarbeiterwert insgesamt oder auf dessen Determinanten beziehen, sofern diese eine herausragende Bedeutung für die zu besetzende Vakanz aufweisen. Zur Sicherstellung eines bestimmten Qualitätsniveaus könnte sich die Vorgabe für potenzielle Bewerber – in Abhängigkeit vom gewählten Verfahren – beispielsweise daran orientieren, nicht weniger als 10 Prozent unter dem erreichten Scoring-Wert des Amtsvorgängers oder höchstens eine Ratingklasse unter dessen Mitarbeiterwert zu liegen. Bei der Deckung zusätzlichen Personalbedarfs eignet sich möglicherweise der Mitarbeiterwert einer Referenzperson aus derselben Abteilung oder dem Nachbarteam als Richtgröße.

Bestehen zwischen dem „strategischen Soll“ und den intern verfügbaren bzw. realisierungsfähigen Mitarbeiterpotenzialen unüberbrückbare Diskrepanzen, so ist der Rückgriff auf den externen Arbeitsmarkt unabdingbar.[1187] Viele für eine fundierte Mitarbeiterwertermittlung relevante Informationen liegen der rekrutierenden Bank bei Bewerbungseingang (noch) nicht in valider Form vor. Die weitgehende Orientierung bereits des Personalauswahlprozesses an den als personelle Werttreiber erachteten Determinanten der Mitarbeiterwertermittlung erhöht die Qualität des Entscheidungsprozesses und letztlich die Kompatibilität auch des zukünftigen Personals mit der Unternehmensstrategie. Einstellungstests, die bereits auf die Kernanforderungen der zu besetzenden Stelle (z. B. Performancekriterien) bzw. des Unternehmens insgesamt (z. B. Potenzial) ausgerichtet sind, erlauben zudem eine unmittelbare Vergleichbarkeit der einzelnen Bewerber im Rahmen eines komplexen Entscheidungsfelds. Die Berücksichtigung der für einen Mitarbeiterwert relevanten Kriterien bereits im Einstellungsinterview bedeutet beispielsweise, schon zu diesem frühen Zeitpunkt die Loyalität des Bewerbers zu hinterfragen. Indikatoren für eine eher geringe Loyalität können häufige Arbeitgeberwechsel sein, die der

1185 Vgl. Kobi, J.-M., Die fünf Kernkompetenzen, a. a. O., S. 780.
1186 Vgl. ebenda, S. 781.
1187 Vgl. Stuwe, M., a. a. O., S. 663.

Bewerber nicht schlüssig erklären kann. Sicherlich beinhaltet die Momentaufnahme des Bewerbers – wie bei jedem Auswahlprozess – auf der einen Seite die Gefahr von Fehleinschätzungen, führt auf der anderen Seite jedoch zur konsistenten Ausrichtung des Unternehmens auf definierte Schlüsselwerte schon zu Beginn des Mitarbeiterzyklus.

2.1.2 Mitarbeitereinsatzplanung und mögliche Auswirkungen auf die Markt- und Verrechnungspreisgestaltung

Mitarbeiterwerte lassen sich auch als Indikatoren für die Leistungsqualität und das Potenzial der für die Leistungserstellung eingesetzten menschlichen Ressourcen verwenden. Als Qualitätsversprechen dem Kunden gegenüber und als Motivation für den Mitarbeiter könnte eine interne Regelung dergestalt vereinbart werden, dass an wichtigen Deals nur Mitarbeiter mit einem Mindestmitarbeiterwert arbeiten dürfen. Im bankinternen Einsatz könnte beispielsweise in einem zwischen einer Fachabteilung als Leistungsempfänger und der zuständigen Back-Office-Funktion vereinbarten Service Level Agreement (SLA)[1188] ebenfalls ein bestimmter Mindestmitarbeiterwert definiert werden, um auch bankintern die Grundlage für eine anzustrebende Prozess- und Servicequalität zu schaffen.

Nur bedingt scheint der ermittelte Wert der eingesetzten Mitarbeiter allerdings als Basis für die Festlegung von Marktpreisen oder internen Verrechnungspreisen geeignet zu sein. Zwar lassen eine besonders gute Qualifikation und ein exzellentes Leistungsbild eines Mitarbeiters die Schlussfolgerung zu, einen höheren „Preis" für die – verglichen mit Kollegen mit einem niedrigeren Wert – idealerweise besser erbrachten Leistungen verlangen zu können. Die in den Mitarbeiterwert einfließenden sonstigen Größen (wie z. B. die erwarteten Auswirkungen der Marktentwicklung auf die jeweilige Funktion) schränken die Kenngröße „Mitarbeiterwert" für eine solche Anwendung jedoch ein. In einem modular aufgebauten System könnte allenfalls der für Qualifikation, Leistung und Verhalten ermittelte Teilwert für entsprechende Preisfindungen Berücksichtigung finden, um gegenüber pauschalen Kostenumlagen eine höhere Gerechtigkeit bei der Verrechnung erbrachter Leistungen zu schaffen.[1189] Dieser für den Bankenbereich neue, in anderen Branchen aber gängige Ansatz (Stichwort „Chefarztbehandlung") eignet sich im Investmentbanking

[1188] Vgl. Sure, M., Shared Services – Schlüsselfaktoren für eine erfolgreiche Einführung, in: Die Bank 1/2003, S. 56–60, S. 59.

[1189] Zu Kostenverrechnungen am Beispiel des Personalbereichs vgl. z. B. Karst, Th./ Schmitz, M., Verrechnungspreise im Personalmanagement, in: Personalwirtschaft 10/2001, S. 90–97, S. 90 ff.

insbesondere bei beratungsorientierten, projekthaften Leistungen, wie zum Beispiel der Vorbereitung eines Börsengangs, da hier der Kunde bei höheren Mitarbeiterwerten von der – idealerweise – besseren Beratung profitiert und eher zur Zahlung eines Preisaufschlags bereit sein dürfte. Ungeeignet ist dagegen der Mitarbeiterteilwert in bestimmten anderen Front-Office-Bereichen, nämlich im Handelsbereich, da dort transaktionsorientiertes Agieren (und keine Beratungsleistung) im Vordergrund steht.

Auch für die Mitarbeiter interner Bereiche lässt sich aus der Kenntnis ihrer Qualifikation und ihrer Leistung jeweils ein Wert ableiten, der in interne Verrechnungspreise einfließen könnte. Sind Abteilungen unter Umständen nicht bereit, höhere Umlagen aufgrund hierin einfließender höherer Mitarbeiterwerte hinzunehmen, so wird de facto transparent, dass Leistungen gegebenenfalls an anderer (interner oder externer) Stelle auch von Mitarbeitern mit geringerem Wert und geringerem Gehalt und offenbar dennoch zur Zufriedenheit des internen Kunden erbracht werden (könnten). Das Steuerungssystem entfaltet auch bei übertrieben hohen Mitarbeiterwerten (z. B. aufgrund überdurchschnittlicher Beurteilungen zur bewussten Bevorzugung bestimmter Mitarbeiter) eine regulierende Wirkung, indem überteuerte oder als überteuert empfundene Leistungen vom externen bzw. internen Markt nicht mehr bezogen werden.

2.1.3 Personalqualifizierung und -entwicklung

Ein auf Mitarbeiterwerten basierendes Steuerungsmodell gibt klare Auskunft darüber, ob und in welchem Umfang im relativen Vergleich Stärken bzw. Schwächen bei einzelnen Mitarbeitern des betrachteten Unternehmens (bereichs) vorliegen. Es wird deutlich, welche im Unternehmen vorhandenen Mitarbeiter bereits heute das gewünschte Profil aufweisen und welche Mitarbeiter trotz noch vorhandener Defizite Potenziale im Hinblick auf die vom Unternehmen angestrebte Geschäfts- bzw. Führungsrichtung signalisieren.[1190] Insbesondere bei Nichterreichen bestimmter Zielvorgaben gilt es, Fehler- und Ursachenanalysen mit den Mitarbeitergruppen durchzuführen und zu erörtern.[1191] Die an diese Erkenntnisse anknüpfenden Personalentwicklungsmaßnahmen zielen darauf ab, die Leistungsbereitschaft und das Leistungsvermögen der Mitarbeiter in Bezug auf zukünftige Aufgaben zu verbessern.[1192] Die Mitarbeiter bilden das Humanvermögen, das durch Qualifizierungs- und

---

[1190] Vgl. Stuwe, M., a. a. O., S. 662.
[1191] Vgl. Hardes, H. D., a. a. O., S. 51.
[1192] Vgl. Kobi, J.-M., Die fünf Kernkompetenzen, a. a. O., S. 781 f.; Bretz, J./Herfort, M./ Martin, M. R. W., Management operationeller Risiken, in: Die Bank 8/2006, S. 60–63, S. 61.

Entwicklungsmaßnahmen zum strategischen Erfolgspotenzial werden kann.[1193] Zwei grundlegende Normstrategien der Mitarbeiterförderung lassen sich hierbei (abgesehen von einer Mischstrategie) entlang einer Skala der Mitarbeiterwertausprägungen unterscheiden:

- Im Rahmen der Ausrichtung auf eine „Elitenförderung“ könnte das Unternehmen den Fokus gerade auf diejenigen Mitarbeiter richten, die bereits jetzt einen hohen Mitarbeiterwert aufweisen und deren Wert für das Unternehmen durch individuelle Laufbahnplanung oder spezielle Fördermaßnahmen (z. B. Kostenübernahme für ein berufsbegleitendes Masterstudium) zusätzlich steigern.[1194] Der Weggang anderer Mitarbeiter mit niedrigem Mitarbeiterwert würde in diesem Falle billigend in Kauf genommen oder im Rahmen von Abbaumaßnahmen möglicherweise gefördert (vgl. Kap. G 2.1.5).[1195] Aufgrund der Schnelllebigkeit und der hohen Volatilität des Investmentbankinggeschäfts, verbunden mit der dort vorherrschenden hohen Mitarbeiterfluktuation, ist es unter Umständen recht schwierig, über einen mittelfristigen Zeitraum hinweg glaubwürdige Personalentwicklungsmaßnahmen mit Mitarbeitern zu vereinbaren und tatsächlich auch umzusetzen. Diese Gegebenheiten dürfen jedoch nicht darüber hinwegtäuschen, dass sich eine zwischenzeitlich eventuell zu revidierende Personalentwicklungspolitik dem jeweiligen Mitarbeiter immer noch besser kommunizieren lässt als der gänzliche Verzicht auf Karrierewegplanung aus Angst vor möglichen Unwägbarkeiten.
- Alternativ könnte eine Investmentbank aber auch ihren Fokus darauf richten, gerade die Mitarbeiter mit einem niedrigen Mitarbeiterwert (z. B. hervorgerufen durch Qualifikations-, Performance- oder Potenzialdefizite) systematisch zu fördern, damit diese für das Unternehmen sukzessive an Wert gewinnen. Eine diesbezügliche Fokussierung des Managements geht allerdings einher mit der billigenden Inkaufnahme der Frustration bzw. des Weggangs der sich vernachlässigt bzw. ungerecht behandelt fühlenden Mitarbeiter mit hohen Mitarbeiterwerten.

Bei gravierenden Wissensdefiziten empfiehlt es sich, dass Vorgesetzter und Mitarbeiter ein gemeinsames Verständnis der vorliegenden Einschätzung erarbeiten, Selbst- und Fremdbild vergleichen und eventuelle Widersprüche in der Beurteilung klären.[1196] Im nächsten Schritt sollte der Vorgesetzte dann mit

---

[1193] Vgl. Staehle, W., a. a. O., S. 141 ff.

[1194] Vgl. Maier, H./Ebner-Hoti, S./Urban, S./Canisius, P., Retention Management – High Potentials an das Unternehmen binden, in: Die Bank 10/2003, S. 706–709, S. 709.

[1195] Vgl. PricewaterhouseCoopers, Unternehmensstudie, a. a. O., S. 8.

[1196] Vgl. Holderegger, P./Schmidt, R., a. a. O., S. 47.

dem einzelnen Mitarbeiter konkrete Lernfelder identifizieren und Maßnahmen zu deren Beseitigung festlegen (vgl. Abb. 24).[1197]

Kompetenzfelder	Mögliche Lernfelder
Fachkompetenz	• Ausweitung des Fachwissens • fachübergreifende Fortbildung
Methodenkompetenz	• strategisches und planerisches Denken • Fähigkeit, Probleme zu strukturieren und Lösungsansätze selbstständig abzuleiten • Innovationsmanagement
Sozialkompetenz	• Verhalten im Team • Umgang mit Konflikten
fremdsprachige und kulturelle Kompetenz	• Fachvokabular • interkulturelles Verständnis
emotionale Intelligenz	• Selbstmotivation (Begeisterungsfähigkeit für die Arbeit, unabhängig von finanziellen Anreizen) • Selbststeuerung (planvolles Handeln in Bezug auf Zeit und Ressourcen)

Abb. 24 Ableitung des individuellen Lernbedarfs für einzelne Kompetenzfelder[1198]

Sofern der Wert der Mitarbeiter für die Bank durch bedarfsgerechte Qualifizierungsmaßnahmen kontinuierlich gestiegen ist, gilt es, diese und andere (Schlüssel-)Personen durch eine ausgewogene Gewährung von Anreizen an das Unternehmen zu binden.

2.1.4 Zuteilung monetärer und nicht monetärer Anreize auf Basis ermittelter Mitarbeiterwerte

2.1.4.1 Anreizarten als Instrumente von Steuerungsaktivitäten

Ein betriebliches Anreizsystem umfasst die Summe aller in ihrem Zusammenwirken bewusst gestalteten und aufeinander abgestimmten

[1197] Vgl. ebenda.
[1198] Vgl. Lampen, W./Zesch, W., Erfolg durch Benchmarking und Reengineering der Personalprozesse, in: Personalführung 7/1996, S. 584–591, S. 591.

monetären und nicht monetären Anreize.[1199] Diese Anreize, die dem Mitarbeiter als Gegenwert für seine Arbeit gewährt werden, besitzen für den Empfänger einen subjektiven Wert im Sinne einer Bedürfnisbefriedigung bzw. eines Nutzens.[1200] Die einzelnen materiellen bzw. nicht materiellen Anreiztypen sollen im Folgenden kurz vorgestellt werden, da sie letztlich der Steuerungshebel der Unternehmensführung sind, um konformes Verhalten der Mitarbeiter im Sinne der Unternehmensziele, heruntergebrochen auf die einzelnen Determinanten von Mitarbeiterwerten, zu erreichen.[1201]

Die Gesamtremuneration, das heißt die **materielle** Entlohnung, setzt sich im Einzelnen – im Sinne eines Entgeltmenüs – insbesondere aus einem fixen Teil (Grundgehalt, Gratifikationen und Garantien), betrieblichen Sozial- und Zusatzleistungen sowie gesamtergebnisabhängigen Leistungsprämien in unterschiedlichen Ausprägungsformen zusammen.[1202]

- Der fixe Entgeltbestandteil in Form des laufenden Gehalts wird von den Mitarbeitern im Allgemeinen nicht mit ihrem Leistungsverhalten in Verbindung gebracht.[1203] Für Mitarbeiter stellt das Festgehalt eine „Entschädigung" für die Mitgliedschaft im Unternehmen dar und beeinflusst deshalb in erster Linie die Entscheidung für den Eintritt in ein Unternehmen bzw. den Verbleib dort, nicht aber die individuelle Leistungsentscheidung.[1204] Trotzdem ist dem Fixum als Vergleichsmaßstab zur Beurteilung der Lohngerechtigkeit hohe Bedeutung beizumessen: Eine Gehaltshöhe, die das Gleichbehandlungsgebot der Mitarbeiter erfüllt, führt zu Arbeitszufriedenheit; vom Mitarbeiter empfundene Ungleichgewichte in der Bezahlung beeinträchtigen dagegen seine Leistung.[1205]

1199 Vgl. Schröder, G. A./Schweizer, Th., Anreizsysteme als Steuerungsinstrument in Sparkassen, in: zfbf 6/1999, S. 608–622, S. 610; Heitmüller, H.-M., a. a. O., S. 31.

1200 Vgl. Pleier, N., Anreize im Wandel, in: Personal 12/2006, S. 6–9, S. 6.

1201 Vgl. Schröder, G. A./Schweizer, Th., a. a. O., S. 610; Heitmüller, H.-M., a. a. O., S. 31.

1202 Vgl. Cisek, G., Entgeltmanagement – Eine personalpolitische Herausforderung, in: Clermont, A./Schmeisser, W./Krimphove, D. (Hrsg.), Personalführung und Organisation, München 2000, S. 663–691, S. 371; Schmeisser, W., Säulen moderner Entgeltpolitik, in: Personalwirtschaft 9/2001, S. 18–26, S. 18 ff.; Brümmer, M. A., Systematik statt Wildwuchs: Vergütung strategisch sehen, in: Personalführung 8/2001, S. 32–37, S. 32; Reichmann, L./Mitlacher, L., Transparent über die gesamten Entgelte, in: Personalwirtschaft 6/2003, S. 62–65, S. 63 f.; Schröder, G. A./ Schweizer, Th., a. a. O., S. 610; Feldkamp, T./Kasten, A.-K., Zusatzleistungen – Ein elementarer Bestandteil zeitgemäßer Vergütungspolitik im Führungsbereich, in: B+P Personalpraxis 1/2007, S. 15–18, S. 15 ff.

1203 Vgl. Erdmann, U., a. a. O., S. 40.

1204 Vgl. ebenda.

1205 Das Fixum wirkt im Sinne von Herzberg als sogenannter Hygienefaktor (vgl. Kap. E 2.2.2.1).

- Mit dem Begriff „Gratifikation" als einer speziellen Form von Zusatzleistungen wird eine Vergütung bezeichnet, die ein Arbeitnehmer aus besonderem Anlass zusätzlich zu seinem sonstigen Entgelt erhält und die nicht unmittelbar mit dem Leistungsprozess des Arbeitnehmers in Verbindung steht.[1206] Je nach Art des besonderen Anlasses lassen sich unterschiedliche Formen von Gratifikationen nennen, wie zum Beispiel Weihnachts-, Arbeitnehmerjubiläums-, Urlaubs-, Heirats- oder Geburtsgeld.[1207]
- Investmentbanken gleichen üblicherweise bei der Einstellung erfahrener Mitarbeiter die durch die Eigenkündigung beim vorherigen Arbeitgeber entgehenden Boni durch die vertragliche Gewährung von Sign-on-Boni aus. Als Rekrutierungsinstrument für neue Mitarbeiter bzw. Mittel zur Bindung von Leistungsträgern ist es zudem marktüblich, dass Investmentbanken (teilweise mehrjährige) Bonusgarantien aussprechen (müssen). Sowohl Sign-on-Boni als auch Bonusgarantien sind zwar Sonderformen von Bonuszahlungen, haben aufgrund ihrer vertraglichen Zusage aber fixen, das heißt von der tatsächlich erbrachten Leistung unabhängigen Charakter.
- Betriebliche Sozial- und Zusatzleistungen lassen sich in generelle Bestandteile (z. B. Altersversorgungsmodelle, begünstigte Darlehenskonditionen[1208], Belegschaftsaktien oder verbilligtes Kantinenessen), persönliche Leistungen (wie die Kostenübernahme für ärztliche Untersuchungen bei Führungskräften) und funktionale Komponenten (z. B. Dienstwagen[1209]) unterscheiden.[1210] Da Zusatzleistungen weitgehend steuerpflichtig sind, liegt es nahe, auf sie zu verzichten[1211], zumal ihr Wert von vielen Arbeitnehmern in der Praxis ohnehin unterschätzt wird.[1212] Eine Bereinigung der Palette angebotener Zusatzleistungen erscheint insbesondere für das Investmentbanking zweckmäßig, da sich die deutschen Banken in diesem Bereich im globalen Wettbewerb mit ausländischen Kreditinstituten befinden, die ein Grundgehalt und einen leistungsorientierten

---

1206 Vgl. Picot, A., a. a. O., Sp. 971.

1207 Vgl. ebenda.

1208 Vgl. Domschke, J.-P./Sekulla, M., Neben- und Sozialleistungen bei oberen Führungskräften im Bankengewerbe, in: ZfgK 20/1985, S. 13–15, S. 13.

1209 Mitarbeiter, die einen Firmenwagen nutzen, müssen allerdings aus ihrem Nettoeinkommen eine Zuzahlung in Höhe des geldwerten Vorteils leisten, vgl. Kick, Th., a. a. O., S. 312.

1210 Vgl. Alewald, Th., a. a. O., S. 847; Wagner, D., a. a. O., S. 28.

1211 Vgl. Torka, W., Leistungsorientiertes Vergütungssystem, in: Personal 7/1995, S. 328–334, S. 334. Die Zahlung von Zusatzleistungen ist in der Praxis üblicherweise in (Gesamt-)Betriebsvereinbarungen geregelt, die im Falle des geplanten Wegfalls dieser Leistungen gekündigt werden müssen.

1212 Vgl. Wiltz, St., a. a. O., S. 18; Haussmann, Th., Vergütungsmanagement in Krisenzeiten – Zehn Thesen, in: Personalführung 5/2009, S. 38–41, S. 41.

Bonus gewähren, jedoch üblicherweise nur wenige oder keine Zusatzleistungen zur Verfügung stellen.[1213] Viele Investmentbanker beurteilen die Attraktivität ihrer Entlohnung ohnehin auf Basis des Total-Compensation-Ansatzes, der sich insbesondere auf das gezahlte Jahresgehalt und den (in welcher Form auch immer) ihnen zugemessenen Bonus bezieht.[1214]

- Ein weiterer Vorteil der Straffung der Palette an Zusatzleistungen besteht in der einfacheren Anwendbarkeit von Verteilungsmechanismen auf Basis von Mitarbeiterwerten. Eine nicht zu unterschätzende Bedeutung kommt allerdings dem Dienstwagen als „tangiblem“ Anreizinstrument zu: Um dem Statusdenken ihrer Führungskräfte zu entsprechen und dem Wettbewerbsdruck standzuhalten, bieten Banken ihren leitenden Mitarbeitern üblicherweise Dienstwagen – oder einen adäquaten Barausgleich – als zusätzliche Leistungskomponente an.[1215] Mit der Zuweisung eines Wagentyps kann neben dem materiell-finanziellen Aspekt gleichsam eine Anerkennung ausgesprochen und die gehobene Stellung des Mitarbeiters in der Organisation sichtbar gemacht werden.[1216]
- Im Investmentbanking liegt für die Front-Office-Mitarbeiter (unabhängig von den durchaus üblichen lukrativen Fixgehaltszahlungen) der finanzielle Reiz jedoch insbesondere in der Hebelwirkung durch die Möglichkeit attraktiver Bonuszahlungen – eine überzeugende individuelle Performance und parallel dazu eine insgesamt erfreuliche wirtschaftliche Entwicklung der Investmentbank vorausgesetzt. Der Bonus macht insbesondere für Investmentbanker mit höherer Seniorität meist ein Vielfaches des Basisgehalts aus. Aus diesem Grund erscheint die Übertragbarkeit von Herzbergs These[1217], Geld weise nur eine kurze bzw. keine motivierende Wirkung auf und fungiere lediglich als „Hygienefaktor“, auf die Bonususancen im Investmentbanking sehr fragwürdig. Als Besonderheit dieser Branche ermöglichen die selbst in Krisenzeiten an erfolgreiche Mitarbeiter gezahlten

[1213] Vgl. Torka, W., a. a. O., S. 334.

[1214] Vgl. Raible, K.-F./Vaupel, A., Mitarbeiterbindung: Langfristige Anreizsysteme und Mitarbeiterbeteiligungen, in: B+P Personalpraxis 9/2006, S. 591–594, S. 593. Aus den genannten Gründen arbeitete beispielsweise die Bayerische Vereinsbank AG (heute Bayerische Hypo- und Vereinsbank AG als Teil der UniCredit Group) in den Bereichen Handel und Sales sämtliche betrieblichen Zusatzleistungen in das Gehalt ein: Mitarbeiter erhielten 1994 das Angebot, auf einen Total-Compensation-Vertrag umzusteigen, der ein Grundgehalt aus zwölf gleichen Beträgen und einen nach Leistungs- und Erfolgskriterien bemessenen Bonus vorsah, vgl. Prasch, E./Torka, W., a. a. O., S. 520.

[1215] Vgl. Erdmann, U., a. a. O., S. 75.

[1216] Vgl. Schiller, B., a. a. O., S. 175; Erdmann, U., a. a. O., S. 75.

[1217] Vgl. Herzberg, F./Mausner, B./Synderman, B. B., a. a. O., S. 113; vertiefend Herzberg, F., a. a. O.

beträchtlichen Boni[1218] den Investmentbankern (bei vorausschauender Investition dieser Leistungsprämien) schon nach wenigen Berufsjahren eine weitgehende finanzielle Unabhängigkeit.

Die Auszahlungsmodalitäten bzw. die Formen der Leistungsprämie werden auch im Investmentbanking vielfältiger: So gestattet beispielsweise das Modell der Deferred Compensation dem Mitarbeiter, die Auszahlung eines Teils seiner Gesamtvergütung aufzuschieben (to defer) und damit nicht der sofortigen Versteuerung zu unterwerfen.[1219] Die Besteuerung des angesammelten Betrags als Arbeitslohn tritt erst dann ein, wenn die zugesagte Leistung tatsächlich gezahlt wird, zum Beispiel nach Eintritt des Mitarbeiters in den Ruhestand.[1220] Während der Aufschubzeit wird jeweils der noch unversteuerte Betrag zinsbringend angelegt und unterliegt dem im Ruhestand in der Regel niedrigeren Einkommensteuersatz.[1221]

Die Barausschüttung wird in wachsendem Maße ergänzt bzw. abgelöst von verschiedenen Formen der Mitarbeiterbeteiligung[1222]: Unternehmen befinden sich zunehmend in einem Spannungsfeld zwischen Shareholder-Erwartungen einerseits und Bindung von Schlüsselmitarbeitern andererseits.[1223] Mitarbeiterbeteiligungsmodelle werden diesen widersprüchlichen Aspekten gerecht, da sie die unterschiedlichen Interessen von Mitarbeitern und Anteilseignern zu verbinden suchen, indem sie die Mitarbeiter zu Anteilseignern machen und an der Wertentwicklung des Unternehmens teilhaben lassen.[1224] Einer der Hauptgründe für diesen Trend ist die Erkenntnis, dass Arbeitnehmer nicht nur Kostenfaktoren darstellen, sondern auch zum Erfolg des Unternehmens und zur nachhaltigen Steigerung des Unternehmenswerts beitragen.[1225] Vor allem bei Schlüsselkräften, die auf dem Arbeitsmarkt intensiv umworben werden, sind die langfristige Bindung an das Unternehmen und die Erhöhung der Leistungsmotivation im Sinne der Unternehmensstrategie von großer Bedeutung.[1226] Zudem ermöglichen Mitarbeiterbeteiligungsmodelle eine Flexibilisierung der Gehälter, weg von hohen Festbezügen hin zu variablen, unternehmens-

---

[1218] Vgl. Lebert, R., Boni sind Diebstahl, in: http://www.ftd.de/unternehmen/finanzdienstleister/:Boni%20Diebstahl/323554.html vom 27.02.2008.

[1219] Vgl. Schmahl, D. W./Neubauer, F., „Win-Win"-Erfolge mit Deferred Compensation, in: Personalführung 4/1994, S. 298–304, S. 298; Kick, Th., a. a. O., S. 312; vertiefend Mokry, C., Mitarbeiterbindung durch Deferred Compensation, in: Personalwirtschaft 6/2002, S. 36–40, S. 36 ff.

[1220] Vgl. Schmahl, D. W./Neubauer, F., a. a. O., S. 298; Kick, Th., a. a. O., S. 312.

[1221] Vgl. Schmahl, D. W./Neubauer, F., a. a. O., S. 299; Kick, Th., a. a. O., S. 312.

[1222] Vgl. Femppel, K., a. a. O., S. 397.

[1223] Vgl. Brümmer, M. A., a. a. O., S. 36.

[1224] Vgl. ebenda.

[1225] Vgl. ebenda.

[1226] Vgl. ebenda.

erfolgsabhängigen Anteilen.[1227] Im Rahmen von Mitarbeiterbeteiligungen lassen sich die beiden Kategorien „Erfolgsbeteiligungen“ und „Kapitalbeteiligungen“ unterscheiden.

Bei „Erfolgsbeteiligungen“ erhält der Mitarbeiter einen vom Unternehmenserfolg abhängigen variablen Vergütungsbestandteil im Sinne einer Gewinn- oder Umsatzbeteiligung.[1228] Im Zuge der stärkeren Ausrichtung auf den Shareholder-Value führte beispielsweise die Commerzbank AG eine am Aktienkurs orientierte Vergütungskomponente (den sog. Long-Term-Performance-Plan) ein.[1229] Aufgrund der Ausrichtung auf die Performance der Aktien des eigenen Unternehmens entsteht für die Mitarbeiter ein verstärkter Anreiz, durch Engagement auf die positive Entwicklung des eigenen Aktienkurses hinzuwirken.[1230] Der Plan fördert zudem mit einer mittelfristig angelegten, bedingten Zahlungszusage die Bindung der Mitarbeiter an das Unternehmen bzw. verteuert für Wettbewerber potenzielle Abwerbungen, da – wie erwähnt – im Investmentbanking üblicherweise die durch Eigenkündigung entgehenden Zahlungen vom neuen Arbeitgeber ausgeglichen werden.[1231]

„Kapitalbeteiligungen“ verbinden den Mitarbeiter auf gesellschafts- oder schuldrechtlicher Ebene mit seinem Unternehmen.[1232] Eine wichtige Form von Kapitalbeteiligungen ist der kostenlose oder verbilligte Erwerb von Mitarbeiter- oder Belegschaftsaktien, die als reguläre Aktien dem Mitarbeiter unter anderem ein Verwaltungs- oder Stimmrecht sowie das Recht auf Dividende einräumen.[1233] Als geeignete Mittel, um insbesondere die Interessen der Führungskräfte nachhaltig mit denen der Aktionäre zu verknüpfen, bieten sich in börsennotierten Investmentbanken Stock-Option-Programme als Long-Term-

[1227] Vgl. ebenda.

[1228] Vgl. ebenda.

[1229] Eine Auszahlung erfolgt, wenn die Aktie der Commerzbank AG nach drei Jahren eine um mindestens einen Prozentpunkt bessere Performance erreicht als der Index (Outperformance), vgl. Lindena, B., Aktienkursorientierte Vergütung – Shareholder Value für Führungskräfte, in: Die Bank 9/2000, S. 616–620, S. 617 f.

[1230] Vgl. ebenda, S. 617.

[1231] Vgl. ebenda.

[1232] Vgl. Brümmer, M. A., a. a. O., S. 36.

[1233] Vgl. ebenda, S. 37.

Incentives an[1234]: Im Gegensatz zu direkten Belegschaftsaktien verbriefen solche Optionen lediglich das Recht, innerhalb eines bestimmten Zeitraums Aktien des arbeitgebenden Unternehmens zu einem zum Zeitpunkt der Zuteilung fixierten Ausübungspreis zu erwerben.[1235] Dieses Instrument soll die Mitarbeiter zu einer an einer langfristigen Kurswertsteigerung orientierten Handlungsweise motivieren; nachteilig bei Stock Options ist jedoch der fehlende direkte Bezug zur Mitarbeiter- bzw. Managementleistung.[1236] Als weiteres Manko relativieren beispielsweise durch Spekulationen angetriebene Kursschwankungen oder außergewöhnliche wirtschaftliche oder politische Ereignisse den direkten Einfluss, den die Manager auf den Kurs der Unternehmensanteile haben.[1237] Im Falle einer negativen Kursentwicklung verkehrt sich die ursprünglich angestrebte Anreiz- und Bindungswirkung möglicherweise sogar ins Gegenteil.[1238]

Virtuelle Beteiligungen stellen ihrer inhaltlichen Ausgestaltung nach ein Kapitalbeteiligungsmodell dar, sind unter dem rechtlichen Gesichtspunkt allerdings als Erfolgsbeteiligung zu betrachten.[1239] Phantom Stocks als eine wesentliche Ausprägungsform dieser Modelle sind virtuelle Aktien, durch die der Mitarbeiter an Kursentwicklung und Dividendenzahlungen teilhat, als wäre er tatsächlicher Aktionär.[1240] Stock Appreciation Rights als zweite Variante sind demgegenüber virtuelle Aktienoptionen, bei denen der Mitarbeiter das Recht erhält, zu einem bestimmten Zeitpunkt einen Betrag in Höhe des aktuellen Aktienkurses – abzüglich des zuvor festgelegten Basispreises – einzufordern.[1241]

[1234] Vgl. Bühner, R., Möglichkeiten der unternehmerischen Gehaltsvereinbarung für das Top-Management, in: DB 44/1989, S. 2181–2186, S. 2181 ff. Die Verabschiedung des Gesetzes zur Kontrolle und Transparenz im Unternehmensbereich (KonTraG) am 05.03.1998 mit der Möglichkeit, Vorständen „nackte" Aktienoptionen zu gewähren, hat zu einer raschen Zunahme der Beteiligungspläne auch in Deutschland geführt, vgl. Ewert, D., a. a. O., S. 405; vertiefend zum KonTraG vgl. Müller, M./Schander, A. A., Auflagen und Chancen für Kreditinstitute, in: Bankmagazin 11/1998, S. 38–40, S. 38 ff.

[1235] Vgl. Brümmer, M. A., a. a. O., S. 37; Filbert, D./Kramarsch, M. H., Quo vadis Long Term Incentives?, in: Die Bank 11/2004, S. 78–83, S. 79; Bursee, M./Schawilye, R., Erfolgsorientierte Manager-Vergütung: Trends in deutschen Großunternehmen, in: pwc: Das Magazin für Vorausdenker Mai 2006, S. 40–41, S. 40.

[1236] Vgl. Brümmer, M. A., a. a. O., S. 37; Bursee, M./Schawilye, R., a. a. O., S. 40.

[1237] Vgl. Bursee, M./Schawilye, R., a. a. O., S. 40.

[1238] Vgl. ebenda.

[1239] Vgl. Brümmer, M. A., a. a. O., S. 37.

[1240] Vgl. ebenda; Filbert, D./Kramarsch, M. H., a. a. O., S. 79.

[1241] Vgl. Filbert, D./Kramarsch, M. H., a. a. O., S. 79. Beide Beteiligungsformen begründen keinerlei gesellschaftliche Mitspracherechte der beteiligten Mitarbeiter, vgl. Brümmer, M. A., a. a. O., S. 37; Bursee, M./Schawilye, R., a. a. O., S. 40.

Die Werthaltigkeit der jeweiligen Mitarbeiterbeteiligung kommt erst zum Zeitpunkt der Auszahlung zum Tragen und lässt sich somit schwerlich bereits bei Gewährung in die Berechnung von Jahresgesamtgehältern einrechnen.[1242] Dennoch besitzen diese Remunerationsbestandteile zum Zeitpunkt ihrer Gewährung einen festen rechnerischen Wert und lassen sich daher in einen Verteilungsmechanismus auf Basis relativer Mitarbeiterwerte einbeziehen.

Die ermittelten Mitarbeiterwerte eignen sich nicht nur zur Objektivierung der Zuteilung materieller, sondern auch **immaterieller** Anreize. Das immaterielle Anreizsystem umfasst insbesondere das interne Organisationssystem, das heißt beispielsweise Regelungen zur Kompetenzverteilung, sowie das Personalsystem (z. B. Titelvergabe, Urlaub und Seminare).[1243] Beförderungen eröffnen die Möglichkeit zu immer größerer Selbstständigkeit bei der Arbeit, erhöhen das Prestige und sind in der Regel mit einer Gehalts- oder sonstigen Einkommenserhöhung verbunden.[1244] Die eingeräumten Urlaubstage basieren gewöhnlich auf dem Tarifvertrag, jedoch wird Führungskräften teilweise zusätzlicher Urlaub – beispielsweise in Abhängigkeit vom Alter, von Dienstjahren oder der Position – gewährt.[1245] Seminare sollten zwar primär der gezielten Qualifizierung von Mitarbeitern dienen, um diese zur besseren Ausübung ihrer beruflichen Aufgaben zu befähigen. In der Praxis kommt Seminaren jedoch teilweise ein Incentivecharakter zu, da manche Vorgesetzte innerhalb ihres Entscheidungsrahmens durch die Gewährung von Seminaren nicht unterstützte bzw. nicht durchgesetzte finanzielle Anreize zu kompensieren versuchen.

Zur wirkungsvollen Mitarbeiterführung reichen die genannten immateriellen Anreizinstrumente jedoch keineswegs aus. Mitarbeiter zeigen oftmals deshalb ein eingeschränktes Leistungsverhalten oder sind nicht bereit, ihr Potenzial in den organisatorischen Leistungserstellungsprozess in vollem Umfang einzubringen, weil

- die gelebte Management- und Führungskultur der Organisation oder das Verhalten der für die Mitarbeiter verantwortlichen Führungskräfte nicht wertschätzend sind;

[1242] Vgl. Brümmer, M. A., a. a. O., S. 32.

[1243] Vgl. Schröder, G. A./Schweizer, Th., a. a. O., S. 610; Burgard, H., Materielle und immaterielle Bedingungen der Motivation von Führungskräften, in: ZfB 6/1973, S. 405–420, S. 411.

[1244] Vgl. Burgard, H., a. a. O., S. 413 f.

[1245] Urlaubstage können als Anreizkomponente dann einen materiellen Charakter annehmen, wenn sich Mitarbeiter unter bestimmten Voraussetzungen nicht genommene Urlaubstage ausbezahlen lassen, vgl. Domschke, J.-P./Sekulla, M., a. a. O., S. 13; Pankert, E./Zwecker, F., a. a. O., S. 45.

- die gelebte Management- und Führungskultur der Organisation oder das Verhalten der Führungskraft zwar wertschätzend intendiert sind, aber nicht so von den Mitarbeitern erlebt werden.[1246]

Vereinfacht formuliert gilt die Regel: „Gedacht“ ist nicht gleich „gesagt“, „gesagt“ ist nicht gleich „gehört“ und „gehört“ ist nicht gleich „verstanden“.[1247] Umso mehr ist daher im Zusammenspiel zwischen Sender und Empfänger Klarheit in den Aussagen erforderlich, um Kommunikationsschwierigkeiten zu vermeiden und das – zudem kostengünstige – Instrument der Wertschätzung zum wirkungsvollen Einsatz zu bringen.[1248] Unabhängig von seinem „kaufmännischen Wert“ für das jeweilige Unternehmen steht allerdings jedem Mitarbeiter zu, dass ihn seine Vorgesetzten als Mensch wertschätzend, also ohne jedes Kalkül mit Respekt und Fairness behandeln.

2.1.4.2 Personalbindung als Steuerungsziel der Kopplung von Mitarbeiterwerten und Anreizen

Wie lässt sich nun ein nachvollziehbarer Zusammenhang zwischen den ermittelten Mitarbeiterwerten und der individuellen Anreizzuteilung erreichen? Wie eingangs erwähnt (vgl. Kap. A 1), erfolgt in der Praxis vielfach ein undifferenzierter Einsatz betrieblicher Anreize nach dem „Gießkannenprinzip“.[1249] Sonderzahlungen beispielsweise werden teilweise nach dem Senioritätsprinzip[1250] bzw. entsprechend der Betriebszugehörigkeit verteilt.[1251] Als ein wesentliches Element der betrieblichen Personalpolitik entscheidet jedoch die Steuerung des Verteilungsprozesses von Anreizen in hohem Maße über die Bindung der Schlüsselmitarbeiter und damit über die nationale bzw. internationale Wettbewerbsfähigkeit eines Unternehmens.[1252] Gerade in dem Aspekt des bereichs- und funktionsübergreifenden Wertvergleichs und der daran anknüpfenden Anreizverteilung liegt jedoch ein wesentlicher Anwendungsbereich der ermittelten Mitarbeiterwerte.

[1246] Vgl. Bartscher, Th., Gelebte und erlebte Wertschätzung, in: Personal 5/2005, S. 40–42, S. 41.

[1247] Vgl. ebenda, S. 42.

[1248] Vgl. ebenda.

[1249] Vgl. Hoos, W./Siebold, M., a. a. O., S. 32; Wienkamp, H., a. a. O., S. 35; Müller, K., a. a. O.

[1250] Vgl. Steves, F./Tauber, J. L. L., a. a. O., S. 16.

[1251] Vgl. Hoos, W./Siebold, M., a. a. O., S. 32.

[1252] Vgl. Wagner, D., a. a. O., S. 22; Steinle, C., Führung: Grundlagen, Prozesse und Modelle der Führung in der Unternehmung, Stuttgart 1978, S. 61; Leichtfuß, R./ Bonacker, M., a. a. O., S. 624; Worrach, C., a. a. O., S. 67.

Um die angestrebte zumindest weitgehende „Gerechtigkeit“[1253] der Anreizgewährung zu erreichen, sollten allerdings nicht nur die pekuniär messbaren, sondern möglichst sämtliche bankbetrieblichen Neben- und Zusatzleistungen in die geplante systematische Anreizverteilung einbezogen werden.[1254] Innerhalb dieses Rahmens sollten Mitarbeiter dann – einhergehend mit ihrer individuellen Anreizpräferenz – die Möglichkeit haben, verschiedene Entlohnungs- oder allgemeine Anreizkomponenten individuell zusammenzustellen (Cafeteria-Systeme).[1255]

Vor der Verteilung der Anreize auf Basis der Mitarbeiterwerte ist zu klären, ob Personen aus dem Kreise der generell Anreizberechtigten (vgl. Kap. B 2.2) aufgrund unzureichender Erfüllung bestimmter Mitarbeiterwertkriterien aus dem Bezugskreis ausgeschlossen werden sollen. Hierbei könnte es sich um Mitarbeiter handeln, die bei einzelnen Schlüsseldeterminanten (z. B. Performance oder Sozialkompetenz) oder über alle Kriterien hinweg einen bestimmten Mindest-Scoring-Wert nicht erreichen. Erfolgt an diese Mitarbeiter (abgesichert durch eine aussagekräftige schriftliche Beurteilung) konsequenterweise keine Ausschüttung der Anreize, verteilt sich der konstant bleibende „Anreiztopf“ an entsprechend weniger Mitarbeiter. Der dann pro Person zur Verfügung stehende erhöhte Anreizumfang spiegelt wider, dass die Nichterreichung von Mindestzielvorgaben durch einige Organisationsmitglieder für die anderen zu erhöhten Anforderungen und Arbeitsbelastungen führt, die sich auf diese Weise zumindest teilweise kompensieren lassen. Die Knüpfung einer Anreizzuteilung an die Erreichung einer **Untergrenze für den Mitarbeiterwert** fördert die Motivation der Mitarbeiter zur wenigstens minimalen Erfüllung unternehmenswichtiger Größen.[1256] Eine für alle Mitarbeiter funktionsunabhängig angewendete Untergrenze für Mitarbeiterwerte beinhaltet gerade für tariflich bezahlte Mitarbeiter die Chance, ihre in die Mitarbeiterwertberechnung mit geringerem Gewicht einfließende Funktion mittels überdurchschnittlicher Ausprägungen der sonstigen Determinanten von Mitarbeiterwerten zu kompensieren und dadurch auch Anspruch beispielsweise auf einen gewissen Anteil am Bonuspool zu erwerben.

Mittels verschiedenster Stellhebel lassen sich die ermittelten Mitarbeiterwerte und die zur Verteilung vorgesehenen Anreize koppeln. Die Einführung eines **Mindestanreizes** unabhängig vom erreichten Mitarbeiterwert entspricht einer Anreizgarantie, die dem Mitarbeiter zwar eine gewisse Planungssicherheit belässt, aber der Forderung nach Variabilität von Incentives zur Erreichung der

[1253] Vgl. Worrach, C., a. a. O., S. 67.
[1254] Vgl. Wagner, D., a. a. O., S. 27.
[1255] Vgl. Erdmann, U., a. a. O., S. 49; Kahlert, A., a. a. O., S. 66 f.
[1256] Vgl. Hinz, O./Tonnesen, Ch., a. a. O., S. 38.

eigentlichen Anreizziele widerspricht.[1257] Handelt es sich bei den garantierten Anreizen um Boni, so müssten diese vom Gesamtwert des Bonuspools abgezogen werden, um den verbleibenden Betrag in einer bestimmten Relation zum jeweiligen Mitarbeiterwert zu verteilen. Die Festlegung einer **Anreizobergrenze** für bestimmte Mitarbeiterwerte führt demgegenüber dazu, dass Mitarbeitern – so wie es beispielsweise der Finanzmarktstabilisierungsfonds vorsieht (vgl. Kap. B 1.4) – ab einem bestimmten Grenzwert keine zusätzlichen Zuwendungen zukommen.[1258] Begründen lässt sich dies nicht nur damit, dass extreme (Bonus-)Zahlungen vermieden werden sollen, deren Höhe das Kompensationsgefüge sprengt.[1259] Die Begrenzung der erreichbaren Anreizhöhe tritt auch der möglichen Versuchung entgegen, unverhältnismäßig risikobehaftete Geschäfte abzuschließen[1260], und dient zudem zur Vermeidung des „Ausbrennens“ der Mitarbeiter (vgl. Kap. D 1.2).[1261] Eine Deckelung wirkt sich jedoch dahingehend nachteilig aus, dass ab Erreichen des Maximums die Mitarbeiter keinen Anreiz mehr haben, zusätzliche Initiativen zu ergreifen, die zu einer weiteren Wertschöpfung führen.[1262] Als weiteres Gegenargument führen Kritiker an, dass im Falle einer Begrenzung von Bezügen Mitarbeiter ins Ausland oder in andere Branchen wechseln könnten.[1263]

Am weitesten geht die Idee des echten **Malus**, der für Mitarbeiter mit einem unzureichenden Mitarbeiterwert ein reales Verlustrisiko beinhaltet und für diese

---

[1257] Vgl. Plaschke, F. J., Bonus für langfristige Wertentwicklung, in: Personalwirtschaft 6/2003, S. 56–61, S. 60.

[1258] Vgl. ebenda; Schäfers, M., Herbe Gehaltseinbußen für die Bankchefs, in: http://www.faz.net/s/Rub58241E4DF1B149538ABC24D0E82A6266/Doc~EEF9FD9E6DAE54D2A96D7B3DC480AC020~ATpl~Ecommon~Scontent.html vom 15.10.2008.

[1259] Vgl. Plaschke, F. J., a. a. O., S. 60.

[1260] Vgl. Wienkamp, H., a. a. O., S. 36.

[1261] Vgl. Hoos, W./Siebold, M., a. a. O., S. 36.

[1262] Vgl. Plaschke, F. J., a. a. O., S. 60. Den Mitarbeitern sollte bewusst sein, dass die Größe des zu verteilenden Bonustopfs zwar von Jahr zu Jahr je nach geschäftlicher Entwicklung variieren kann, jedoch nicht infolge individuell gesteigerter Mitarbeiterwerte (Prämisse gemäß Kap. A 2). Das entwickelte Steuerungssystem bezweckt vielmehr, den Wert der einzelnen Mitarbeiter für das Unternehmen fair zu beurteilen und so die Mitarbeiter – mittels einer relativen Betrachtung – angemessen an den zur Verfügung stehenden Anreizkomponenten zu beteiligen, vgl. Eyer, E./Webers, Th., a. a. O., S. 75.

[1263] Vgl. Steevens, C./Schulte, St., Deckelung von Banker-Gehältern polarisiert, in: Börsen-Zeitung vom 16.10.2008, S. 5; Seibel, K., Chefgehälter – ein gewisser Blutzoll muss sein, in: http://www.welt.de/wirtschaft/article2601637/Chefgehaelter-ein-gewisser-Blutzoll-muss-sein.html vom 20.10.2008; Masters, B./Saigol, L./Farrell, G., Minus beim Bonus, in: http://www.ftd.de/karriere_management/management/:Agenda-Minus-beim-Bonus/434291.html vom 04.11.2008.

eventuell sogar zu einer Einzahlungspflicht führt.[1264] Ein Bonus-Malus-System insbesondere für ihre Führungskräfte und Händler im Investmentbanking führte beispielsweise die UBS im Zuge der Finanzkrise ein.[1265] Das Institut hatte sich eingestehen müssen, dass seine Bonuspolitik bis dato ohne Berücksichtigung der Nachhaltigkeit der Performance stark auf kurzfristige Ergebnisse ausgerichtet gewesen war.[1266]

Die festzulegende Beteiligungsfunktion beschreibt die Abhängigkeit der dem Mitarbeiter zugeteilten Anreize von der Höhe des individuellen Mitarbeiterwerts als Bemessungsgrundlage[1267] und damit den Bereich zwischen der definierten Ober- bzw. Untergrenze der im Einzelfall erhältlichen Anreize. Die Zuteilungsfunktion der Anreize kann in reiner Form progressiv, degressiv, linear oder auch stufenförmig verlaufen[1268], wobei die ersten drei dieser Funktionen eine feine Stückelungsmöglichkeit der Anreize voraussetzen, so wie es bei monetär messbaren Anreizen der Fall ist (vgl. Abb. 25).

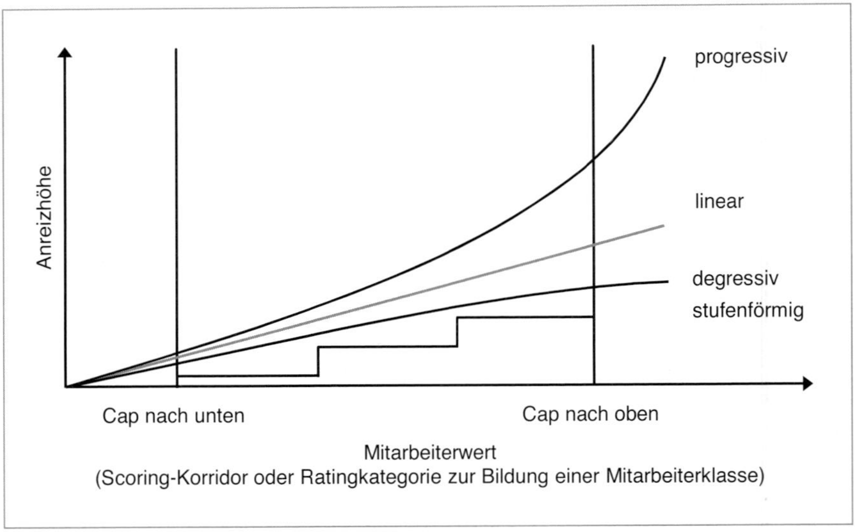

Abb. 25 Beispiele für die Kopplung von Mitarbeiterwert und Anreizzuteilung

[1264] Vgl. Plaschke, F. J., a. a. O., S. 60.

[1265] Vgl. o. V., UBS führt ab 2009 Bonus-Malus-System ein, in: Börsen-Zeitung vom 18.11.2008, S. 4. Dem neuen Bonusmodell zufolge wird der Baranteil des Bonus nur bis maximal zu einem Drittel ausbezahlt, der Rest dagegen auf einem Sperrkonto angelegt. Im Falle eines geschäftlichen Verlusts der UBS oder des Bereichs schmälert ein Malus das „Bonuskonto".

[1266] Vgl. ebenda.

[1267] Vgl. Schiller, B., a. a. O., S. 173.

[1268] Vgl. Bardens, R./Wimmer, K., Ansporn zum Endspurt, a. a. O., S. 73.

Bei einem **progressiven** Kurvenverlauf steigt mit dem – immer schwieriger zu realisierenden – Anwachsen des Mitarbeiterwerts die einhergehende Anreizhöhe überproportional.[1269] Damit ist eine sehr starke Motivation für die Mitarbeiter zu hohem Leistungseinsatz und – soweit individuell beeinflussbar – einer Optimierung der jeweiligen anderen Determinanten des eigenen Mitarbeiterwerts verbunden.[1270] Dieses Modell entspricht in analoger Weise der in Kapitel G 2.1.3 diskutierten „Elitenförderung". Im Hinblick auf möglicherweise entstehende operative Risiken durch die Verleitung zur Überschreitung intern gesetzter oder persönlicher Grenzen und die Gefahr eines ausgeprägten Hard Selling der Kundenbetreuer, das nicht mit dem Ziel der Vertrauensbildung bei den Kunden in Einklang steht, sollten Kreditinstitute diese Vorgehensweise allerdings vermeiden.[1271]

Bei einem **degressiven** Funktionsverlauf sinken die Anreizleistungen mit zunehmendem Mitarbeiterwert im Verhältnis ebenfalls überproportional.[1272] Diese an Kosteneinsparungen orientierte Steuerungsweise löst tendenziell eine hemmende Wirkung auf das Leistungsverhalten aus, da (wenn auch auf relativ hohem Niveau) ein verstärkter Einsatz zu immer weniger zusätzlichen Anreizen führt.[1273] Umgekehrt bedeutet diese Strategie, dass Mitarbeiter mit geringeren Mitarbeiterwerten in vergleichsweise hohem Maße an Anreizzuteilungen partizipieren.

Für die Wahl **linearer** Anreizfunktionen mit konstanten Bemessungssätzen spricht insbesondere die einfache Nachvollziehbarkeit.[1274] Zur Berechnung eines Bonuspunkts wird die Höhe des Bonustopfs durch die Summe der erreichten Bonuspunkte aller Bonusberechtigten je Geschäftsjahr, das heißt durch alle hinter den Mitarbeiterwerten stehenden Punktzahlen (Scoring-Werte), geteilt.[1275] Die Multiplikation der Bonuspunkte je Stelleninhaber mit diesem Wert ergibt den – zu rundenden – Einzelbonus.[1276] Dieses System gewährleistet in besonders einfacher Weise, dass niemals mehr ausgeschüttet wird, als vorher in das System durch Erträge bzw. Budgets eingespeist wurde.[1277] Im Falle der Zusammenführung von Mitarbeiterwerten in Ratingklassen bedeutet ein linearer Funktionsverlauf analog hierzu, dass von einer Klasse zur jeweils nächsthöheren die Anreizzuteilung gleichförmig zunimmt. Bei manchen in der Praxis verwendeten Ansätzen erfolgt die

[1269] Vgl. Schiller, B., a. a. O., S. 173; Hinz, O./Tonnesen, Ch., a. a. O., S. 38.
[1270] Vgl. Schiller, B., a. a. O., S. 173.
[1271] Vgl. ebenda.
[1272] Vgl. ebenda.
[1273] Vgl. ebenda.
[1274] Vgl. ebenda.
[1275] Vgl. Hoos, W./Siebold, M., a. a. O., S. 36.
[1276] Vgl. ebenda.
[1277] Vgl. ebenda.

Verteilung des Bonuspools auf der Basis einer Beurteilung durch den Vorgesetzten sowie der Anwesenheitstage des Mitarbeiters im Geschäftsjahr (vgl. Kap. E 2.4)[1278]: Die durch Scoring ermittelte Gesamtpunktzahl eines Mitarbeiters wird mit dem Quotienten aus Anwesenheitstagen und Jahresarbeitstagen multipliziert und somit relativiert.[1279] Der Quotient aus der somit ermittelten Wertziffer gemäß Beschäftigungsumfang und der Summe der Scoring-Werte aller Mitarbeiter wird anschließend mit der Bonuspoolsumme multipliziert und ergibt die individuelle Zusatzvergütung.[1280] Ein solcher Ansatz führt im Falle der progressiven Anreizverteilung zu einer überproportionalen „Bestrafung“ persönlicher Fehltage, bei einer degressiven Funktion dagegen zu einer weniger starken Sanktionierung.

Da eine Zerlegung der Anreize in (nahezu) beliebig viele Teilelemente nicht immer möglich bzw. sinnvoll ist, kann eine Gewährung der Anreize entsprechend dem jeweiligen Mitarbeiterwert auch **stufenförmig** erfolgen, um Mitarbeiter im Sinne eines Endspurteffekts zum Erreichen des höheren Anreizbereichs besonders zu motivieren.[1281] Als wichtiges Anwendungsfeld für stufenförmige Beteiligungsfunktionen eignen sich beispielsweise Titelkategorien, wie etwa die im international ausgerichteten Investmentbanking üblichen, nachfolgend in absteigender Wertigkeit aufgeführten Bezeichnungen: „Managing Director“, „Director“, „Vice-President“, „Associate“ oder „Analyst“. Durch die Kopplung der Vergabe von Firmentiteln (ein Beispiel für nicht monetäre Anreize) an bestimmte Mitarbeiterwerte bzw. Mitarbeiterwertklassen lässt sich vermeiden, dass solche Titel in eingeschränkter Betrachtungsweise nur entsprechend der Funktion und/oder der Person des Positionsinhabers im Rahmen intern festgelegter Quoten vergeben werden.[1282] Die Knüpfung von Firmentiteln an bestimmte Bandbreiten von Mitarbeiterwerten setzt ein gewisses Vertrauen in die Validität des Bewertungsverfahrens voraus, da Firmentitel bislang im Bankengewerbe Mitarbeitern nur in absoluten Ausnahmefällen (bei Leistungsabfall oder Rückstufung auf eine geringerwertige Position) genommen wurden. Das Mitarbeiterwertmodell kann dazu verhelfen, das überholte System der Besitzstandswahrung aufzuheben und zumindest bei Nichterreichung erforderlicher Mitarbeiterwerte über mehrere Jahre hinweg eine Titelabstufung argumentativ zu begleiten.

Im Falle der Anwendung eines **kombinierten Zuteilungsansatzes** wäre es zum Beispiel denkbar, zuerst den Mitarbeitern der obersten Mitarbeiter-

[1278] Vgl. Eyer, E., Vergütung von Teamarbeit in Dienstleistungsunternehmen, in: Personalführung 4/1998, S. 34–37, S. 36.
[1279] Vgl. ebenda.
[1280] Vgl. ebenda.
[1281] Vgl. Bardens, R./Wimmer, K., Ansporn zum Endspurt, a. a. O., S. 73.
[1282] Vgl. Alewald, Th., a. a. O., S. 847.

wertklasse als dem für den Unternehmenserfolg entscheidenden Personenkreis unter Berücksichtigung von marktüblichen Total-Compensation-Analysen einen angemessenen Bonus zu zahlen. Die verbleibende Bonuspoolsumme könnte anschließend entsprechend der für lineare Anreizverteilungen gültigen Verteilungsmethodik sukzessive auf die sonstigen Mitarbeiter gemäß ihrem Wert verteilt werden.

Ein weiterer Stellhebel der Personalbindung besteht in der Festlegung der zeitlichen Parameter der Anreizauszahlung. Die unter Risikoaspekten aus Bankensicht wünschenswerte Streckung der Bonusauszahlungen über mehrere Jahre kann zur Bindung von Mitarbeitern insofern kontraproduktive Wirkung entfalten, als Mitarbeiter ein Auseinanderklaffen des Zeitpunkts der Leistungserbringung und der Bonuszahlung nur widerwillig akzeptieren.[1283] Eine echte Bindung entsteht durch zeitverzögerte Auszahlung ohnehin nicht, da Wettbewerber in der Praxis oftmals bereit sind, ihre Wunschkandidaten für noch nicht zur Auszahlung gekommene Bonusbeträge finanziell zu entschädigen.[1284]

Zur Erhöhung der Akzeptanz des neuen Verteilungssystems leistungsbezogener Vergütungen trägt die Schaffung von Übergangsfristen bei, sodass zwar keine vollständige Besitzstandswahrung gilt, aber eine sukzessive Annäherung an die Ober- bzw. Untergrenzen der Anreizzuteilung erreicht wird (vgl. Kap. G 1.2).[1285]

Welche Anreize am wirksamsten zur Verhaltensbeeinflussung beitragen, hängt unter anderem von der jeweiligen Persönlichkeitsstruktur und Lebenssituation der Mitarbeiter ab.[1286] Um über einen hohen Grad der Anreizwirksamkeit insbesondere bei den Schlüsselmitarbeitern ein hohes quantitatives und qualitatives Leistungsniveau zu erzielen, ist es daher erforderlich, den Einsatz materieller und immaterieller Anreizsysteme systematisch zu planen und zu koordinieren.[1287] Der Vorgesetzte kann die individuelle Motivationsstruktur seiner Mitarbeiter bzw. möglicherweise bestehende Demotivatoren am besten im Mitarbeitergespräch herausfinden (vgl. Abb. 26).[1288] Basierend auf der

---

[1283] Vgl. Griebe, Th., a. a. O.
[1284] Vgl. o. V., Hohe Bonuszahlungen, a. a. O., S. 19.
[1285] Vgl. Svoboda, M., Erfolg durch Zielvereinbarung, a. a. O., S. 40.
[1286] Vgl. Schiller, B., a. a. O., S. 171; Nick, F. R., a. a. O., Sp. 40 f.; Fürstenberg, F., Leistungsanreizsysteme, in: Gaugler, E. (Hrsg.), Handwörterbuch des Personalwesens, Stuttgart 1975, Sp. 1157–1164, Sp. 1162; Nagel, A., a. a. O., S. 25; Erdmann, U., a. a. O., S. 7.
[1287] Vgl. Schiller, B., a. a. O., S. 171; Nagel, A., a. a. O., S. 25.
[1288] Vgl. Armutat, S., Vorgehensmodell Retentionmanagement, in: http://www.perso-net.de/Texte/Instrumente/Retentionmanagement_Vorgehensmodell/index.html vom 16.09.2009; Schirmer, U., Commitment fördern, a. a. O., S. 57 f.

individuellen Motivationsstruktur der Mitarbeiter lassen sich auf diese Weise den Topleistungsträgern Möglichkeiten aufzeigen, einerseits private Ziele und Lebensplanungen, andererseits berufliche Perspektiven zu verwirklichen.[1289]

Wie stark wird Ihr Arbeitsverhalten durch die folgenden Aussagen charakterisiert?	trifft gar nicht zu	trifft kaum zu	trifft in etwa zu	trifft ziemlich zu	trifft völlig zu
	1	2	3	4	5
Ich lege Wert darauf, mich und meine Fähigkeiten sinnvoll einbringen zu können und dadurch meine Persönlichkeit zu entwickeln.					
Ich strebe nach Ansehen im Beruf und in der Gesellschaft; Statussymbole sind mir wichtig.					
Ich möchte Ziele, Strukturen, Ressourcen und Personen im Unternehmen nach meinen Vorstellungen beeinflussen können und an ihrer Entwicklung mitwirken.					
...					

Abb. 26 Analyse der Motivations-/Demotivationsfaktoren der Retention-Zielgruppe[1290]

In der Praxis gelingen Verbesserungen der Arbeitsergebnisse durch motivationsfördernde Anreize allerdings nur dann, wenn zugleich Faktoren für eine mögliche Demotivierung einkalkuliert werden.[1291] So lösen beispielsweise Beförderungen bei den jeweils begünstigten Mitarbeitern zwar neue Leistungsimpulse aus, erzeugen aber gleichzeitig bei anderen Mitarbeitern leistungsmindernde Gefühle des „Zurückgesetztseins".[1292] Zu beachten ist ferner, dass

[1289] Vgl. Schubert, P./Enaux, C., Mitarbeiterbindung bringt Gewinn, in: FAZ.NET vom 23.11.2003, o. S.

[1290] Vgl. Armutat, S., Vorgehensmodell Retentionmanagement, in: http://www.perso-net.de/Texte/Instrumente/Retentionmanagement_Vorgehensmodell/index.html vom 16.09.2009.

[1291] Vgl. Hegner, F./Kleibs, R., a. a. O., S. 513.

[1292] Vgl. ebenda; Burgard, H., a. a. O., S. 420.

Anreize, die heute funktionieren, schon morgen ihre Wirkung verloren haben können.[1293] In der Weise, wie sich Umweltveränderungen auf das geschäftspolitische Zielsystem einer Bank auswirken, muss daher auch das Anreizsystem den sich wandelnden Gegebenheiten angepasst werden, um die angestrebte Motivationswirkung und damit Personalbindung zu erreichen.[1294]

Trotz der hohen Bedeutung, die der Förderung der Mitarbeiter durch gezielte Anreizzuteilung im Investmentbanking zukommt, muss sich das Management darüber im Klaren sein, dass sich ein dauerhaft hohes Leistungsniveau der Mitarbeiter weder durch Gewährung materieller Anreize noch durch Incentives oder Prestige alleine erreichen bzw. halten lässt.[1295] Grundvoraussetzung für eine nachhaltige persönliche Arbeitsmotivation ist – neben einem vom Mitarbeiter positiv wahrgenommenen Unternehmensumfeld – vielmehr eine Tätigkeit, die dem individuellen Anspruch an inhaltliche Vielfalt, Eigenverantwortlichkeit und Zusammengehörigkeit entspricht.[1296] Um einer diesbezüglichen Erwartungshaltung ihrer (Schlüssel-)Mitarbeiter gerecht zu werden, könnten Investmentbanken Personen mit hohem Mitarbeiterwert beispielsweise eine stärkere Einflussnahme auf die eigene Zuordnung zu bestimmten Transaktionen/Projekten zugestehen.[1297]

2.1.5 Objektivierte Personalselektion bei Restrukturierungsmaßnahmen auf Basis von Mitarbeiterwerten

Vor einer Entscheidung über Personalfreisetzungen in Einzelfällen muss personalwirtschaftlich die Frage nach dem Wertschöpfungsbeitrag, den der jeweilige Mitarbeiter für das Unternehmen leistet (oder zu leisten vermag), beantwortet werden.[1298] Aus dem Vergleich der einzelnen Mitarbeiterwerte geht unmittelbar hervor, welche Mitarbeiter von den gewünschten Profilen abweichen und wenig Aussichten eröffnen, ihre Defizite in akzeptabler Zeit abzustellen bzw. durch Verstärkung anderer wertbildender Faktoren

---

[1293] Vgl. Heitmüller, H.-M., a. a. O., S. 30.
[1294] Vgl. ebenda; Oechsler, W. A./Reichmann, L., Entgeltflexibilisierung – Zur Rolle des Tarifvertrags bei aktuellen Flexibilisierungstendenzen, in: zfbf 9/2002, S. 527–542, S. 528.
[1295] Vgl. Heitmüller, H.-M., a. a. O., S. 32.
[1296] Vgl. ebenda.
[1297] Vgl. PricewaterhouseCoopers, Minimierung, a. a. O., S. 18.
[1298] Vgl. Müller-Gebel, K., a. a. O., S. 12.

auszugleichen.[1299] Eine Trennung von diesem Mitarbeiterkreis kann leistungsbedingt durch Kündigung nach der Erteilung mehrerer Abmahnungen oder einvernehmlich über eine Aufhebungsvereinbarung zwischen der Bank und dem Mitarbeiter erfolgen. Ein solcher selektiver Personalabbau bezweckt entweder die Reduzierung von Personalkosten oder dient der Vorbereitung einer Nachbesetzung auf höherwertigem Niveau, einer gerade in angelsächsisch geprägten Investmentbanken durchaus üblichen und in festen Zeitabständen immer wieder praktizierten Vorgehensweise. Die als zu niedrig erachteten Mitarbeiterwerte können in der Folgezeit einer intensiven Beobachtung bezüglich ihrer weiteren Entwicklung unterworfen werden, analog zu der sogenannten Watch List (Beobachtungsliste), in die Ratingagenturen ein infrage gestelltes Rating mit einer unverbindlichen Tendenzangabe und zugehörigen Begründung aufnehmen.[1300] Ein unzureichender Mitarbeiterwert sendet den Betroffenen ein unmissverständliches Signal des unbedingten Handlungsbedarfs zur Sicherung der eigenen Beschäftigung.

Es resultiert jedoch nicht zwangsläufig dringlicher Handlungsbedarf aus einem geringen Mitarbeiterwert. Ein solcher bedeutet nämlich möglicherweise nur, dass ein Mitarbeiter, der eine Aufgabe ohne strategische Bedeutung innehat und über kein eigenes Potenzial zur Ausübung einer Aufgabe mit weiter reichender Verantwortung verfügt, seine derzeitige Tätigkeit in durchschnittlicher Weise ausübt. Ein höherer Mitarbeiterwert ist zur zuverlässigen Ausübung der Fachaufgabe dabei unter Umständen gar nicht erforderlich.

Die ermittelten Mitarbeiterwerte eignen sich in gewisser Weise auch als Orientierungsgröße für einen Personalabbau bei betriebsbedingten Kündigungen, da die hiermit verbundene vom Gesetzgeber geforderte Sozialauswahl in der praktischen Umsetzung in vielen Fällen zu kurz greift.[1301] In der Neufassung des § 1 Abs. 3 KSchG (Kündigungsschutzgesetz) vom 1. Oktober 1996 hat der Gesetzgeber zwar die Kriterien zur Durchführung einer Sozialauswahl reduziert, nämlich auf die Dauer der Betriebszugehörigkeit, das Lebensalter und bestehende Unterhaltspflichten.[1302] Nach den Kriterien der Sozialauswahl wären jedoch oftmals gerade die Leistungsträger einer Abteilung von einer Entscheidung zur Freisetzung betroffen.[1303]

[1299] Vgl. Stuwe, M., a. a. O., S. 663. Der vermehrte Abschluss befristeter Entgeltverträge insbesondere mit Führungskräften würde dem Unternehmen eine höhere Flexibilität bei der Fokussierung auf die tatsächlichen Leistungsträger einräumen, vgl. Knebel, H./ Malleskat, W., a. a. O., S. 611.

[1300] Vgl. Wansley, J. W./Clauretie, T. M., The Impact of Credit Watch Placement on Equity Returns and Bond Prices, in: Journal of Financial Research 1/1985, S. 31–42, S. 31 ff.; Everling, O., Credit Rating, a. a. O., S. 121; Bissinger, M., a. a. O., S. 12.

[1301] Vgl. Müller-Gebel, K., a. a. O., S. 12.

[1302] Vgl. Grassl, G., Die neue soziale Auswahl, in: Personal 9/1997, S. 456–457, S. 456.

[1303] Vgl. Müller-Gebel, K., a. a. O., S. 12.

Als unverzichtbar betrachtete Mitarbeiter sind jedoch dann nicht in eine soziale Auswahl einzubeziehen, wenn die Weiterbeschäftigung insbesondere wegen der besonderen individuellen Kenntnisse, Fähigkeiten und Leistungen oder zur Sicherung einer ausgeglichenen Personalstruktur im betrieblichen Interesse liegt.[1304] Auf der Identifikation derjenigen Mitarbeiter, auf die diese Einschätzung zutrifft, liegt der Fokus der Mitarbeiterwertermittlung.

2.2 Ableitung von strukturell ausgerichteten Steuerungsimpulsen auf der Ebene einzelner Determinanten des Mitarbeiterwerts

Die systematische Untersuchung der Ausprägungen und Verteilungen der Merkmale je Determinante von Mitarbeiterwerten (vgl. Kap. F 2) deckt gegebenenfalls bestehende personelle Risikofelder auf, denen das Management durch zielgerichtete Aktivitäten entgegentreten muss. Personalrisiken für die Bank (oder – anders formuliert – ungenutzte Chancen) bezüglich der individuellen Ausprägungen der Determinanten von Mitarbeiterwerten können sich auf einzelne Angestellte beschränken. Treten diese Effekte aber bei ganzen Mitarbeitergruppen auf, so entstehen strukturelle Probleme und damit unter Umständen operative Risiken. Der hieraus resultierende personalwirtschaftliche Handlungsbedarf bezieht sich insbesondere auf Anpassungs-, Engpass-, Motivations- sowie Austrittsrisiken (vgl. Abb. 27).

1304 Vgl. Grassl, G., a. a. O., S. 456.

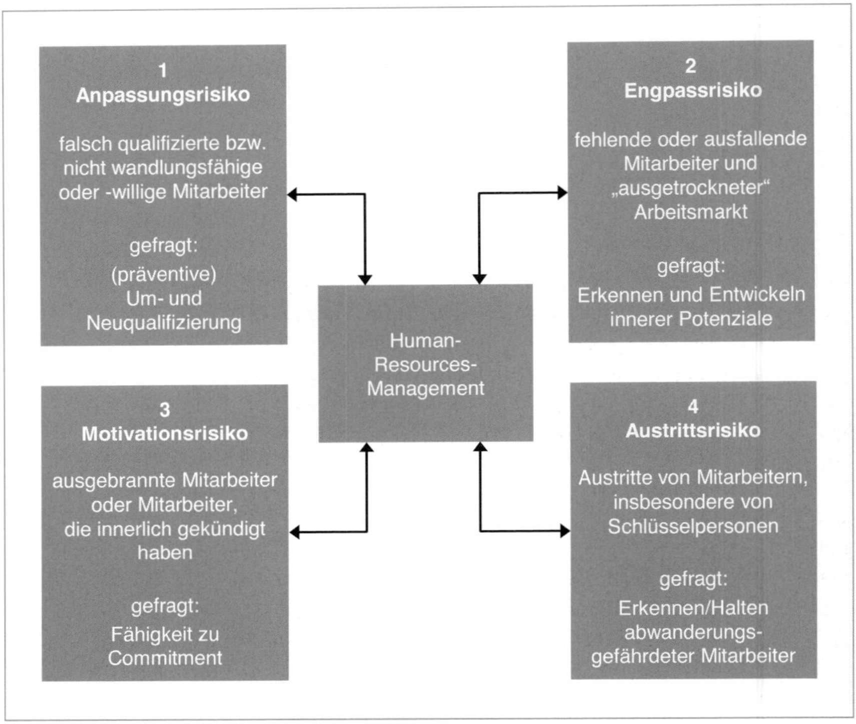

Abb. 27 Risikofelder im Human-Resources-Management[1305]

Die errechneten Mitarbeiterwerte stellen (durch die Möglichkeit der Analyse ihrer einzelnen Determinanten mitsamt ihren jeweiligen Ausprägungen) ein geeignetes Instrumentarium zur frühzeitigen Erkennung dieser vielfältigen Risikokategorien dar. Zielsetzung entsprechend abgeleiteter Maßnahmen und Empfehlungen ist es, für alle einbezogenen Determinanten von Mitarbeiterwerten die auf Mitarbeiterebene identifizierten Stärken zu fördern und umgekehrt generelle Defizite abzubauen, um somit die personelle Differenzierung gegenüber dem Wettbewerb zu erreichen.[1306]

2.2.1 Minimierung des Anpassungs- und Engpassrisikos

Niedrige Teilergebnisse der Mitarbeiterwertanalyse hinsichtlich der Kriterien „fachliche Kompetenz" (vgl. Kap. E 2.1) sowie „Performance" (vgl. Kap. E 2.2)

[1305] Vgl. Kobi, J.-M., Die Früherkennung von Personalrisiken als Pflicht, in: PERSONALmagazin 10/2002, S. 20–22, S. 21.
[1306] Vgl. Schust, G. H., a. a. O., S. 54.

und „Potenzial“ (vgl. Kap. E 2.3) liefern nicht nur wichtige Hinweise auf individuelle Defizite, sondern in aggregierter Form auch auf strukturell bedingte Anpassungs- und Engpassrisiken und damit bestehenden Handlungsbedarf. Mitarbeiter, die aufgrund fehlender oder falscher Qualifizierung oder eines unzureichenden Potenzials nicht den Anforderungen ihrer gegenwärtigen oder zukünftigen Aufgaben gerecht werden, bedeuten für das Unternehmen ein Anpassungsrisiko.[1307] Die strukturierte Ermittlung von Mitarbeiterwerten zeigt individuelle Stärken und Schwächen und schafft somit ein geeignetes Instrumentarium, um einzelne infrage kommende Mitarbeiter gezielt zu schulen und Alibiseminare oder eher willkürlich oder als Incentivesprogramm zugeteilte Seminare zu vermeiden bzw. zumindest zu überdenken.[1308] Hinweise aus der Mitarbeiterwertanalyse auf gegebenenfalls bestehende generelle Qualifikationslücken verdeutlichen die Notwendigkeit des Angebots (und der tatsächlichen Inanspruchnahme) geeigneter Schulungen (sowohl bezüglich Fach- als auch Methoden- oder Persönlichkeitstraining).[1309] Die im Performancemanagement gesammelten Daten bieten in der rückblickenden Betrachtung wertvolle Informationen für die Personalentwicklung, beispielsweise hinsichtlich der Veränderung von Beurteilungen über mehrere Jahre hinweg bei bestimmten Mitarbeitern oder Mitarbeitergruppen als Kriterium für die Evaluation der Wirksamkeit von Qualifizierungsmaßnahmen.[1310] Der durch den Einsatz von Mitarbeiterwerten ermöglichte systematische Steuerungsansatz eignet sich auch für eine umfassende Bildungsbedarfsanalyse, die – verbunden mit konkreten Seminarempfehlungen für die einzelnen Mitarbeiter – in eine fundierte Seminarplanung mündet. Diese findet in der Praxis leider noch immer allzu oft nur in eher pauschaler anstatt individueller Weise im Rahmen der betrieblichen Budgetplanungen statt. Ein solcher Ansatz führt zumeist zu einer eher situativ entschiedenen Budgetausnutzung anstelle einer längerfristigen Personalentwicklung.

Die Mitarbeiterwertanalyse ist in ihrer Aussagekraft keinesfalls nur auf die Istsituation beschränkt, sondern vermag auch diejenigen förderungswürdigen Mitarbeiter zu identifizieren, die aufgrund ihrer gezeigten Leistungen und ihres Potenzials eine hohe Befähigung zur Bewältigung ganz neuer Aufgaben und Anforderungen aufweisen.[1311] Zielgruppenspezifische Schulungsmaßnahmen können diesen Mitarbeiterkreis beispielsweise auf die Aufgabe vorbereiten, einen Handelstisch für den Emissionshandel aufzubauen und zu etablieren. Durch die rechtzeitige bedarfsgerechte Mitarbeiterqualifizierung als Folge identifizierter funktionsbezogener Bedarfslücken lässt sich zudem

[1307] Vgl. Kobi, J.-M., Erfolgsfaktor Mitarbeiter, a. a. O., S. 53.
[1308] Vgl. Al-Baghdadi, W., a. a. O., S. 38.
[1309] Vgl. Kobi, J.-M., Die fünf Kernkompetenzen, a.a., S. 781.
[1310] Vgl. Nienaber, C., a. a. O., S. 74.
[1311] Vgl. Schust, G. H., a. a. O., S. 144; Stuwe, M., a. a. O., S. 662.

vorausschauend ein potenzielles Engpassrisiko vermeiden. Andernfalls löst zu spätes Erkennen der Engpasssituation als dann verbleibende Handlungsoption oftmals die kostenintensive Anwerbung externer Spezialisten aus.[1312]

Die durch Mitarbeiterwertbetrachtungen gewonnenen Erkenntnisse sind für eine effiziente Nutzung der betrieblichen Finanzressourcen essenziell, schließlich konkurriert die Investition in die Weiterbildung der Mitarbeiter mit anderen Investitionen um den größeren Ertrag.[1313] Um operative Risiken, ineffizienten Personaleinsatz und damit die letztlich erforderliche Trennung von Mitarbeitern zu vermeiden, sind daher rechtzeitige Um- und Neuqualifizierungen notwendig.[1314] Die weltweite Steuerung über Mitarbeiterwerte schafft über Ländergrenzen und Konzerngesellschaften hinweg Transparenz hinsichtlich der jeweiligen Mitarbeiterwerte auch auf Abteilungs- oder Bereichsebene: Weisen die Mitarbeiter bestimmter organisatorischer Einheiten (z. B. an bestimmten Handelstischen) im internen Vergleich deutlich niedrigere Mitarbeiterwerte auf, so kann dieses Steuerungsinstrument auch die unternehmerische Entscheidung zur konzerninternen Verlagerung von Funktionen an andere Standorte oder gar zur Fremdvergabe herbeiführen bzw. untermauern. Nahrung findet diese These durch ein sich in den letzten Jahren wandelndes Verhalten im Finanzbereich: Studienergebnissen zufolge erwägen Unternehmen in zunehmendem Maße, auch anspruchsvolle Wertschöpfungsaktivitäten, die spezielle Kenntnisse erfordern (wie z. B. Finanzanalyse, Research oder Modellberechnungen) oder für die Fertigkeiten am eigenen Standort nur spärlich verfügbar sind, an externe (ggf. in Offshore-Lokationen ansässige) Anbieter zu vergeben.[1315] Diese Handlungsoption weist dann auf einen gangbaren Weg hin, wenn das Anpassungsrisiko aufgrund fehlender fachlicher Voraussetzungen und damit einhergehend eines unsicheren kurzfristigen Schulungserfolgs der Mitarbeiter zu hoch erscheint und möglichen Engpassrisiken anders nicht rechtzeitig begegnet werden kann.

Richtet die Mitarbeiterwertanalyse ihren Bewertungsmaßstab an den tatsächlich erbrachten **Arbeitszeiten** der Belegschaft (vgl. Kap. E 2.4) aus und liefert auf Abteilungs- oder Bereichsebene Hinweise auf möglicherweise bestehende hohe oder deutlich gestiegene krankheitsbedingte Abwesenheiten, so resultiert hieraus struktureller Handlungsbedarf. Eine hohe Fehlzeitenquote

---

[1312] Vgl. Kobi, J.-M., Erfolgsfaktor Mitarbeiter, a. a. O., S. 52.

[1313] Vgl. Schuller, Ph./Willms, St., Bildung ist Deutschlands wichtigster Rohstoff, in: Personalwirtschaft 7/2003, S. 55–58, S. 58.

[1314] Vgl. Kobi, J.-M., Erfolgsfaktor Mitarbeiter, a. a. O., S. 53.

[1315] Vgl. PricewaterhouseCoopers, Wichtige Trends, a. a. O., S. 16. Der bisherige, eng gefasste Schwerpunkt von Verlagerungen der Arbeitsplätze primär aus Kostengründen verändert sich somit zusehends, vgl. PricewaterhouseCoopers, Immer mehr Finanzdienstleister lagern Arbeitsplätze in Niedriglohnländer aus, Pressemitteilung vom 15.09.2005, S. 1–3, S 1 f.

weist eventuell darauf hin, dass im Unternehmen Rahmenbedingungen vorliegen, die den Gesundheitszustand der Mitarbeiter beeinträchtigen können, sodass in solchen Fällen vom Arbeitgeber für Abhilfe zu sorgen ist. Bei gesundheitlichen Einschränkungen ist der Arbeitgeber – in den Grenzen der Zumutbarkeit und nicht unverhältnismäßiger Aufwendungen – zur Umgestaltung der Arbeitsplätze verpflichtet.[1316] Dies kann zum Beispiel durch den Einsatz technischer Hilfsmittel (etwa die Anschaffung strahlungsärmerer Bildschirme oder ergonomischer Sitze), Umbaumaßnahmen oder Änderungen der Arbeitsorganisation erfolgen.[1317] Sofern diese Maßnahmen nicht ausreichen, muss der Arbeitgeber im Einzelfall aufgrund seiner Fürsorgepflicht eine anderweitige Beschäftigung des Arbeitnehmers prüfen und umsetzen, soweit dies möglich und zumutbar ist.[1318]

Leider wäre es jedoch falsch, aus einem sinkenden Krankenstand zu folgern, dass die Mitarbeiter des Unternehmens gesünder sind, vielmehr treibt oftmals die Angst vor dem Verlust des Arbeitsplatzes die Menschen zur Arbeit.[1319] Hintergrund hierfür ist sicherlich auch der (empfundene) Anstieg der Leistungsanforderungen und betrieblichen Belastungen (z. B. aufgrund von Mobbing oder erlebten Führungsdefiziten).[1320] Zudem nehmen auch die Probleme zu, die von außen mit in den Betrieb gebracht werden und sich negativ am Arbeitsplatz auswirken, wie Familien- und Partnerschaftsprobleme, Schulden, Sucht, depressive Verstimmung.[1321] Unternehmen, die unter anderem auch angesichts der demografischen Entwicklung im Wettbewerb bestehen wollen, reagieren mit einem professionellen Gesundheitsmanagement auf einen erhöhten Krankenstand oder versuchen diesem vorzubeugen.[1322]

Da in den Mitarbeiterwertanalysen als Einflussfaktoren auch die mit Arbeitnehmern vereinbarten Teilzeitregelungen Berücksichtigung finden, bietet die Anwendung dieses Steuerungsmodells Gelegenheit, die Ursachen für die gegebenenfalls nur geringe Verbreitung flexibler Arbeitszeitformen zu

---

[1316] Vgl. Stück, V., Bis an die Schmerzgrenze, in: Personal 3/2007, S. 50–52, S. 52; siehe auch BAG, Urteil vom 04.10.2005, 9 AZR 632/04, in: DB 2006, S. 902.
[1317] Vgl. ebenda.
[1318] Vgl. Stück, V., a. a. O., S. 50.
[1319] Vgl. Fürstenberg, R./Fürstenberg, W., a. a. O.
[1320] Vgl. ebenda.
[1321] Vgl. ebenda.
[1322] Vgl. Hummel, Th. R./Zander, E., Zukunftsfähig werden, in: Personal 6/2008, S. 36–37, S. 37; Fürstenberg, R./Fürstenberg, W., a. a. O. Zu dem beispielsweise von der DekaBank in Zusammenarbeit mit einem Klinikspezialisten angebotenen umfassenden Gesundheitsvorsorgeprogramm vgl. vertiefend DekaBank, DekaBank eröffnet Deka Health Center für Mitarbeiter, Pressemitteilung vom 07.05.2008, in: http://www.dekabank.de/db/de/presse/informationen/meldungen/20080507_Deka-HealthCenter.jsp, o. S.

hinterfragen. Die üblicherweise jährlich stattfindende Mitarbeiterwertermittlung gibt Rechenschaft über die Veränderungsrate der wahrgenommenen Arbeitszeitvarianten.

2.2.2 Minimierung des Motivations- und Austrittsrisikos

Eine eingeschränkte Motivation größerer Mitarbeitergruppen kann aus der Unzufriedenheit mit den vom Arbeitgeber bereitgestellten Rahmenbedingungen resultieren und im Fall des Unternehmensaustritts ganzer Teams die Wettbewerbsfähigkeit in bestimmten Produktfeldern stark beeinträchtigen. Die Minimierung des Motivations- und des Austrittsrisikos, das heißt die Sicherung der Loyalität von Leistungs- und Know-how-Trägern, zählt daher zu den entscheidenden personalpolitischen Aufgaben.[1323] Gerade in wirtschaftlichen Schwächephasen müssen die besten und strategisch wichtigen Mitarbeiter zum Erhalt und der Steigerung der Leistungs- und Innovationskraft des Unternehmens durch geeignete Maßnahmen gebunden werden.[1324] Ziel des Retention-Managements ist es aber nicht, jeden Mitarbeiter um jeden Preis zum Verbleib in der Organisation zu bewegen.[1325] Ein gewisses Maß an kontinuierlichem Austausch einzelner Kompetenzträger ist für ein Unternehmen in einem dynamischen Wettbewerb, wie im Investmentbanking, existenziell, sodass Personalerhaltung letztlich immer im Spannungsfeld von Kontinuität und Flexibilitätsverlust agiert.[1326]

Fehlende oder eingeschränkte Motivation von Mitarbeitern schlägt sich in verschiedenen mitarbeiterwertrelevanten Kriterien nieder und führt dementsprechend zu niedrigen Merkmalsausprägungen beispielsweise bei der Performance, dem Commitment und der Loyalität.[1327] Deutet die Analyse dieser Determinanten von Mitarbeiterwerten in der aggregierten Betrachtung einzelpersonenbezogener Ausprägungen auf latente oder gar akute Abwanderungs- bzw. Abwerbungsgefahr in manchen Abteilungen hin, sind mit einem gezielten Retention-Management geeignete personalwirtschaftliche Gegenmaßnahmen zu ergreifen. Deren Aufgabe muss darin bestehen, die

---

[1323] Vgl. Kobi, J.-M., Erfolgsfaktor Mitarbeiter, a. a. O., S. 54; Szebel-Habig, A., Mitarbeiterbindung: Auslaufmodell Loyalität?, Weinheim 2004, S. 47.

[1324] Vgl. Nagel, A., a. a. O., S. 25. Armutat, S. et al., Retentionmanagement. Die richtigen Mitarbeiter binden, in: DGfP (Hrsg.), PraxisEdition, Band 72, Bielefeld 2004, S. 13.

[1325] Vgl. Schirmer, U., Commitment fördern, a. a. O., S. 49.

[1326] Vgl. ebenda, S. 49 f.

[1327] Vgl. Kobi, J.-M., Die fünf Kernkompetenzen, a. a. O., S. 782; Kobi, J.-M., Erfolgsfaktor Mitarbeiter, a. a. O., S. 53; Pitsch, R., Innere Kündigung erkennen und gegensteuern, in: Personalwirtschaft 11/2002, S. 55–57, S. 55 ff. In einer weltweit und branchenübergreifend durchgeführten Studie („Global Workforce Study 2007–2008“) ermittelte Towers Perrin die wesentlichen Treiber für Mitarbeiterengagement, vgl. Sebald, H./Enneking, A., Mehr Differenzierung, in: PersonalSpezial 4/2008, S. 6.

Widerstandsfähigkeit der Schlüsselmitarbeiter gegen attraktive Konkurrenzangebote und damit die Loyalität zum eigenen Arbeitgeber zu stärken.[1328] Abbildung 28 zeigt im Überblick die Vielfalt der unternehmerischen Handlungsfelder zur systematischen Personalbindung auf.

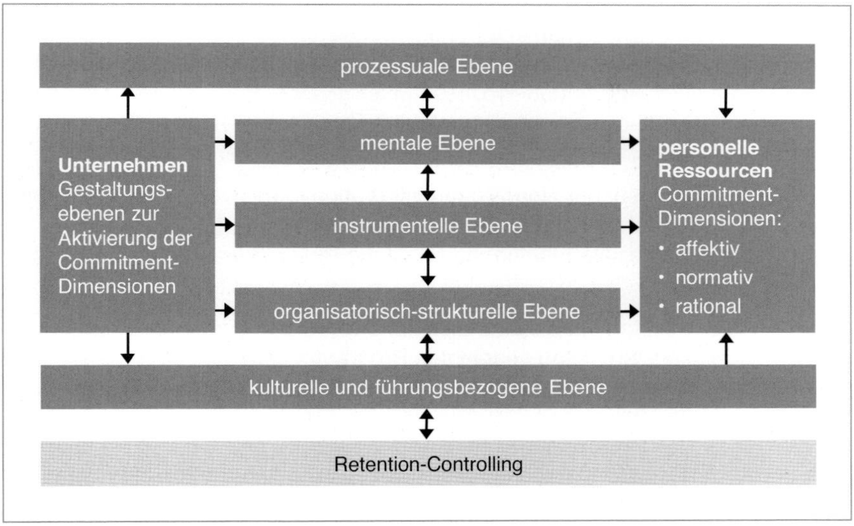

Abb. 28 Ganzheitliches Retention-Konzept[1329]

Auf der **prozessualen** Ebene lässt sich die Personalerhaltung einhergehend mit der schrittweisen „organisationalen Sozialisation“[1330] des Mitarbeiters in vier Phasen unterteilen, die jeweils intensiv mit spezifischen Retention-Aktivitäten zu begleiten sind.[1331]

- Der Personalbindungsprozess beginnt bereits mit dem ersten Kontakt des Arbeitnehmers mit dem Unternehmen, da der Bewerber ab diesem Zeitpunkt Erwartungshaltungen gegenüber der Organisation entwickelt, deren Enttäuschung das spätere Commitment als erlebte kognitive Dissonanz beeinträchtigen oder sogar verhindern kann. Ein Arbeitnehmer fühlt sich seiner Entscheidung zum Eintritt in das Unternehmen insbesondere dann

[1328] Vgl. Kobi, J.-M., Erfolgsfaktor Mitarbeiter, a. a. O., S. 52 f.; Maier, H./Ebner-Hoti, S./Urban, S./Canisius, P., a. a. O., S. 706.
[1329] Vgl. Schirmer, U., Commitment fördern, a. a. O., S. 54.
[1330] Vgl. Schirmer, U., Neue Ansätze zur Optimierung der betrieblichen Ausbildung, Wiesbaden 1997, S. 59 ff.; Rehn, M.-L., Die Eingliederung neuer Mitarbeiter, München 1990, S. 7 ff.
[1331] Vgl. Schirmer, U., Commitment fördern, a. a. O., S. 51 f.

verpflichtet, wenn diese auf Basis guter Gründe mit möglichst hoher Informationstransparenz erfolgte.

- Der Zeitpunkt des Unternehmenseintritts und die ersten Monate im Unternehmen stellen eine sehr intensive und kritische Phase für den neuen Mitarbeiter dar. Er muss die Tatsache verarbeiten, ein vertrautes Umfeld verlassen zu haben, sich in einer unbekannten Situation behaupten und erst wieder ein neues soziales Netzwerk entwickeln. Die bestehende Unkenntnis in Bezug auf Strukturen und Prozesse muss schnell durch Transparenz im funktionalen und sozialen Arbeitsumfeld reduziert werden, da sich ansonsten ein Spannungszustand manifestiert, der dem Commitment abträglich ist.
- In der dritten Phase, der eigentlichen Integration, die etwa ab dem sechsten Monat im Unternehmen beginnt, geht es für den Mitarbeiter darum, die funktionale und soziale Einbindung sowie die Rollenübernahme erfolgreich abzuschließen.
- Am Ende des ersten Jahres sind die intensiven Maßnahmen der Primärintegration in ein langfristig angelegtes Programm der Personalerhaltung zu überführen. Dies stellt zugleich die vierte Phase dar und hat die Dauerintegration zum Ziel.

Neben der Unterstützung im Integrationsprozess liegt ein großes Interesse des Arbeitgebers darin, das Commitment der Mitarbeiter gegenüber dem Unternehmen auch auf **mentaler** Ebene zu fördern.[1332] Hierbei geht es um die Beeinflussung der Sichtweise des Mitarbeiters, darum, wie er das Unternehmen bewertet, mithin um die Wahrnehmung als positiver Arbeitgeber.[1333] Das Unternehmensimage in den Augen der Mitarbeiter entwickelt sich auf der Basis einer Vielzahl wahrgenommener Reize, die subjektiv zu einem vereinfachenden Abbild der Organisation zusammengeführt werden.[1334] Das Unternehmensimage ist für die Entscheidung eines Arbeitnehmers zum Eintritt und Verbleib zentral, weil dieser daran die Übereinstimmung mit seinen individuellen Normen, Werten und Zielen überprüft.[1335] Ziel des Employer Branding ist es daher, das Unternehmen in der Wahrnehmung der Mitarbeiter gegenüber Wettbewerbern abzugrenzen und als den am besten geeigneten Arbeitgeber zur Erfüllung individueller Bedürfnisse zu profilieren.[1336] Um die affektive Hinwendung zu einem Arbeitgeber zu fördern, ist sicherzustellen, dass alle kommunikativen Aktivitäten vom Erstkontakt im Rahmen der Bewerbung über Imagekampagnen bis hin zur Gestaltung personalwirtschaftlicher

[1332] Vgl. ebenda, S. 52.
[1333] Vgl. ebenda.
[1334] Vgl. ebenda.
[1335] Vgl. ebenda.
[1336] Vgl. ebenda.

Instrumentarien konsistent auf die Kernbotschaften der Arbeitgebermarke ausgerichtet werden.[1337]

Wenn Maßnahmen zur emotionalen Bindung nicht greifen, lässt sich auf der **instrumentellen** Ebene durch die passende Ausgestaltung der personalwirtschaftlichen Stellhebel eine positive Einstellung der anhand der Mitarbeiterwertanalyse identifizierten „Stammspieler" dem Unternehmen gegenüber erreichen.[1338] Einer generell niedrigen Loyalität könnte eine Bank im Rahmen der Ermittlung der individuellen Mitarbeiterwerte – analog zur Förderung der Kundentreue durch eine entsprechende Preispolitik („Treuebonus")[1339] – beispielsweise durch die stärkere Gewichtung des Kriteriums „Betriebszugehörigkeit" begegnen. Nicht zu unterschätzen ist allerdings der Effekt der Selffulfilling Prophecy, das heißt, die Loyalität abwanderungsgefährdeter Mitarbeiter, die im Falle einer kurzen Unternehmenszugehörigkeit einen geringeren Bonus erhalten, sinkt weiter. Ist die Ermittlung der Mitarbeiterwerte abgeschlossen, so bestehen kalkulative und oft teure Ansatzpunkte für ein erfolgreiches Retention-Management zum Beispiel darin, von einer in Bezug auf den erreichten Mitarbeiterwert stufenförmigen zu einer steil linear ansteigenden Anreizzuteilung zu wechseln oder die festgelegte Obergrenze für einzelne Bonuszahlungen anzuheben (vgl. Kap. G 2.1.4.2).

Es können allerdings besondere Umstände dazu zwingen, die mittel- bis längerfristig wirksamen Bindungsmaßnahmen durch kurzfristig initiierte Impulse zu ergänzen, um Schaden von der Bank abzuwenden: So stellen beispielsweise drohende Kündigungen von Leistungsträgern als Folge aggressiver Abwerbungsversuche der Konkurrenz zum Auf- bzw. Ausbau bestimmter Produktfelder oder (empfundene) Unsicherheitsphasen aufgrund bevorstehender Umstrukturierungen/Fusionen ein hohes betriebliches Risiko dar[1340] und verlangen rasches Handeln. Das Management kann eine Entschärfung der Situation zum Beispiel durch selektiv vorgenommene und ad hoc durchgeführte Gehaltsanpassungsrunden oder die Zusage garantierter Bonuszahlungen vornehmen. Beispielsweise im Zuge der zunächst vorgesehenen, dann aber nicht zustande gekommenen Fusion mit der Deutsche Bank AG sah sich die Dresdner Bank AG im Jahr 2000 veranlasst, als Sondermaßnahme an ihre abwanderungsgefährdeten Leistungsträger im Investmentbanking „Halteprämien" zu zahlen, um diesen Personenkreis durch zeitversetzte Auszahlung an sich zu binden und somit die Wettbewerbsposition

---

[1337] Vgl. ebenda.
[1338] Vgl. Lohaus, D./Habermann, W., a. a. O., S. 49; Schirmer, U., Commitment fördern, a. a. O., S. 52.
[1339] Vgl. Singer, J., Kundenloyalität als Marketingziel, in: bank und markt 6/1994, S. 36–38, S. 38.
[1340] Vgl. Kobi, J.-M., Erfolgsfaktor Mitarbeiter, a. a. O., S. 52.

des Instituts zu sichern.[1341] Ähnliches wiederholte sich acht Jahre später, als Dresdner Kleinwort (kurz vor dem Kauf der Dresdner Bank durch die Commerzbank) in einer Phase hoher Unsicherheit aufgrund in der Öffentlichkeit kursierender Verkaufsszenarien identifizierte Schlüsselmitarbeiter mit Prämien in Höhe von insgesamt 75 Prozent des Vorjahresbonuspools an sich band.[1342]

Ein weiteres gängiges (nicht nur auf Retention-Zahlungen anwendbares) Instrument zur Mitarbeiterbindung ist im Investmentbanking die Streckung der Auszahlung von Bonusbeträgen, die eine bestimmte Mindesthöhe überschreiten, über mehrere Perioden. Eine primär auf instrumenteller Basis angestrebte Bindung birgt für das Unternehmen die Gefahr, dass Mitarbeiter bei der ersten Gelegenheit, die einen Vorteil gegenüber der bisherigen Position bietet, zu einem anderen Arbeitgeber wechseln.[1343] Damit wird das Verhalten der Mitarbeiter in höherem Maße als früher unkalkulierbar, denn solche Bindungsprogramme wirken nur während ihrer Laufzeit und stehen im Wettbewerb mit den Vertragsangeboten anderer Unternehmen.[1344] Viele Austritte beruhen ohnehin auf eher „weichen" Faktoren, sodass Investitionen in diese (auch im Investmentbanking) als besonders wirksame Retention-Maßnahmen gelten.[1345] Wichtig zur Erreichung nachhaltiger Bindungseffekte ist daher die faire und verlässliche Behandlung der Mitarbeiter auf Basis transparenter Mechanismen, und zwar gerade auch in Zeiten eines schwachen Marktumfelds, um bei einer späteren Erholung der Marktlage die dann postwendend folgende Abwanderung der sich ungerecht behandelt fühlenden Schlüsselmitarbeiter zu vermeiden.

Auf **organisatorischer** Ebene sind die Strukturen so zu gestalten, dass die Erfüllung des Unternehmenszwecks sichergestellt ist, die Bedürfnisse der hoch qualifizierten Mitarbeiter nach Flexibilität sowie Handlungs- und Entscheidungsspielräumen aber erfüllt werden.[1346] Klassische Einliniensysteme (also langwierige Instanzenwege und detaillierte Kompetenzbegrenzungen) funktionaler Prägung mit ausgeprägter Entscheidungsautonomie auf höchster Ebene sind wenig geeignet, die Handlungsfreiheit der Mitarbeiter zu

---

[1341] Vgl. Dresdner Bank AG, Geschäftsbericht 2000, a. a. O., S. 102.
[1342] Vgl. Maisch, M./Landgraf, R./Nagl, H. G., Böse Überraschung für Dresdner-Mitarbeiter, in: http://www.handelsblatt.com/unternehmen/banken-versicherungen/boese-ueberraschung-fuer-dresdner-mitarbeiter;2031518 vom 03.09.2008; Frühauf, M., Dresdner Kleinwort droht auszubluten, in: Börsen-Zeitung vom 04.09.2008, S. 3. Eine Bindungswirkung durch Bonusgarantien wird zumeist dadurch erreicht, dass die Auszahlung der Bonusbeträge über mehrere Perioden gestreckt wird.
[1343] Vgl. Lohaus, D./Habermann, W., a. a. O., S. 50.
[1344] Vgl. ebenda; Kobi, J.-M., Die fünf Kernkompetenzen, a. a. O., S. 783.
[1345] Vgl. Kobi, J.-M., Die fünf Kernkompetenzen, a. a. O., S. 783.
[1346] Vgl. Schirmer, U., Commitment fördern, a. a. O., S. 53.

gewährleisten.[1347] Gerade Eigenverantwortung und dispositive Arbeitsinhalte sind wichtige Forderungen von Leistungsträgern an ihr Unternehmen[1348] und lassen sich in idealer Weise verbinden mit den hohen Anforderungen und der Komplexität der Aufgaben beispielsweise des Corporate-Finance-Geschäfts. Noch besser sind in diesem Sinne lebende Strukturen, das heißt dynamische Strukturen, die Gestaltungsspielräume als Konstruktionselement beinhalten, wie zum Beispiel die Matrixorganisation.[1349] Hier wird der selbst gesteuerte Konflikt an den Matrixschnittpunkten als Erfolgspotenzial zur Bewältigung der Umweltkomplexität gesehen, wodurch gleichzeitig Handlungsspielräume für die Mitarbeiter entstehen.[1350] Gerade in global tätigen Investmentbanken finden sich als Organisationsmodell häufig Matrixstrukturen, die einerseits auf funktionaler, das heißt fachlicher Geschäftssteuerung durch global verantwortliche Entscheidungsträger, andererseits auf lokalen und disziplinarischen Berichtswegen basieren.

Als probates Mittel, um durch die Mitarbeiterwertanalyse festgestellte Motivations- bzw. Austrittsrisiken von Leistungsträgern zu senken und wichtige Mitarbeiter stärker an ein Unternehmen zu binden, eignet sich auch die Etablierung systematisch durchgeführter individueller Standortbestimmungen, da diese den Mitarbeitern neue berufliche Perspektiven vermitteln können.[1351] Als ebenfalls längerfristig ausgerichtete Maßnahmen zur generellen Reduzierung dieser Risikokategorien, ohne damit aber noch konkret drohende Kündigungen abwenden zu können, kommt zudem das verstärkte Angebot von Job-Rotation-, Coaching- und Mentoringprogrammen sowie Projektarbeit infrage.[1352]

Die Zuordnung wichtiger Kunden und potenzieller Neukunden zu einzelnen Mitarbeitern schafft zwar auf der einen Seite die Voraussetzung für eine persönliche Betreuung und intensive Bindung dieser Zielgruppe. Auf der anderen Seite entsteht jedoch eine starke Fokussierung auf einen bestimmten Bankansprechpartner, verbunden mit dem Risiko, dass dieser im Falle des Arbeitgeberwechsels die Zusammenarbeit mit dem Kunden aus dem neuen Beschäftigungsverhältnis heraus weiterführt. Weist die Mitarbeiterwertanalyse durch starke Ausprägung des Kriteriums „Referenzpotenzial" (vgl. Kap. E 2.4) auf eine übermäßige Konzentration der Kundenbeziehungen auf einige wenige Personen und intensive Vernetzung im Markt hin, lässt sich das mit einem

[1347] Vgl. ebenda.
[1348] Vgl. ebenda.
[1349] Vgl. ebenda.
[1350] Vgl. ebenda.
[1351] Vgl. Kobi, J.-M., Die fünf Kernkompetenzen, a. a. O., S. 782 f.
[1352] Vgl. Maier, H./Ebner-Hoti, S./Urban, S./Canisius, P., a. a. O., S. 706; Kobi, J.-M., Die fünf Kernkompetenzen, a. a. O., S. 782; Renner, G., a. a. O., S. 37.

Austritt dieser Schlüsselmitarbeiter verbundene Risiko durch organisatorische Maßnahmen begrenzen. Etwa der Aufbau eines zweiten Kompetenzträgers, der dem Kunden gegenüber frühzeitig in Erscheinung tritt, ohne die Hauptkontaktperson in ihrer Funktion zu schwächen, senkt das Risiko der Mitnahme von Kunden, ohne dieses aber im Falle des Abwerbens des gesamten Teams gänzlich ausschließen zu können.

Neben der externen stellt auch eine starke „interne Vernetzung" der Mitarbeiter (vgl. Kap. E 2.4), die als Teilergebnis der Mitarbeiterwertermittlung erkennbar wird, für das Unternehmen einen nicht zu unterschätzenden und im Kontext der Anreizzuteilung zu honorierenden Erfolgsfaktor dar. Diesbezüglichen möglicherweise generell konstatierten Defiziten kann das Management zum Beispiel durch die festere Verankerung von Vertretungsregeln oder durch abteilungsübergreifende Aktivitäten zur Förderung des interpersonellen Austauschs entgegenwirken.

Ergänzend zu den strukturellen Rahmenbedingungen muss die Gewährung entsprechender Freiräume auch in den **unternehmenskulturellen** Normen verankert sein.[1353] Handlungsleitende Maximen im täglichen Arbeitsleben könnten in diesem Sinne zum Beispiel darin bestehen, dass Fehler als Lernchance aufgefasst werden und nicht zur Degradierung oder Rücksetzung führen oder dass beim Vorliegen der notwendigen Sachkompetenz Entscheidungen vor Ort und nicht in entfernten Führungszentralen getroffen werden.[1354] Aber auch die Art des Umgangs miteinander prägt den vom Mitarbeiter empfundenen „Wohlfühlfaktor": So ist es im Investmentbanking aufgrund des internationalen Umfelds beispielsweise üblich, sich mit Kollegen und Mitarbeitern zu duzen. Dieser Umgang kann – eine echte Anteilnahme vorausgesetzt – eine gewisse Vertrautheit und Verbundenheit erzeugen, die die Mitgliedschaft in der Organisation wertvoll erscheinen lassen und es erschweren, sich abzukoppeln.[1355]

Das Commitment von Arbeitnehmern wird nicht zuletzt auch auf der – mit der Unternehmenskultur in Wechselwirkung stehenden – **führungsbezogenen** Ebene durch das Führungssystem der Organisation und insbesondere durch das Führungsverhalten der direkten Vorgesetzten beeinflusst.[1356] Die Grundpositionen zur Führung sollten daher transparent und authentisch in Führungsgrundsätzen veröffentlicht werden.[1357] Inhaltlich sollten darin Aussagen etwa zu eingeräumten Handlungsspielräumen, zum Zielvereinbarungs-

[1353] Vgl. Schirmer, U., Commitment fördern, a. a. O., S. 53.
[1354] Vgl. ebenda.
[1355] Vgl. Lohaus, D./Habermann, W., a. a. O., S. 49.
[1356] Vgl. Schirmer, U., Commitment fördern, a. a. O., S. 54.
[1357] Vgl. Armutat, S. et al., a. a. O., S. 58 ff.; Armutat, S., a. a. O.

system (anstelle eines Zielvorgabeverfahrens) oder zu einem institutionalisierten Feedbacksystem enthalten sein.[1358] Hierdurch wird es den Mitarbeitern möglich, zu erkennen, inwieweit individuelle und organisationale Werte im Einklang stehen, was sich im positiven Falle förderlich auf das normative Commitment auswirkt.[1359] Letztlich lassen sich höhere Motivation und Arbeitszufriedenheit und ein daraus resultierendes niedriges Austrittsrisiko jedoch nicht alleine durch die Vorgabe von Leitlinien, sondern nur durch die gelebte Praxis erreichen. Hierzu zählen zum Beispiel das vom Mitarbeiter erkennbare Bemühen der Vorgesetzten um einen kooperativen Führungsstil und ein gutes Abteilungs- bzw. Betriebsklima, die tatsächliche Nutzung der üblicherweise vorhandenen Instrumente zur gemeinsamen Erarbeitung und Formulierung von Leistungszielen oder die Erweiterung der Handlungsspielräume für Mitarbeiter als Ergebnis einer Überarbeitung der Kompetenzregelungen.[1360]

2.3 Mitarbeiterwertbasiertes Steuerungsmodell als Gegenstand der externen Berichterstattung

Das vorgestellte Totalmodell eignet sich durch die Vielzahl und Unterschiedlichkeit der berücksichtigten gegenwarts- und zukunftsbezogenen Kriterien als zusätzliches Instrument, um den steigenden Anforderungen der internationalen Investoren an eine aussagekräftigere, richtungsweisende und risikoorientierte Berichterstattung besser zu entsprechen.[1361] Bereits der 1994 vom Special Committee on Financial Reporting entwickelte Muster-Unternehmensbericht trug dieser Entwicklung Rechnung und zeigte eine deutlich erweiterte Aufnahme von prospektiven, nicht monetären Unternehmensinformationen.[1362] Dieser Ansatz führte zu weitreichenden Änderungen in der amerikanischen Rechnungslegung und hatte auch Folgen für das externe Rechnungswesen in Deutschland, wo bis dahin einer vorausschauenden Risikoberichterstattung und der anschaulichen Darstellung der Risikokultur eines Instituts oft zu wenig Bedeutung beigemessen worden

[1358] Vgl. Schirmer, U., Commitment fördern, a. a. O., S. 54; Armutat, S., a. a. O.

[1359] Vgl. Schirmer, U., Commitment fördern, a. a. O., S. 54.

[1360] Vgl. Pitsch, R., a. a. O., S. 57; Knebel, H., Mythos Leistungslohn, in: Personal 12/2006, S. 18–20, S. 20.

[1361] Vgl. PricewaterhouseCoopers, Humankapital, a. a. O., S. 44; Price Waterhouse, Narrative Reporting. A Study in European Corporate Governance, o. O. 1997, S. 16 ff.; Ackermann, K.-F., a. a. O., S. 48.

[1362] Vgl. Berndlmaier, A. F./Klein, G. A., Kundenorientierung in der US-amerikanischen Rechnungslegung: Der Comprehensive Report des Special Committee on Financial Reporting des AICPA, in: DB 22/1997, S. 1089–1095, S. 1091 f.; AICPA, Improving Business Reporting – A Customer Focus: Meeting the Information Needs of Investors and Creditors: A Comprehensive Report of the Special Committee on Financial Reporting, Jersey City 1994, in: http://accounting.rutgers.edu/raw/aicpa/business/main.htm vom 16.09.2009.

war.[1363] Der Gesetzgeber hat mittlerweile in einer Reform des Bilanzrechts seine Anforderungen an die Risikoberichterstattung konkretisiert.[1364] Im Mittelpunkt der Debatte über das Value Reporting[1365] steht in Deutschland der Konzernlagebericht[1366], der sich zu einem Instrument der wert- und zukunftsorientierten Berichterstattung entwickeln soll.[1367] Nach § 289 Abs. 2 Nr. 2 HGB soll der Lagebericht die voraussichtliche Entwicklung mit ihren wesentlichen Chancen und Risiken beurteilen und die Risikomanagementziele und -methoden der Gesellschaft benennen, um ein den tatsächlichen Verhältnissen entsprechendes Bild zu vermitteln. Ferner soll der Lagebericht nach § 289 Abs. 2 Nr. 5 HGB auf die Grundzüge des Vergütungssystems der Gesellschaft eingehen. Das in dieser Arbeit aufgezeigte Steuerungsmodell hat die umfassende Beurteilung von Chancen und Risiken aus personalwirtschaftlicher Sicht zum Inhalt und leitet daraus als ein Handlungsfeld Maßnahmen im Rahmen der Vergütungspolitik ab.

Das Deutsche Rechnungslegungs Standards Committee e. V. (DRSC) hat im Standard Nr. 15 (DRS 15) ab dem Jahr 2005 gültige neue Anforderungen für den Lagebericht aufgestellt.[1368] Die Prämisse für diese neuen Empfehlungen zum Lagebericht ist, dass die Prognose von Zukunftserfolgswerten nicht allein aus historischen Finanzdaten abgeleitet werden kann.[1369] Um solche Prognosen für die Zukunft zu plausibilisieren, sind neben Marktdaten vor allem auch diejenigen Werte eines Unternehmens wichtig, die sich offenbar nicht quantifizieren lassen.[1370] DRS 15 empfiehlt, im Konzernlagebericht – neben anderen immateriellen Vermögenswerten – auch den Einfluss von Humankapital auf die Entwicklung des Unternehmens darzustellen, etwa durch

[1363] Vgl. Singer, J., Mut zum Risiko, in: Sparkasse 1/2005, S. 4.

[1364] Vgl. ebenda. Am 04.12.2004 wurde das Bilanzrechtsreformgesetz (BilReG) verabschiedet, das zusammen mit dem Bilanzkontrollgesetz (BilKoG) vom 15.12.2004 der Stärkung der Unternehmensintegrität und des Anlegerschutzes dient, vgl. Heßler, A./Mosebach, P., Der Lagebericht nach dem Bilanzrechtsreformgesetz, in: http://www.hessler-mosebach.de/site/uploads/media/Lagebericht.pdf vom 02.11.2005, o. S.

[1365] Zu einer generell verstärkten Orientierung der Unternehmen an den Bedürfnissen der Kapitalmarktteilnehmer durch eine wertorientierte Berichterstattung (sog. Value Reporting) vgl. vertiefend Baetge, J./Heumann, R., Wertorientierte Berichterstattung, in: DB 7/2006, S. 345–350, S. 345 ff.

[1366] Gemäß § 264 HGB gehört zu einem Jahresabschluss ein Lagebericht; allerdings sind kleine Kapitalgesellschaften im Sinne von § 267 Abs. 1 HGB vom Aufstellen eines Lageberichts befreit.

[1367] Vgl. PricewaterhouseCoopers, Humankapital, a. a. O., S. 44; PricewaterhouseCoopers, Unternehmensstudie, a. a. O., S. 13; Singer, J., Mut zum Risiko, a. a. O., S. 4.

[1368] Vgl. PricewaterhouseCoopers, Unternehmensstudie, a. a. O., S. 13.

[1369] Vgl. ebenda.

[1370] Vgl. ebenda.

Schilderung der Fluktuation, der Mitarbeiterqualifikation, der Weiterbildungsaufwendungen pro Mitarbeiter oder auch der Entlohnungssysteme und Vergütungsregeln.[1371]

Ein Lagebericht, der – diesen Empfehlungen folgend – in aggregierter Weise Aussagen über Mitarbeiterwerte und deren Entwicklung enthält, schafft hohe Transparenz und unterstützt die aktive Steuerung operationaler Risiken im Personalbereich der Bank.[1372] Von der Qualität ihrer Personalpolitik überzeugte Arbeitgeber scheuen die Öffentlichkeit nicht, während sich weniger selbstbewusste Arbeitgeber dieser durch eine restriktive Informationspolitik entziehen.[1373] Dabei unterstützt gerade ein offensiver Umgang mit aggregierten mitarbeiterwertbezogenen Informationen nachhaltig das Ziel des Employer Branding, einer Teilfunktion des Corporate Branding, das eigene Unternehmen als wünschenswerten Arbeitgeber mit klarem Profil auf den relevanten Arbeitsmärkten zu positionieren.[1374]

3 Kontinuierliche Modellüberprüfung und -anpassung

Ziel des Personalcontrollings ist generell die Unterstützung einer optimalen Wertschöpfung der menschlichen Ressourcen.[1375] Die Überprüfung der Zielerreichung dient innerhalb eines regelkreisorientierten Steuerungsmodells[1376] (operationale Zielgrößen seien vorausgesetzt) insbesondere der Verbesserung künftiger Planungsabläufe durch das Lernen aus Abweichungsanalysen.[1377] Speziell mit Blick auf die jeweiligen Handlungs- und Ent-

---

[1371] Vgl. ebenda; Fischer, Th./Klöpfer, E., Human Resource Reporting, in: DB 50/2005, S. 2704–2707, S. 2704.

[1372] Vgl. Lanig, M., Operative Risiken im Personalbereich: Erkennen – messen – steuern, in: BI 3/2003, S. 62. Zu branchenübergreifenden Untersuchungen der freiwilligen Berichterstattung über die Vorschriften der externen Rechnungslegung hinaus vgl. vertiefend PricewaterhouseCoopers, Immaterielle Werte und andere weiche Faktoren in der Unternehmensberichterstattung, Frankfurt am Main 2003, und PricewaterhouseCoopers/Kirchhoff Consult AG, Wertorientierte Berichterstattung im DAX – Trends und Best Practices, Frankfurt am Main 2006.

[1373] Vgl. Sadowski, D./Schröder, M., Freiwillige Publizität und personalpolitische Reputation, in: zfbf 46/1994, S. 127–144, S. 128.

[1374] Vgl. Zaugg, R. J., Mit Profil am Arbeitsmarkt agieren, in: Personalwirtschaft 2/2002, S. 13–18, S. 13; o. V., Angst vor Schlagzeilen, in: Personalwirtschaft 2/2002, S. 23–25, S. 24.

[1375] Vgl. Wunderer, R., Entwicklungstendenzen im Personal-Controlling und der Wertschöpfungsmessung, in: Personal 6/2000, S. 298–304, S. 299.

[1376] Vgl. Männel, W., Kosten-, Leistungs-, Erlös- und Ergebnisrechnung, Lauf an der Pegnitz 1989, S. 72.

[1377] Vgl. Köhler, R./Krauter, J., Marketingplanung, in: Szyperski, N. (Hrsg.), Handwörterbuch der Planung, Stuttgart 1989, Sp. 1006–1020, Sp. 1015.

scheidungsfelder zur Entwicklung und Implementierung eines Modells, mit dessen Hilfe sich das Mitarbeiterportfolio steuern lässt, bietet es sich an, zwischen einem strategischen (das heißt auf die mittel- bis langfristigen Perspektiven ausgerichteten) sowie einem operativen (kurzfristig orientierten) Modellcontrolling zu unterscheiden.[1378] Neben dem unterschiedlichen Zeitraum der Betrachtung besteht ein weiterer wesentlicher Unterschied zwischen beiden Controllingdimensionen in der Möglichkeit zur Veränderung der jeweiligen Steuerungsparameter. Das operative Controlling vollzieht sich in einem weitgehend vorgegebenen, stark strukturierten Ziel- und Handlungsrahmen[1379], das strategische Controlling dagegen muss diesen regelmäßig hinterfragen.[1380]

Wichtige Ansatzpunkte für Controllingaktivitäten bestehen in der Überprüfung der getroffenen Annahmen, der zugrunde gelegten Strategie, der eingesetzten Verfahren, der eingeleiteten Steuerungsmaßnahmen sowie des organisatorischen Rahmens, also Auditing in seinen verschiedensten Ausprägungen.[1381]

- Prämissenaudit
  Hinterfragung der Aktualität der getroffenen Annahmen (z. B. Klärung, ob das Totalmodell weiterhin auf den anfänglich gewählten Teilnehmerkreis Anwendung finden soll);
- Strategienaudit
  Klärung, ob die mit der Implementierung der Mitarbeiterwertanalyse verbundenen Zielsetzungen noch mit den bankbetrieblichen Gesamtzielen im Einklang stehen und in sich widerspruchsfrei sind;
- Verfahrensaudit
  Überprüfung, ob die Informationsversorgung (einschließlich der verfügbaren EDV-gestützten Informationssysteme) sowie die angewandten Planungs- und Kontrolltechniken (das heißt auch die getroffene Auswahl der für die Mitarbeiterwertermittlung als relevant erachteten Determinanten, deren Gewichtungen und die Verknüpfungsregeln) dem aktuellen allgemeinen Wissensstand entsprechen;

[1378] Vgl. Franzen, O., Marken-Controlling effizient gestalten, in: Markenartikel 2/1995, S. 57–62, S. 58.

[1379] Vgl. Weber, J., Controlling – Möglichkeiten und Grenzen der Übertragbarkeit eines erwerbswirtschaftlichen Führungsinstruments auf öffentliche Institutionen, in: DBW 2/1988, S. 171–194, S. 178.

[1380] Vgl. Schreyögg, G./Steinmann, H., Strategische Kontrolle, in: zfbf 5/1985, S. 391–410, S. 403 ff.

[1381] Vgl. Köhler, R., Beiträge zum Marketing-Management, Stuttgart 1988, S. 191.

- Organisationsaudit
  Untersuchung, ob zur Umsetzung der mitarbeiterwertbasierten Steuerungskonzepte die erforderliche technische Infrastruktur und begleitende organisatorische Maßnahmen sichergestellt sind;
- Maßnahmen- und Wirkungsaudit
  Feststellung, ob alle Maßnahmen zur Steuerung des Personalportfolios hinreichend bezüglich der Gestaltungskonzeptionen abgestimmt sind und die gewünschte Wirkung erzielen.[1382]

Die Zuordnung der verschiedenen Entscheidungsfelder zum strategischen bzw. operativen Controlling geht aus Abbildung 29 hervor:

[1382] Vgl. ebenda; Wunderer, R., Entwicklungstendenzen im Personal-Controlling, a. a. O., S. 299; Schreyögg, G./Steinmann, H., a. a. O., S. 401 ff.

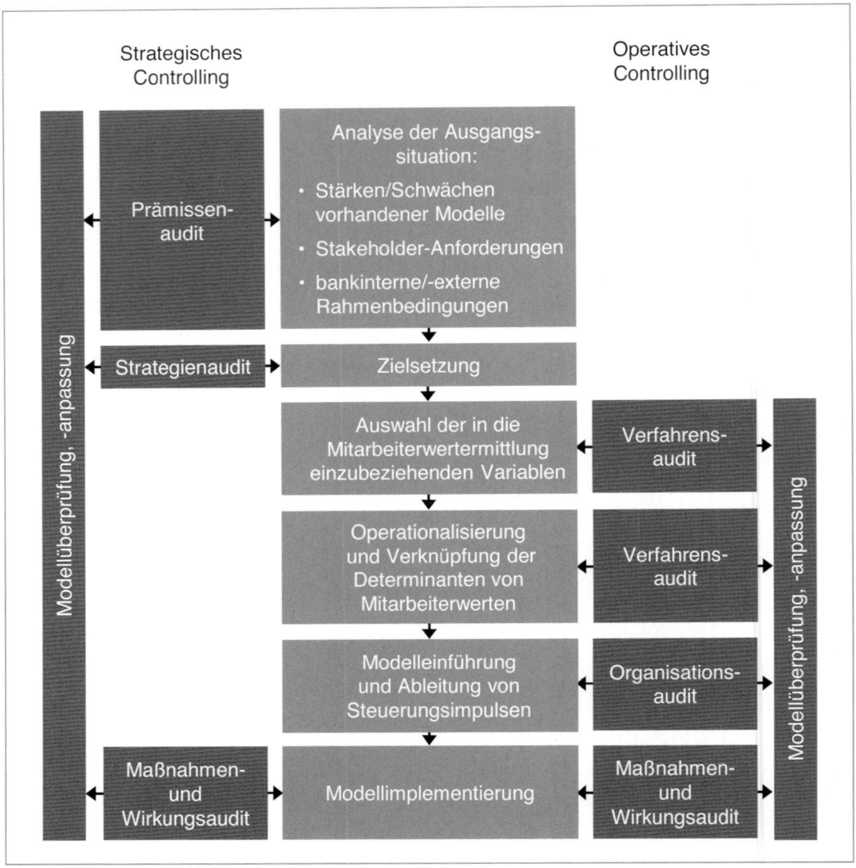

Abb. 29 Ansatzpunkte für Controllingaktivitäten

Da sich die Rahmenbedingungen laufend ändern und eine mangelhafte Betreuung des Systems schleichend zu Überalterung führt, muss das System von den Modellentwicklern bzw. den späteren Nutzern regelmäßig auf seine Eignung als Steuerungsinstrument hin überprüft werden.[1383] Da Performancebeurteilungen (eine wesentliche Determinante von Mitarbeiterwerten) üblicherweise einmal jährlich erfolgen, bietet es sich an, ein Audit der vorgestellten Teilaspekte ebenfalls im jährlichen Turnus durchzuführen.

[1383] Vgl. Schwarz, W., a. a. O., S. 164; Treacy, W. F./Carey, M. S./Disselbeck, K., Interne Ratings – die Erfahrungen amerikanischer Großbanken, in: ZfgK 3/1999, S. 46–48, S. 48.

Schwierig dürfte es sicherlich sein, eine Verbesserung der Ertragssituation alleine auf den Erfolg der Einführung eines Steuerungssystems, das auf Mitarbeiterwerten beruht, zurückzuführen.[1384] Auch wenn ein sachlicher Zusammenhang zwischen der Motivation der Mitarbeiter und dem eingeführten Verteilungssystem existieren dürfte, so verwischen Sondereffekte, wie zum Beispiel ein verbessertes Marktumfeld, eine eindeutige Ursachen-Wirkungs-Beziehung. Dennoch tragen die Nutzung und kontinuierliche Adjustierung des vorgestellten Modells zur Mitarbeitersteuerung nachhaltig dazu bei, den Einsatz sowohl der personellen als auch der finanziellen Ressourcen im Hinblick auf die bankbetrieblichen Zielsetzungen zu optimieren.

[1384] Vgl. Wienkamp, H., a. a. O., S. 36.

H Thesenartige Zusammenfassung und Ausblick

Die in der vorliegenden Arbeit vorgenommene Analyse der Notwendigkeit und der Möglichkeiten zur Steuerung des Mitarbeiterportfolios im Investmentbanking unter Verwendung von Mitarbeiterwerten führt zu folgenden, in fünf Thesen zusammengefassten Ergebnissen:

These 1
Die stärkere Fokussierung auf das Humankapital mittels mitarbeiterwertbasierter Steuerungsinstrumente stärkt die langfristige Marktposition im wettbewerbsintensiven, im Umbruch befindlichen Investmentbankinggeschäft.

Als Folge der Verwerfungen am US-Immobilienmarkt gerieten die internationalen Kapitalmärkte in Turbulenzen und lösten einen weltweiten Wandel der gesamten Marktstrukturen, der Geschäftsmodelle der Banken und des Risikoverhaltens der Marktteilnehmer aus.[1385] Es ist davon auszugehen, dass die Profitabilität der europäischen kapitalmarktorientierten Banken kurz- bis mittelfristig zurückgehen wird und die Ergebnisse mit Blick auf Kapital, Gewinnmargen und Refinanzierungsmöglichkeiten unter Druck bleiben.[1386]

Experten erwarten, dass sich das Investmentbankinggeschäft speziell in Deutschland zwar etwas erholen wird, bezweifeln jedoch, dass das Ertragsniveau von 1999 wieder zu erreichen ist[1387] – auch aufgrund der Verunsicherung der Marktteilnehmer durch die weltweite Finanzkrise. Potenzielle Zeichner von Neuemissionen reagieren nach fehlgeschlagenen Börsengängen der jüngsten Vergangenheit zurückhaltend.[1388] Zahlreiche Unternehmen stellen ihre früher geäußerten Going-public-Pläne zurück, da sie zum einen Imageschaden befürchten, falls der Börsengang fehlschlägt, und zum anderen der erzielbare Emissionsbetrag aufgrund des geringen Zeichnungsinteresses zu niedrig sein dürfte.[1389] Viele Firmen schreckt zudem inzwischen das Wachstum durch Übernahmen aufgrund des mit hohen Übernahmepreisen und nicht mehr tragfähigen Verschuldungsquoten

[1385] Vgl. Dibelius, A., a. a. O., S. 30 ff.
[1386] Vgl. ebenda, S. 31.
[1387] Vgl. Singer, J., Ist das deutsche Investmentbanking, a. a. O., S. 14.
[1388] Vgl. PricewaterhouseCoopers, Leichte Erholung am IPO-Markt – Trendwende lässt noch auf sich warten, Pressemitteilung vom 06.10.2009.
[1389] Vgl. Singer, J., Ist das deutsche Investmentbanking, a. a. O., S. 14. In Anlehnung an die von O. Hahn verwendete Formulierung der „Taktik der verbrannten Erde“ bezeichnet J. Singer die in der Hochphase der New Economy in Deutschland noch bejubelte Aktienkultur als inzwischen „verbrannt“, vgl. Singer, J., Käuferstreik, a. a. O., S. 8; Hahn, O., Die Führung des Bankbetriebes, Stuttgart 1977, S. 206.

verbundenen großen Risikopotenzials ab.[1390] Die Alternative lautet vielmehr „organisches Wachstum".[1391] Während die einstigen „Königsdisziplinen" Börsengänge sowie Fusionen und Übernahmen demzufolge an Bedeutung verlieren, steht künftig eher die Restrukturierungsberatung auf der Tagesordnung, die Refinanzierungen bis hin zu Notverkäufen umfasst.[1392]
Die ureigene Aufgabe einer Investmentbank, die Kapitalbeschaffung als Intermediär für Kunden, ist infolge der Finanzkrise keineswegs obsolet geworden.[1393] Da die Finanzkrise sich aber inzwischen zu einer Wirtschaftskrise ausgewachsen hat und Konjunkturprognosen nach unten korrigiert werden, sinkt in der Wirtschaft der Kapitalbedarf für Investitionen.[1394] Wie jedes andere Geschäft unterliegt somit auch das Investmentbanking gewissen Zyklen des Auf und Ab, wobei Experten jedoch erwarten, dass der der Finanzkrise folgende „Besinnungsprozess" durchaus „etwas längere Zeit" dauern wird.[1395]

Die Notwendigkeit der stärkeren Fokussierung auf die Schlüsselmitarbeiter und die gegebenenfalls erforderliche Trennung von Low Performers gewinnen im Investmentbanking vor dem Hintergrund der hier gegenwärtig weltweit stattfindenden Konsolidierungs- und Entlassungswelle, die insbesondere aus der Kapitalmarktkrise resultiert, einen hohen Stellenwert.[1396] Der Strukturwandel bzw. Paradigmenwechsel im Investmentbanking und der hohe Anteil der Personalkosten an den Gesamtkosten verleiten jedoch nach wie vor viele Banken dazu, in Zeiten geschäftlicher Unsicherheit genau hier Kürzungen

---

[1390] Vgl. Singer, J., Ist das deutsche Investmentbanking, a. a. O., S. 13.

[1391] Vgl. ebenda.

[1392] Vgl. Böhmert, K., Deutsche Bank setzt sich bei M&A wieder an die Spitze, in: Börsen-Zeitung vom 18.02.2009, S. 4; Böhmert, K., Investmentbanker vor dem Scherbenhaufen, in: Börsen-Zeitung vom 30.12.2008, S. 8; Singer, J., Warum erst jetzt?, in: ZfgK 16/2008, S. 6–7, S. 7; Landgraf, R./Maisch, M., Investment-Banking steht vor Umbruch, in: Handelsblatt vom 16.02.2005, S. 23.

[1393] Vgl. Böhmert, K., Investmentbanker, a. a. O., S. 8; Appel, H., Die Zukunft des Investmentbankings, in: http://www.faz.net/s/ RubEC1ACFE1EE274C81BCD 3621EF555C83C/Doc~E359E545DEF4E49A0AFF1E4A219515BF7~ATpl~Ecommon ~Scontent.html vom 04.03.2009.

[1394] Vgl. Böhmert, K., Investmentbanker, a. a. O., S. 8.

[1395] Vgl. Böhmert, K., Die Finanzkrise, a. a. O., S. 4. Experten gehen im weltweiten Ausblick beispielsweise davon aus, dass mit dem Ende der Finanzkrise die noch längst nicht abgeschlossenen Privatisierungen in den Emerging Markets, vor allem in China, das Wachstum der globalen IPO-Märkte beflügeln werden, vgl. Ernst & Young, a. a. O.; o. V., Deutsche Bank zeigt Ehrgeiz bei Renditeziel – Investment Banking muss abspecken, in: Börsen-Zeitung vom 29.11.2008, S. 1.

[1396] Vgl. Müller, K., a. a. O.; o. V., „Ich begrüße jeden Konsolidierungsschritt", in: Börsen-Zeitung vom 12.09.2008, S. 3; Guerrera, F./van Duyn, A., Finanzbranche vor weiteren Entlassungen, in: http://www.ftd.de/unternehmen/finanzdienstleister/:Massive-Kostensenkungen-Finanzbranche-vor-weiteren-Entlassungen/437046.html vom 10.11.2008; Paul, H., a. a. O.

vorzunehmen, anstatt die Potenziale ihrer Mitarbeiter zu erfassen und besser auszuschöpfen.[1397] Das vorgestellte Totalmodell auf Basis von Mitarbeiterwerten verknüpft in einem ganzheitlichen Ansatz die relevanten personalwirtschaftlichen Stellschrauben, um konsequent höhere Wertschöpfungsgewinne und damit Kompetenzvorsprünge im Wettbewerb zu erzielen.[1398] Bereits die Beschäftigung mit der Ermittlung von Mitarbeiterwerten ist ein Signal an interne und externe Adressaten für das Vorhandensein eines modernen Personalmanagements, mit dem die Personalabteilung ihre Rolle als (strategischer) Businesspartner der Unternehmensleitung aufbauen oder stärken kann.[1399]

These 2
Nur ein ganzheitlicher Ansatz, der sowohl die unterschiedlichen personalwirtschaftlichen Instrumente der Bank verknüpft als auch deren strategische, marktorientierte Ausrichtung berücksichtigt, trägt der Vielfalt der Einflussfaktoren auf Mitarbeiterwerte und der Komplexität der jeweiligen Wirkungszusammenhänge Rechnung.

Das Personalmanagement einer jeden Bank steht gemeinsam mit den Führungskräften in der Verantwortung, die Zukunftsressourcen zu sichern, den Strukturwandel zu managen und eine neue Leistungskultur zu gestalten.[1400] In einer Zeit des sich immer schneller vollziehenden Wandels wird nur derjenige erfolgreich sein, der Veränderungen rechtzeitig erkennt, akzeptiert und den Mut hat, sein Denken und Handeln an der Zukunft auszurichten.[1401] Wer sich dagegen nur darauf beschränkt, an „Überkommenem" festzuhalten, wird bereits nach kurzer Zeit den Anschluss an das Heute verloren haben und die Zukunft nicht meistern.[1402] Die Personalarbeit sollte sich daher nicht auf eine administrative Rolle beschränken, sondern sich vielmehr zu einem strategischen Faktor der Unternehmensentwicklung wandeln.[1403] Erst wenige Personalmanager sehen sich mit Blick auf das Human Capital und dessen

[1397] Vgl. Woerwag, S./Bogdahn, A., a. a. O., S. 28; Nagel, A., a. a. O., S. 25.
[1398] Vgl. Schust, G. H., a. a. O., S. 238.
[1399] Vgl. Scholz, Chr., Zehn Fragen, a. a. O., S. 14; Scholz, Chr./Stein, V., Das neue Paradigma, a. a. O., S. 52.
[1400] Vgl. Krüger, W., Personalpolitik vor neuen Herausforderungen, in: Die Bank 7/1998, S. 446–448, S. 448.
[1401] Vgl. Alewald, Th., a. a. O., S. 846; Edvinsson, L./Brünig, G., a. a. O., S. 54.
[1402] Vgl. Alewald, Th., a. a. O., S. 846.
[1403] Vgl. Wunderer, R., Von der Personaladministration zum Wertschöpfungs-Center. Vision, Konzeption und Realisation unternehmerischer Personalarbeit, in: DBW 2/1992, S. 201–215, S. 213.

Wertsteigerung in der Rolle des „Human-Asset-Managers".[1404] In Analogie zu dem Berufsbild des klassischen Assetmanagers in der Finanzdienstleistungsbranche obliegt es dem Human-Asset-Manager, das ihm übertragene Vermögen (das Humanvermögen) im Einklang mit den Unternehmenszielen zu steuern, die personalpolitischen Hebel der (individuellen) Wertsteigerung zu identifizieren und gewinnbringend einzusetzen.[1405]

Die zur Steuerung der menschlichen Vermögenswerte als Hilfsmittel zur Verfügung stehenden partialanalytischen Modelle vermögen aufgrund ihrer systemimmanent eingeschränkten Betrachtungsweise nicht, der Komplexität der Thematik vollumfänglich gerecht zu werden. Erst ein Totalmodell, das die unterschiedlichsten personalwirtschaftlichen Steuerungsinstrumente (z. B. Kompetenzmodell, Performancemessung, Potenzialanalysen, Stellenbewertungen) einbindet, aber auch vorhandene Kompetenzen mit der voraussichtlichen Marktentwicklung bzw. der Unternehmensstrategie abgleicht, schafft die Voraussetzungen für eine nachhaltig ergebnis-, leistungs- und zukunftsbezogene Anreizpolitik.[1406] Ein ausgewogen gestaltetes Totalsystem erfüllt die Forderung an ein zeitgemäßes Personalmanagement, eine flexible Anreizsystematik bereitzustellen, die über alle Unternehmensbereiche hinweg kompatibel ist, alle Funktionen (Führungskräfte und Mitarbeiter gleichermaßen) erfasst und die strategische Unternehmenssteuerung aktiv unterstützt.[1407] Als integratives Modell strebt das vorgestellte Konzept jedoch keine Vollständigkeit und Perfektion, wohl aber eine erhöhte Transparenz an, um dadurch zur Reduzierung einer ausschließlich subjektiven Informationsaufnahme und -aufbereitung und eines mikropolitisch geprägten Beliebigkeitsspielraums der Entscheidungsträger beizutragen.

These 3
Der Matrixansatz des vorgestellten Totalmodells erlaubt durch Aggregation der jeweiligen Teilwerte die Steuerung des Mitarbeiterportfolios sowohl auf der Ebene einzelner Mitarbeiter(gruppen) als auch hinsichtlich der einzelnen Determinanten von Mitarbeiterwerten.

Die Steuerung anhand von Mitarbeiterwerten trägt zu einer Hochleistungskultur im Unternehmen bei und macht durch die Verwendung identischer Bewertungsgrundlagen die Leistungen einzelner Mitarbeiter vergleichbar, sorgt

[1404] Vgl. Jäger, W., Analysten entdecken das Human Capital, in: Personalwirtschaft 12/2002, S. 16–18, S. 18.
[1405] Vgl. ebenda; Biren, J.-M./Papmehl, A., a. a. O., S. 22.
[1406] Vgl. Gerlach, D., Das Personalcontrolling in der Commerzbank AG, in: Personalführung 11/2000, S. 18–22, S. 21; Schmeer, B., Neue Trends bei den Vergütungssystemen, in: Personalführung 9/1996, S. 788–791, S. 788.
[1407] Vgl. Uepping, H./Matthes, E., a. a. O., S. 859.

also für Transparenz und Gerechtigkeit.[1408] Die Aggregation der Ausprägungen einzelner Determinanten von Mitarbeiterwerten auf Mitarbeiterebene führt unter Anwendung entsprechender mathematischer Verfahren (z. B. Scoring oder Rating) zu einer einzigen Kennzahl, die eine relative Aussage über die Bedeutung des Mitarbeiters für das Unternehmen zulässt.

Die im Rahmen eines Totalmodells ermittelten Mitarbeiterwerte liefern eine aussagekräftige Entscheidungsgrundlage, um Schlüsselmitarbeiter zu identifizieren, auf diese materielle und immaterielle Leistungsanreize wirkungsvoll zu konzentrieren und durch gezielte Personalentwicklungsmaßnahmen an die Bank zu binden. Die Ergebnisse der Mitarbeiterwertanalyse können in letzter Konsequenz aber auch dazu führen, sich von leistungsschwachen Mitarbeitern zu trennen, sofern Personalentwicklungsmaßnahmen nicht greifen.[1409] Das vorgestellte System vermag vielfältige Steuerungsimpulse zu geben, kann dem Management jedoch nicht die grundsätzliche Entscheidung abnehmen, ob Mitarbeiter mit einem hohen Wert noch mehr gefördert werden sollen oder eher die Mitarbeiter mit einem niedrigen Wert, damit sie Anschluss an die Schlüsselpersonen erhalten.[1410] Wie auch immer die Entscheidung ausfällt, lassen sich durch den zielgerichteten Einsatz von Investitionen in die Mitarbeiter Streuverluste vermeiden und damit nicht zu unterschätzende Kostenreduktionseffekte erreichen.[1411]

Ein Totalmodell im erläuterten Sinne erlaubt durch die (Dis-)Aggregierbarkeit der gewonnenen Human-Capital-Kennzahlen differenzierte Aussagen zugleich auf der operativen Individuums-, der taktischen Abteilungs- sowie der strategischen Gesamtunternehmensebene.[1412] Auf diese Weise lässt sich überprüfen, ob in den erklärten Kerngeschäftsfeldern tatsächlich auch das wertvollste Humankapital der Bank zum Einsatz kommt.

Das Einsatzspektrum des Instruments „Mitarbeiterwertanalyse" reicht aber weit über die personenbezogene Steuerungsdimension hinaus. Die einzelnen für die Mitarbeiterwertermittlung relevanten Kriterien betreffen nämlich als Haupttreiber zugleich die wesentlichen personalwirtschaftlichen Risikokategorien, nämlich das Anpassungs-, Engpass-, Motivations- und Austrittsrisiko. Die Auswertung der jeweiligen Ausprägungen der Determinanten von Mitarbeiterwerten deckt aus risikoorientierter Sicht Handlungsbedarf auf und

[1408] Vgl. Biren, J.-M./Papmehl, A., a. a. O., S. 22.
[1409] Vgl. ebenda.
[1410] Es handelt sich hierbei um eine grundsätzliche, fast ideologische Frage, die analog auch im Zusammenhang mit der Diskussion über die Förderung hochbegabter Schüler immer wieder aufkommt.
[1411] Vgl. in Analogie zum Kundenwert Kirchhoff, A./Günther, M. J., a. a. O., S. 53.
[1412] Vgl. Scholz, Chr./Stein, V./Bechtel, R., a. a. O., S. 53 f.

ermöglicht auf diese Weise ein ganzheitliches, institutionalisiertes Personalrisikocontrolling, das an die für das Unternehmen aus der Gesamtzielsetzung abgeleiteten Erfolgsfaktoren anknüpft.

These 4
Erfolgreiches Human-Capital-Management auf der Basis von Mitarbeiterwerten muss den ausgelösten internen Leistungswettbewerb mit transparenter und gerechter Anreizzuteilung und individuellen Karriereperspektiven kombinieren, um von den Mitarbeitern (bzw. den Gremien als deren Interessenvertretern) als vorteilhaft angesehen zu werden.

Deutliche und kontinuierliche Verbesserungen der Arbeitsergebnisse verlangen nach einer Form der Honorierung, die über die Auswahl materieller Anreizkomponenten (z. B. Eingruppierung mit Grundentgelt, kombiniert mit Zulagen, Bonus oder Prämien) hinausgeht.[1413] Vielmehr ist die richtige Kombination und Dosierung materieller und zugleich immaterieller Anreize (z. B. Lob, Firmentitel und andere symbolische Auszeichnungen) notwendig, um die gewünschten Motivations- und Bindungseffekte zu erreichen.[1414] In der Praxis werden insbesondere die ichbezogenen Bedürfnisse nach Lob und Anerkennung (in welcher Form auch immer) von Unternehmensseite häufig ignoriert.[1415] Gerade hierauf sollte eine Unternehmensführung jedoch ihr Augenmerk richten, wenn sie Leistungssteigerungen, Veränderungsbereitschaft und innovative Quantensprünge mit Blick auf die Wettbewerbsfähigkeit bei ihren Mitarbeitern bewirken will.[1416]

Eine gesteigerte Incentivierung höherer Mitarbeiterwerte motiviert die Mitarbeiter einerseits zur stärkeren Erfüllung der mitarbeiterwertrelevanten Kriterien und damit der bankbetrieblichen Ziele.[1417] Die Abschaffung gewohnter „Komfortzonen" und garantierter Stammplätze forciert jedoch andererseits den Wettbewerb innerhalb der Belegschaft und könnte sich negativ auf die Teamarbeit auswirken, falls nur die Leistung des Einzelnen zählt.[1418] Eine entsprechende Modellgestaltung (z. B. durch die angemessene Gewichtung von Teamzielen) sowie Aufklärung über die Zielsetzung des Systems sind daher auch gegenüber den Gremien im Vorfeld erforderlich, um diese

[1413] Vgl. Hegner, F./Kleibs, R., a. a. O., S. 514.
[1414] Vgl. ebenda; Wucknitz, U. D., Der Mitarbeiter-Marketing-Ansatz, in: Personal 9/1997, S. 444–447, S. 444 ff.
[1415] Vgl. Ueberschaer, N., a. a. O., S. 14.
[1416] Vgl. ebenda.
[1417] Vgl. Sönnichsen, C., a. a. O., S. 442.
[1418] Vgl. Scholz, Chr./Stein, V./Bechtel, R., a. a. O., S. 54; Sönnichsen, C., a. a. O., S. 442; Biren, J.-M./Papmehl, A., a. a. O., S. 22.

Vorbehalte auszuräumen.[1419] Human-Capital-Management sieht sich teilweise dem Vorwurf ausgesetzt, mitarbeiterfeindlich, entmenschlicht, mechanistisch und technokratisch zu sein, der bei näherer Betrachtung jedoch nicht haltbar ist.[1420] Schließlich lassen sich bewertbare Mitarbeitereignungen zugleich in individuelle Chancen transformieren.[1421] Die auf diese Weise erreichte Bindung der Schlüsselpersonen trägt letztlich auch zur Sicherung der (meisten) Arbeitsplätze der anderen Mitarbeiter bei, worin ein Kerninteresse der Arbeitnehmervertreter besteht. Damit der interne Wettbewerb allerdings nicht ruinöse Formen annimmt, müssen Schutzmechanismen als wichtige Teile des Personalsteuerungssystems jedes persönliche Interesse an der Inkaufnahme unverhältnismäßiger Geschäftsrisiken begrenzen und das psychische und physische Wohlergehen der konkurrierenden Mitarbeiter sicherstellen.[1422] Human-Capital-Management hat dann das Potenzial eines Win-win-Konzepts sowohl für Unternehmen als auch für seine Mitarbeiter, vorausgesetzt, die neue Wettbewerbssituation wird offen kommuniziert und fair praktiziert.[1423] Sowohl

---

[1419] Vgl. Biren, J.-M./Papmehl, A., a. a. O., S. 22.

[1420] Vgl. Scholz, Chr./Stein, V./Bechtel, R., a. a. O., S. 54.

[1421] Vgl. ebenda; Sönnichsen, C., a. a. O., S. 442.

[1422] Einen Meilenstein auf dem Weg zur weltweiten Regulierung der Vergütung von Bankmanagern erreichten die Staats- und Regierungschefs der 20 größten Industrie- und Schwellenländer während ihres Gipfeltreffens am 24./25.09.2009 im amerikanischen Pittsburgh. In ihrem Abschlusskommuniqué einigten sich die Vertreter der sogenannten G-20-Länder darauf, dass die variablen Vergütungen nicht mehr an kurzfristigen Gewinnen, sondern am nachhaltigen Erfolg der Bank ausgerichtet werden sollen. Um zukünftig die Übernahme exzessiver Risiken zu unterbinden, sollen unter anderem Bonuszahlungen über mehrere Jahre gestreckt, Teile der Boni in Form von Aktien oder Aktienoptionen gewährt und mehrjährige Bonusgarantien vermieden werden. Auf die Festlegung einer absoluten Höchstgrenze der Vergütung von Bankmanagern konnten sich die Gipfelteilnehmer hingegen nicht verständigen, vgl. o. V., Leaders' Statement: The Pittsburgh Summit, in: http://www.pittsburghsummit.gov/mediacenter/129639.htm vom 26.09.2009; o. V., Die neue Finanzarchitektur nimmt Gestalt an, in: FAZ vom 26.09.2009, S. 11; o. V., EU-Staaten sagen exzessiven Boni Kampf an, in: http://www.handelsblatt.com/politik/international/eu-staaten-sagen-exzessiven-boni-kampf-an;2458146 vom 18.09.2009; Berschens, R., Macht und Ohnmacht bei Boni-Exzessen, in: http://www.handelsblatt.com/politik/handelsblatt-kommentar/macht-und-ohnmacht-bei-boni-exzessen;2451849 vom 02.09.2009; Afhüppe, S./Berschens, R., G20 wollen Großbanken beschneiden, in: http://www.handelsblatt.com/politik/international/g20-wollen-grossbanken-beschneiden;2451337 vom 31.08.2009; o. V., Brüssel schaut Banken bei Boni auf die Finger, in: Börsen-Zeitung vom 14.07.2009, S. 4; o. V., Bankenaufsicht soll Boni kontrollieren, in: Börsen-Zeitung vom 30.04.2009, S. 3; o. V., Boni-Programme sollen Risiken mit einbeziehen, in: Börsen-Zeitung vom 18.07.2008, S. 4; o. V., Banken schlagen Verhaltenskodex vor, in: FAZ vom 10.04.2008, S. 11; o. V., Vergütungen, a. a. O., S. 5.

[1423] Vgl. Scholz, Chr./Stein, V./Bechtel, R., a. a. O., S. 54.

Betriebsrat als auch Sprecherausschuss sollten – unabhängig von den geltenden gesetzlichen Erfordernissen – bereits zu einem sehr frühen Zeitpunkt in die Konzeptionierung eines Systems zur Steuerung des Mitarbeiterportfolios einbezogen werden, um auf Arbeitgeberseite eine Sensibilität für eventuelle Konfliktthemen entwickeln zu können.[1424]

Wenn das Humankapital eine entscheidende Bedeutung für den nachhaltigen Erfolg und die Wertsteigerung von Unternehmen hat, muss es in der Praxis denselben Stellenwert und dieselbe Aufmerksamkeit seitens des Managements erhalten wie das Finanzkapital.[1425] Das gesamte Management und insbesondere das Topmanagement müssen die zentrale Bedeutung des Humankapitals erkennen, es in ihre Unternehmensstrategie integrieren und sich konkrete Ziele zu seiner Erhaltung, Förderung, Entfaltung und Mehrung setzen.[1426] Die systemseitig unterstützte Ermittlung von Mitarbeiterwerten schafft die technischen Voraussetzungen, um über die Entwicklung der personellen Ressourcen in derselben Intensität, Konsistenz und Vollständigkeit Rechenschaft ablegen zu können wie über den Umgang mit den finanziellen Ressourcen des Unternehmens.[1427]

These 5
Wenngleich jedwede Ausgestaltung eines Steuerungssystems Ansatzpunkte für Kritik bietet, so verbessert dennoch die Verwendung von Mitarbeiterwerten die Qualität der Steuerung des Mitarbeiterportfolios signifikant.

In der Fachliteratur wird die Auseinandersetzung mit ethisch-moralischen Bedenken gegen die Ermittlung von Mitarbeiterwerten teilweise recht emotional geführt. Der Blick auf die gängige Praxis in anderen Lebensbereichen (wie z. B. im Leistungssport) zeigt jedoch, dass Menschen längst – im wirtschaftlichen Sinne – ein Wert zugemessen wird. Die „Unmenschlichkeit" des Modells entsteht allerdings nicht durch die Ermittlung von Mitarbeiterwerten per se, sondern erst durch eine undifferenzierte, unsensible Umsetzung der Ergebnisse.

Ansatzpunkte für methodische Kritik bietet jedes wie auch immer gestaltete System zur Steuerung des Mitarbeiterportfolios. Solcher Kritik lässt sich jedoch entgegenhalten, dass dennoch Allokationsentscheidungen im Unternehmen aus Akzeptanzgründen auf einer festzulegenden Grundlage erfolgen müssen.

[1424] Vgl. Bardens, R./Wimmer, K., Mehr Freiheit, a. a. O., S. 75; Conrad, P./Manke, G., a. a. O., S. 57; Renner, G., a. a. O., S. 38.
[1425] Vgl. Schütte, M., Humankapital messen, a. a. O., S. 19.
[1426] Vgl. ebenda, S. 19 f.
[1427] Vgl. ebenda, S. 20.

Das vorgeschlagene ganzheitliche Modell ersetzt die bisher nur eindimensional oder unsystematisch (meist nur auf gedanklicher) Basis vorgenommene Verknüpfung mitarbeiterwertrelevanter Determinanten zur Ableitung von Anreizverteilungen. Trotz des Bemühens um eine zumindest weitgehend objektive Ermittlung von Mitarbeiterwerten fließen in die Auswahl der einzubeziehenden Kriterien, in deren jeweilige Gewichtungen sowie in die gewählte Verknüpfungsregel stets auch subjektive Aspekte ein. Es wird nie möglich sein, einem Mitarbeiter einen allgemeingültigen, unanfechtbaren Wert zuzuordnen, da jeder Mitarbeiter in seiner Persönlichkeit und Leistung individuell ist und nur schwer schematisch erfasst werden kann.[1428] Der Wert eines Mitarbeiters ist unterschiedlich je nach Betrachter und Wertschätzung; außerdem kann ein Mitarbeiter in Position A für seinen Arbeitgeber wertvoll und in Position B nahezu wertlos sein.[1429] Das Humankapital ist somit immer ein relativer Wert, weil die Leistungsfähigkeit des Einzelnen nur in Abhängigkeit von den Rahmenbedingungen (wie der zugewiesenen Aufgabe, der Struktur oder dem Ziel des Unternehmens) beurteilt werden kann.[1430]

Die vorliegende Arbeit liefert den für die Modellentwicklung erforderlichen generellen Handlungsrahmen; die konkrete Auswahl der Einzelfaktoren und deren Nutzung zur Optimierung des Steuerungsprozesses obliegen dagegen den Entscheidungsträgern. Selbst ein ausgeklügeltes System zur Mitarbeiterwertermittlung sollte allerdings keine automatischen Handlungen im Sinne von „Wenn-dann-Mechanismen" zur Folge haben. Da kein Computer die menschlichen Beurteilungsfähigkeiten ersetzen kann, muss letztlich der Systemnutzer entscheiden, inwieweit er in der Praxis der Empfehlung des Systems zur Unterstützung seiner Allokationsentscheidungen folgen möchte.[1431] Der Umstand, eine Entscheidungshilfe, nicht jedoch die Entscheidung selbst zu liefern, kommt ganz besonders zum Tragen, wenn die Bewertung „auf der Kippe steht", die Gefahr eines Fehlurteils mithin besonders groß ist.[1432] Durch die Einbeziehung bereits vorhandener Personalinstrumente innerhalb des Totalmodells tritt somit aus Pareto-optimaler Sicht keine Verschlechterung, sondern eine Verbesserung der Basis für Allokationsentscheidungen gegenüber der gängigen betrieblichen Praxis ein. Systemimmanente Einschränkungen der in die Mitarbeiterwertermittlung einfließenden Personalinstrumente (wie z. B. die Subjektivität bei der Durchführung von Mitarbeiterbeurteilungen) sind keine Schwäche des integrierten Ansatzes selbst und sollten daher dem vorgestellten System nicht als Nachteil angelastet werden.

[1428] Vgl. Kopatz, A., a. a. O., S. 49; Wagner, P., a. a. O., S. 101.
[1429] Vgl. Kopatz, A., a. a. O., S. 49.
[1430] Vgl. Herding, K./Stumpfhaus, B., Humankapital nicht bewerten, sondern entfalten, in: Personalwirtschaft 5/2003, S. 55–58, S. 55.
[1431] Vgl. Hirsch, U., a. a. O., S. 671.
[1432] Vgl. ebenda.

Die Entwicklung eines Anreizverteilungssystems ist kein einmaliges Projekt mit klar definiertem Anfang und Ende.[1433] Es ist erforderlich, die angewandten Kriterien, Gewichtungen und Verfahren immer wieder zu hinterfragen und an möglicherweise geänderte Marktbedingungen anzupassen. Wenn die individuellen Entscheidungen des Nutzers von den Systemvorschlägen abweichen, sollte dieser seine Erfahrungswerte innerhalb eines „lernenden Systems" einbringen, um das Modell dadurch regelmäßig zu aktualisieren und die Validität der ermittelten Mitarbeiterwerte zu erhöhen. Beispielsweise führte auch die Verwendung von Scoring-Verfahren als Instrument zur Beurteilung der Bonität von Kreditantragstellern anfangs zu Reaktionen, die von starker Befürwortung bis gänzlicher Ablehnung reichten. Mittlerweile haben Scoring-Verfahren aufgrund der kontinuierlich erfolgten Systemverfeinerungen viele Kritiker überzeugt und auch als Hilfsmittel bei der Vergabe von (standardisierten) Kleinkrediten einen festen Platz eingenommen. Das Potenzial für einen ähnlich erfolgreichen Einsatz besitzen mitarbeiterwertbasierte Steuerungsinstrumente aufgrund ihrer vielseitigen betrieblichen Einsetzbarkeit, die sämtliche Phasen des Mitarbeiterzyklus umfasst, ebenfalls.

Das vorgestellte Modell zur Steuerung des Mitarbeiterportfolios trägt zur Operationalisierung der strategischen Unternehmensziele bei.[1434] Es erzwingt bzw. (positiv formuliert) sichert die enge Verzahnung der verschiedenen Hierarchieebenen und die Fokussierung aller betrieblichen Aktivitäten auf die geschäftspolitische Ausrichtung.

[1433] Vgl. Grötzinger, M./Hohmann, R., Variable Vergütung in der Krise?, in: Personal 10/2003, S. 16–20, S. 18.

[1434] Vgl. Pleier, N., Der Faktor Mensch, in: Personal 12/2005, S. 18–20, S. 19.

Ausblick

Das Thema „Human-Asset–Management" erfährt zunehmend Wertschätzung in Theorie und Unternehmenspraxis.[1435] Zahlreiche empirische Befunde belegen mittlerweile die positive Korrelation von gutem Human-Capital-Management zu tatsächlichem Unternehmenswachstum, Rentabilitätssteigerung oder Wettbewerbsvorteilen.[1436] Dennoch reichen die bislang vorliegenden Forschungsergebnisse nicht aus, um die Input-Output-Wirkungskette des vierten Produktionsfaktors nachhaltig zu verdeutlichen und fundiert zu dokumentieren.[1437] Die vorliegende Arbeit stellt daher die Grundlagen bereit, um im Bankbetrieb den personalwirtschaftlichen Wandel von partial-analytischem, auf Besitzstandswahrung ausgerichtetem Denken hin zu einer ganzheitlichen Einschätzung des Werts von Mitarbeitern und daran anknüpfenden Anreizverteilungen zu vollziehen. Allein die Erreichung dieses Ziels in der Praxis wäre ein großer Erfolg.

Der Fantasie zur Ausweitung der Einsatzfelder des vorgestellten Totalmodells beispielsweise durch die Verzahnung mit anderen Human-Capital-Ansätzen sind keine Grenzen gesetzt. Einige dieser personalwirtschaftlichen Modelle (wie z. B. die Saarbrücker Formel) befassen sich mit methodischen Ansätzen, um den Wert des Humankapitals einem bilanziellen Ausweis zugänglich zu machen, und führen im Ergebnis zu einem als monetäre Größe ausgedrückten Wert des Humankapitals eines Unternehmens insgesamt.[1438] Die Kombination des Top-down-Ansatzes zur monetären Mitarbeiterwertermittlung auf Unternehmensebene mit dem Bottom-up-Ansatz des anteiligen individuellen Mitarbeiterwerts als relativer Größe liefert als Ergebnis den Anteil des individuellen Mitarbeiterwerts am monetären Gesamtmitarbeiterwert, also eine monetäre Größe für den Wert eines jeden einzelnen Mitarbeiters. Die möglichen praktischen Anwendungsfelder sind vielfältig: Beispielsweise im Falle des geplanten Verkaufs der gesamten Investmentbankingsparte einer Universalbank ließe sich der monetäre Wert dieser zur Disposition stehenden Teilbelegschaft unmittelbar durch die Aggregation der relevanten, nun als finanzielle Größen ausgedrückten Mitarbeiterwerte ermitteln. Die Gesamt-remuneration von Mitarbeitern oder Vergütungselemente, wie gezahlte Sign-on-Boni, lassen sich nunmehr relativieren und in den Kontext einer umfassenden Analyse des Mitarbeiterwerts rücken.

[1435] Vgl. Jäger, W./Heinrich, A./Klage, A., Anforderungen an ein Human-Value-Reporting, in: Personalwirtschaft 5/2004, S. 16–19, S. 19.
[1436] Vgl. ebenda, S. 16.
[1437] Vgl. ebenda, S. 19; Claßen, M./Ahrens, St., a. a. O., S. 33.
[1438] Vgl. Scholz, Chr., Editorial: Einige Anmerkungen zu immateriellen Vermögenswerten, in: ZfP 2/2003, S. 149–150.

In Übereinstimmung mit dem verlangsamten wirtschaftlichen Wachstum nach dem Einbruch der New Economy war der Schwerpunkt der HR-Aktivitäten in der letzten Dekade insbesondere auf Kostenreduzierungen und Effizienzsteigerungen innerhalb der eigenen Funktion gerichtet.[1439] Seit Mitte der 90er-Jahre des vergangenen Jahrhunderts haben die meisten Unternehmen in ihren Personalabteilungen gewaltige interne Restrukturierungen durchgeführt, wobei Prozessoptimierungen, die Einführung neuer Technologien, wie Employee Self Service (ESS) und Manager Self Service (MSS), der Aufbau von Shared-Service-Centern oder die Auslagerung personalwirtschaftlicher Aufgaben im Vordergrund standen.[1440] Selbst große Effizienzsteigerungen können jedoch nur zu minimalen Auswirkungen auf das Gesamtergebnis führen, da die Kosten der HR-Funktion in den meisten Unternehmen nur einen geringen Prozentteil des Umsatzes betragen.[1441] Kosteneffizienz der Personalfunktion ist weiterhin wichtig, aber nicht genug.[1442] In der nächsten Dekade werden sich die Personalabteilungen verstärkt auf die geschäftlichen Herausforderungen außerhalb der eigenen Funktion, namentlich zum Beispiel auf die Erzielung eines nachhaltigen Ertragswachstums, die Sicherstellung einer risikoorientierten Geschäftssteuerung und die Bindung von Schlüsselmitarbeitern, konzentrieren müssen.[1443] Die Fachbereiche bedürfen bei der Erreichung der strategischen Geschäftsziele der vollen Unterstützung ihrer HR-Abteilung. Die ganzheitliche Steuerung des Mitarbeiterportfolios mittels des vorgestellten Totalmodells ist ein probates Mittel, um durch das Zusammenspiel der verschiedenen integrierten Personalinstrumente dieser großen Aufgabe gerecht zu werden.

[1439] Vgl. Breunig, A., Der Wandel der HR-Funktion, in: http://www.humancapitalreport.eu/html/aus_forschung_und_praxis.html#up, II/2007 vom 01.07.2008.

[1440] Vgl. ebenda.

[1441] Vgl. ebenda.

[1442] Vgl. ebenda.

[1443] Vgl. ebenda.

Literaturverzeichnis

Abel, C./Becker, J.
Trends in der Vergütung: Zunehmende Internationalisierung und Erfolgsorientierung, in: Personal 8/2000, S. 388–392.

Achleitner, A.-K.
Handbuch Investment Banking, Wiesbaden 1999.

Ackermann, K.-F.
Den Wert des Humankapitals bestimmen, in: Personalwirtschaft 9/2003, S. 46–49.

Afhüppe, S./Berschens, R.
G20 wollen Großbanken beschneiden, in: http://www.handelsblatt.com/politik/international/g20-wollen-grossbanken-beschneiden;2451337 vom 31.08.2009.

Afhüppe, S./Delhaes, D.
Bund greift bei Bankboni durch, in: http://www.handelsblatt.com/politik/deutschland/bund-greift-bei-bankboni-durch;2444748 vom 15.08.2009.

Ahn, H./Dyckhoff, H./Gilles, R.
Datenaggregation zur Leistungsbeurteilung durch Ranking: Vergleich der CHE- und DEA-Methodik sowie Ableitung eines Kompromissansatzes, in: ZfB 6/2007, S. 615–643.

AICPA
Improving Business Reporting – A Customer Focus: Meeting the Information Needs of Investors and Creditors: A Comprehensive Report of the Special Committee on Financial Reporting, Jersey City 1994, in: http://accounting.rutgers.edu/raw/aicpa/business/main.htm vom 16.09.2009.

Al-Ani, A./Weigert, P.
Effiziente Kostensenkungs- und Wertsteigerungsmaßnahmen im Bankenbereich, in: Die Bank 11/2001, S. 785–789.

Al-Baghdadi, W.
Personalentwicklung zwischen IQ und EQ, in: BI 9/2000, S. 33–38.

Albert, H.
Theorien in den Sozialwissenschaften, in: Albert, H. (Hrsg.), Theorie und Realität, Tübingen 1972, S. 3–25.

Alewald, Th.
Leistung soll sich lohnen, in: Personalführung 10/1995, S. 846–851.

Althauser, U.
Employee-Value, in: Personalwirtschaft 4/2001, S. 9.

Appel, H.
Die Zukunft des Investmentbankings, in: http://www.faz.net/s/RubEC1ACFE1EE274C81BCD3621EF555C83C/Doc~E359E545DEF4E49A0AFF1E4A219515BF7~ATpl~Ecommon~Scontent.html vom 04.03.2009.

Arbeitskreis „Immaterielle Werte im Rechnungswesen“ der Schmalenbach-Gesellschaft für Betriebswirtschaft e. V.
Freiwillige externe Berichterstattung über immaterielle Werte, in: DB 23/2003, S. 1233–1237.

Armutat, S.
Vorgehensmodell Retentionmanagement, in: http://www.perso-net.de/Texte/Instrumente/Retentionmanagement_Vorgehensmodell/index.html vom 16.09.2009.

Armutat, S. et al.
Retentionmanagement. Die richtigen Mitarbeiter binden, in: DGfP (Hrsg.), PraxisEdition, Band 72, Bielefeld 2004.

Aschoff, Chr.
Betriebliches Humanvermögen, Wiesbaden 1978.

B. Metzler seel. Sohn & Co. KGaA
Metzler Corporate Finance, in: http://www.metzler.com/metzler/generator/metzler/de/Institutionelle_20Kunden/Corporate_20Finance/Corporate_20Finance_20_28Content_29.html vom 30.10.2009.

Baas, V.
Strategische Optionen für europäische Investmentbanken, in: Die Bank 12/1998, S. 720–723.

Baas, V.
Die Tage des Glass/Steagall-Act sind gezählt, in: Die Bank 10/1997, S. 606–608.

Baetge, J.
Bilanzanalyse, Düsseldorf 1998.

Baetge, J./Heumann, R.
Wertorientierte Berichterstattung, in: DB 7/2006, S. 345–350.

Baker, J.
Causes of Failure in Performance Appraisal and Supervision: A Guide to Analysis and Evaluation for Human Resources Professionals, London 1988.

Ballay, U.
London: Strukturen im Investment Banking, in: Die Bank 6/1998, S. 382–383.

Banca Popolare di Sondrio
Auszug aus dem Geschäftsbericht 2003, Sondrio 2004.

Bardens, R./Wimmer, K.
Nicht jedes Ziel hat einen Sinn, in: Bankmagazin 12/1999, S. 58–60.

Bardens, R./Wimmer, K.
Ansporn zum Endspurt, in: Bankmagazin 11/1999, S. 72–74.

Bardens, R./Wimmer, K.
Mehr Freiheit für die Mitarbeiter, in: Bankmagazin 10/1999, S. 74–75.

Bartscher, Th.
Gelebte und erlebte Wertschätzung, in: Personal 5/2005, S. 40–42.

Bastgen, K. P./Slotta, Chr./Kleine, Th.
Leistungsbezug mit System, in: Personal 12/2006, S. 10–13.

Bayer, T.
HBOS-Aktionäre verschmähen Kapitalerhöhung, in: http://www.ftd.de/unternehmen/finanzdienstleister/:Bankenkrise%20HBOS%20 Aktion%E4re%20Kapitalerh%F6hung/388256.html vom 21.07.2008.

Bechinie, E./Graf, L.
Gehaltsmanagement in der Bank, in: Die Bank 7/1979, S. 327–333.

Bechtel, R./Heindl, H.
Erste Erfahrungen mit der Humankapitalbewertung,
in: HR SERVICES 1/2006, S. 29–31.

Beck, H.
Ein Cocktail aus zu viel Liquidität und etwas Psychologie,
in: FAZ vom 10.03.2005, S. 24.

Becker, F. G.
Grundlagen betrieblicher Leistungsbeurteilungen, 2. Auflage, Stuttgart 1994.

Becker, F. G.
Anreizsysteme für Führungskräfte. Möglichkeiten zur strategisch-orientierten Steuerung des Managements, Stuttgart 1990.

Becker, F. G./Fallgatter, M./Seitz, S.
Zielorientierte Leistungsbeurteilung, in: Die Bank 5/1995, S. 270–278.

Becker, K.
Die Beurteilung des Leiters einer Bankfiliale, Diss. Berlin 1983.

Becker, M.
Die Taube auf dem Dach oder der Spatz in der Hand, in: Personalführung 11/2003, S. 22–29.

Becker, M.
Personalentwicklung bei flacher werdenden Hierarchien,
in: BI 9/2000, S. 20–29.

Becker, M./Labucay, I./Rieger, C.
Erfassung und Bewertung von Humankapital – Kritische Anmerkungen zur Saarbrücker Formel, in: BFuP 1/2007, S. 38–58.

Becker, M./Labucay, I./Rieger, C.
Formel ohne Fortschritt, in: Personal 11/2006, S. 30–32.

Becker, W.
Von der Beraterbank bleibt nicht mehr viel übrig,
in: Börsen-Zeitung vom 02.09.2008, S. 4.

Belz, Ch.
Persönliche Geschäftsbeziehungen, in: Thexis 2/2002, S. 22–23.

Benders, R./Maisch, M.
Kleine Banken, große Pläne, in: http://www.handelsblatt.com/unternehmen/banken-versicherungen/kleine-banken-grosse-plaene;2047290 vom 24.09.2008.

Benders, R./Maisch, M./Landgraf, R./Köhler, P./Mayer-Kuckuk, F.
Investmentbanken kapitulieren, in: http://www.handelsblatt.com/unternehmen/banken-versicherungen/investmentbanken-kapitulieren;2045925 vom 23.09.2008.

Benölken, H./Gerber, E.
Können Firmenkundenwünsche noch befriedigt werden?, in: Betsch, O./Merl., G. (Hrsg.), Zukunft der Finanzindustrie, Frankfurt am Main 2003, S. 219–240.

Benrath, G.
AGV Banken: Die Umsetzung lohnt sich, in: bank und markt 4/2003, S. 33.

Berblinger, J.
Marktakzeptanz des Rating durch Qualität, in: Büschgen, H. E./Everling, O. (Hrsg.), Handbuch Rating, Wiesbaden 1996, S. 21–110.

Berndlmaier, A. F./Klein, G. A.
Kundenorientierung in der US-amerikanischen Rechnungslegung: Der Comprehensive Report des Special Committee on Financial Reporting des AICPA, in: DB 22/1997, S. 1089–1095.

Berndt, H.
Dreh- und Angelpunkt ist die Entwicklung und Implementierung eines leistungsstarken Ratings, in: ZfgK 4/2001, S. 20–23.

Berschens, R.
Macht und Ohnmacht bei Boni-Exzessen, in: http://www.handelsblatt.com/politik/handelsblatt-kommentar/macht-und-ohnmacht-bei-boni-exzessen;2451849 vom 02.09.2009.

Berthel, J.
Erfolgsbeteiligung der Mitarbeiter, in: WISU 8–9/1984, S. 386–393.

Bircher, B.
Langfristige Unternehmensplanung, Bern/Stuttgart 1976.

Biren, J.-M./Papmehl, A.
Exzellente Mitunternehmer, in: Personalwirtschaft 6/2002, S. 18–22.

Bischof, J./Speckbacher, G.
Führung mit der Balanced Scorecard, in: Personalwirtschaft 4/2001, S. 48–54.

Bissinger, M.
Rating als Mittel zur Transparenzverbesserung, in: Der Betriebswirt 2/2002, S. 10–14.

Blang, H.-G./Kramer, M.
Job Grading – Ein Muss im globalen Wettbewerb, in: B+P Personalpraxis 9/2007, S. 591–594.

Bloch, W.
Leistungsbewertung, in: Gaugler, E. (Hrsg.), Handwörterbuch des Personalwesens, Stuttgart 1975, Sp. 1164–1175.

Böcker, F.
Modellbezogene Akzeptanzprobleme formaler Entscheidungsmodelle im Marketing, in: Müller-Merbach, H. (Hrsg.), Quantitative Ansätze in der Betriebswirtschaftslehre, München 1977, S. 227–241.

Böcker, F.
Quantitative Marketing-Modelle, in: WiSt 8/1974, S. 357–364.

Boehm-Bezing, C. L. von
Mittelstand und Investment Banking – wie muß (kann sich) das vertragen?, in: ZfgK 1/1999, S. 26–27.

Böhmer, N.
Variable Vergütung: ein Ausweg aus der Kostenfalle?, in: bank und markt 4/2003, S. 28–32.

Böhmert, K.
Deutsche Bank setzt sich bei M&A wieder an die Spitze, in: Börsen-Zeitung vom 18.02.2009, S. 4.

Böhmert, K.
Investmentbanker vor dem Scherbenhaufen, in: Börsen-Zeitung vom 30.12.2008, S. 8.

Böhmert, K.
Die Finanzkrise gibt den Privatbanken Auftrieb, in: Börsen-Zeitung vom 27.09.2008, S. 4.

Bongartz, U.
Investment Banking: Die Internet-Herausforderung, in: Die Bank 1/2001, S. 16–19.

Boos, K.-H./Schulte-Mattler, H.
Basel II: Externes und internes Rating, in: Die Bank 5/2001, S. 346–354.

Borgwardt, J./Fischer, A./Janert, W.-R.
Sprecherausschußgesetz für leitende Angestellte, 2. Aufl., Wiesbaden 1990.

Bothe-Fehl, I.
Durch einen Seitenwechsel die Führungsqualität erhöhen, in: Bankmagazin 12/2001, S. 62–64.

Brabänder, B.
Die Rolle der Rating-Agenturen, in: Die Bank 8/2008, S. 9–15.

Brandstätter, H.
Die Beurteilung von Mitarbeitern, in: Mayer, A./Herwig, B. (Hrsg.), Handbuch der Psychologie, Band 9, Betriebspsychologie, Göttingen 1970, S. 668–734.

Brandt, Th./Schache-Keil, F.
Zielvereinbarung kontra Beurteilung?, in: Personalführung 12/2000, S. 76–80.

Braun, R.
Erfolgsorientierte Vergütung – nur über das Team, in: bank und markt 9/1995, S. 14–17.

Bredehorn, D.
Flexibilisierung von Fixvergütungen, in: Personalwirtschaft 6/2003, S. 72–74.

Breid, V.
Aussagefähige agencytheoretische Ansätze im Hinblick auf die Verhaltenssteuerung von Entscheidungsträgern, in: zfbf 9/1995, S. 821–854.

Breisig, Th.
Personalbeurteilung – Mitarbeitergespräch – Zielvereinbarungen, Frankfurt am Main 1998.

Breisig, Th.
Betriebliche Sozialtechniken. Handbuch für Betriebsrat und Personalwesen, Neuwied/Frankfurt am Main 1990.

Bretz, J./Herfort, M./Martin, M. R. W.
Management operationeller Risiken, in: Die Bank 8/2006, S. 60–63.

Breuer, R.
Die privaten Banken im nationalen und internationalen Wettbewerb, in: ZfgK 6/2003, S. 270–272.

Breuer, R.
Investmentbanking als Zukunft der Universalbanken, in: Bankmagazin 10/1996, S. 64–66.

Breunig, A.
Der Wandel der HR-Funktion, in: http://www.humancapitalreport.eu/html/aus_forschung_und_praxis.html#up, II/2007 vom 01.07.2008.

Brümmer, M. A.
Systematik statt Wildwuchs: Vergütung strategisch sehen, in: Personalführung 8/2001, S. 32–37.

Bruhn, H.-D.
Software für das Human-Asset-Management, in: Personalwirtschaft 12/2002, S. 19–22.

Bühner, R.
Möglichkeiten der unternehmerischen Gehaltsvereinbarung für das Top-Management, in: DB 44/1989, S. 2181–2186.

Büschgen, H. E.
Praxishandbuch Leasing, München 1998.

Büschgen, H. E.
Bankbetriebslehre: Bankgeschäfte und Bankmanagement, Wiesbaden 1993.

Büschgen, H. E.
Die Großbanken, Frankfurt am Main 1983.

Bullinger, H.-J./Wörner, K./Prieto, J.
Wissensmanagement heute: Daten, Fakten, Trends. Ergebnisse einer Unternehmensstudie des Fraunhofer-Instituts für Arbeitswirtschaft und Organisation in Zusammenarbeit mit dem manager magazin, Stuttgart 1997.

Bundesanstalt für Finanzdienstleistungsaufsicht
Mindestanforderungen an das Risikomanagement – MaRisk, Rundschreiben 15/2009 (BA) vom 14.08.2009, in: http://www.bafin.de/cln_152/nn_722758/SharedDocs/Veroeffentlichungen/DE/Service/Rundschreiben/2009/rs__0915__ba__marisk.html#doc1650106bodyText18 vom 14.08.2009.

Bundesanstalt für Finanzdienstleistungsaufsicht
Neue MaRisk: BaFin setzt internationale Risikomanagement-Standards um, in: http://www.bafin.de/cln_161/nn_722802/SharedDocs/Mitteilungen/DE/Service/PM__2009/pm__090814__marisk__neu.html vom 14.08.2009.

Bundesanstalt für Finanzdienstleistungsaufsicht
Mindestanforderungen an das Risikomanagement, Rundschreiben 18/2005, in: http://www.bafin.de/rundschreiben/89_2005/051220.htm.

Bundesministerium für Bildung und Forschung
Der Bologna-Prozess, in: http://www.bmbf.de/de/3336.php, S. 1–10, o. O., o. J.

Burgard, H.
Materielle und immaterielle Bedingungen der Motivation von Führungskräften, in: ZfB 6/1973, S. 405–420.

Bursee, M./Schawilye, R.
Erfolgsorientierte Manager-Vergütung: Trends in deutschen Großunternehmen, in: pwc: Das Magazin für Vorausdenker Mai 2006, S. 40–41.

Buttler, G./Stroh, R.
Einführung in die Statistik, Reinbek 1980.

Caytas, I. G./Mahari, J. I.
Im Banne des Investment Banking, Stuttgart 1988.

Charnes, A./Cooper, W. W./Rhodes, E.
Measuring the Efficiency of Decision Making Units, in: European Journal of Operational Research 2, 6/1978, S. 429–441.

Christians, F. W.
Finanzierungshandbuch, Wiesbaden 1988.

Christians, U./Schadrack, M.
Mathematisch-statistische Verfahren zur Unterstützung des Credit Rating, in: Kreditwesen 22/2002, S. 1207–1210.

Cisek, G.
Personalwirtschaftliche Programmpolitik, in: Personal 6/2006, S. 30–32.

Cisek, G.
Variable Vergütung im Bankentarif – ein personalwirtschaftlicher Meilenstein?, in: Die Bank 3/2003, S. 168–170.

Cisek, G.
Arbeitswelt Banken – eine Zukunftsskizze, in: Die Bank 1/2001, S. 46–50.

Cisek, G.
Entgeltmanagement – Eine personalpolitische Herausforderung, in: Clermont, A./Schmeisser, W./Krimphove, D. (Hrsg.), Personalführung und Organisation, München 2000, S. 663–691.

Cisek, G./Meyer, E.
Entgelt-Management in Banken, in: ZfgK 20/1986, S. 951–952.

Claßen, M./Ahrens, St.
Die Einführung intelligenter Personalcontrollingsysteme, in: Personalführung 11/2000, S. 32–36.

Coenenberg, A. G./Jakoby, St.
Akquisition und Unternehmensbewertung, in: Busse von Colbe, W. et al. (Hrsg.), Betriebswirtschaft für Führungskräfte, Band 30, Stuttgart 2000, S.177–206.

Commerzbank Konzern
Geschäftsbericht 2006, Frankfurt am Main 2007.

Commerzbank Konzern
Zwischenbericht zum 30. Juni 2007, Frankfurt am Main 2007.

Conrad, P./Manke, G.
Zielvereinbarung, Leistungsbeurteilung und flexible Vergütung, in: Personalführung 5/2001, S. 52–57.

Conrads, M.
Human Resource Accounting, Wiesbaden 1976.

Conrads, M.,/Goetzke, W./Sieben, G.
Human Resource Accounting: Entscheidungsrechnung über das betriebliche Humanvermögen, in: Schmidt, H. (Hrsg.), Humanvermögensrechnung, New York 1982, S. 493–502.

Cornelsen, J.
Kundenwertanalysen im Beziehungsmarketing: Theoretische Grundlagen und Ergebnisse einer empirischen Studie im Automobilbereich, Diss. Nürnberg 2000.

Cornelsen, J.
Kundenwert: Begriff und Bestimmungsfaktoren, Arbeitspapier Nr. 43 des Lehrstuhls für Marketing an der Universität Erlangen-Nürnberg, Nürnberg 1996.

Dänisches Ministerium für Wissenschaft
Technologie und Innovation, Analysing Intellectual Capital Statements, Kopenhagen 2003.

Dahmen, Ch./Maier, G./Kamps, I.
Zwölf Erfolgsfaktoren für die Balanced Scorecard, in: Personalwirtschaft 7/2000, S. 18–25.

Dahms, R./Lindena, B.
Gemeinsam die Ziele der Bank besser erreichen, in: Personalführung 3/1997, S. 252–257.

Dambmann, W.
Strukturwandel der Märkte erfordert Strukturwandel in der Kundenbetreuung, in: Die Bank 5/1999, S. 300–304.

Day, H./Fischer, H.
Die Initiative „Selbst-GmbH“, in: PersonalführungPlus ’99, S. 26–30.

DekaBank
DekaBank eröffnet Deka Health Center für Mitarbeiter, Pressemitteilung vom 07.05.2008, in: http://www.dekabank.de/db/de/presse/informationen/meldungen/20080507_Deka-HealthCenter.jsp, o. S.

Deloitte
Mindestanforderungen an das Risikomanagement, Pressemitteilung vom 20.02.2006, o. S.

Deusen, A.
Human Capital Management. Optimierung des Mitarbeiterwertes: Möglichkeiten und Grenzen, Saarbrücken 2006.

Deutsche Bank AG
Results 1999 – Geschäftsbericht, Frankfurt am Main 2000.

Deutsche Bundesbank
Deutsche Bundesbank Monatsbericht Juli 1997, Frankfurt am Main 1997.

DG Bank
Cresta-Score Bonitätsanalyse, Fixed Income, Frankfurt am Main 2000.

Dibelius, A.
Investment Banking & Finanzkrise, in: Die Bank 9/2008, S. 30–34.

Dielmann, K.
Personalleiter brauchen Ethik, in: Personal 9/2007, S. 33.

Dietz, J./Füser, K./Schmidtmeier, S.
Kreditwürdigkeitsprüfung durch Neuronale Netzwerke, in: Sparkasse 11/1996, S. 523–527.

Diller, H.
Innovatives Kundenmanagement und Kundenbewertung, Vortrag auf der Fachtagung der Gesellschaft für innovatives Marketing e. V. zum Thema „Innovatives Kundenmanagement mit Kundenwertanalysen“ am 11.03.1997 in Nürnberg, Nürnberg 1997.

Diller, H.
Nutzwertanalysen, in: Diller, H. (Hrsg.), Marketingplanung, München 1980, S. 44–49.

Diller, H.
Planungstechniken im Marketing, in: Diller, H. (Hrsg.), Marketingplanung, München 1980, S. 3–15.

Dirks, H.
Mitarbeiterbeurteilung, in: Gaugler, E. (Hrsg.), Handwörterbuch des Personalwesens, Stuttgart 1975, Sp. 1347–1355.

Dittrich, F.
The Credit Rating Industry: Competition and Regulation, in: http://kups.ub.uni-koeln.de/volltexte/2007/2045/pdf/Dittrich_2007_The.Credit.Rating.Industry-Competition.and.Regulation.pdf, Diss. Köln 2007.

Dombret, A./Gossow, Ph.
Banken in Deutschland zwischen Allfinanz und Investment Banking – eine Bestandsaufnahme, in: Betsch, O./Merl., G. (Hrsg.), Zukunft der Finanzindustrie, Frankfurt am Main 2003, S. 287–300.

Domsch, M./Gerpott, T. J.
Verhaltensorientierte Beurteilungsskalen, in: DBW 6/1985, S. 666–680.

Domschke, J.-P.
Persönliche Leistungen individuell vergüten, in: Bankmagazin 8/2003, S. 58–59.

Domschke, J.-P./Sekulla, M.
Neben- und Sozialleistungen bei oberen Führungskräften im Bankengewerbe, in: ZfgK 20/1985, S. 13–15.

Douglas, S. P./Craig, C. S.
Evolution of global marketing strategy, in: Columbia Journal of World Business 3/1989, S. 47–59.

Dresdner Bank AG
Dresdner-Bank-Konzern Finanzbericht 2006, Frankfurt am Main 2007.

Dresdner Bank AG
Geschäftsbericht 2000, Frankfurt am Main 2001.

Dresdner Bank AG
Geschäftsbericht 1995, Frankfurt am Main 1996.

Dresdner Kleinwort
Pressemitteilung vom 29.06.2006, in: http://www.dresdnerkleinwort.com/eng/press/press-release-archive/2006-014.html.

Dreyer, A.
Scoring-Modelle bei Mehrfachzielsetzung, in: ZfB 4/1974, S. 255–274.

Drumm, H. J.
Szenarioprognosen für ein künftiges HR-Management, in: Personalführung 5/2001, S. 64–71.

Dürr, W./Mayer, H.
Wahrscheinlichkeitsrechnung und Schließende Statistik, München/Wien 1987.

Dyckhoff, H./Allen, K.
Theoretische Begründung einer Effizienzanalyse mittels Data Envelopment Analysis (DEA), in: zfbf 5/1999, S. 411–436.

Dyckhoff, H./Gilles, R.
Messung der Effektivität und Effizienz produktiver Einheiten, in: ZfB 8/2004, S. 765–784.

Eberhardt, St.
Wertorientierte Unternehmensführung, Wiesbaden 1998.

Ederer, P./Schuller, Ph./Willms, St.
Wieviel Bildung brauchen wir? Humankapital in Deutschland und seine Erträge, Frankfurt am Main 2002.

Edvinsson, L./Brünig, G.
Aktivposten Wissenskapital, Wiesbaden 2000.

Edvinsson, L./Malone, M. S.
Intellectual Capital, New York 1997.

Eicke, B.
Statistik – Eine Einführung, Glarus (Schweiz) 2003.

Eickhoff, A. M.
Bankmanager: Verantwortung und Vergütung, in: Die Bank 1/2001, S. 30–33.

Ellis, L.
Moody's Relaxes Thrift-Financing Unit Links, in: American Banker vom 16.09.1988, S. 2.

Erdmann, U.
Die Entlohnung von Führungskräften in Kreditinstituten, Schriftenreihe des Instituts für Kreditwesen der Westfälischen Wilhelms-Universität Münster, Band 43, Frankfurt am Main 1991.

Ernst & Young
IPO-Rekord: Weltweit mehr Börsengänge als je zuvor, in: http://www.ey.com/global/content.nsf/Germany/Presse_-_Pressemitteilungen_2007_-_IPO-Barometer, Stuttgart 2007, o. S.

Everling, O.
Wenn der Computer über die Existenz entscheidet, in: Financial Times Deutschland vom 09.07.2001, S. 29.

Everling, O.
Internes Rating ist nur der Anfang, in: Bankmagazin 3/2001, S. 25.

Everling, O.
Credit Rating durch internationale Agenturen, Wiesbaden 1991.

Evers, H.
Vergütung als Anreiz- und Steuerungsinstrument, in: consult 7/2002, S. 12–13.

Evers, H.
Entgeltpolitik für Führungskräfte, in: Kieser, A. (Hrsg.), Handwörterbuch der Führung, Stuttgart 1987, Sp. 200–210.

Ewert, D.
Neue Leistungsanreize durch variable Vergütung und Aktienoptionen, in: Personal 8/2000, S. 405–407.

Eyer, E.
Vergütung von Teamarbeit in Dienstleistungsunternehmen, in: Personalführung 4/1998, S. 34–37.

Eyer, E./Fischer, W./Webers, Th./Wewers, J.
Selbst- und Fremdbeurteilung bei Vergütung von Teamarbeit, in: Personalführung 7/1999, S. 32–35.

Eyer, E./Webers, Th.
Leistungsbeurteilung bei Gruppenarbeit: Kombination aus Selbst- und Fremdbeurteilung, in: Personal 2/2000, S. 74–79.

Fabian, G. W.
Human Capital – Kostenfaktor oder Erfolgsfaktor?, in: Bankmagazin 6/1996, S. 32–34.

Feidicker, M.
Kreditwürdigkeitsprüfung. Entwicklung eines Bonitätsindikators, Düsseldorf 1992.

Feinen, K.
Das Leasinggeschäft, Frankfurt am Main 1986.

Feldkamp, T./Kasten, A.-K.
Zusatzleistungen – Ein elementarer Bestandteil zeitgemäßer Vergütungspolitik im Führungsbereich, in: B+P Personalpraxis 1/2007, S. 15–18.

Femppel, K.
Tendenzen und Rahmenbedingungen der Vergütungspolitik, in: Personal 8/2000, S. 394–399.

Festinger, L.
Theorie der kognitiven Dissonanz, Bern/Stuttgart/Wien 1978.

Fiebig, St.
Nachhaltigkeitsberichte: Werden sie bald Pflicht?, in: Personalführung 2/2004, S. 54–59.

Filbert, D./Kramarsch, M. H.
Quo vadis Long Term Incentives?, in: Die Bank 11/2004, S. 78–83.

Fischer, H./Steffens-Duch, S.
Herausforderungen und Perspektiven des Personalmanagements, in: Die Bank 7/2002, S. 478–484.

Fischer, H./Steffens-Duch, S.
Employability: Beschäftigungsfähigkeit sichern, in: Die Bank 5/2000, S. 336–340.

Fischer, L./Fischer, O.
Sind zufriedene Mitarbeiter gesünder und arbeiten sie härter?, in: Personalführung 3/2007, S. 20–32.

Fischer, Th./Bongartz, U.
Bankmanagement 2002: Die Kostenherausforderung, in: Die Bank 4/2002, S. 260–264.

Fischer, Th./Klöpfer, E.
Human Resource Reporting, in: DB 50/2005, S. 2704–2707.

Fischer-Winkelmann, W. F./Hohl, E. K.
Konzepte und Probleme der Humanvermögensrechnung, in: DB 51–52/1982, S. 2636–2644.

Fitting, K. et al.
Betriebsverfassungsgesetz. Handkommentar, 22. Auflage, München 2004.

Flamholtz, E.
Human Resource Accounting, Encino/Belmont 1974.

Flamholtz, E.
A Model for Human Resource Valuation: a Stochastic Process with Service Rewards, in: The Accounting Review 2/1971, S. 253–267.

Fletcher, C./Williams, R.
Performance Appraisal for Career Development, Aldershot (Hampshire) 1985.

Foullong, U.
Innovationsfähigkeit des Bankgewerbes, in: ZfgK 19/2000, S. 26–29.

Franke, D.
Börsengänge 2002: Stillstand, in: Die Bank 1/2003, S. 30–32.

Franke, D.
Auslandspersonal: Im Trend geblieben, in: Die Bank 6/2002, S. 367–369.

Franzen, O.
Marken-Controlling effizient gestalten, in: Markenartikel 2/1995, S. 57–62.

Freeman, R. E.
Strategic Management. A Stakeholder Approach, Boston u. a. 1984.

Friederichs, P.
Konsequentes Führungscontrolling durch den Employee-Value-Index, in: Personalführung 4/1998, S. 70–75.

Frommann, H.
Entwicklungen und Aussichten des Private-Equity-Geschäfts in Deutschland, in: ZfgK 1/2005, S. 21–23.

Frühauf, M.
Dresdner Kleinwort droht auszubluten, in: Börsen-Zeitung vom 04.09.2008, S. 3.

Frühauf, M.
Blessing hat es mit zwei Baustellen zu tun, in: Börsen-Zeitung vom 03.09.2008, S. 4.

Frühauf, M./Amann, M./Löhr, J.
Investmentbanker pochen auf ihre Boni, in: http://www.faz.net/s/Rub58241E4DF1B149538ABC24D0E82A6266/Doc~E80F54A10F0EB48109CD0B51B964DD466~ATpl~Ecommon~Scontent.html vom 11.02.2009.

Fürstenberg, F.
Leistungsanreizsysteme, in: Gaugler, E. (Hrsg.), Handwörterbuch des Personalwesens, Stuttgart 1975, Sp. 1157–1164.

Fürstenberg, R./Fürstenberg, W.
Ein neues Krankheitspanorama belastet die Unternehmen,
in: http://www.humancapitalreport.eu/html/aus_forschung_und_praxis.
html#krankheitspanorama, 3. Quartal 2007, o. S.

Füser, K.
Neuronale Netze: Kreditentscheid per Künstlicher Intelligenz,
in: Kreditpraxis 1/1999, S. 11–13.

Garner, W. R.
Rating scales, discriminability, and information transmission,
in: Psychological Review 1960, S. 343–352.

Gaugler, E.
Erfolgsbeteiligung, in: Gaugler, E. (Hrsg.), Handwörterbuch des
Personalwesens, Stuttgart 1975, Sp. 794–807.

Gaugler, E. et al.
Einführung und Auswertung von Leistungsbeurteilungssystemen. Betriebliche
Ansätze und Erfahrungen, Baden-Baden 1979.

Gaugler, E. et al.
Leistungsbeurteilung in der Wirtschaft, Baden-Baden 1978.

Gelhausen, H. F./Fey, G./Kämpfer, G.
Rechnungslegung und Prüfung nach dem Bilanzrechtsmodernisierungsgesetz,
Düsseldorf 2009.

Gerlach, D.
Das Personalcontrolling in der Commerzbank AG, in: Personalführung 11/2000,
S. 18–22.

Gerpott, T. J.
360-Grad-Feedback-Verfahren, in: Personal 7/2000, S. 354–359.

Gerum, E./Achenbach, W./Schäfer, I.
Personalmanagement und Marktanalyse für Führungs- und Fachkräfte,
in: Personalführung 11/1997, S. 1100–1101.

Gerwert, Th.
Weichen stellen, in: Personal 5/2004, S. 34–36.

Gerwert, Th.
Ratingverfahren in der Praxis: So können Sie sich vorbereiten, in: PERSONALmagazin 10/2002, S. 26.

Gloger, A.
Humankapital für die Bilanz, in: WELT ONLINE vom 10.09.2005, o. S.

Gmür, U./Scherrer, C.
Lohn- und Gehaltssysteme, Grüsch 1988.

Goede, K./Weinrich, G.
Bessere Kreditentscheidung durch Neuronale Netze?, in: Die Bank 7/1996, S. 420–423.

Goedeckemeyer, K.-H.
Ein unsicheres Jahr, in: Die Bank 4/2005, S. 42–45.

Gögel, S./Kulartz, H. J.
Qualitative Anforderungen an Ratingsysteme durch das Baseler Papier, in: BI 1/2000, S. 65–71.

Gölzner, H.
Systemisch-integrative Führung zur Steigerung der Performance, in: Personalführung 2/2004, S. 50–53.

Goerke, S.
Human Capital – entwickeln statt verwalten, in: Personalwirtschaft 5/2004, S. 26–29.

Gogoll, W. D.
Organisationen mit der Balanced Scorecard strategisch ausrichten, in: Personalführung 3/2001, S. 72–78.

Goleman, D.
Emotionale Intelligenz, München 1999.

Gordon, S./Levey, D. H./Mahoney, C.
Credit analysis and ratings, in: Ingrams, L. (Hrsg.), International Bond Portfolio Management, London 1989, S. 127–148.

Gordon, S./Niebuhr, J. J.
Introduction to Moody's rating process, in: Felix, R. (Hrsg.), Commercial Paper, London 1987, S. 145–157.

Grabau, M./Joebges, H.
Rechtliche Veränderungen im internationalen und nationalen Bankensektor aus historischer Perspektive, in: ZfgK 2/2003, S. 85–90.

Grassl, G.
Die neue soziale Auswahl, in: Personal 9/1997, S. 456–457.

Graumann, M./Niedermeyer, M.
Höhere Motivation durch Partizipation, in: Personalführung 1/2003, S. 72–75.

Griebe, Th.
Führen mit Bonussystemen, in: http://berufundchance.fazjob.net/s/RubE481DAB3A8B64F8D9188F8FE0AB87BCF/Doc~EF46424A7120B479590 9CA5AACDBEB477~ATpl~Ecommon~Scontent.html vom 09.06.2008.

Grötzinger, M./Hohmann, R.
Variable Vergütung in der Krise?, in: Personal 10/2003, S. 16–20.

Groh, A./Gottschalg, O.
Venture Capital und Private Equity aus Sicht der Wissenschaft, in: ZfgK 1/2005, S. 24–27.

Grote, M.
Organisations- und Personalentwicklung in Banken, Frankfurt am Main 1998.

Grünefeld, H.-G.
Personalkennzahlensystem, Wiesbaden 1981.

Grunow, D.
Personalbeurteilung, Stuttgart 1976.

Grunwald, C.
Personalerhaltung im oberen Management. Strategien und Maßnahmen zur Vermeidung ungewollter Fluktuation, Wiesbaden 2001.

Guerrera, F./van Duyn, A.
Finanzbranche vor weiteren Entlassungen, in: http://www.ftd.de/unternehmen/finanzdienstleister/:Massive-Kostensenkungen-Finanzbranche-vor-weiteren-Entlassungen/437046.html vom 10.11.2008.

Gutenberger, H.-J.
Rankings und Ratings – Orientierungshilfe mit Einschränkung, in: ZfgK 7/2002, S. 38–41.

Hagedorn, D.
Die Subprime-Krise und ihre Folgen, in: Die Bank 12/2007, S. 20–26.

Hagenauer, T.
Von der Ermessenstantieme zum zielorientierten Bonus, in: Personal 7/1995, S. 324–327.

Hager-van der Laan, J./Laan, K. van der
Beurteilungsverfahren in kooperativen Arbeitsbeziehungen, in: Selbach, R./ Pullig, K.-K. (Hrsg.), Handbuch Mitarbeiterbeurteilung, Wiesbaden 1992, S. 165–194.

Hahn, O.
Struktur der Bankwirtschaft, Band 2, Spezialbanken und Internationale Banken, 2. Teilband, Berlin 1985.

Hahn, O.
Die Führung des Bankbetriebes, Stuttgart 1977.

Harbring, Chr./Irlenbusch, B.
Anreiz zu produktiven und destruktiven Anstrengungen durch relative Entlohnung, in: zfbf 9/2004, S. 546–574.

Hardes, H. D.
Ein Bonussystem für zielorientiertes Handeln der Mitarbeiter, in: Personalwirtschaft 6/2003, S. 50–55.

Hasebrook, J.
Nichts ist interessanter als der Mensch ..., in: Personalführung 4/2005, S. 1–2.

Haussmann, Th.
Vergütungsmanagement in Krisenzeiten – Zehn Thesen, in: Personalführung 5/2009, S. 38–41.

Hegner, F./Kleibs, R.
Entgeltsysteme zielbezogen und motivierend gestalten, in: Personal 7/1997, S. 512–517.

Heiler, S./Michels, P.
Deskriptive und Explorative Datenanalyse, München/Wien 1994.

Heimer, Th.
Wissensmanagement – Eine Einleitung, in: Heimer, Th./Rossbach, P. (Hrsg.), Management der Ressource Wissen in Banken, Frankfurt am Main 2001, S. 3–12.

Heinz, M./Hargas, M.
Wissensmanagement in Banken: Notizen ins Data Warehouse?, in: bank und markt 10/1999, S. 21–26.

Heismann, G.
Banken stehen vor beispielloser Konzentration, in: Financial Times Deutschland vom 18.10.2002, S. 22.

Heismann, G.
Ertragsprobleme, aber keine Liquiditätsengpässe, in: Financial Times Deutschland vom 11.10.2002, S. 23.

Heitmüller, H.-M.
Motivations- und Anreizsysteme in Kreditinstituten – der Rat aus dem Verband, in: bank und markt 9/1995, S. 30–34.

Hekimian, J. S./Jones, C. H.
Put people in your balance sheet, in: Harvard Business Review 1/1967, S. 105–113.

Hellevik, O.
Measuring Cultural Orientations: Rating versus Ranking, in: International Journal of Public Opinion Research 6/1994, S. 289–297.

Hentze, J.
Arbeitsbewertung und Personalbeurteilung, Stuttgart 1980.

Hentze, J./Kammel, A.
Ansatzpunkte für eine Flexibilisierung der Führungskräfteentlohnung, in: ZfP 1/1988, S. 41–56.

Herding, K./Stumpfhaus, B.
Humankapital nicht bewerten, sondern entfalten, in: Personalwirtschaft 5/2003, S. 55–58.

Hermanson, R. H.
Accounting for Human Assets, East Lansing 1964.

Herzberg, F.
Work and the Nature of Man, London 1968.

Herzberg, F./Mausner, B./Synderman, B. B.
The Motivation to Work, New York/London 1959.

Heßler, A./Mosebach, P.
Der Lagebericht nach dem Bilanzrechtsreformgesetz, in: http://www.hessler-mosebach.de/site/uploads/media/Lagebericht.pdf vom 02.11.2005, o. S.

Hettich, G. O.
Entscheidungsprinzipien und Entscheidungsregeln bei mehrfacher Zielsetzung, in: WiSt 10/1978, S. 484–487.

Hicks, L. E.
Some properties of ipsative, normative and forced-choice normative measurement, in: Psychological Bulletin 74/1970, S. 167–184.

Hillen, J.
Durchführung von Benchmarking-Projekten, in: Die Bank 12/1995, S. 758–762.

Hinterhuber, H. H.
Dirigent des Unternehmens, in: Personalwirtschaft 2/2001, S. 54–55.

Hinz, M.
Erfolgsorientierte Vergütungskonzepte, in: Personalführung 4/1997, S. 296–301.

Hinz, O./Tonnesen, Ch.
Leistungsbezogene Entlohnung mit der Balanced Scorecard, in: Personalwirtschaft 1/2002, S. 34–38.

Hirsch, U.
Rating ist objektiv subjektiv, in: Büschgen, H. E./Everling, O. (Hrsg.), Handbuch Rating, Wiesbaden 1996, S. 657–672.

Hodenberg, W. von
Gibt Private Equity positive Impulse für das Wirtschaftswachstum und den Arbeitsmarkt?, in: ZfgK 1/2005, S. 18–20.

Hören, M. von
Vergütung von Führungskräften: Aktueller Stand und Entwicklungstendenzen, in: Personal 6/2000, S. 275–278.

Hören, M. von
Stärkere Leistungsorientierung bei der Führungskräftevergütung, in: Die Bank 2/1999, S. 89–91.

Hohner, H.-U./Hoff, E.-H.
Beurteilung als Persönlichkeitsförderung? Aspekte einer entwicklungsorientierten Diagnostik, in: Selbach, R./Pullig, K.-K. (Hrsg.), Handbuch Mitarbeiterbeurteilung, Wiesbaden 1992, S. 39–66.

Holderegger, P./Schmidt, R.
Internetgestütztes 360 Feedback mit Coaching, in: Personalführung 11/2001, S. 44–48.

Holtz, R. vom
Der Zusammenhang zwischen Mitarbeiterzufriedenheit und Kundenzufriedenheit, München 1998.

Honegger, J.
Employability statt Jobsicherheit, in: Personalwirtschaft 6/2001, S. 50–54.

Hoos, W./Siebold, M.
Gehaltsmanagement als Instrument der Führung im Mittelstand, in: Personalführung 10/1999, S. 32–38.

Hornstein, E. von/Rosenstiel, L. von
Ziele vereinbaren – Leistung bewerten, München 2000.

Huber, M.
Geld allein erzeugt kein Commitment, in: Personalführung 11/2003, S. 1–3.

Hummel, Th. R./Zander, E.
Zukunftsfähig werden, in: Personal 6/2008, S. 36–37.

Jäger, W.
Analysten entdecken das Human Capital, in: Personalwirtschaft 12/2002, S. 16–18.

Jäger, W./Heinrich, A./Klage, A.
Anforderungen an ein Human-Value-Reporting, in: Personalwirtschaft 5/2004, S. 16–19.

Janzen, J.
Anmerkungen zum Expertentum von Aktienanalysten, in: ZfgK 12/2004, S. 15–20.

Jedzig, J.
Einführung standardisierter Verfahren zur Leistungsbeurteilung von Arbeitnehmern, in: DB 14/1991, S. 753–758.

Kadiski, B.
Schlüsselkompetenzen wirksam erfassen, Altstätten 2001.

Kahlert, A.
Mit einem Cafeteria-System zur „Total Compensation", in: Personalführung 2/2003, S. 66–70.

Kahlert, A./Lutz, I.
Bonus im Tarif, in: Personal 12/2006, S. 22–24.

Kaplan, R. S./Norton, D. P.
The Strategy-Focused Organization. How Balanced Scorecard Companies Thrive in the New Business Environment, Boston 2001.

Kaplan, R. S./Norton, D. P.
Balanced Scorecard. Strategien erfolgreich umsetzen, Stuttgart 1997.

Karpinski, H.
Gemeinsam ans Ziel, in: Bankmagazin 2/2001, S. 56–57.

Karst, Th./Schmitz, M.
Verrechnungspreise im Personalmanagement, in: Personalwirtschaft 10/2001, S. 90–97.

Kauffeld, S./Grote, S.
Kompetenzdiagnose mit dem Kasseler-Kompetenz-Raster, in: Personalführung 1/2000, S. 30–37.

Keller, B./Krause, J./Siek, M.
Kundenbindung als Instrument des Marketing Controlling, in: Die Bank 8/2002, S. 548–553.

Kemper, N.
Erfolgsbeteiligung und Motivation, in: Personal, Mensch und Arbeit 3/1976, S. 94–96.

Kempkes, H. P.
Die Anforderungen an den Top-Banker von morgen, in: Bankmagazin 4/1996, S. 32–34.

Kempkes, H. P./Bindhardt, R.
Personalführung mit Wertschätzung, in: Personalwirtschaft 7/2003, S. 39–43.

Kick, Th.
Total Compensation. Ein attraktives und zukunftsorientiertes Vergütungssystem zum Ausbau der Wettbewerbsfähigkeit von Banken im Arbeitsmarkt, in: Personalführung 4/1997, S. 308–313.

Kirchhoff, A./Günther, M. J.
Wie wertvoll ist der Kunde?, in: Die Bank 8/2004, S. 50–53.

Kirsch, W. et al.
Das Management des geplanten Wandels von Organisationen, Stuttgart 1979.

Kirsch, W. et al.
Reorganisationsprozesse im Unternehmen, München 1975.

Klein, D. K. R.
Turbulenzen an den internationalen Finanzmärkten – Ursachen, Auswirkungen und Lehren, in: ZfgK 2/2008, S. 35–39.

Klein, M.
Rating von Asset-Management-Gesellschaften, in: ZfgK 16–17/2001, S. 80–82.

Klein, W.
Sind die Bonuskonzepte noch zeitgemäß?, in: Die Bank 7/2008, S. 78–81.

Klingebiel, N.
Performance measurement: Grundlagen – Ansätze – Fallstudien, Wiesbaden 1999.

Knebel, H.
Mythos Leistungslohn, in: Personal 12/2006, S. 18–20.

Knebel, H./Malleskat, W.
Zukunftsfähige Vergütungssysteme, in: Personal 12/1998, S. 609–611.

Knist, J./Fichtner, F./Kuhnert, B.
Zielvereinbarungen und variable Vergütung DV-gestützt managen, in: Personalführung 11/2003, S. 40–44.

Knopf, R. et al.
Die Effizienz von Reorganisationsprozessen aus Sicht der Praxis, München 1976.

Kobi, J.-M.
Frühes Erkennen spart Kosten, in: Bankmagazin 6/2003, S. 46–47.

Kobi, J.-M.
Die fünf Kernkompetenzen des Human Resources Management, in: Die Bank 11/2002, S. 780–783.

Kobi, J.-M.
Die Früherkennung von Personalrisiken als Pflicht, in: PERSONALmagazin 10/2002, S. 20–22.

Kobi, J.-M.
Erfolgsfaktor Mitarbeiter, in: Bankmagazin 2/2001, S. 52–54.

Kobi, J.-M.
Management des Personalrisikos, in: Personalwirtschaft 6/2000, S. 31–37.

Koeder, K. W.
„Banking is people“ – Mitarbeiterumfragen gezielt einsetzen, in: Bankmagazin 6/1996, S. 35–37.

Köhler, R.
Beiträge zum Marketing-Management, Stuttgart 1988.

Köhler, R./Krauter, J.
Marketingplanung, in: Szyperski, N. (Hrsg.), Handwörterbuch der Planung, Stuttgart 1989, Sp. 1006–1020.

Köpf, G.
Unternehmenskultur in Kreditinstituten, in: bank und markt 9/1994, S. 27–32.

Kollar, A.
Internationale Niederlassungspolitik der Universalbanken, in: Büschgen, H. E./Richolt, K. (Hrsg.), Handbuch des internationalen Bankgeschäfts, Wiesbaden 1989, S. 429–449.

Kopatz, A.
Konzeptionalisierung und Operationalisierung des Wertes von Mitarbeitern aus Marketing-Perspektive, Diplomarbeit Universität Düsseldorf 2000.

Kosel, M./Görzig, G.
Personalarbeit steht auf dem Prüfstand, in: PERSONALmagazin 10/2002, S. 24–29.

Kosub, B.
Fortbildungscontrolling als ein Instrument der Wertsteigerung, in: Personalführung 11/2000, S. 24–30.

Krämer, H.-P.
Aufwertung der Leistung: Aspekte einer erfolgsorientierten Bezahlung, in: bank und markt 9/1995, S. 18–23.

Kramer, J. W.
Ratingsysteme in Banken, in: BI 9/2001, S. 4–11.

Krapp, M.
Relative Leistungsbewertung im dynamischen Kontext – Eine Analyse der Kollusionsproblematik bei wiederholter Delegation, in: zfbf 5/2000, S. 257–277.

Krause, C.
Kreditwürdigkeitsprüfung mit Neuronalen Netzen, Düsseldorf 1993.

Krautter, J.
Marketing-Entscheidungsmodelle, Wiesbaden 1973.

Krautter, J.
Zum gegenwärtigen Stand der Entwicklung quantitativer Marketing-Modelle, in: ZfB 10/1973, S. 723–746.

Kreutzer, R.
Global Marketing – Konzeption eines länderübergreifenden Marketing: Erfolgsbedingungen, Analysekonzepte, Gestaltungs- und Implementierungsansätze, Diss. Wiesbaden 1989.

Krieger, F.
Karriere trotz Finanzkrise, in: www.ftd.de/karriere_management/karriere/: Bankernachwuchs-Karriere-trotz-Finanzkrise/432324.html vom 10.11.2008.

Kring, W.
Künftig erfolgreiche Mitarbeiter auswählen, in: Bankmagazin 11/1997, S. 70–73.

Krosnick, J. A./Alwin, D. F.
A Test of the Form-Resistant Correlation Hypothesis. Ratings, Rankings, and the Measurement of Values, in: Public Opinion Quarterly 52/1988, S. 526–538.

Krüger, R.
Die Bedeutung des internationalen Bankgeschäfts für die Rentabilität einer Geschäftsbank, in: Büschgen, H. E./Richolt, K. (Hrsg.), Handbuch des internationalen Bankgeschäfts, Wiesbaden 1989, S. 313–340.

Krüger, W.
Personalpolitik vor neuen Herausforderungen, in: Die Bank 7/1998, S. 446–448.

Kuckelkorn, D.
JP Morgan muss bei Bear Stearns nachbessern, in: Börsen-Zeitung vom 26.03.2008, S. 8.

Kühlmann, T. M./Stahl, G. K.
Anforderungen an Mitarbeiter in internationalen Tätigkeitsfeldern, in: Personalführung 11/1998, S. 44–55.

Kuhn, E.
„Basel II" als Verbandsaufgabe: Lobbyarbeit für den Mittelstand, in: bank und markt 6/2001, S. 18–21.

Kuls, N.
Der Niedergang der Citigroup, in: FAZ vom 27.11.2008, S. 13.

Kuls, N.
Exodus in Wall Street, in: FAZ vom 15.02.2003, S. 19.

Kunz, G.
Visionen gezielt umsetzen, in: Bankmagazin 4/2001, S. 74–75.

Kunz, G.
Zielvereinbarungen und Balanced Scorecard, in: Personal 10/1999, S. 488–493.

Laabs, J.
A Prize Referral Program, in: Personnel Journal 5/1991, S. 95–97.

Laber, H./Maassen, O.
Mitarbeiterleistung muß sich „lohnen", in: Bankmagazin 5/1996, S. 58–60.

Laber, H./Torka, W.
12 + 2: Modellpflege beim Bonussystem der HVB, in: Die Bank 6–7/2004, S. 386–389.

Laib, K.
Das 360-Grad-Feedback, in: Personalführung 12/1997, S. 1138–1143.

Laib, K.
Computergestützte Ressourcen-Evaluation, in: Personalführung 9/1996, S. 792–795.

Lambe, G.
Capital Markets Agenda, in: The Banker 2/2005, S. 46–47.

Lampen, W./Zesch, W.
Erfolg durch Benchmarking und Reengineering der Personalprozesse, in: Personalführung 7/1996, S. 584–591.

Landgraf, R./Maisch, M.
Investment-Banking steht vor Umbruch, in: Handelsblatt vom 16.02.2005, S. 23.

Lang, R. W.
Schlüsselqualifikationen, München 2000.

Lanig, M.
Operative Risiken im Personalbereich: Erkennen – messen – steuern, in: BI 3/2003, S. 62.

Lattmann, C.
Leistungsbeurteilung als Führungsmittel, Bern/Stuttgart 1975.

Laux, H.
Zum Einfluss einer Sollgewinn-Vorgabe bei gewinnabhängiger Prämie, in: Die Unternehmung 2/1975, S. 169–186.

Lebert, R.
Boni sind Diebstahl, in: http://www.ftd.de/unternehmen/finanzdienstleister/: Boni%20Diebstahl/323554.html vom 27.02.2008.

Lehmann, J. A.
Standpunkte nachvollziehen, in: Bankmagazin 4/2000, S. 66–67.

Leicher, R.
Der Umgang mit dem Alter, in: Bankmagazin 3/2001, S. 86.

Leicher, R.
Fehlzeiten der Mitarbeiter reduzieren, in: Bankmagazin 12/1995, S. 40–41.

Leichtfuß, R./Bonacker, M.
Erfolgsorientierte Anreizsysteme, in: Die Bank 11/1992, S. 624–631.

Lemmer, J.
Der Eigenhandel als strategisches Geschäftsfeld deutscher Banken, in: Die Bank 9/1999, S. 620–627.

Lev, B./Schwartz, A.
On the use of the economic concept of human capital in financial statements, in: The Accounting Review 1/1971, S. 103–112.

Liebel, H. J.
Personalentwicklung durch Verhaltens- und Leistungsbewertung, in: Liebel, H. J./ Oechsler, W. A., Personalbeurteilung. Neue Wege zur Beurteilung von Leistung, Verhalten und Potential, Wiesbaden 1992, S. 103–191.

Lieding, Chr.
Stock Options als Instrument der Mitarbeiterbindung, in: Sparkasse 4/2002, S. 156–158.

Lindena, B.
Aktienkursorientierte Vergütung – Shareholder Value für Führungskräfte, in: Die Bank 9/2000, S. 616–620.

Lindena, B.
Leistungsanreize durch variables Vergütungssystem, in: Die Bank 12/1997, S. 712–716.

Lohaus, D./Habermann, W.
Emotionale Bindung ist out, in: Personal 11/2006, S. 48–50.

Lotter, H./Pahlke, D.
Es wird auch in Zukunft Bedarf für Investment Banking geben, in: Börsen-Zeitung vom 20.09.2008, S. 4.

Lucks, K./Meckl, R.
Internationale Mergers & Acquisitions, Berlin/Heidelberg 2002.

Lueger, G.
Die Bedeutung der Wahrnehmung bei der Personalbeurteilung. Zur psychischen Konstruktion von Urteilen über Mitarbeiter, 2. Auflage, München/Mering 1993.

Lurse, K.
Erfolgsanalyse ist partnerschaftlich, in: Personalwirtschaft 2/2001, S. 46–51.

Lurse, K.
Richtige oder falsche Zielvorgaben, in: Personalwirtschaft 9/1997, S. 46–48.

Lutje, F.
Employer Branding bei Siemens, in: Personalwirtschaft 2/2002, S. 19–22.

Lyding, W./Hören, M. von
Einführung einer leistungs- und marktgerechten AT-Vergütung, in: Personalführung 5/2001, S. 40–47.

Mackewicz, D.
Die Banken sind besser als ihr Ruf, in: Bankmagazin 8/1999, S. 34–36.

Männel, W.
Kosten-, Leistungs-, Erlös- und Ergebnisrechnung, Lauf an der Pegnitz 1989.

Maier, H./Ebner-Hoti, S./Urban, S./Canisius, P.
Retention Management – High Potentials an das Unternehmen binden, in: Die Bank 10/2003, S. 706–709.

Maisch, M.
Warum der Zorn in Sachen Boni ungerecht ist, in: http://www.handelsblatt.com/unternehmen/banken-versicherungen/warum-der-zorn-in-sachen-boni-ungerecht-ist;2146274 vom 10.02.2009.

Maisch, M./Landgraf, R./Nagl, H. G.
Böse Überraschung für Dresdner-Mitarbeiter, in: http://www.handelsblatt.com/unternehmen/banken-versicherungen/boese-ueberraschung-fuer-dresdner-mitarbeiter;2031518 vom 03.09.2008.

Mang, Th.
Investment Banking für den Mittelstand: Integration gefragt, in: bank und markt 6/2001, S. 12–16.

Manning, G./Curtis, K.
Performance: Managing for Excellence, Cincinnati (Ohio) 1988.

Marliere-Farnschläder, A.
Grenzmanagement: Die Metamorphose der Banken, in: Die Bank 12/1999, S. 838–844.

Marr, R./Schloderer, F.
Human-Capital-Management mit System, in: Personalwirtschaft 5/2004, S. 20–25.

Marschlich, A.
Konferenz „Wissensbilanz“: Wohin geht die Reise?, in: pwc: Das Magazin für Vorausdenker August 2005, S. 40–41.

Marschlich, A.
Bewertung des Faktors Mensch, in: FAZ.NET vom 08.04.2005, o. S.

Marschlich, A.
Personalrisiken analysieren und bewerten, in: FAZ.NET vom 18.03.2005, o. S.

Maschmeyer, V.
Management by Balanced Scorecard – alter Wein in neuen Schläuchen?, in: Personalführung 5/1998, S. 74–80.

Masters, B./Saigol, L./Farrell, G.
Minus beim Bonus, in: http://www.ftd.de/karriere_management/management/: Agenda-Minus-beim-Bonus/434291.html vom 04.11.2008.

Mattern, E.
Rating im internationalen Kreditgeschäft, in: Die Bank 8/1984, S. 374–378.

Mattessich, R.
Die wissenschaftlichen Grundlagen des Rechnungswesens. Eine analytische und erkenntniskritische Darstellung doppischer Informationssysteme für Betriebs- und Volkswirtschaft, Düsseldorf 1970.

Mazanec, J.
Das Konzept des „Decision Calculus“ – Fortschrittsfähiger Ansatz der Modellkonstruktion oder Immunisierungsstrategie?, in: WiSt 7/1975, S. 317–324.

Meffert, H./Bruhn, M.
Dienstleistungsmarketing, 2. Auflage, Wiesbaden 1997.

Menck, K.-P.
Rating mittels statistischer neuronaler Netze, Frankfurt am Main 2001.

Merl, G.
Krise in der deutschen Finanzindustrie?, in: Betsch, O./Merl., G. (Hrsg.), Zukunft der Finanzindustrie, Frankfurt am Main 2003, S. 1–14.

Merl, G.
Firmenkundengeschäft als Kernkompetenz, in: ZfgK 10/2002, S. 12–17.

Meyding, Th./Mörsdorf, R.
Neuregelungen durch das KonTraG und Tendenzen in der Rechtsprechung, in: Saitz, B./Braun, F.(Hrsg.), Das Kontroll- und Transparenzgesetz, Wiesbaden 1999, S. 5–46.

Meyer, A./Dullinger, F.
Methoden zur Planung und Kontrolle von Leistungsprogrammen, in: Meyer, A. (Hrsg.), Handbuch des Dienstleistungs-Marketing, Band 1, Stuttgart 1998, S. 767–783.

Meyer, A./Ertl, R.
Kundenorientierung als Wettbewerbsvorteil, in: Betsch, O./ Hooven, E. van/Krupp, G. (Hrsg.), Handbuch Privatkundengeschäft, Frankfurt am Main 1998, S. 171–180.

Meyer, C.
Betriebswirtschaftliche Kennzahlen und Kennzahlensysteme, 2. Auflage, Stuttgart 1994.

Miller, R./Wurzburg, G.
Investing in Human Capital, in: The OECD Observer, Nr. 193, April/Mai 1995, S. 16.

Mokry, C.
Mitarbeiterbindung durch Deferred Compensation, in: Personalwirtschaft 6/2002, S. 36–40.

Moody's Investors Service
Moody's Ratingsymbole und -definitionen, o. O. 2007.

Moser, K.
Personalmarketing. Eine Einführung, München 1992.

Moser, R./Saxer A.
Retention-Management für High-Potentials. Konzeptionelle Grundlagen – empirische Ergebnisse – Gestaltungsempfehlungen, Bern 2002.

Müller, K.
In deutschen Firmen zählt Leistung wenig, in: http://www.computerwoche.de/index.cfm?pid=444&pk=528989 vom 04.04.2002.

Müller, M./Schander, A. A.
Auflagen und Chancen für Kreditinstitute, in: Bankmagazin 11/1998, S. 38–40.

Müller, W./Schultheiß, Ph.
Nur Gewinner, in: Personal 12/2008, S. 10–11.

Müller-Gebel, K.
Personalmanagement im Spannungsfeld zwischen cost-cutting, Personalabbau und Mitarbeitermotivation, in: ZfgK 1/2002, S. 11–13.

Müller-Gebel, K./Trilse, I.
Chefsache Kostensenkung – das Projekt einer deutschen Großbank, in: Die Bank 11/2002, S. 738–741.

Müller-Merbach, H.
Operations Research, München 1973.

Mungenast, M.
Grenzen merkmalsorientierter Einstufungsverfahren und ihre mögliche Überwindung durch zielorientierte Leistungsbeurteilungsverfahren, München 1990.

Munson, J. M./McIntyre, S. H.
Developing Practical Procedures for the Measurement of Personal Values in Cross-Cultural Marketing, in: Journal of Marketing Research 16/1979, S. 48–52.

Nagel, A.
Was Mitarbeiter bindet, in: Personal 4/2005, S. 24–27.

Neuberger, O.
Rituelle (Selbst-)Täuschung. Kritik der irrationalen Praxis der Personalbeurteilung, in: DBW 1/1980, S. 27–43.

Neysmith, B. I./Fraser, D. R./Groth, J. C.
Bond Ratings in the United States and in Canada, in: Atlanta Economic Review 6/1978, S. 34–38.

Nick, F. R.
Anreiz-Beitrags-Theorie, in: Gaugler, E. (Hrsg.), Handwörterbuch des Personalwesens, Stuttgart 1975, Sp. 38–47.

Nieder, P./Michalk, S.
Absentismus und betriebliche Gesundheitsförderung, in: Personalführung 9/1995, S. 782–791.

Niedermair, G./Mitterer, R.
Die Vorgesetztenbeurteilung – Gordischer Knoten des heutigen Managements?, in: Personal 7/2000, S. 346–353.

Nienaber, C.
Performance-Management über das Intranet, in: Personalwirtschaft 6/2001, S. 70–74.

Nöcker, R.
Was sind Ihre Leute wert?, in: FAZ vom 03.02.2007, C 1.

Noller, K.-J.
US-Bankensystem – Neue Ära für US-amerikanische Finanzinstitutionen, in: ZfgK 2/2002, S. 16–23.

North, K.
Wissen messen, in: Heimer, T./Rossbach, P. (Hrsg.), Management der Ressource Wissen in Banken, Frankfurt am Main 2001, S. 55–69.

North, K./Probst, G./Romhardt, K.
Wissen messen – Ansätze, Erfahrungen und kritische Fragen, in: Zeitschrift für Organisation 3/1998, S. 158–166.

Odiorne, G. S.
Strategic Management of Human Resources. A Portfolio Approach, San Francisco/London 1984.

Oechsler, W. A./Reichmann, L.
Entgeltflexibilisierung – Zur Rolle des Tarifvertrags bei aktuellen Flexibilisierungstendenzen, in: zfbf 9/2002, S. 527–542.

Oehler, A./Unser, M.
Finanzwirtschaftliches Risikomanagement, Berlin 2001.

Olesch, G.
Variable Entgeltsysteme für unterschiedliche Mitarbeitergruppen, in: Personal 2/1998, S. 70–75.

Olfert, K./Steinbuch, P. A.
Personalwirtschaft, Ludwigshafen 1995.

Ortner, G. E./Thielmann-Holzmayer, C.
Gemessen an vier Werten, in: Personal 11/2007, S. 12–13.

Osenroth, K./ Hören, M. von
Einführung variabler Vergütung bei den Stadtwerken Solingen, in: Personalführung 9/1999, S. 26–30.

Oser, P.
Einsatz der Diskriminanzanalyse bei Kreditwürdigkeitsprüfungen, in: Betriebs-Berater 7/1996, S. 367–375.

o. V.
Ära der US-Investmentbanken endet – Fed reguliert Goldman und Morgan Stanley, in: Börsen-Zeitung vom 23.09.2008, S. 1.

o. V.
Allianz teilt Dresdner Bank auf – Vorbereitung auf Konsolidierung, in: Börsen-Zeitung vom 15.03.2008, S. 1.

o. V.
Angst vor Schlagzeilen, in: Personalwirtschaft 2/2002, S. 23–25.

o. V.
Aufsicht greift bei Bankenboni durch – Strengere Vergütungsregeln für die Branche, in: Börsen-Zeitung vom 15.08.2009, S. 1.

o. V.
Banken schlagen Verhaltenskodex vor, in: FAZ vom 10.04.2008, S. 11.

o. V.
Bankenaufsicht soll Boni kontrollieren, in: Börsen-Zeitung vom 30.04.2009, S. 3.

o. V.
Berater fordern stärkere Leistungsbeurteilung, in: http://www.jobscout24.de/content/Berater_fordern_staerkere_Leistungsbeurteilung.html?searchTerm=&categoryID=1018&type=B2B vom 21.08.2008.

o. V.
Boni auf Bewährung, in: Börsen-Zeitung vom 13.02.2008, S. 8.

o. V.
Boni-Programme sollen Risiken mit einbeziehen, in: Börsen-Zeitung vom 18.07.2008, S. 4.

o. V.
Bonus für Banker, in: http://www.tagesspiegel.de/wirtschaft/Finanzen-Finanzkrise-Konjunktur;art130,2722623 vom 04.02.2009.

o. V.
Brokerfusion mit Morgan Stanley, in: http://www.ftd.de/unternehmen/finanzdienstleister/:Brokerfusion-mit-Morgan-Stanley-Citigroup-nimmt-2-7-Mrd-Dollar-ein/460670.html vom 14.01.2009.

o. V.
Brüssel schaut Banken bei Boni auf die Finger, in: Börsen-Zeitung vom 14.07.2009, S. 4.

o. V.
Bundesregierung schnürt Rettungspaket – 470 Mrd. Euro Liquiditäts- und Kapitalhilfen, in: Börsen-Zeitung vom 14.10.2008, S. 1.

o. V.
Citigroup verhandelt mit Morgan Stanley über ein Joint Venture, in: Börsen-Zeitung vom 13.01.2009, S. 5.

o. V.
Commerzbank beschleunigt Übernahme der Dresdner Bank, in: Börsen-Zeitung vom 29.11.2008, S. 3.

o. V.
Commerzbank fusioniert mit Dresdner Bank – Übernahme in mehreren Stufen, in: Börsen-Zeitung vom 30.08.2008, S. 1.

o. V.
Commerzbank strafft Investmentbereich, in: http://www.handelsblatt.com/news/Default.aspx?_p=200039&_t=ft&_b=816791 vom 10.11.2004.

o. V.
Commerzbank übernimmt Dresdner früher, in: http://www.handelsblatt.com/unternehmen/banken-versicherungen/commerzbank-uebernimmt-dresdner-frueher;2099045 vom 28.11.2008.

o. V.
Commerzbank will auf die Kostenbremse treten, in: http://www.handelsblatt.com/unternehmen/banken-versicherungen/commerzbank-will-auf-die-kostenbremse-treten;2030586 vom 01.09.2008.

o. V.
Commerzbank will Eigenhandel zurückfahren, in: http://www.finanznachrichten.de/nachrichten-2004-09/artikel-1812081.asp vom 21.09.2004.

o. V.
Das Ende der US-Investmentbanken, in: http://www.handelsblatt.com/unternehmen/banken-versicherungen/das-ende-der-us-investmentbanken;2045283 vom 22.09.2008.

o. V.
Das Instrument der Trendforschung, in: PersonalführungPlus '99, S. 36–43.

o. V.
Deutsche Bank zeigt Ehrgeiz bei Renditeziel – Investment Banking muss abspecken, in: Börsen-Zeitung vom 29.11.2008, S. 1.

o. V.
Die neue Finanzarchitektur nimmt Gestalt an, in: FAZ vom 26.09.2009, S. 11.

o. V.
Dramatische Tage für die Dresdner Bank, in: FAZ vom 27.09.2002, S. 11.

o. V.
Dreigliedriger Fonds soll die Finanzbranche retten, in: Börsen-Zeitung vom 14.10.2008, S. 2.

o. V.
Dresdner-Kauf vollzogen, in: Börsen-Zeitung vom 13.01.2009, S. 3.

o. V.
Eine Frage der konkreten Umsetzung, in: Personalführung 8/2004, S. 12.

o. V.
EU billigt deutsches Rettungspaket für Banken, in: Börsen-Zeitung vom 29.10.2008, S. 5.

o. V.
EU-Staaten sagen exzessiven Boni Kampf an, in: http://www.handelsblatt.com/politik/international/eu-staaten-sagen-exzessiven-boni-kampf-an;2458146 vom 18.09.2009.

o. V.
EU stellt Ratinghäuser unter Aufsicht, in: Börsen-Zeitung vom 24.04.2009, S. 5.

o. V.
Fed treibt Merrill Lynch in die Arme der Bank of America, in: Börsen-Zeitung vom 16.09.2008, S. 4.

o. V.
Finanzkrise lähmt Europas IPO-Geschäft, in: Börsen-Zeitung vom 07.10.2008, S. 18.

o. V.
Finanzkrise wird US-Bank Lehman Brothers zum Verhängnis, in: http://de.reuters.com/article/topNews/idDEMIG5406322008091 5 vom 15.09.2008.

o. V.
Gleichbehandlung und Altersdiskriminierung, in: B+P Arbeitsrecht 2/2007, S. 98–99.

o. V.
Großbritannien wird Banken-Großaktionär, in: Börsen-Zeitung vom 14.10.2008, S. 3.

o. V.
Historische Teilverstaatlichung der US-Banken, in: Börsen-Zeitung vom 15.10.2008, S. 3.

o. V.
Hohe Bonuszahlungen trotz Krise, in: FAZ vom 12.02.2008, S. 19.

o. V.
„Ich begrüße jeden Konsolidierungsschritt", in: Börsen-Zeitung vom 12.09.2008, S. 3.

o. V.
Investmentbanken: Das Herz der Wall Street, in: Frankfurter Neue Presse vom 16.09.2008, S. 7.

o. V.
Investmentbanker trifft eine neue Entlassungswelle, in: FAZ vom 25.09.2002, S. 25.

o. V.
JP Morgan pflückt faule Bear Stearns, in: http://www.ftd.de/unternehmen/finanzdienstleister/:JP%20Morgan%20Bear%20Stearns/331873.html vom 17.03.2008.

o. V.
Kein unmittelbarer Einfluss, in: Personalführung 9/2004, S. 16.

o. V.
Kerviel will nicht der Sündenbock sein, in: Börsen-Zeitung vom 06.02.2008, S. 3.

o. V.
KPMG: „Kreditkrise lähmt M&A-Markt“, in: http://www.kpmg.de/8407.htm?print=1 vom 16.07.2008.

o. V.
Leaders' Statement: The Pittsburgh Summit, in: http://www.pittsburghsummit.gov/mediacenter/129639.htm vom 26.09.2009.

o. V.
Lehman Brothers muss Insolvenz anmelden, in: Börsen-Zeitung vom 16.09.2008, S. 4.

o. V.
Lehman-Pleite erschüttert die Finanzwelt, in: Börsen-Zeitung vom 16.09.2008, S. 1.

o. V.
Mehrwert durch Menschen schaffen, in: VDI nachrichten vom 27.06.2003, o. S.

o. V.
Merrill Lynch flüchtet vor Finanzkrise zur Bank of America, in: http://de.reuters.com/article/topNews/idDEHUM55512520080915 vom 15.09.2008.

o. V.
Ministerpräsidenten in Sorge um Landesbanken, in: FAZ vom 24.11.2008, S. 15.

o. V.
Nach Kapitalzufuhr fällt Dividende aus, in: Börsen-Zeitung vom 04.11.2008, S. 5.

o. V.
Neue Milliardenverluste bei Banken erwartet – S&P schätzt Volumen auf 265 Mrd. Dollar, in: Börsen-Zeitung vom 01.02.2008, S. 1.

o. V.
Obama geißelt Banker-Boni, in:
http://www.sueddeutsche.de/politik/936/456604/text/ vom 30.01.2009.

o. V.
Rettungsfonds mit Startproblemen, in: Börsen-Zeitung vom 23.10.2008, S. 3.

o. V.
So viele Börsengänge wie seit dem Jahr 2000 nicht, in: FAZ vom 19.08.2006, S. 17.

o. V.
SocGen deckt Händlerbetrug auf – 4,9 Milliarden Belastung, in: http://de.reuters.com/article/topNews/idDEBUC42968320080124 vom 24.01.2008.

o. V.
Suche nach Herberge für neue HBOS-Aktien, in: Börsen-Zeitung vom 22.07.2008, S. 5.

o. V.
UBS führt ab 2009 Bonus-Malus-System ein, in: Börsen-Zeitung vom 18.11.2008, S. 4.

o. V.
Überwinterungsprogramm, in: FAZ vom 27.09.2002, S. 20.

o. V.
Umbauarbeiten bei der Deutschen Bank, in: Börsen-Zeitung vom 06.02.2009, S. 3.

o. V.
UniCredit richtet Boni an Nachhaltigkeit aus, in: Börsen-Zeitung vom 15.07.2009, S. 4.

o. V.
US-amerikanische Banken im Ausland – ausländische Kreditinstitute in den USA, in: ZfgK 2/2000, S. 19–24.

o. V.
US-Rettungspaket genehmigt, in: http://www.geldpro.de/us-rettungspaket-genehmigt/id/764/ vom 06.10.2008.

o. V.
US-Rettungspaket verabschiedet, in: Börsen-Zeitung vom 04.10.2008, S. 5.

o. V.
Vergütungen sollen auf den Prüfstand, in: Börsen-Zeitung vom 10.04.2008, S. 5.

o. V.
Verkauf von Dresdner Kleinwort, in: http://www.teleboerse.de/937126.html vom 20.03.2008.

o. V.
Verordnung komplettiert Rettungspaket – Bayern LB wird wohl Hilfe als Erste brauchen, in: Börsen-Zeitung vom 21.10.2008, S. 1.

o. V.
Vom Traumjob zum Arbeitsamt, in: Süddeutsche Zeitung vom 05.03.2003, S. 28.

o. V.
Wall-Street-Boni: 112.000 Dollar extra für jeden Banker, in: http://www.ftd.de/unternehmen/finanzdienstleister/:Wall-Street-Boni-112-000-Dollar-extra-f%FCr-jeden-Banker/467622.html vom 29.01.2009.

Padberg, Th.
Übernahmen im Spiegel der Bilanzen, in: Die Bank 2/2008, S. 60–61.

Pankert, E./Zwecker, F.
Deutsche Banken als Nachzügler, in: Bankmagazin 5/1993, S. 40–45.

Paul, H.
Die Krise trifft die Investmentbanker, in: http://www.faz.net/s/RubD16E1F55D21144C4AE3F9DDF52B6E1D9/Doc~E83B9BEBC03E24068B95FCD4940C4C7C5~ATpl~Ecommon~Scontent.html vom 21.11.2008.

Paul, St./Paul, Th./Stein, St.
Rating-Agenturen für den Mittelstand, in: RATINGaktuell 2/2002, S. 36–38.

Pauluhn, B.
Provisionen und Incentives im Privatkundengeschäft, in: bank und markt 9/1995, S. 24–29.

Pawelka, B.
Drei Banken – drei Wege zum Erfolg, in: Bankmagazin 11/1998, S. 14–17.

Peinelt-Jordan, K.
Individualisierung: ein Schreckgespenst für Personalverantwortliche?, in: Personal 9/1997, S. 464–465.

Perwein, A./Scharpf, R.
Führungspotentiale erkennen und bereitstellen, in: Personalführung 2/1995, S. 132–134.

Petkovic, M.
Geschickte Markenpolitik, in: Personal 4/2004, S. 6–9.

Peuntner, Th.
Management by Objectives (MbO) – Grundlagen, in: Personal 10/1999, S. 486.

Pfeiffer, W./Dörrie, U./Stoll, E.
Menschliche Arbeit in der industriellen Produktion, Göttingen 1977.

Picot, A.
Gratifikationen, in: Gaugler, E. (Hrsg.), Handwörterbuch des Personalwesens, Stuttgart 1975, Sp. 971–975.

Picot, A./Fiedler, M.
Der ökonomische Wert des Wissens, in: Boos, M./Goldschmidt, N. (Hrsg.), WissensWert!? Ökonomische Perspektiven der Wissensgesellschaft, Baden-Baden 2000, S. 15–37.

Pietsch, G.
Zwischen Analyse und Paralyse, in: Personal 11/2007, S. 8–10.

Pietschmann, B. P./Bell, C.
Das Personal als Unique Selling Position, in: Personal 4/1999, S. 176–180.

Pilger, N.
Strategisch vergüten, in: Personal 11/2008, S. 6–8.

Pitsch, R.
Innere Kündigung erkennen und gegensteuern, in: Personalwirtschaft 11/2002, S. 55–57.

Plaschke, F. J.
Bonus für langfristige Wertentwicklung, in: Personalwirtschaft 6/2003, S. 56–61.

Pleier, N.
Anreize im Wandel, in: Personal 12/2006, S. 6–9.

Pleier, N.
Der Faktor Mensch, in: Personal 12/2005, S. 18–20.

Plinke, W.
Die Geschäftsbeziehung als Investition, in: Specht, G./Silberer, G./ Engelhardt, W. H. (Hrsg.), Marketing-Schnittstellen, Stuttgart 1989, S. 305–325.

Prahalad, C. K./Hamel, G.
The Core Competence of the Corporation, in: Harvard Business Review Mai/Juni 1990, S. 79–91.

Prasch, E.
Leistungsorientierte Vergütung: Gleiche Interessen bei Mitarbeitern und Arbeitgebern, in: bank und markt 9/1995, S. 8–13.

Prasch, E./Torka, W.
Neues Vergütungssystem: Die Leistung zählt, in: Die Bank 9/1995, S. 516–520.

Price Waterhouse
Narrative Reporting. A Study in European Corporate Governance, o. O. 1997.

PricewaterhouseCoopers
Leichte Erholung am IPO-Markt – Trendwende lässt noch auf sich warten, Pressemitteilung vom 06.10.2009.

PricewaterhouseCoopers
Neufassung der MaRisk vom 14.08.2009, in: Financial Services-Newsletter Nummer 21 vom 18.08.2009, o. S.

PricewaterhouseCoopers
Minimierung von Personalrisiken durch effektives Talent-Management, o. O. 2009.

PricewaterhouseCoopers
Unternehmensstudie: Bewertung von Humankapital, o. O. 2007.

PricewaterhouseCoopers
Humankapital, in: pwc: Das Magazin für Vorausdenker Januar 2007, S. 42–47.

PricewaterhouseCoopers
Backroom to boardroom: bridging people gaps with Saratoga, o. O. 2006.

PricewaterhouseCoopers
Financial Services M&A, o. O. 2006.

PricewaterhouseCoopers
Wichtige Trends des Humankapitals, o. O., 2006.

PricewaterhouseCoopers
Immer mehr Finanzdienstleister lagern Arbeitsplätze in Niedriglohnländer aus, Pressemitteilung vom 15.09.2005.

PricewaterhouseCoopers
Immaterielle Werte und andere weiche Faktoren in der Unternehmensberichterstattung, Frankfurt am Main 2003.

PricewaterhouseCoopers/Kirchhoff Consult AG
Wertorientierte Berichterstattung im DAX – Trends und Best Practices, Frankfurt am Main 2006.

Raible, K.-F./Vaupel, A.
Mitarbeiterbindung: Langfristige Anreizsysteme und Mitarbeiterbeteiligungen, in: B+P Personalpraxis 9/2006, S. 591–594.

Rankin, W. L./Grube, J. W.
A comparison of ranking and rating procedures for value system measurement, in: European Journal of Social Psychology 10/1980, S. 233–246.

Rappaport, A.
Shareholder Value: Wertsteigerung als Maßstab für die Unternehmensführung, Stuttgart 1994.

Rastetter, D.
Commitment: Bindung neuer Mitarbeiter an das Unternehmen, in: Personal 12/1998, S. 626–631.

Redicker, C.-H.
Schlüsselqualifikation Wirtschaftsenglisch, in: Die Bank 10/1995, S. 602–605.

Redmann, B.
Rechtliche Tücken bei variablen Ziel- und Anreizvergütungen, in: Personal 10/2003, S. 22–26.

Rehkugler, H./Zimmermann, H. G.
Neuronale Netze in der Ökonomie, München 1994.

Rehn, M.-L.
Die Eingliederung neuer Mitarbeiter, München 1990.

Reichheld, F.
Der Loyalitätseffekt, Frankfurt am Main 1997.

Reichmann, L./Mitlacher, L.
Transparent über die gesamten Entgelte, in: Personalwirtschaft 6/2003, S. 62–65.

Renner, G.
Zeitgemäße Vergütungssysteme: Anmerkungen aus Sicht der Gewerkschaft, in: bank und markt 9/1995, S. 35–40.

Reupert, D./Wenisch, S.
Die Balanced Scorecard als Steuerungsinstrument, in: Personalführung 11/2000, S. 38–43.

Reuter, A./Wecker, C.
Projektfinanzierung, Stuttgart 1999.

Rey, M. W./Röver, J.-H.
Private Equity ergänzt die globale Projektfinanzierung, in: Die Bank 9/2001, S. 626–630.

Rief, W.
Standard & Poor's Rückversicherungsrating, in: Achleitner, A.-K./Everling, O. (Hrsg.), Versicherungsrating, Wiesbaden 2005, S. 157–178.

Rieker, S. A.
Bedeutende Kunden – Analyse und Gestaltung von langfristigen Anbieter-Nachfrager-Beziehungen auf industriellen Märkten, Wiesbaden 1995.

Ries, A./Scheuplein, T.
Fortschritt in der Banksteuerung, in: Die Bank 10/2004, S. 48–53.

Ritterhoff, K.
Positives Arbeitgeberimage durch Personal-PR, in: Personalwirtschaft 1/2004, S. 43–46.

Roeder, P./Livonius, H. von
Private Equity und Spezialfondsanleger, in: ZfgK 16/2002, S. 62–64.

Röller, W.
Globalisierung in der Banking-Industrie, in: Albach, H. (Hrsg.), Globalisierung und Wettbewerb, Wiesbaden 1992, ZfB-Ergänzungsheft 2/1992, S. 121–143.

Rogge-Strang, C.
Pulsschlag normal, in: Die Bank 5/2008, S. 72–77.

Rosenstiel, L. von
Potentialanalyse und Potentialentwicklung, in: Rosenstiel, L. von/Lang-von Wins, Th. (Hrsg.), Perspektiven der Potentialbeurteilung, Göttingen 2000, S. 3–25.

Rosenstiel, L. von
Willenspsychologie – der steinige Weg zum Ziel, in: Die Bank 1/2000, S. 38–41.

Rosenstiel, L. von
Zielkonflikte in der Karrieremotivation, in: GDI IMPULS 1/1986, S. 9–20.

Rübling, G.
Verfahren und Funktionen der Leistungsbeurteilung in Unternehmen, Konstanz 1988.

Russell, P.A./Gray, C. D.
Ranking or rating? Some data and their implications for the measurement of evaluation response, in: British Journal of Psychology 85/1994, S. 79–92.

Saaman, W.
Die Abwanderung der Leistungsträger verhindern, in: Die Bank 6–7/2004, S. 429–431.

Sadowski, D./Schröder, M.
Freiwillige Publizität und personalpolitische Reputation, in: zfbf 46/1994, S. 127–144.

Salovey, P./Mayer, J. D.
Emotional Intelligence, in: Imagination, Cognition and Personality 9/1990, S. 185–211.

Sattelberger, T.
Innovative Personalentwicklung, Wiesbaden 1995.

Schäfers, M.
Herbe Gehaltseinbußen für die Bankchefs, in: http://www.faz.net/s/Rub58241E4DF1B149538ABC24D0E82A6266/Doc~EEF9FD9E6DAE54D2A96D7B3DC480AC020~ATpl~Ecommon~Scontent.html vom 15.10.2008.

Schätzle, R. J.
Ohne Boni geht es künftig nicht!, in: Bankmagazin 9/1995, S. 22–23.

Schaub, G.
Arbeitsrechts-Handbuch, München 2000.

Scheer, O.
Das Geschäftsstellennetz im Wandel, in: Die Bank 8/1994, S. 463–468.

Schein, J.
Strategien aus dem Luftschloss holen, in: Bankmagazin 8/1999, S. 60–62.

Schettgen, P.
Personalbeurteilung zwischen systemischer Kontrolle und widerborstiger Subjektivität, in: Loewenfeld, W. von (Hrsg.), Die Beurteilung. Vom Ritual zum sozialen Management im öffentlichen Dienst, Stuttgart o. J., S. 45–80.

Schick, S.
Problemfelder der internen Kommunikation. Vortragsunterlagen der Management-Circle-Konferenz „Controlling der internen Kommunikation" vom 25./26.08.1999 in Frankfurt am Main.

Schierenbeck, H.
Grundzüge der Betriebswirtschaftslehre, 12. Auflage, München 1995.

Schierenbeck, H.
Ertragsorientiertes Bankmanagement, Wiesbaden 1994.

Schildbach, Th.
Ein fast problemloses DCF-Verfahren zur Unternehmensbewertung, in: zfbf 12/2000, S. 707–723.

Schiller, B.
Leistungsbeeinflussung von Mitarbeitern im Bankaußendienst, in: Sparkasse 4/1990, S. 171–176.

Schirmer, U.
Commitment fördern, Mitarbeiter halten. Retention-Management zur Bindung von Leistungsträgern, in: Personalführung 3/2007, S. 48–58.

Schirmer, U.
Neue Ansätze zur Optimierung der betrieblichen Ausbildung, Wiesbaden 1997.

Schlegel, H.
Produktbewertungsmodelle, in: Böcker, F./Dichtl, E. (Hrsg.), Erfolgskontrolle im Marketing, Berlin 1975, S. 147–178.

Schlosser, H. D.
Generelle Stellungnahme zum Unwort des Jahres „Humankapital", in: http://www.unwortdesjahres.org/2004.html, Februar 2005.

Schmahl, D. W./Neubauer, F.
„Win-Win"-Erfolge mit Deferred Compensation, in: Personalführung 4/1994, S. 298–304.

Schmeer, B.
Neue Trends bei den Vergütungssystemen, in: Personalführung 9/1996, S. 788–791.

Schmeer, B.
Leistungsabhängige Vergütung bei unterschiedlichen Unternehmenskulturen, in: Personalführung 10/1995, S. 832–835.

Schmeisser, W.
Säulen moderner Entgeltpolitik, in: Personalwirtschaft 9/2001, S. 18–26.

Schmidt, H. D.
Die Beurteilung des menschlichen Verhaltens durch Ratingskalen, Diss. Bonn 1965.

Schmidt, R.
Rating börsennotierter Unternehmen, in: Manuskripte aus dem Institut für Betriebswirtschaftslehre der Universität Kiel, Nr. 232, März 1989.

Schneider, N. F./Limmer, R.
Mobilität erzeugt Stress, in: Personalwirtschaft 10/2001, S. 28–32.

Schoenfeld, H.-M.
Human Asset Accounting, in: Gaugler, E. (Hrsg.), Handwörterbuch des Personalwesens, Stuttgart 1975, Sp. 995–1004.

Scholz, Chr.
Humankapitalbewertung als Gebot der Stunde, in: Pay 5/2008, S. 8–11.

Scholz, Chr.
Es zieht ein Herr Becker durchs Land … noch immer – Replik zur Kritik am Artikel zur Saarbrücker Formel, in: BFuP 1/2007, S. 59–65.

Scholz, Chr.
Humankapital in Euro? – und (fast) auf Knopfdruck!, in: CoPers 1/2006, S. 32–35.

Scholz, Chr.
Die Saarbrücker Formel, in: personalmanager 2/2005, S. 16–19.

Scholz, Chr.
Human Capital Management, in: randstadkorrespondent 2/2005, S. 8.

Scholz, Chr.
Zehn Aktionsfelder der Saarbrücker Formel, in: Personalwirtschaft 2/2005, S. 34–36.

Scholz, Chr.
Denunzierung von „Humankapital“ als Untat des Jahres 2004, Pressemitteilung der Universität Saarbrücken vom 19.01.2005, o. S.

Scholz, Chr.
Zehn Fragen und Antworten zum Human-Capital-Management, in: Personalwirtschaft 5/2004, S. 10–15.

Scholz, Chr.
Editorial: Einige Anmerkungen zu immateriellen Vermögenswerten, in: ZfP 2/2003, S. 149–150.

Scholz, Chr.
Personalmanagement: Informationsorientierte und verhaltenstheoretische Grundlagen, 5. Auflage, München 2000.

Scholz, Chr.
Grundlagen eines marktorientierten Personalmanagements, in: Bruhn, M. (Hrsg.), Internes Marketing, Integration der Kunden- und Mitarbeiterorientierung, Wiesbaden 1999, S. 95–114.

Scholz, Chr./Bechtel, R.
Zehn Nutzen der Saarbrücker Formel, in: Personalwirtschaft 11/2005, S. 32–36.

Scholz, Chr./Bechtel, R.
Human Capital Management (HCM): Wieviel ist ein Mitarbeiter wert?, in: https://www.saarbruecker-formel.net/artikel.html1#awieviel, Impulsstatement vom 06.02.2003, S. 1–7.

Scholz, Chr./Bechtel, R.
Vordenker und mustergültige Unternehmen, in: Personalwirtschaft 1/2002, S. 10–11.

Scholz, Chr./Braun, M.
Standardisierung statt Emotionalisierung, in: HR SERVICES 2/2005, S. 10–13.

Scholz, Chr./Stein, V.
Praxisferne Sicht, in: Personal 12/2006, S. 37–39.

Scholz, Chr./Stein, V.
Das neue Paradigma der Humankapitalbewertung, in: Personal 7–8/2006, S. 52–53.

Scholz, Chr./Stein, V.
Wissensrelevanz in der Humankapitalmessung, in: CoPers 2/2006, S. 30–32.

Scholz, Chr./Stein, V.
Humankapital messen, in: Personal 1/2006, S. 8–11.

Scholz, Chr./Stein, V.
Humankapital: Jetzt erst recht!, in: http://www.org-portal.org/portal/artikel.php?did=594 vom 16.09.2009.

Scholz, Chr./Stein, V./Bechtel, R.
Zehn Postulate für das Human-Capital-Management, in: Personalwirtschaft 5/2003, S. 50–54.

Scholz, Chr./Stein, V./Müller, St.
Den Wert des Mitarbeiters kennen, in: Weiterbildung 2/2007, S. 30–33.

Schreyögg, G./Steinmann, H.
Strategische Kontrolle, in: zfbf 5/1985, S. 391–410.

Schröder, G. A./Schweizer, Th.
Anreizsysteme als Steuerungsinstrument in Sparkassen, in: zfbf 6/1999, S. 608–622.

Schubert, P./Enaux, C.
Mitarbeiterbindung bringt Gewinn, in: FAZ.NET vom 23.11.2003, o. S.

Schüller, St.
Organisation von Controllingsystemen in Kreditinstituten, in: Schierenbeck, H. (Hrsg.), Schriftenreihe des Instituts für Kreditwesen der Westfälischen Wilhelms-Universität Münster, Band 28, Frankfurt am Main 1984.

Schütte, M.
Externe Berichterstattung zu Wissen, Humankapital, intellektuellem Kapital – ein Vorschlag zur Begriffsklärung, in: DB 5/2005, S. 240–241.

Schütte, M.
Humankapital messen und bewerten: Sisyphusarbeit oder Gebot der Stunde?, in: Personalführung 4/2005, S. 18–28.

Schuler, H.
Das Rätsel der Merkmals-Methoden-Effekte: Was ist „Potential" und wie lässt es sich messen?, in: Rosenstiel, L. von/Lang-von Wins, Th. (Hrsg.), Perspektiven der Potentialbeurteilung, Göttingen 2000, S. 53–71.

Schuller, Ph./Willms, St.
Bildung ist Deutschlands wichtigster Rohstoff, in: Personalwirtschaft 7/2003, S. 55–58.

Schulte, St.
Finanzmarktkrise lässt Banken-Boni kräftig schmelzen, in: Börsen-Zeitung vom 03.12.2008, S. 8.

Schulz, J.
Welche Macht haben Ratingagenturen?, in: Achleitner, A.-K./Everling, O. (Hrsg.), Versicherungsrating, Wiesbaden 2005, S. 3–18.

Schust, G. H.
Total Performance Management, Stuttgart 1994.

Schwandt, M./Aden, H.
Strukturierte Mitarbeitergespräche erfolgreich einführen und umsetzen, in: Personalführung 6/1998, S. 64–69.

Schwarz, W.
Erfolgs- und leistungsorientierte Entlohnung im Bankvertrieb, in: congena (Hrsg.), Die lernende Bankorganisation: Strategien für die Jahrtausendwende, Wiesbaden 1995, S. 155–167.

Sebald, H./Enneking, A.
Mehr Differenzierung, in: PersonalSpezial 4/2008, S. 6.

Seibel, K.
Chefgehälter – ein gewisser Blutzoll muss sein, in: http://www.welt.de/wirtschaft/article2601637/Chefgehaelter-ein-gewisser-Blutzoll-muss-sein.html vom 20.10.2008.

Serfling, K./Pries, A.
Möglichkeiten und Grenzen des Rating, in: Die Bank 7/1990, S. 381–384.

Siegel, B./Degener, R.
Leistungs- und ertragsorientierte Entlohnungssysteme, in: ZfgK 12/1988, S. 532–536.

Simon, H.
Was ist ein Mitarbeiter wert?, Pressemitteilung vom 06.06.2000, in: http://www.simon-kucher.com.

Simon, H.
Marketing-Tipp von Unternehmensberater Prof. Dr. Hermann Simon: So werden kundenorientierte Mitarbeiter belohnt, Pressemitteilung vom 30.05.2000, in: http://www.simon-kucher.com.

Sinclair, J.
Collins COBUILD English Language Dictionary, London/Stuttgart 1987.

Singer, J.
Warum erst jetzt?, in: ZfgK 16/2008, S. 6–7.

Singer, J.
Bänkchen in der Grube, in: Börsen-Zeitung vom 05.02.2008, S. 4.

Singer, J.
Die dümmsten Schultern tragen die größten Risiken, in: ZfgK 2/2008, S. 5.

Singer, J.
Die Wundertüten des modernen Finanzmarktes, in: ZfgK 1/2008, S. 6.

Singer, J.
Warum forcierten Internet-Buden ihre cash-burn-rate? – ein Erklärungsansatz!, in: ZfgK 20/2005, S. 7.

Singer, J.
Mut zum Risiko, in: Sparkasse 1/2005, S. 4.

Singer, J.
Ist das deutsche Investmentbanking in einer Wachstumsdelle oder in einem Paradigmawechsel?, in: ZfgK 12/2004, S. 11–14.

Singer, J.
Heute noch auf stolzen Rossen ..., in: ZfgK 1/2004, S. 7–8.

Singer, J.
„Wischi-Waschi-Studien“, in: ZfgK 23/2003, S. 6.

Singer, J.
Das Verhalten der Mitarbeiter ist für Kunden das stärkste Kaufargument, in: Sparkasse 4/2002, S. 151.

Singer, J.
Käuferstreik, in: ZfgK 24/2001, S. 8.

Singer, J.
Kundenloyalität als Marketingziel, in: bank und markt 6/1994, S. 36–38.

Sönnichsen, C.
Ratingsysteme am Beispiel der Versicherungswirtschaft, in: Büschgen, H. E./ Everling, O. (Hrsg.), Handbuch Rating, Wiesbaden 1996, S. 423–454.

SoFFin
Leistungen – Auflagen, in: http://www.soffin.de/leistungen_auflagen.php?sub=3 vom 16.09.2009.

Sommerhoff, B.
Mitarbeiterbeurteilung, 2. Auflage, Landsberg am Lech 1999.

Sonntag, K.-H./Schmidt-Rathjens, C.
Kompetenzmodelle – Erfolgsfaktoren im HR-Management?, in: Personalführung 10/2004, S. 18–26.

Speicher-Utsch, S.
Das verflixte siebte Jahr, in: Börsen-Zeitung vom 30.08.2008, S. 3.

Spickermann, R./Vasic, A.
Risiken identifizieren, in: Personalführung 10/2007, S. 72–75.

Spreiter, M.
Gemeinsame Ziele für eine viel versprechende Zukunft, in: Bankmagazin 3/2001, S. 76–79.

Spremann, K.
Portfoliomanagement, München/Wien 2003.

Staehle, W.
Das Bild vom Arbeitnehmer im Wandel der Arbeitgeber-Arbeitnehmer-Beziehungen, in: ZfP 2/1992, S. 141–146.

Staroßom, H.
Investment Banking für den Mittelstand – gibt es das?, in: ZfgK 1/1999, S. 28–30.

Steevens, C./Schulte, St.
Deckelung von Banker-Gehältern polarisiert, in: Börsen-Zeitung vom 16.10.2008, S. 5.

Steffens-Duch, S.
Commitment – die Bank im Urteil der Mitarbeiter, in: Die Bank 3/2000, S. 183–185.

Steiner, M.
Entwicklungslinien des US-Bankensystems und der Gramm Leach Bliley Act, in: Die Bank 1/2003, S. 8–13.

Steingass, K.-D.
Zielvereinbarungen einführen, evaluieren, weiterentwickeln, in: Personalführung 5/2001, S. 34–38.

Steinle, C.
Führung: Grundlagen, Prozesse und Modelle der Führung in der Unternehmung, Stuttgart 1978.

Steinmann, H./Klaus, H.
Einführung in die betriebswirtschaftliche Führungslehre, Nürnberg 1986.

Steinort, U.
Soll die Personalbeurteilung gerecht sein?, in: Verwaltungsführung – Organisation – Personal 1/1995, S. 32–37.

Stelzer, G.
Flexible Vergütungssysteme, in: ZfgK 17/1990, S. 886–889.

Stevens, S. S.
On the Theory of Scales of Measurement, Science 103/1946, S. 677–680.

Steves, F./Tauber, J. L. L.
Erfolgshonorierung nach dem wertorientierten Ansatz, in: Personalführung 7/1999, S. 16–21.

Stewart, T. A.
Intellectual Capital, London 1997.

Stier, W.
Marktentwicklung durch Prognoseverfahren antizipieren – Managementunterstützung für Planung und Steuerung, in: Thexis 2/2002, S. 5–8.

Stockford, L./Bissell, H. W.
Factors involved in establishing a merit-rating scale, in: Personnel 1949, S. 94–118.

Storck, J.
Betriebs- und marktpolitische Aspekte von Mergers and Acquisitions, in: Die Bank 7/1990, S. 376–380.

Strassmann, P. A.
Behind the Hype, in: Computerworld vom 04.09.2000, verfügbar unter http://www.strassmann.com/pubs/cw/behind-hype.shtml, o. S.

Strassmann, P. A.
What's the Worth of an Employee?, in: Knowledge Management 12/1999, verfügbar unter http://www.strassmann.com/pubs/km/1999-12.php, o. S.

Strube, M.
Statistische und methodische Probleme bei der Kreditwürdigkeitsprüfung, Frankfurt am Main 1998.

Stück, V.
Bis an die Schmerzgrenze, in: Personal 3/2007, S. 50–52.

Stuwe, M.
Die Bedeutung von Unternehmenskultur, Bildung und Organisationsentwicklung für Unternehmen der Finanzdienstleistungsbranche, in: Brunner, W. L./Vollath, J. (Hrsg.), Handbuch Finanzdienstleistungen, Stuttgart 1993, S. 656–667.

Süchting, J.
Strategische Positionierung von privaten Banken: Relationship-Banking als Marketingansatz, in: ZfgK 6/1996, S. 25–29.

Süchting, J.
Bankmanagement, 3. Auflage, Stuttgart 1992.

Süchting, J.
Die Bankloyalität als Grundlage zum Verständnis der Absatzbeziehungen von Kreditinstituten, in: Kredit und Kapital 3/1972, S. 269–300.

Sure, M.
Shared Services – Schlüsselfaktoren für eine erfolgreiche Einführung, in: Die Bank 1/2003, S. 56–60.

Sure, M./Thiel, R.
Balanced Scorecard – Strategieumsetzung und Performancemessung in Banken, in: Die Bank 1/1999, S. 54–59.

Sveiby, K. E.
Wissenskapital, Landsberg am Lech 1998.

Sveiby, K. E.
The New Organizational Wealth, San Francisco 1997.

Svoboda, M.
Strategische Kompetenzentwicklung im Personalbereich, in: Die Bank 7/2000, S. 457–459.

Svoboda, M.
Erfolg durch Zielvereinbarung, in: Personalwirtschaft 12/1997, S. 35–41.

Svoboda, M./Woermann, Chr.
Neues Karriere- und Vergütungssystem – von Titeln zu Verantwortungsstufen, in: Die Bank 11/1996, S. 644–647.

Szebel-Habig, A.
Mitarbeiterbindung: Auslaufmodell Loyalität?, Weinheim 2004.

Tams, C./Oetting, J.
Unternehmenskultur nach Maß, in: Personalwirtschaft 5/2004, S. 30–33.

The Boston Consulting Group
The Future of HR in Europe: Key Challenges through 2015, o. J.

Thönneßen, J.
Entscheidung aus dem Bauch heraus, in: Personalwirtschaft 4/2001, S. 16–23.

Toemmler-Stolze, K.
Potentialermittlung durch systematisch geführte Vorgesetztenbefragung, in: Personalführung 1/1993, S. 58–63.

Töpfer, A.
Zufriedene Mitarbeiter = zufriedene Kunden, in: Zentes, J. (Hrsg.), Mitarbeiterzufriedenheit = Kundenzufriedenheit – Eine Wechselbeziehung?, Mainz 1997, S. 20–46.

Töpfer, A./Wieder, M.
Effiziente Kundenbindungsprogramme, in: Töpfer, A. (Hrsg.), Kundenzufriedenheit messen und steigern, Neuwied u. a. 1999, S. 225–265.

Torka, W.
Leistungsorientiertes Vergütungssystem, in: Personal 7/1995, S. 328–334.

Treacy, W. F./Carey, M. S./Disselbeck, K.
Interne Ratings – die Erfahrungen amerikanischer Großbanken, in: ZfgK 3/1999, S. 46–48.

Ueberschaer, N.
Leistung, Motivation und Vergütung in der Team- und Gruppenarbeit, in: Personalführung 4/1998, S. 14–21.

Uepping, H.
Manager sein heißt lebenslanges Lernen, in: Bankmagazin 12/1999, S. 54–56.

Uepping, H./Matthes, E.
Erfolgspotentiale steigern, in: Personalführung 10/1995, S. 858–865.

Ulrich, D./Brockbank, W.
The HR Value Proposition, o. O. 2005.

Vollath, J.
Anforderungen an das Human-Resources-Management im Bereich der Finanzdienstleistungen, in: Brunner, W. L./Vollath, J. (Hrsg.), Handbuch Finanzdienstleistungen, Stuttgart 1993, S. 670–679.

Wagner, D.
Ansätze einer systematischen und integrierten Vergütungspolitik, in: Personalführung 10/2001, S. 22–28.

Wagner, P.
Unser Lohn kommt vom Kunden, Stuttgart 1997.

Walter, Th.
Wissensbewertung in Banken: Erfahrungen als Bilanzposition?,
in: bank und markt 10/1999, S. 27–30.

Wanner, C./Clausen, S./Dreykluft, J.
Dresdner stoppt Aderlass in Investmentbank, in:
http://www.ftd.de/ub/fi/1088603068951.html?nv=hpm vom 02.07.2004.

Wanner, C./Clausen, S./Jenkins, P./Fromme, H.
CSFB wirbt mit Millionen um Dresdner Banker, in:
http://www.ftd.de/ub/fi/1088603064805.html?nv=hptn vom 01.07.2004.

Wansley, J. W./Clauretie, T. M.
The Impact of Credit Watch Placement on Equity Returns and Bond Prices,
in: Journal of Financial Research 1/1985, S. 31–42.

Weber, J.
Controlling – Möglichkeiten und Grenzen der Übertragbarkeit eines
erwerbswirtschaftlichen Führungsinstruments auf öffentliche Institutionen,
in: DBW 2/1988, S. 171–194.

Weibler, J./Lucht, Th.
Führungseffizienz mit DEA messen, in: Personalwirtschaft 12/2001, S. 18–23.

Weiss, M./Sterzel, J.
Humankapital bewerten, in: Personal 6/2007, S. 24–29.

Wickel-Kirsch, S./de Vries, L./Dürr, A.
Wertvolles Gut im Mittelstand, in: Personal 6/2008, S. 30–32.

Wienkamp, H.
Flexible Vergütung – Mit dem Bonus kommen Sie ans Ziel,
in: Bankmagazin 4/1993, S. 35–39.

Wilbs, D.
Rolle im Wandel, in: Personalführung 1/1997, S. 48–52.

Wildenmann, B./Sprenger, R. K.
Pro & contra Zielvereinbarungen, in: Personalwirtschaft 4/2001, S. 90.

Willke, H.
Wissensmanagement als Geschäftsprozess – Eine Einführung mit Beispielen aus der Finanzwirtschaft, in: Heimer, Th./Rossbach, P. (Hrsg.), Management der Ressource Wissen in Banken, Frankfurt am Main 2001, S. 13–29.

Wiltz, St.
Steuerung von Gehaltsstrukturen bei Firmenzusammenschlüssen, in: Personal 1/1999, S. 14–20.

Wimmer, P./Neuberger, O.
Personalwesen 2. Personalplanung, Beschäftigungssysteme, Personalkosten, Personalcontrolling, Stuttgart 1998.

Winter, St.
Relative Leistungsbewertung – Ein Überblick zum Stand von Theorie und Empirie, in: zfbf 10/1996, S. 898–926.

Witt, R.-D./Nägeli, C.
Leistungs-Check des Personals: Was bringen die Mitarbeiter? Mit Kennzahlen und Benchmarking erreichen Unternehmen mehr Transparenz im Personalmanagement, Pressemitteilung von PricewaterhouseCoopers o. O., o. J.

Woerwag, S./Bogdahn, A.
Leistungspotenziale erkennen, Kompetenzen fördern, in: Personalführung 4/2004, S. 28–33.

Worrach, C.
Der Mensch – das Maß aller Dinge, in: Personalwirtschaft 1/2001, S. 66–69.

Wottawa, H.
Perspektiven der Potentialbeurteilung – Themen und Trends, in: Rosenstiel, L. von/Lang-von Wins, Th. (Hrsg.), Perspektiven der Potentialbeurteilung, Göttingen 2000, S. 53–71.

Wucknitz, U. D.
Personal-Rating und Personal-Risikomanagement, Stuttgart 2005.

Wucknitz, U. D.
Personalrisiken erkennen und beeinflussen, in: Personalwirtschaft 10/2002, S. 28–32.

Wucknitz, U. D.
Der Mitarbeiter-Marketing-Ansatz, in: Personal 9/1997, S. 444–447.

Wunderer, R.
Entwicklungstendenzen im Personal-Controlling und der Wertschöpfungsmessung, in: Personal 6/2000, S. 298–304.

Wunderer, R.
Unternehmerisches Personalmanagement: Konzepte, Prognosen und Strategien für das Jahr 2000, Frankfurt am Main/New York 1993.

Wunderer, R.
Von der Personaladministration zum Wertschöpfungs-Center. Vision, Konzeption und Realisation unternehmerischer Personalarbeit, in: DBW 2/1992, S. 201–215.

Wunderer, R./Gerig, V./Hauser, R.
Qualitätsmanagement durch und im Personalmanagement, in: Wunderer, R./ Gerig, V./Hauser, R. (Hrsg.), Qualitätsorientiertes Personalmanagement, München u. a. 1997, S. 1–104.

Wunderer, R./Jaritz, A.
Evaluation der Wertschöpfung im Personalmanagement, in: Personalwirtschaft 8/1999, S. 47–52.

Younger, W. F.
The Hay Guide-Chart Profile Method, in: Bowey, A. M. (Hrsg.), Handbook of Salary and Wage Systems, Hants/England 1986, S. 235–248.

Zander, E.
Handbuch der Gehaltsfestsetzung, München 1990.

Zaugg, R. J.
Mit Profil am Arbeitsmarkt agieren, in: Personalwirtschaft 2/2002, S. 13–18.

Zeise, L.
Bis es richtig knallt, in: http://www.ftd.de/meinung/leitartikel/:Kolumne%20Lucas%20Zeise%20Bis/312568.html vom 05.02.2008.

Ziener, M.
US-Politiker stimmen Rettungsplan nur zähneknirschend zu, in: http://handelsblatt.com/politik/international/us-politiker-stimmen-rettungsplan-nur-zaehneknirschend-zu;2050836 vom 29.09.2008.

Zimmerer, X.
Unter dem Einfluß der Steuerreform, in: ZfgK 21/2000, S. 6–8.

Urteile

BAG, Urteil vom 12.01.2005, AZR 364/04.

BAG, Urteil vom 04.10.2005, 9 AZR 632/04, in: DB 2006, S. 902.

EuGH, Urteil vom 03.10.2006, C-17/05-NZA 2006.

Autor

Dr. Ulf Gerlach (Jahrgang 1965) studierte nach seiner Ausbildung zum Bankkaufmann (Deutsche Bank AG) Betriebswirtschaftslehre an der Universität Erlangen-Nürnberg mit den Schwerpunktfächern Bankbetriebslehre und Rechnungswesen/Controlling. In den vergangenen rund 20 Jahren sammelte er durch verschiedenste operative und strategisch geprägte Aufgaben- und Verantwortungsbereiche umfangreiche Erfahrungen im nationalen und internationalen Finanz- und Personalgeschäft.

Nach einem Traineeprogramm bei der Dresdner Bank AG betreute Ulf Gerlach dort im Bereich Strategische Planung zunächst auf nationaler Ebene betriebswirtschaftliche Projekte im Retail & Personal Banking. Anschließend leitete er globale Personal- und Marketingprojekte mit dem Ziel der Harmonisierung der internationalen Private-Banking-Konzerneinheiten der Dresdner Bank AG. Seine berufsbegleitend angefertigte Promotion zum Dr. rer. pol. (Thema: „Aufbau globaler Markenimages im International Private Banking. Grundlagen, Einflussfaktoren, Strategien und Markeneinführung aus Sicht der deutschen Großbanken“) schloss er im Jahr 2000 an der Universität Leipzig am Lehrstuhl für Bankwesen ab.

Im Zuge der Divisionalisierung der Investmentbankingsparte des Dresdner-Bank-Konzerns etablierte Ulf Gerlach als Director die Personalbetreuung für die internen Fachbereiche in Deutschland. Zudem trug er als Global Head of HR die weltweite Verantwortung für die HR-Belange einer von vier Geschäftssparten und übte die stellvertretende Personalleitung für die acht kontinentaleuropäischen Einheiten von Dresdner Kleinwort aus.

Heute ist Ulf Gerlach bei PricewaterhouseCoopers bundesweit verantwortlich für die Personalentwicklungsaktivitäten der Service Line Assurance (Industrial Services), die Wirtschaftsprüfungs- und prüfungsnahe Dienstleistungen erbringt.

Ansprechpartner

Till R. Lohmann
Partner
New-York-Ring 13
22297 Hamburg
Tel.: +49 40 6378-8835
Fax: +49 69 9585-956109
till.r.lohmann@de.pwc.com
www.pwc.de/de/mitarbeiterwert

PricewaterhouseCoopers. Die Vorausdenker.
PricewaterhouseCoopers AG Wirtschaftsprüfungsgesellschaft (PwC) ist in Deutschland mit fast 9.000 Mitarbeitern und einem Umsatzvolumen von rund 1,37 Milliarden Euro eine der führenden Wirtschaftsprüfungs- und Beratungsgesellschaften. An 28 Standorten arbeiten Experten für nationale und internationale Mandanten jeder Größe. PwC bietet Dienstleistungen an in den Bereichen Wirtschaftsprüfung und prüfungsnahe Dienstleistungen (Assurance), Steuerberatung (Tax) sowie Deals und Consulting (Advisory). Eine hohe Qualitätsorientierung sowie vorausschauendes Denken und Handeln kennzeichnen die Aktivitäten des Unternehmens.

Mit weltweit über 6.000 Mitarbeitern in der HR-Beratung gehört PwC zu einem der führenden Anbieter in diesem Markt. Als strategischer Umsetzungspartner bietet der HR-Consulting-Bereich unseren Kunden innovative Lösungen für die nachhaltige Weiterentwicklung ihres Personals und ihrer Organisationen. Unser Fokus liegt auf dem strategischen Personalmanagement, der Entwicklung von Mitarbeitern und Führungskräften, der Optimierung von Prozessen und Strukturen im Personalmanagement, der Entwicklung moderner Organisationsstrukturen sowie dem Management von Veränderungen.